云南省县域生态环境质量监测与评价技术指南

李琴　赵祖军　赵琦琳　主编

中国环境出版集团·北京

图书在版编目（CIP）数据

云南省县域生态环境质量监测与评价技术指南 / 李琴，赵祖军，赵琦琳主编. -- 北京 : 中国环境出版集团，2025. 4. -- ISBN 978-7-5111-6225-0

Ⅰ. X321.274-62

中国国家版本馆 CIP 数据核字第 20259QD500 号

责任编辑 曲 婷
封面设计 宋 瑞

出版发行 中国环境出版集团
（100062 北京市东城区广渠门内大街 16 号）
网　　址：http: //www.cesp.com.cn
电子邮箱：bjg1@cesp.com.cn
联系电话：010-67112765（编辑管理部）
　　　　　010-67112736（第五分社）
发行热线：010-67125803，010-67113405（传真）
印　　刷 北京中科印刷有限公司
经　　销 各地新华书店
版　　次 2025 年 4 月第 1 版
印　　次 2025 年 4 月第 1 次印刷
开　　本 787 × 1092　1/16
印　　张 28
字　　数 543 千字
定　　价 120.00 元

《云南省县域生态环境质量监测与评价技术指南》

编 委 会

领导小组： 王　晔　余艳红　李名升

主　　编： 李　琴　赵祖军　赵琦琳

副 主 编： 明升平　沈莉芹　余　昱　崔　凯

编　　委： 谢桃芬　李　颖　李爱军　徐嘉俊　和建华　梁大欢　兰永翠
普海燕　林诗云　胡俊林　豆　刚　杨萍萍　向怀芳　付贵荣
李红章　赵　洲　姚　春　许晓蕾　夏　婕　王亚菲　郑　文
杨雪莲　李家鸿　朱龙翔　毛雪梅　何雨阳　李　雪　于雅东
罗承珍　周思辰　叶秋函　杨双宝　雷久鸣　皮正云　李敏鹏

目 录
CONTENTS

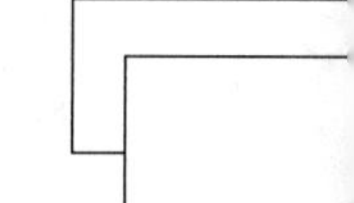

第四篇　数据填报与审核系统软件使用指南

第一篇

相关制度和文件

第 1 章
关于印发《区域生态质量评价办法（试行）》的通知

（环监测〔2021〕99 号）

各省、自治区、直辖市生态环境厅（局），新疆生产建设兵团生态环境局：

为深入贯彻习近平生态文明思想，落实党和国家机构改革关于生态环境部“统一负责生态环境监测”的职责，推进山水林田湖草沙冰一体化保护和系统修复，加强生态建设和生物多样性保护，按照党的十九届五中全会关于“提升生态系统质量和稳定性”和“开展生态系统保护成效监测评估”的精神，落实中办、国办《关于深化生态保护补偿制度改革的意见》中“推动开展全国生态质量监测评估”的要求，我部组织编制了《区域生态质量评价办法（试行）》，现印发给你们，请遵照执行。

生态环境部

2021 年 10 月 17 日

区域生态质量评价办法
（试行）

一、目的意义

为深入贯彻习近平生态文明思想，落实党和国家机构改革关于生态环境部“统一负责生态环境监测”的职责，推进山水林田湖草沙冰一体化保护和系统修复，加强生态建设和生物多样性保护，按照党的十九届五中全会关于“提升生态系统质量和稳定性”和“开展生态系统保护成效监测评估”的精神，落实中办、国办《关于深化生态保护补偿制度改革的意见》中“推动开展全国生态质量监测评估”的要求，特制定《区域生态质量评价办法（试行）》。

二、适用范围

本办法规定了区域生态质量评价的指标体系、数据要求和评价方法。

本办法适用于县级及以上区域生态质量现状和趋势的综合评价。

三、主要依据

（一）《关于印发〈生态环境监测规划纲要（2020—2035 年）〉的通知》（环监测〔2019〕86 号）；

（二）《生态环境状况评价技术规范》（HJ 192）；

（三）《草地气象监测评价方法》（GB/T 34814）；

（四）《陆地植被气象与生态质量监测评价等级》（QX/T 494）；

（五）《遥感影像解译样本数据技术规定》（GDPJ 06）；

（六）《多光谱遥感数据处理技术规程》（DD 2013-12）；

（七）《海域使用分类》（HY/T 123）；

（八）《生物多样性观测技术导则》（HJ 710.1-710.11）；

（九）《自然灾害分类与代码》（GB/T 28921）；

（十）《国家海洋局关于印发海域卫星遥感动态监测相关技术规范的通知》（国海管字〔2014〕500 号）。

四、指标体系与数据来源

（一）指标体系

包括生态格局、生态功能、生物多样性和生态胁迫 4 个一级指标，下设 11 个二级指标、18 个三级指标，具体见表 1。

表 1　区域生态质量评价指标体系

一级指标	二级指标	三级指标	备注
生态格局	生态组分	生态用地面积比指数	
		海洋自然岸线保有指数	沿海县域
	生态结构	生态保护红线面积比指数	
		生境质量指数	
		重要生态空间连通度指数	
生态功能	水土保持	水土保持指数	水土保持类型国家重点生态功能区县域
	水源涵养	水源涵养指数	水源涵养类型国家重点生态功能区县域
	防风固沙	防风固沙指数	防风固沙类型国家重点生态功能区县域

续表

一级指标	二级指标	三级指标	备注
生态功能	生态宜居	建成区绿地率指数	地级及以上城市建成区
		建成区公园绿地可达指数	
	生态活力	植被覆盖指数	其他县域
		水网密度指数	
生物多样性	生物保护	重点保护生物指数	
	重要生物功能群	指示生物类群生命力指数	
		原生功能群种占比指数	
生态胁迫	人为胁迫	陆域开发干扰指数	
		海域开发强度指数	沿海县域
	自然胁迫	自然灾害受灾指数	

（二）数据来源

1. 生态类型数据：2 m 分辨率卫星影像解译数据。

2. 植被质量与植被覆盖数据：250 m 分辨率 NDVI 数据和 500 m 分辨率 NPP 数据。

3. 生物物种数据：野生高等植物、哺乳类、鸟类、爬行类、两栖类和蝶类等野外观测数据。

4. 陆域开发数据：2 m 分辨率卫星影像解译的建设用地数据。

5. 海岸及海域开发数据：2 m 分辨率卫星影像解译的海岸及海域开发类型和范围数据。

五、指标计算方法

（一）生态格局

1. 生态用地面积比指数

指评价区林地、草地、湿地、农田、沙地、近海等具有生态属性的用地面积占比情况。

$$\mathrm{EL} = A_{el} \times [\text{有林地面积+灌木林地面积+疏林地面积+草地面积+河流面积+湖泊（近海）面积+滩涂面积+永久性冰川雪地面积+沼泽面积+沙地面积+其他林地面积} \times 0.7\text{+水库面积} \times 0.7\text{+水田面积} \times 0.7\text{+旱地面积} \times 0.5] / \mathrm{LA}$$

式中：EL——生态用地面积比指数；

A_{el}——生态用地面积比指数的归一化系数，参考值为 100.502 2。

LA——区域国土面积，km^2。

2. 海洋自然岸线保有指数

指评价区海岸线中自然岸线长度的占比情况（不包括海岛岸线）。

$$NONC_{rr} = A_{NONC} \times NC_l / CL_t$$

式中：$NONC_{rr}$——海洋自然岸线保有指数；

A_{NONC}——海洋自然岸线保有指数的归一化系数，参考值为 100；

NC_l——自然岸线长度，km；

CL_t——海岸线总长度，km。

3. 生态保护红线面积比指数

指评价区生态保护红线面积占比情况。其中沿海地区的生态保护红线面积比指数包括陆域生态保护红线面积比例、海洋生态保护红线面积比例和陆海统筹生态保护红线面积比例。

$$ECRR = [A_{ecrr} \times (ECRA / LA)] / 5 + 50$$

式中：ECRR——生态保护红线面积比指数；

A_{ecrr}——生态保护红线面积比指数的归一化系数，参考值为 102.880 6；

ECRA——生态保护红线面积，km^2；

LA——区域国土面积，km^2。

4. 生境质量指数

指评价区由于生态系统类型不同而体现的生物栖息地质量差异。

$$HQI = A_{bio} \times (0.35 \times SF + 0.21 \times SG + 0.28 \times SW + 0.11 \times SC + 0.04 \times SB + 0.01 \times SU) / LA$$

式中：HQI——生境质量指数；

A_{bio}——生境质量指数的归一化系数，参考值为 494.812 2；

SF——林地指数；

SG——草地指数；

SW——水域湿地指数；

SC——耕地指数；

SB——建设用地指数；

SU——未利用地指数；

LA——区域国土面积，km^2。

表 2　生境质量指数各类型分权重

	林地指数			草地指数			水域湿地指数				耕地指数		建设用地指数			未利用地指数				
土地利用类型	有林地	灌木林地	疏林地和其他林地	高覆盖度草地	中覆盖度草地	低覆盖度草地	河流（渠）	湖泊（库）	滩涂湿地和沼泽地	永久性冰川雪地	水田	旱地	城镇建设用地	农村居民点	其他建设用地	沙地	盐碱地	裸土地	裸岩石砾	其他未利用地
分权重	0.60	0.25	0.15	0.60	0.30	0.10	0.10	0.30	0.50	0.10	0.60	0.40	0.30	0.40	0.30	0.20	0.30	0.20	0.20	0.10

注：林地指数（SF）、草地指数（SG）、水域湿地指数（SW）、耕地指数（SC）、建设用地指数（SB）和未利用地指数（SU）由表中相应类型的面积乘以权重计算获得。

5. 重要生态空间连通度指数

指评价区重要生态空间斑块之间的整体连通程度。

$$\mathrm{PC}=A_{\mathrm{PC}}\times\frac{\sum_{i=1}^{n}\sum_{j=1}^{n}a_i\times a_j\times P_{ij}^{*}}{\mathrm{LA}^2}$$

$$P_{ij}=\mathrm{e}^{-k\times d_{ij}}$$

式中：PC——重要生态空间连通度指数，重要生态空间指将林地、草地、水域和沼泽地进行合并后，面积大于 0.1 km^2 的斑块；

A_{PC}——重要生态空间连通度指数的归一化系数，参考值为 103.700 0；

n——重要生态空间斑块的总数量，个；

a_i——斑块 i 的面积，km^2；

a_j——斑块 j 的面积，km^2；

LA——区域国土面积，km^2；

P_{ij}^{*}——斑块 i 和斑块 j 之间所有路径最终连通性的最大值，即斑块 i 和 j 之间所有可能路径 P_{ij} 的最大乘积概率；

P_{ij}——斑块 i 与 j 之间的直接扩散概率；

d_{ij}——斑块 i 与 j 之间的最低成本距离，在此指最短距离，km；

k——常数项，通过物种平均扩散距离和设置的概率值确定，推荐平均距离为 5 km，概率设置为 0.5。

6. 生态格局综合评价

（1）沿海地区

$$\text{生态格局}=0.32\times(0.70\times\mathrm{EL}+0.30\times\mathrm{NONC}_{rr})+0.68\times(0.10\times\mathrm{ECRR}+0.80\times\mathrm{HQI}+0.10\times\mathrm{PC})$$

式中：EL——生态用地面积比指数；

$NONC_{rr}$——海洋自然岸线保有指数；

ECRR——生态保护红线面积比指数；

HQI——生境质量指数；

PC——重要生态空间连通度指数。

（2）内陆地区

$$生态格局 = 0.32 \times EL + 0.68 \times (0.10 \times ECRR + 0.80 \times HQI + 0.10 \times PC)$$

式中：EL——生态用地面积比指数；

ECRR——生态保护红线面积比指数；

HQI——生境质量指数；

PC——重要生态空间连通度指数。

（二）生态功能

将全国县域分为5类进行评价：按照《全国主体功能区规划》中的主导生态功能，防风固沙类型国家重点生态功能区县域采用防风固沙指数，水土保持类型国家重点生态功能区县域采用水土保持指数，水源涵养类型国家重点生态功能区县域采用水源涵养指数；非主导生态功能区的地级及以上城市建成区采用生态宜居指数，其他县域采用生态活力指数。

1. 防风固沙指数

指评价区植被抵抗风力侵蚀的能力。

$$Q_{风} = \frac{\sum_{i=1}^{n} Q_{风i}}{n}$$

$$Q_{风i} = 100 \times \left(0.5 \times \frac{NDVI_i - 0.05}{0.70} + 0.5 \times \frac{NPP_i}{NPP_{max}} \right)$$

式中：$Q_{风}$——防风固沙指数；

$Q_{风i}$——像元的防风固沙指数；

n——评价区内像元数，个；

$NDVI_i$——评价年全年像元归一化差值植被指数最大值；

NPP_i——评价年全年像元植被净初级生产力累积值；

NPP_{max}——评价区内最好气象条件下的植被净初级生产力，选取近五年NPP累积值最大值。

2. 水土保持指数

指评价区植被保持土壤的能力。

$$Q_{水土}=\frac{\sum_{i=1}^{n}Q_{水土i}}{n}$$

$$Q_{水土i}=100\times\left(0.5\times\frac{\mathrm{NDVI}_i-0.05}{0.90}+0.5\times\frac{\mathrm{NPP}_i}{\mathrm{NPP}_{\max}}\right)$$

式中：$Q_{水土}$——水土保持指数；

$Q_{水土i}$——像元的水土保持指数；

n——评价区内像元数，个；

NDVI_i——评价年 5—9 月像元归一化差值植被指数最大值；

NPP_i——评价年 5—9 月像元植被净初级生产力累积值；

$\mathrm{NPP}_{\max}$——评价区内最好气象条件下的植被净初级生产力，选取近五年 NPP 累积值最大值。

3. 水源涵养指数

指评价区各生态类型的水源涵养综合功能情况。

WRC = A_{con} ×{0.45×[0.1×河流面积+0.3×湖库面积+0.6×（滩涂面积+沼泽面积）]+
0.35 ×（0.6×有林地面积+0.25×灌木林地面积+0.15×其他林地面积）+
0.20 ×（0.6×高覆盖度草地面积+0.3×中覆盖度草地面积+
0.1×低覆盖度草地面积）}/LA

式中：WRC——水源涵养指数；

A_{con}——水源涵养指数的归一化系数，参考值为 526.792 6。

LA——区域国土面积，km^2。

4. 建成区绿地率指数

指地级及以上城市建成区林地、草地等各类绿地总面积占比情况。

$$\mathrm{UGR}=A_{\mathrm{UGR}}\times\mathrm{UGRA}/\mathrm{UA}$$

式中：UGR——建成区绿地率指数；

A_{UGR}——建成区绿地率指数的归一化系数，参考值为 182.400 0；

UGRA——建成区各类绿地总面积，km^2；

UA——建成区总面积，km^2。

5. 建成区公园绿地可达指数

指地级及以上城市建成区公园绿地周边步行 10 min 可达范围覆盖的面积占比情况。

$$\mathrm{UPR} = A_{\mathrm{UPR}} \times \mathrm{UGA} / \mathrm{UA}$$

式中：UPR——建成区公园绿地可达指数；

A_{UPR}——建成区公园绿地可达指数的归一化系数，参考值为 111.111 1；

UGA——人均步行 10 min（按 800 m 算）可达范围覆盖的面积，km^2；

UA——建成区总面积，km^2。

6. 生态宜居

$$\text{生态宜居} = 0.54 \times \mathrm{UGR} + 0.46 \times \mathrm{UPR}$$

式中：UGR——建成区绿地率指数；

UPR——建成区公园绿地可达指数。

7. 植被覆盖指数

指评价区内的植被覆盖状况。

$$C = A_{\mathrm{veg}} \times \frac{\sum_{i=1}^{n} P_j}{10\,000 \times n}$$

式中：C——植被覆盖指数；

A_{veg}——植被覆盖指数的归一化系数，参考值为 121.165 1；

P_j——评价年 5—9 月像元 NDVI 月最大值的均值；

n——区域像元数，个。

8. 水网密度指数

指评价区内河流、湖泊、水库、永久性冰川雪地、近海等面积占比情况，用于表征水的丰富程度。

$$\mathrm{DW} = A_{\mathrm{DW}} \times \frac{S_{\mathrm{river}} + S_{\mathrm{lake}} + S_{\mathrm{reservoir}} + S_{\mathrm{glacier}} + S_{\text{近海}}}{\mathrm{LA}}$$

式中：DW——水网密度指数，大于 100 的区域按 100 算；

A_{DW}——水网密度指数的归一化系数，参考值为 1 005.478 8；

S_{river}——有水河流面积，km^2；

S_{lake}——湖泊面积，km^2；

$S_{\mathrm{reservoir}}$——水库面积，km^2；

S_{glacier}——永久性冰川雪地面积，km^2；

$S_{\text{近海}}$——沿海岸线向外扩 2 km 海域面积，km^2；

LA——区域国土面积，km^2。

9. 生态活力

$$\text{生态活力} = 0.6 \times C + 0.4 \times \mathrm{DW}$$

式中：C——植被覆盖指数；

DW——水网密度指数。

（三）生物多样性

1. 重点保护生物指数

指评价区内已记录的符合《国家重点保护野生动物名录》和《国家重点保护野生植物名录》的高等植物、哺乳类、鸟类、爬行类和两栖类的物种数，用于表征评价区生物物种被保护情况。

$$\mathrm{KS}_r = A_{\mathrm{KS}} \times \mathrm{AKS} + 13.214\,2$$

式中：KS_r——重点保护生物指数；

A_{KS}——重点保护生物指数的归一化系数，参考值为 0.151 0；

AKS——评价区内列入《国家重点保护野生动物名录》和《国家重点保护野生植物名录》的高等植物、哺乳类、鸟类、爬行类和两栖类的物种数，种。

2. 指示生物类群生命力指数

指评价区内已记录的野生哺乳类、鸟类、两栖类和蝶类等生态环境指示生物类群的物种多样性的变化状况。

$$Q_t = A_Q \times \frac{10^{-\sum_{i=1}^{s} P_{it}\ln P_{it} + \frac{1}{s}\sum_{i=1}^{s}\log N_{it}}}{10^{\frac{1}{s}\sum_{i=1}^{s}\log P_{i0} + \log N_0}}$$

式中：Q_t——指示生物类群生命力指数；

A_Q——指示生物类群生命力指数的归一化系数，参考值为 13.528 8；

N_{it}——第 i 个物种第 t 年的个体数量，个；

N_0——初始年特定类群所有物种的个体数量总和，个；

S——第 t 年的物种数，种；

P_{it}——第 t 年特定物种的个体数量占所评价区域内实际监测到的指示生物总个体数的比例，%；

P_{i0}——初始年特定物种的个体数量占所评价区域内实际监测到的指示生物个体总数的比例，%。

3. 原生功能群种占比指数

指评价区内监测样地地带性原生生态系统群落建群种生物量或生物个数占样地生物量或个数的比例情况。

$$B_{\mathrm{ps}} = A_{\mathrm{ps}} \times S_{\mathrm{is}} / S_{\mathrm{ts}}$$

式中：B_{ps}——原生功能群种占比指数；

A_{ps}——原生功能群种占比指数的归一化系数；

S_{is}——评价区监测样方内的地带性原生生态系统群落建群种个体数（生物量），个（g/m^2）；

S_{ts}——评价区监测样方内的生物总个体数（总生物量），个（g/m^2）。

4. 生物多样性综合评价

$$生物多样性 = 0.30 \times KS_r + 0.70 \times (0.62 \times Q_t + 0.38 \times B_{ps})$$

式中：KS_r——重点保护生物指数；

Q_t——指示生物类群生命力指数；

B_{ps}——原生功能群种占比指数。

（四）生态胁迫

1. 陆域开发干扰指数

指评价区开发建设用地面积占比情况，表征人类活动对陆域生态系统的胁迫程度。

$$\mathrm{LDI} = A_{\mathrm{LDI}} \times \frac{S_1 + W \times S_2}{\mathrm{LA}}$$

式中：LDI——陆域开发干扰指数，大于 100 的区域按 100 算；

A_{LDI}——陆域开发干扰指数的归一化系数，参考值为 333.333 3；

S_1——生态保护红线外的开发建设用地面积，km^2；

S_2——生态保护红线内的开发建设用地面积，km^2；

W——生态保护红线内的开发建设用地权重，推荐值为 2；

LA——区域国土面积，km^2。

2. 海域开发强度指数

指评价区海岸线向海一侧，填海造地、围海、构筑物用海面积之和占管辖海域面积比例情况，表征人类活动对海域的胁迫程度。

$$\mathrm{SDI} = A_{\mathrm{SDI}} \times \frac{S_{\mathrm{LR}} + S_L + S_{\mathrm{LS}}}{S_{\mathrm{sea}}}$$

式中：SDI——海域开发强度指数；

A_{SDI}——海域开发强度指数的归一化系数，参考值为 100；

S_{LR}——填海造地面积，含建设填海造地和农业填海造地，km^2；

S_L——围海面积，含围海养殖、盐业和港池等，km^2；

S_{LS}——构筑物用海面积，含非透水构筑物和透水构筑物，km^2；

S_{sea}——管辖海域总面积，指评价区域海岸线（海岸线依据省级人民政府批复数据）向海洋方向延伸 2 km 的面积，km^2。

3. 自然灾害受灾指数

指评价区气象、地质、生物、生态环境、海洋等自然灾害受灾面积占比情况，表征自然灾害对生态系统造成的扰动。

$$\mathrm{NDI} = A_{\mathrm{NDI}} \times \frac{\sum_{i=1}^{n} S_{\mathrm{NDI}}}{\mathrm{LA}}$$

式中：NDI——自然灾害受灾指数；

A_{NDI}——自然灾害受灾指数的归一化系数；

S_{NDI}——气象、地质、生物、生态环境、海洋等重大自然灾害受灾面积，km^2；

n——重大自然灾害种类数，种；

LA——区域国土面积，km^2。

4. 生态胁迫综合评价

（1）沿海地区

$$\text{生态胁迫} = 0.74 \times (0.60 \times \mathrm{LDI} + 0.40 \times \mathrm{SDI}) + 0.26 \times \mathrm{NDI}$$

式中：LDI——陆域开发干扰指数；

SDI——海域开发强度指数；

NDI——自然灾害受灾指数。

（2）内陆地区

$$\text{生态胁迫} = 0.74 \times \mathrm{LDI} + 0.26 \times \mathrm{NDI}$$

式中：LDI——陆域开发干扰指数；

NDI——自然灾害受灾指数。

六、综合评价与分类方法

（一）综合评价

$$\text{生态质量指数（EQI）} = 0.36 \times \text{生态格局} + 0.35 \times \text{生态功能} + 0.19 \times \text{生物多样性} + 0.10 \times（100 - \text{生态胁迫}）$$

（二）生态质量分类

根据生态质量指数值，将生态质量类型分为五类，即一类、二类、三类、四类和五类，具体见表 3。

表 3　生态质量分类

类别	一类	二类	三类	四类	五类
指数	EQI≥70	55≤EQI＜70	40≤EQI＜55	30≤EQI＜40	EQI＜30
描述	自然生态系统覆盖比例高、人类干扰强度低、生物多样性丰富、生态结构完整、系统稳定、生态功能完善	自然生态系统覆盖比例较高、人类干扰强度较低、生物多样性较丰富、生态结构较完整、系统较稳定、生态功能较完善	自然生态系统覆盖比例一般、受到一定程度的人类活动干扰、生物多样性丰富度一般、生态结构完整性和稳定性一般、生态功能基本完善	自然生态本底条件较差或人类干扰强度较大，自然生态系统较脆弱，生态功能较低	自然生态本底条件差或人类干扰强度大，自然生态系统脆弱，生态功能低

（三）生态质量变化分级

根据生态质量指数与基准值的变化情况，将生态质量变化幅度分为三级七类。三级为“变好”“基本稳定”和“变差”；其中“变好”包括“轻微变好”“一般变好”和“明显变好”，“变差”包括“轻微变差”“一般变差”和“明显变差”，具体见表 4。

表 4　生态质量变化幅度分级

变化等级	变好			基本稳定	变差		
	轻微变好	一般变好	明显变好		轻微变差	一般变差	明显变差
ΔEQI 阈值	1≤ΔEQI＜2	2≤ΔEQI＜4	ΔEQI≥4	-1＜ΔEQI＜1	-2＜ΔEQI≤-1	-4＜ΔEQI≤-2	ΔEQI≤-4

七、质量保证与质量控制

区域生态质量评价中相关监测数据按照《生态遥感监测数据质量保证与质量控制技术要求》《生物多样性观测技术导则》（HJ 710.1～710.11）、年度国家生态环境监测方案和相关技术规定等要求开展质量保证与质量控制工作。

第2章 关于印发《全国生态质量监督监测工作方案（2023—2025年）》的通知

（环监测〔2023〕45号）

各省、自治区、直辖市生态环境厅（局），新疆生产建设兵团生态环境局，中国科学院相关科研单位，生态环境部相关直属单位：

为深入贯彻党的二十大精神，落实全国生态环境保护大会重要部署，进一步推进全国生态质量监测网络建设，深入开展全国生态质量监督监测与评价工作，有效支撑生态保护监管，我部会同中国科学院编制了《全国生态质量监督监测工作方案（2023—2025年）》，现印发你们，请遵照执行。

生态环境部

中国科学院

2023年8月21日

全国生态质量监督监测工作方案（2023—2025年）

为贯彻全国生态环境保护大会精神，落实《中共中央　国务院关于深入打好污染防治攻坚战的意见》《关于深化生态保护补偿制度改革的意见》《"十四五"生态环境保护规划》有关要求，进一步推进全国生态质量监测网络建设，深入开展全国生态质量监督监测与评价，有效支撑生态保护监管，制定本工作方案。

一、工作目标

以习近平生态文明思想为指导，深入贯彻党的二十大精神，遵循"山水林田湖草沙"生命共同体理念，监督监测生态质量与变化，及时发现生态破坏问题，积累生态系统监测数据，服务自然保护地、生态保护红线、重点生态功能区等重点区域生态保护监管，为人与自然和谐共生的现代化和美丽中国建设提供支撑。

到2025年，基本建成全国生态质量监测网络，生态质量监督监测业务体系不断完善，生态质量监督监测水平不断提高，主动发现生态破坏问题的能力大幅提升，精准高效支撑生态保护监管。

二、工作原则

（一）突出监督，发现问题

重点围绕自然保护地、生态保护红线、重点生态功能区等，开展生态质量监督监测。以卫星遥感为主要手段，充分发挥航空遥感、地面监测协同效用，提升发现问题的能力，服务生态保护监管。

（二）建立网络，积累数据

充分利用现有卫星资源、航空有人机和无人机、地面固定和移动巡视监测等手段，构建“天空地一体化”的生态质量监测网络，提升生态质量监督监测业务化运行和主动发现问题能力。深入开展全国生态质量监督监测，积累生态系统监测数据，为生态保护监管提供支撑。

（三）加强合作，逐步推进

深化与中国科学院等部门合作，加强对典型生态问题的研究，建立健全生态质量监督监测体系。逐步完善生态质量卫星和航空遥感监测体系，分步推进全国生态质量综合监测站建设和样地布设。

三、工作任务

（一）组建全国生态质量监测网络

1. 完善生态质量遥感监测网络

建立以卫星遥感为核心，航空遥感为补充的生态质量遥感监测体系。

（1）提升卫星遥感监测效能

建立高精度、全方位、短周期的卫星遥感监测网络，及时、主动发现生态破坏问题，对生态系统开展常态化、全覆盖监测。

充分利用国产民用高分辨率卫星，实现全国2米级卫星季度有效覆盖（去云后的有效卫星影像数据覆盖比例在85%以上）一次，重点区域亚米级卫星一年有效覆盖一次。进一步加强与国家航天局等部门合作，加大民用亚米级卫星数据共享；推进建立商业卫星合作机制，以亚米级光学和雷达商业数据为补充，逐步实现全国2米级卫星月度有效覆盖一次，重点区域亚米级卫星季度有效覆盖一次。

按照《生态环境卫星中长期发展规划（2021—2035 年）》，加快推动生态功能、生物量监测相关的卫星立项、研制、发射及应用。加强光学卫星和雷达卫星影像生产处理能力，定期生产生态质量和疑似生态破坏等遥感数据产品。

（2）强化航空遥感监测能力

建立机动灵活、快速响应的航空遥感协同监测网络，对重点区域生态破坏问题线索和生态类型变化，开展高精度遥感数据现场技术校核，并与地面监测协同开展卫星遥感参数验证。

进一步加强航空遥感监测能力建设，开展全天候、定量化主动监测，重点增强中型、小型固定翼及旋翼无人机配备，完善高精度、轻量化、标准化的高光谱传感器、激光雷达等生态遥感专用载荷。省级生态环境主管部门根据自然保护地、生态保护红线面积和空间分布合理配置无人机，并接入国家生态保护红线监管平台无人机指挥系统，实现无人机同时在线、远程调度、组网监测、实时回传的能力。原则上，行政区域生态保护红线面积低于 2 万平方千米至少配备 10 架，2 万～10 万平方千米至少配备 20 架，10 万平方千米以上至少配备 40 架。加强与中国科学院合作，探索航空有人机遥感应用，推动高分辨率有人机数据共享。

2. 组建生态质量地面监测网络

建立以综合监测站为区域中心，以监测样地为主要监测对象，以地面移动巡视为补充的生态质量地面监测网络，实现与遥感监测的协同、验证与补充。

（1）遴选国家生态质量综合监测站

生态质量综合监测站在全国生态质量监督监测与评价工作中发挥“控制性”作用。一是承担区域样地监测任务，积累生态系统长期监测数据，对生态问题开展专题研究。二是对遥感监测发现的生态问题线索、生态类型变化等开展现场技术校核。三是开展遥感监测地面验证，通过原位固定监测，对植被指数、叶面积指数等生态遥感参数产品进行验证与校核。

以《“十四五”生态保护监管规划》（环生态〔2022〕15 号）中 80 个生态保护监管重点区域为重点，综合考虑已有站点，科学合理布设综合监测站，原则上每个站监测范围在 100 千米左右。省级生态环境主管部门组织本行政区域的申报工作，鼓励生态环境部、中国科学院相关单位、地方生态环境监测中心（站）联合申报，生态环境部、中国科学院已有生态监测站（点）优先考虑。生态环境部根据申报站点区位重要性及基础条件情况，开展技术评审与遴选，经批准同意后纳入全国生态质量监测网络。

（2）布设生态质量监测样地

生态质量监测样地以生物多样性为监测对象，关注物种组成、结构、功能、胁迫等，为区域生态质量指数（EQI）评价提供数据支撑；监测植被覆盖度、叶面积指数、生物量等指标，支撑遥感监测地面验证。

监测样地按照突出问题导向为主，网格化布设为辅的原则布设，在生态问题突出区域和生态保护监管重点区域加密布设，开展长期监测。生态环境部负责全国生态质量监测样地的布设，省级生态环境主管部门组织对本行政区域监测样地的代表性、可达性开展现场核实。监测样地经生态环境部认定后，“十四五”期间原则上不予调整。鼓励各地结合实际补充布设监测样地。

（3）部署移动巡视和视频监测设备

地方生态环境部门通过共享与新建相结合的方式，布设可见、红外等视频监控设备，对重点区域进行实时监控。国家级自然保护区的每个主要道路出入口至少布设1套，鼓励在其他自然保护地、生态保护红线等区域视情布设。

各级生态环境主管部门结合实际需要，部署具备视频采集、目标识别、植被监测等多功能的生态移动巡护车，开展日常巡查和问题核实。

（二）开展生态质量监督监测

1. 遥感监测

（1）重点区域生态变化遥感监测

监测范围：自然保护地、生态保护红线等重点区域。

监测内容：资源开发、能源开发、工矿企业、交通道路建设、旅游开发等重点开发建设活动导致的生态变化。

监测频次：根据区域重要性及卫星遥感影像实际覆盖能力，建立分级遥感监测机制。

①重大问题区域监测频次：中央领导有批示的重点区域，每月开展一次全覆盖监测；

②突出问题区域监测频次：上一年问题突出、生态风险较高的国家公园、国家级自然保护区及生态保护红线等，每季度开展一次全覆盖监测；

③其他重点区域监测频次：其他国家级自然保护区，每半年开展一次全覆盖监测；其他生态保护红线、国家公园、国家级风景名胜区、重点生态功能区等生态空间，每年开展一次全覆盖监测；国家级湿地公园不定期开展监测。

工作方式：生态环境部负责卫星影像数据获取与处理、地图服务发布、自动变化检测，定期生产地表生态变化图斑产品。省级生态环境主管部门加强对行政区域的自然保护地和生态保护红线的监管，每年至少开展一次行政区域内省级及以下自然保护地、生态保护红线遥感监测，根据实际对问题突出的自然保护地和生态保护红线进行加密遥感监测。

（2）全国生态系统遥感监测

监测范围：全国陆域范围、海岸线及向海一侧 2 千米。

监测内容及频次：对归一化差值植被指数和植被净初级生产力等指标现状及变化情况，每月开展一次全覆盖遥感监测；对林地、草地、湿地等生态类型，建成区绿地、海岸线及海域开发类型等指标，每年开展一次全覆盖监测。

工作方式：生态环境部负责全国范围卫星遥感影像数据获取、校正、专题数据生产、外部质控，并将遥感影像数据分发至各省（自治区、直辖市）。省级生态环境主管部门负责组织本行政区域生态类型的解译和内部质控等工作。

2. 地面监测

监测范围：全国范围典型生态系统。

监测内容及频次：

（1）现场技术校核　自然保护地、生态保护红线等区域的重点生态变化图斑，根据需要开展技术校核，主要校核生态破坏类型、面积、程度等。

（2）地面验证　在植被生长季对植被覆盖度、叶面积指数等每天监测一次，对生态遥感参数产品开展地面验证与校核。

（3）样地监测　根据生态系统变化周期，原则上草地、湿地、荒漠等样地每年监测一次，森林、农田、城乡等样地每五年完成一轮监测。

工作方式：遥感监测发现的面积较大、可能严重影响生态功能、存在生态风险的重点生态变化图斑，由生态环境部组织利用航空有人机和无人机、移动巡护车等手段开展现场技术校核。其他一般生态变化图斑，省级生态环境部门根据需要开展现场技术校核。省级生态环境主管部门负责组织本行政区域地面验证和样地监测工作。生态质量样地按照年度国家生态环境监测方案等要求开展监测。鼓励各省（自治区、直辖市）结合实际对重点区域加密监测，强化监督。

3. 其他指标数据收集

省级生态环境主管部门负责组织收集本行政区域自然灾害数据、新记录的《国家重点保护野生植物名录》《国家重点保护野生动物名录》中的高等植物、哺乳类、鸟类、爬行类、两栖类和鱼类等物种数据及自然保护地自行监测数据；生态环境部负责数据核实、分析和技术支持。中国科学院相关单位结合已有工作，提供相关物种数据。

生态环境部组织开展生态质量相关指标和全国生态质量评价。省级生态环境主管部门结合实际情况加强对本行政区域市、县的评价。中国科学院负责对社会关注的气候变化影响、生物多样性丧失等重要生态环境问题开展专题分析研究，形成专题报告。

（三）全面加强数据管理和质控

1. 生态质量监督监测数据管理

依托生态保护红线监管平台，建立统一的全国生态质量监督监测数据管理系统，负责数据分发、汇交、管理、质控、共享等，定期向各地推送生态变化图斑，实时传输地面核实、问题上报等相关数据。生态质量监督监测数据同步接入生态环境信息资源中心。逐步建立跨部门、跨区域数据共享与业务协同机制。

2. 生态质量监督监测数据质控

建立“三级检查、两级验收”的质量控制制度，质控单位和数据生产单位在监测数据生产和评价的主要环节均要制定质控方案并严格执行。三级检查中，一级检查是对数据生产单位是否制定和执行质控制度进行检查；二级检查是根据监测数据特征，对一定比例的数据质量进行抽查；三级检查是组织专家团队对存在争议的数据进行会商检查。两级验收中，一级验收为数据生产单位组织的初步验收；二级验收为生态环境部组织的最终验收。同时，加大遥感产品的地面验证，提升遥感产品精度。

（四）完善工作机制

生态质量监督监测与评价工作由生态环境部统一组织。生态环境部会同省级生态环境主管部门，联合中国科学院共同组建全国生态质量监测网络，完善业务支撑体系。

中国科学院负责组织区域生态质量专题分析，编制专题分析报告等。

省级生态环境主管部门负责本行政区域生态质量监督监测与评价工作的组织实施。

四、有关要求

（一）强化组织领导

生态环境部、中国科学院、省级生态环境主管部门及其他相关单位分工协作，建立长效工作机制，指定一名司局级领导负责生态质量监督监测与评价工作，并确定一名处级干部作为联络员，负责日常沟通。各单位于 2023 年 8 月底前，将人员信息报送生态环境部（wuranyuan@mee.gov.cn）。

（二）加强资金保障

国家层面开展的生态质量监督监测、评价与质控经费由生态环境部统筹解决。各省级生态环境厅（局）要加大对生态质量监督监测工作的资金投入，负责落实本行政区域生态质量监督监测工作经费，鼓励相关专项资金统筹整合，确保工作任务按时完成。综合监测站的运维按原有资金渠道保障。

（三）完善制度建设

加强标准体系建设，开展生态质量监督监测与评价相关标准体系研究，加快制定相关标准；加大培训力度，完善全国、区域及省域分级培训机制，切实提升全国生态质量监督监测能力；完善生态环境部与中国科学院监测数据及评价结果共享合作机制，加强共享。

（四）健全支撑保障

发挥生态环境部和中国科学院技术优势，联合建设生态质量监督监测与评价领域国家环境保护重点实验室，开展相关跟踪研究；建立生态质量监督监测与评价领域高层次专家组，完善专家支撑体系，对生态质量监督监测与评价、网络建设和生态质量评价报告等方面提供咨询意见或建议。

（五）明确时间要求

2023 年 9 月 15 日前，各省级生态环境主管部门将第一批生态质量综合监测站申报材料和生态质量监测样地布设方案报送生态环境部。每年 1 月，各省级生态环境主管部门提交上一年生态质量地面监测与分析报告；2 月，各省级生态环境主管部门提交上一年生态变化遥感监测总结报告；10 月，各省级生态环境主管部门提交本年生态类型解译、野外核查等数据。

联系人：生态环境部　何　劲
　　　　　　　　　　徐延达
　　　　中国科学院　杨　萍

附件：国家生态质量综合监测站申报材料

附件

国家生态质量综合监测站申报材料

一、工作目标

为落实党的二十大精神，协同提升地面监测、遥感验证和生物多样性监测能力，生态环境部将组织构建全国生态质量监测网络。国家生态质量综合监测站是生态质量监测网络的重要组成部分，按照“一站多点”的模式开展生态质量监督监测和评价。

二、申报条件

（一）资金要求：申报单位每年为综合监测站运行提供稳定经费，支持综合监测站监测任务和日常运行等工作。

（二）人员要求：申报单位应具有生态学、地理学、植物学、动物学或通量监测等专业技术背景、工作经历的技术人员至少 10 人。

（三）监测能力：综合监测站具备通信、网络和交通等基本工作条件；能够按要求在野外布设样地、样方，开展长期监测；具备对在线监测数据及时收集和传输的能力。

（四）站房要求：申报单位在野外具有较为完善的基础设施，野外集中用房面积原则上在 300 平方米以上。基础设施用地应有土地使用权证或具有未来 30 年以上的土地使用证明。

三、组织申报

（一）省级生态环境主管部门组织本行政区域的申报工作，负责审核确认申报材料，并提交申请函。

（二）鼓励联合生态环境部、中国科学院相关单位共同申报。

四、有关要求

（一）申请文件由申请函和申报书构成。申请文件以中文编写，一律用 A4 纸，仿宋 _GB2312 四号字打印并装订成册，申报书一式 5 份。

（二）申请函、申报书及有关资质证明资料装订并由法定代表人（或委托授权人）签字且加盖公章。

（三）待综合监测站评选结果公布后，国家予以统一标识。

附：国家生态质量综合监测站申报书

附

国家生态质量综合监测站
申报书

名称：____________________生态质量综合监测站

牵头申报单位（盖章）：____________________

参与申报单位（盖章）：（单位1）____________________

（单位2）____________________

负责人（签字）：____________________

联系人：____________________

联系地址：____________________

移动电话：____________________

申报日期：____________________

一、生态质量综合监测站设立的目标

（一）区域背景情况

以《全国主体功能区规划》和《全国生态功能区划》为基础，分析本综合监测站及监测区域所处位置、空间分布，结合地形地貌等因素，阐述本综合监测站设立的代表性。

（二）本区域已有的综合监测站设立情况

分析本生态功能区是否已有其他综合监测站，并与本综合监测站在监测范围、内容等方面进行差异性比较。

（三）本综合监测站设立的必要性

以《全国生态功能区划》中划分的水源涵养、生物多样性保护、土壤保持、防风固沙、洪水调蓄及碳汇等生态功能类型为主要研究目标，从提升区域生态系统结构和功能、解决区域生态问题及未来生态环境保护工作发展方向等方面，提出本综合监测站的建设目标及必要性。

二、现有工作基础和优势

（一）机构设置情况（是否有专门的生态监测部门）

（二）专业监测人员配备情况

（三）野外监测站房及设备情况

（四）承担野外样地监测能力情况

（五）近五年来参与生态质量监测相关的，尤其野外监测相关的工作基础和成果（近五年的论文、课题等），以及其他能够服务于生态质量监督监测与评价工作的数据资源等工作基础

三、工作内容和技术路线

针对本区域生态系统结构和功能、生物多样性、遥感验证及预解决的区域生态问题，结合全国生态质量监测样地布设方案和监测方案中主要任务，提出监测思路和较为详细的监测方案，包括拟采取的主要方法与技术路线、主要产出与考核指标等。

四、工作计划

2023—2025 年工作计划，包括工作计划及生态质量监测能力提升计划等。

五、组织实施方式

（一）组织结构

（二）管理制度

（三）运行机制

六、附件

（一）申报单位营业执照或法人证书

（二）研究成果、承担项目证明材料

（三）其他必要的材料（如有）

第3章 关于印发《“十四五”国家重点生态功能区县域生态环境质量监测与评价指标体系及实施细则》的通知

（环办监测函〔2022〕30号）

各省、自治区、直辖市生态环境厅（局）、财政厅（局），新疆生产建设兵团生态环境局、财政局：

为贯彻落实习近平生态文明思想和党的十九届五中、六中全会精神，加强国家重点生态功能区生态环境保护，支撑好中央财政国家重点生态功能区转移支付绩效评价，生态环境部会同财政部编制了《“十四五”国家重点生态功能区县域生态环境质量监测与评价指标体系及实施细则》。现印发给你们，请遵照执行。

生态环境部办公厅
财政部办公厅
2022年1月24日

附件

“十四五”国家重点生态功能区县域生态环境质量监测与评价指标体系及实施细则

第一部分　总　则

为进一步加强“十四五”期间国家重点生态功能区县域生态环境质量监测与评价工作，推动国家生态安全屏障建设，特制定《“十四五”国家重点生态功能区县域生态环境质量监测与评价指标体系及实施细则》。

国家重点生态功能区县域生态环境质量监测与评价指标体系包括技术指标和监管指标两部分（表1）。

技术指标由生态质量指标和环境质量指标组成，突出水源涵养、水土保持、防风固沙和生物多样性维护等四类生态功能类型的差异性。

监管指标包括生态环境保护管理指标、自然生态变化详查指标，以及突发环境事件与突出生态环境问题指标三部分。

表 1 国家重点生态功能区县域生态环境质量监测与评价指标体系

指标类型		一级指标		二级指标	三级指标
技术指标	防风固沙	生态质量	生态格局	生态组分	生态用地面积比指数
				生态结构	生态保护红线面积比指数
					生境质量指数
					重要生态空间连通度指数
			生物多样性	重点保护生物	重点保护生物指数
				重要生物功能群	指示生物类群生命力指数
					原生功能群种占比指数
			生态功能	防风固沙	防风固沙指数
			生态胁迫	人为胁迫	陆域开发干扰指数
				自然胁迫	自然灾害受灾指数
		环境质量		土壤环境质量	土壤质量安全点位比例
				地表水水质	达到或优于Ⅲ类水质比例
					地表水水质指数
				环境空气质量	空气质量优良天数比例
					空气质量综合指数
	水土保持	生态质量	生态格局	生态组分	生态用地面积比指数
					海洋自然岸线保有率指数*
				生态结构	生态保护红线面积比指数
					生境质量指数
					重要生态空间连通度指数
			生物多样性	重点保护生物	重点保护生物指数
				重要生物功能群	指示生物类群生命力指数
					原生功能群种占比指数
			生态功能	水土保持	水土保持指数
			生态胁迫	人为胁迫	陆域开发干扰指数
					海域开发强度指数*
				自然胁迫	自然灾害受灾指数

续表

指标类型		一级指标		二级指标	三级指标
技术指标	水土保持	环境质量		土壤环境质量	土壤质量安全点位比例
				地表水（海水）水质*	达到或优于Ⅲ类水质比例
					地表水水质指数
					海水优良水质面积比例*
				环境空气质量	空气质量优良天数比例
					空气质量综合指数
	生物多样性维护	生态质量	生态格局	生态组分	生态用地面积比指数
					海洋自然岸线保有率指数*
				生态结构	生态保护红线面积比指数
					生境质量指数
					重要生态空间连通度指数
			生物多样性	重点保护生物	重点保护生物指数
				重要生物功能群	指示生物类群生命力指数
					原生功能群种占比指数
			生态功能	生态活力	植被覆盖指数
					水网密度指数
			生态胁迫	人为胁迫	陆域开发干扰指数
					海域开发强度指数*
				自然胁迫	自然灾害受灾指数
		环境质量		土壤环境质量	土壤质量安全点位比例
				地表水（海水）水质*	达到或优于Ⅲ类水质比例
					地表水水质指数
					海水优良水质面积比例*
				环境空气质量	空气质量优良天数比例
					空气质量综合指数
	水源涵养	生态质量	生态格局	生态组分	生态用地面积比指数
				生态结构	生态保护红线面积比指数
					生境质量指数
					重要生态空间连通度指数
			生物多样性	重点保护生物	重点保护生物指数
				重要生物功能群	指示生物类群生命力指数
					原生功能群种占比指数

续表

指标类型		一级指标		二级指标	三级指标
技术指标	水源涵养	生态质量	生态功能	水源涵养	水源涵养指数
			生态胁迫	人为胁迫	陆域开发干扰指数
				自然胁迫	自然灾害受灾指数
		环境质量		土壤环境质量	土壤环境安全点位比例
				地表水水质	达到或优于Ⅲ类水质比例
					地表水水质指数
				环境空气质量	空气质量优良天数比例
					空气质量综合指数
监管指标		生态环境保护管理			
		自然生态变化详查			
		突发环境事件与突出生态环境问题			

注：* 表示涉海县域评价指标，目前有 18 个，分别为河北省秦皇岛市北戴河区和抚宁区，山东省烟台长岛海洋生态文明综合试验区，海南省海口市秀英区、龙华区、美兰区，三亚市、三沙市、儋州市、琼海市、文昌市、万宁市、东方市、澄迈县、临高县、昌江黎族自治县、乐东黎族自治县和陵水黎族自治县。按照生态功能类型，除河北省秦皇岛市北戴河区和抚宁区属于水土保持类型外，其余均为生物多样性维护类型。

第二部分　技术指标

一、生态质量指标

生态质量指标、指标计算及权重系数采用我部制定印发的《区域生态质量评价办法（试行）》（环监测〔2021〕99 号）。

1. 生态用地面积比指数

指评价区林地、草地、湿地、农田、沙地、近海等具有生态属性的用地面积占比情况。

$$\begin{aligned}\mathrm{EL} = A_{\mathrm{el}} \times [&\text{有林地面积} + \text{灌木林面积} + \text{疏林地面积} + \text{草地面积} + \\ &\text{河流面积} + \text{湖泊（近海）面积} + \text{滩涂面积} + \\ &\text{永久性冰川雪地面积} + \text{沼泽面积} + \text{沙地面积} + \\ &\text{其他林地面积} \times 0.7 + \text{水库面积} \times 0.7 + \text{水田面积} \times 0.7 + \\ &\text{旱地面积} \times 0.5] / \mathrm{LA}\end{aligned}$$

式中：EL——生态用地面积比指数；

A_{el}——生态用地面积比指数的归一化系数，参考值为 100.502 2；

LA——区域国土面积，km^2。

2. 海洋自然岸线保有指数

指评价区海洋自然岸线长度占海岸线总长度的比例（不包括海岛岸线）。

$$NONC_{rr}=A_{NONC}\times NC_l / CL_t$$

式中：$NONC_{rr}$——海洋自然岸线保有指数；

A_{NONC}——海洋自然岸线保有指数的归一化系数，参考值为 100；

NC_l——自然岸线长度，km；

CL_t——海岸线总长度，km。

3. 生态保护红线面积比指数

指评价区生态保护红线面积占比情况。其中沿海地区的生态保护红线面积比指数包括陆域生态保护红线面积比例、海洋生态保护红线面积比例和陆海统筹生态保护红线面积比例。

$$ECRR=[A_{ecrr}\times(ECRA/LA)]/5+50$$

式中：ECRR——生态保护红线面积比指数；

A_{ecrr}——生态保护红线面积比指数的归一化系数，参考值为 102.880 6；

ECRA——生态保护红线面积，km^2；

LA——区域国土面积，km^2。

4. 生境质量指数

指评价区由于生态系统类型不同而体现的生物栖息地质量差异（表 2）。

$$HQI=A_{bio}\times(0.35\times SF+0.21\times SG+0.28\times SW+0.11\times SC+0.04\times SB+0.01\times SU)/LA$$

式中：HQI——生境质量指数；

A_{bio}——生境质量指数的归一化系数，参考值为 494.812 2；

SF——林地指数；

SG——草地指数；

SW——水域湿地指数；

SC——耕地指数；

SB——建设用地指数；

SU——未利用地指数；

LA——区域国土面积，km^2。

表 2　生境质量指数各类型分权重

	林地指数			草地指数			水域湿地指数				耕地指数		建设用地指数			未利用地指数				
土地利用类型	有林地	灌木林地	疏林地和其他林地	高覆盖度草地	中覆盖度草地	低覆盖度草地	河流（渠）	湖泊（库）	滩涂湿地和沼泽地	永久性冰川雪地	水田	旱地	城镇建设用地	农村居民点	其他建设用地	沙地	盐碱地	裸土地	裸岩石砾	其他未利用地
分权重	0.60	0.25	0.15	0.60	0.30	0.10	0.10	0.30	0.50	0.10	0.60	0.40	0.30	0.40	0.30	0.20	0.30	0.20	0.20	0.10

注：林地指数（SF）、草地指数（SG）、水域湿地指数（SW）、耕地指数（SC）、建设用地指数（SB）和未利用地指数（SU）由表中相应类型的面积乘以权重计算获得。

5. 重要生态空间连通度指数

指评价区重要生态空间斑块之间的整体连通程度。

$$\mathrm{PC} = A_{\mathrm{PC}} \times \frac{\sum_{i=1}^{n}\sum_{j=1}^{n} a_i \times a_j \times P_{ij}^*}{A_L^2}$$

$$P_{ij} = \mathrm{e}^{-k \times d_{ij}}$$

式中：PC——重要生态空间连通度指数，重要生态空间指将林地、草地、水域和沼泽地进行合并后，面积大于 0.1 km^2 的斑块；

A_{PC}——重要生态空间连通度指数的归一化系数，参考值为 103.700 0；

n——重要生态空间斑块的总数量，个；

a_i——斑块 i 的面积，km^2；

a_j——斑块 j 的面积，km^2；

A_L——区域国土面积，km^2；

P_{ij}^*——斑块 i 和斑块 j 之间所有路径最终连通性的最大值，即斑块 i 和 j 之间所有可能路径 P_{ij} 的最大乘积概率；

P_{ij}——斑块 i 与 j 之间的直接扩散概率；

d_{ij}——斑块 i 与 j 之间的最低成本距离，在此指最短距离，km；

k——常数项，通过物种平均扩散距离和设置的概率值确定，推荐平均距离为 5 km，概率设置为 0.5。

6. 防风固沙指数

防风固沙型县域的特征指标，评价植被抵抗风力侵蚀的能力。

$$Q_{风} = \frac{\sum_{i=1}^{n} Q_{风i}}{n}$$

$$Q_{风i} = 100 \times \left(0.5 \times \frac{\mathrm{NDVI}_i - 0.05}{0.70} + 0.5 \times \frac{\mathrm{NPP}_i}{\mathrm{NPP}_{\max}} \right)$$

式中：$Q_{风}$——防风固沙指数；

$Q_{风i}$——像元的防风固沙指数；

n——评价区内像元数，个；

NDVI_i——评价年全年像元归一化差值植被指数最大值；

NPP_i——评价年全年像元植被净初级生产力累积值；

NPP_{max}——评价区内最好气象条件下的植被净初级生产力，选取近五年 NPP 累积值最大值。

7. 水土保持指数

水土保持型县域的特征指标，评价植被保持土壤的能力。

$$Q_{水土} = \frac{\sum_{i=1}^{n} Q_{水土i}}{n}$$

$$Q_{水土i} = 100 \times \left(0.5 \times \frac{\mathrm{NDVI}_i - 0.05}{0.90} + 0.5 \times \frac{\mathrm{NPP}_i}{\mathrm{NPP}_{\max}} \right)$$

式中：$Q_{水土}$——水土保持指数；

$Q_{水土i}$——像元的水土保持指数；

n——评价区像元数，个；

NDVI_i——评价年 5—9 月像元归一化差值植被指数最大值；

NPP_i——评价年 5—9 月像元植被净初级生产力累积值；

NPP_{max}——评价区内最好气象条件下的植被净初级生产力，选取近五年 NPP 累积值最大值。

8. 水源涵养指数

水源涵养型县域的特征指标，指评价区各生态类型的水源涵养综合功能状况。

$$\text{WRC} = A_{con} \times \{0.45 \times [0.1 \times \text{河流面积} + 0.3 \times \text{湖库面积} + 0.6 \times (\text{滩涂面积} + \text{沼泽面积})] + 0.35 \times (0.6 \times \text{有林地面积} + 0.25 \times \text{灌木林地面积} + 0.15 \times \text{其他林地面积}) + 0.20 \times (0.6 \times \text{高覆盖度草地面积} + 0.3 \times \text{中覆盖度草地面积} + 0.1 \times \text{低覆盖度草地面积})\} / \text{LA}$$

式中：WRC——水源涵养指数；

A_{con}——水源涵养指数的归一化系数，参考值为 526.792 6；

LA——区域国土面积，km^2。

9. 生态活力

$$\text{生态活力指数} = 0.6 \times C + 0.4 \times \text{DW}$$

式中：C——植被覆盖指数；

DW——水网密度指数。

（1）植被覆盖指数

$$C = A_{veg} \times \frac{\sum_{i=1}^{n} P_j}{10\,000 \times n}$$

式中：C——植被覆盖指数；

A_{veg}——植被覆盖指数的归一化系数，参考值为 121.165 1；

P_j——评价年 5—9 月像元归一化差值植被指数月最大值的均值；

n——区域像元数，个。

（2）水网密度指数

$$\text{DW} = A_{DW} \times \frac{S_{river} + S_{lake} + S_{reservoir} + S_{glacier} + S_{\text{近海}}}{\text{LA}}$$

式中：DW——水网密度指数，大于 100 的区域按 100 算；

A_{DW}——水网密度指数的归一化系数，参考值为 1 005.478 8；

S_{river}——有水河流面积，km^2；

S_{lake}——湖泊面积，km^2；

$S_{reservoir}$——水库面积，km^2；

$S_{glacier}$——永久性冰川雪地面积，km^2；

$S_{\text{近海}}$——沿海岸线向外扩 2 km 海域面积，km^2；

LA——区域国土面积，km^2。

10. 重点保护生物指数

指评价区内已记录的符合《国家重点保护野生动物名录》和《国家重点保护野生植物名录》的高等植物、哺乳类、鸟类、爬行类和两栖类的物种数，用于表征评价区生物物种被保护情况。

$$\mathrm{KS}_r = A_{\mathrm{KS}_r} \times \mathrm{AKS} + 13.2142$$

式中：KS_r——重点保护生物指数；

A_{KS_r}——重点保护生物指数的归一化系数，参考值为 0.151 0；

AKS——评价区内列入《国家重点保护野生动物名录》和《国家重点保护野生植物名录》的高等植物、哺乳类、鸟类、爬行类和两栖类的物种数，种。

11. 指示生物类群生命力指数

指评价区内已记录的野生哺乳类、鸟类、两栖类和蝶类等生态环境指示生物类群所有物种的生物多样性的变化状况。

$$Q_t = A_{Q_t} \times \frac{10^{-\sum_{i=1}^{s} P_{it}\ln P_{it} + \frac{1}{s}\sum_{s=1}^{s}\log N_{it}}}{10^{\frac{1}{s}\sum_{s=1}^{s}\log P_{i0} + \log N_0}}$$

式中：Q_t——指示生物类群生命力指数；

A_{Q_t}——指示生物类群生命力指数的归一化系数，参考值为 13.528 8；

N_{it}——第 i 个物种第 t 年的个体数量；

N_0——初始年特定类群所有物种的个体数量总和；

S——第 t 年的物种数；

P_{it}——第 t 年特定物种的个体数量占所评价区域内实际监测到的指示生物总个体数的比例；

P_{i0}——初始年特定物种的个体数量占所评价区域内实际监测到的指示生物个体总数的比例。

12. 原生功能群种占比指数

指评价区内监测样地地带性原生生态系统群落建群种生物量或生物个数占样地生物量或个数的比例。

$$B_{\mathrm{ps}} = A_{\mathrm{ps}} \times S_{\mathrm{is}} / S_{\mathrm{ts}}$$

式中：B_{ps}——原生功能群种占比指数；

A_{ps}——原生功能群种占比指数的归一化系数，参考值为 100；

S_{is}——评价区监测样方内的地带性原生生态系统群落建群种个体数（生物量），个（$\mathrm{g/m^2}$）；

S_{ts}——评价区监测样方内的生物总个体数（总生物量），个（$\mathrm{g/m^2}$）。

13. 陆域开发干扰指数

指评价区开发建设用地面积占比情况，表征人类活动对陆域生态系统的胁迫程度。

$$\mathrm{LDI} = A_{\mathrm{LDI}} \times \frac{S_1 + W \times S_2}{\mathrm{LA}}$$

式中：LDI——陆域开发干扰指数，大于 100 的区域按 100 算；

A_{LDI}——陆域开发干扰指数的归一化系数，参考值为 333.333 3；

S_1——生态保护红线外的开发建设用地面积，km^2；

S_2——生态保护红线内的开发建设用地面积，km^2；

W——生态保护红线内的开发建设用地权重，推荐值为 2；

LA——区域国土面积，km^2。

14. 海域开发强度指数

指省级人民政府批复海岸线向海一侧，填海造地、围海、构筑物用海面积之和占管辖海域面积比例情况，表征人类活动对海域的胁迫程度。

$$\text{SDI} = A_{\text{SDI}} \times \frac{S_{\text{LR}} + S_L + S_{\text{LS}}}{S_{\text{sea}}}$$

式中：SDI——海域开发强度指数；

A_{SDI}——海域开发强度指数的归一化系数，参考值为 100；

S_{LR}——填海造地面积，含建设填海造地和农业填海造地，km^2；

S_L——围海面积，含围海养殖、盐业和港池等，km^2；

S_{LS}——构筑物用海面积，含非透水构筑物和透水构筑物，km^2；

S_{sea}——管辖海域总面积，指评价区域海岸线向海洋方向延伸 2 km 的面积，km^2。

15. 自然灾害受灾指数

指评价区气象、地质、生物、生态环境、海洋等自然灾害受灾面积占比情况，表征自然灾害对生态系统造成的扰动。

$$\text{NDI} = A_{\text{NDI}} \times \frac{\sum_{i=1}^{n} S_{\text{NDI}}}{\text{LA}}$$

式中：NDI——自然灾害受灾指数，大于 100 的区域按 100 算；

A_{NDI}——自然灾害受灾指数的归一化系数，参考值为 100；

S_{NDI}——气象、地质、生物、生态环境、海洋等重大自然灾害受灾面积，km^2；

n——重大自然灾害种类数，种；

LA——区域国土面积，km^2。

二、环境质量指标

16. 达到或优于Ⅲ类水质比例

指县域内所有水质监测断面中，符合Ⅰ～Ⅲ类水质的监测频次占全部断面全年监测总频次的比例。

达到或优于Ⅲ类水质比例 = Ⅰ～Ⅲ类频次 / 全年监测总频次 ×100%

17. 地表水水质指数

根据县域内河流、湖库等地表水体的水质监测数据，通过监测项目浓度值计算县域地表水水质指数，计算方法依据《城市地表水环境质量排名技术规定（试行）》（环办监测〔2017〕51 号）。

$$\mathrm{CWQI}_{县域}=\frac{\mathrm{CWQI}_{河流}\times M+\mathrm{CWQI}_{湖库}\times N}{M+N}$$

式中：$\mathrm{CWQI}_{县域}$——地表水水质指数；

$\mathrm{CWQI}_{河流}$——河流水质指数；

$\mathrm{CWQI}_{湖库}$——湖库水质指数；

M——县域的河流断面数；

N——县域的湖库点位数。若县域仅有河流断面，无湖库点位，则取河流水质指数为该县域的城市水质指数。即：$\mathrm{CWQI}_{县域}=\mathrm{CWQI}_{河流}$。

鉴于 $\mathrm{CWQI}_{县域}$值越小表示水质越好，需要将其归一化处理为 0～100 之间的无量纲值，计算公式为

$$\mathrm{CWQI}^{*}_{县域}=100\times\left(\frac{\mathrm{CWQI}_{县域\max}-\mathrm{CWQI}_{县域}}{\mathrm{CWQI}_{县域\max}-\mathrm{CWQI}_{县域\min}}\right)$$

式中：$\mathrm{CWQI}_{县域\max}$、$\mathrm{CWQI}_{县域\min}$——每年度所有县域中地表水水质指数的最大值和最小值。若县域内地表水断面（点位）评价年、对照年均满足或优于《地表水环境质量标准》（GB 3838—2002）Ⅱ类水质，则该县域 $\mathrm{CWQI}^{*}_{县域}$赋值为 100，不参加归一化处理。

18. 海水优良水质面积比例

指县域内海水优良（一、二类）水质的面积占所辖海域面积的比例；海水水质评价依据《海水水质标准》（GB 3097—1997）、《海水质量状况评价技术规程（试行）》（海环字〔2015〕25 号）。

海水优良水质面积比例 = 优良（一、二类）水质的面积 / 所辖海域面积 ×100%

19. 空气质量优良天数比例

指县域范围内城镇空气质量达到优良级别的天数占全年监测总天数的比例。

空气质量优良天数比例 = 空气质量优良天数 / 全年有效监测总天数 ×100%

20. 空气质量综合指数

根据县域空气质量自动监测的六项污染物浓度值，计算县域空气质量综合指数，计算方法依据《城市环境空气质量排名技术规定》（环办监测〔2018〕19 号）。

$$I_{\text{sum}} = \sum_{i=1}^{6} I_i$$

式中：I_{sum}——空气质量综合指数值；

I_i——代表 SO_2、NO_2、PM_{10}、$PM_{2.5}$、CO 和 O_3 的单项指数。

鉴于 I_{sum} 值越小表示空气质量越好，需要将其归一化处理为 0～100 之间的无量纲值，计算公式为

$$I_{\text{sum}}^{*} = 100 \times \left(\frac{I_{\text{sum max}} - I_{\text{sum}}}{I_{\text{sum max}} - I_{\text{sum min}}} \right)$$

式中：$I_{\text{sum max}}$、$I_{\text{sum min}}$——每年度所有县域中空气质量综合指数的最大值和最小值。

21. 土壤质量安全点位比例

依据《土壤环境质量　农用地土壤污染风险管控标准（试行）》（GB 15618—2018），县域内评价结果为优先保护类和安全利用类的点位占县域所有土壤环境质量监测点位的比例。

土壤质量安全点位比例 =（优先保护类点位 + 安全利用类点位）/ 县域土壤环境质量监测点位 ×100%

三、生态环境质量评价

（一）评价模型

1. 县域生态环境质量评价（EI）

县域生态环境质量采用综合指数法评价，以 EI 表示县域生态环境质量状况，计算公式为

$$\text{EI} = w_{\text{eco}} \text{EI}_{\text{eco}} + w_{\text{env}} \text{EI}_{\text{env}}$$

式中：EI_{eco}——生态质量分指数值；

w_{eco}——生态质量指标权重；

EI_{env}——环境质量分指数值；

w_{env}——环境质量指标权重；

EI_{eco}、EI_{env}——分别由各自的二或三级指标加权获得。

生态质量分指数值：

$$\text{EI}_{\text{eco}} = \sum_{i=1}^{n} w_i \times X_i'$$

环境质量分指数值：

$$\mathrm{EI_{env}} = \sum_{i=1}^{n} w_i \times X_i'$$

式中：w_i——二或三级指标权重；

X_i'——二或三级指标标准化后的值。

2. 县域生态环境质量变化评价（ΔEI′）

以 ΔEI′ 表示县域生态环境质量变化，计算公式为

$$\Delta\mathrm{EI}' = \mathrm{EI}_{评价年} - \mathrm{EI}_{对照年}$$

式中：$\mathrm{EI}_{评价年}$——评价年县域的生态环境质量指数值；

$\mathrm{EI}_{对照年}$——对照年县域的生态环境质量指数值，对照年是评价年的前一年，如 2021 年是评价年，则对照年是 2020 年，以此类推。

表 3　国家重点生态功能区县域生态环境质量监测与评价技术指标权重

<table>
<tr><th>功能类型</th><th colspan="2">一级指标权重</th><th>二级指标权重</th><th>三级指标权重</th></tr>
<tr><td rowspan="15">防风固沙</td><td rowspan="10">生态质量（0.60）</td><td rowspan="4">生态格局（0.36）</td><td>生态组分（0.32）</td><td>生态用地面积比指数（1.00）</td></tr>
<tr><td rowspan="3">生态结构（0.68）</td><td>生态保护红线面积比指数（0.10）</td></tr>
<tr><td>生境质量指数（0.80）</td></tr>
<tr><td>重要生态空间连通度指数（0.10）</td></tr>
<tr><td rowspan="3">生物多样性（0.19）</td><td>重点保护生物（0.30）</td><td>重点保护生物指数（1.00）</td></tr>
<tr><td rowspan="2">重要生物功能群（0.70）</td><td>指示生物类群生命力指数（0.62）</td></tr>
<tr><td>原生功能群种占比指数（0.38）</td></tr>
<tr><td>生态功能（0.35）</td><td>防风固沙（1.00）</td><td>防风固沙指数（1.00）</td></tr>
<tr><td rowspan="2">生态胁迫（0.10）</td><td>人为胁迫（0.74）</td><td>陆域开发干扰指数（1.00）</td></tr>
<tr><td>自然胁迫（0.26）</td><td>自然灾害受灾指数（1.00）</td></tr>
<tr><td colspan="2" rowspan="5">环境质量（0.40）</td><td colspan="2">土壤质量安全点位比例（0.10）</td></tr>
<tr><td colspan="2">达到或优于Ⅲ类水质比例（0.25）</td></tr>
<tr><td colspan="2">地表水水质指数（0.20）</td></tr>
<tr><td colspan="2">空气质量优良天数比例（0.25）</td></tr>
<tr><td colspan="2">空气质量综合指数（0.20）</td></tr>
</table>

续表

功能类型	一级指标权重		二级指标权重	三级指标权重
水土保持	生态质量（0.60）	生态格局（0.36）	生态组分（0.32）	生态用地面积比指数（1[0.7]*）
				海洋自然岸线保有指数（0[0.3]*）
			生态结构（0.68）	生态保护红线面积比指数（0.10）
				生境质量指数（0.80）
				重要生态空间连通度指数（0.10）
		生物多样性（0.19）	重点保护生物（0.30）	重点保护生物指数（1.00）
			重要生物功能群（0.70）	指示生物类群生命力指数（0.62）
				原生功能群种占比指数（0.38）
		生态功能（0.35）	水土保持（1.00）	水土保持指数（1.00）
		生态胁迫（0.10）	人为胁迫（0.74）	陆域开发干扰指数（1[0.4]*）
				海域开发强度指数（0[0.6]*）
			自然胁迫（0.26）	自然灾害受灾指数（1.00）
	环境质量（0.40）	土壤质量安全点位比例（0.10）		
		达到或优于Ⅲ类水质比例（0.25[0.20]*）		
		地表水水质指数（0.20[0.15]*）		
		海水优良水质面积比例（0[0.10]*）		
		空气质量优良天数比例（0.25）		
		空气质量综合指数（0.20）		
生物多样性维护	生态质量（0.60）	生态格局（0.36）	生态组分（0.32）	生态用地面积比指数（1[0.7]*）
				海洋自然岸线保有指数（0[0.3]*）
			生态结构（0.68）	生态保护红线面积比指数（0.10）
				生境质量指数（0.80）
				重要生态空间连通度指数（0.10）
		生物多样性（0.19）	重点保护生物（0.30）	重点保护生物指数（1.00）
			重要生物功能群（0.70）	指示生物类群生命力指数（0.62）
				原生功能群种占比指数（0.38）
		生态功能（0.35）	生态活力（1.00）	植被覆盖指数（0.60）
				水网密度指数（0.40）

续表

<table>
<tr><th>功能类型</th><th colspan="2">一级指标权重</th><th>二级指标权重</th><th>三级指标权重</th></tr>
<tr><td rowspan="9">生物多样性维护</td><td rowspan="3">生态质量
（0.60）</td><td rowspan="3">生态胁迫
（0.10）</td><td rowspan="2">人为胁迫
（0.74）</td><td>陆域开发干扰指数（1[0.4]*）</td></tr>
<tr><td>海域开发强度指数（0[0.6]*）</td></tr>
<tr><td>自然胁迫
（0.26）</td><td>自然灾害受灾指数（1.00）</td></tr>
<tr><td colspan="2" rowspan="6">环境质量
（0.40）</td><td colspan="2">土壤质量安全点位比例（0.10）</td></tr>
<tr><td colspan="2">达到或优于Ⅲ类水质比例（0.30[0.25]*）</td></tr>
<tr><td colspan="2">地表水水质指数（0.25[0.20]*）</td></tr>
<tr><td colspan="2">海水优良水质面积比例（0[0.10]*）</td></tr>
<tr><td colspan="2">空气质量优良天数比例（0.20）</td></tr>
<tr><td colspan="2">空气质量综合指数（0.15）</td></tr>
<tr><td rowspan="15">水源涵养</td><td rowspan="10">生态质量
（0.60）</td><td rowspan="4">生态格局
（0.36）</td><td>生态组分
（0.32）</td><td>生态用地面积比指数（1.00）</td></tr>
<tr><td rowspan="3">生态结构
（0.68）</td><td>生态保护红线面积比指数（0.10）</td></tr>
<tr><td>生境质量指数（0.80）</td></tr>
<tr><td>重要生态空间连通度指数（0.10）</td></tr>
<tr><td rowspan="3">生物多样性
（0.19）</td><td>重点保护生物
（0.30）</td><td>重点保护生物指数（1.00）</td></tr>
<tr><td rowspan="2">重要生物功能群
（0.70）</td><td>指示生物类群生命力指数（0.62）</td></tr>
<tr><td>原生功能群种占比指数（0.38）</td></tr>
<tr><td>生态功能
（0.35）</td><td>水源涵养
（1.00）</td><td>水源涵养指数（1.00）</td></tr>
<tr><td rowspan="2">生态胁迫
（0.10）</td><td>人为胁迫
（0.74）</td><td>陆域开发干扰指数（1.00）</td></tr>
<tr><td>自然胁迫
（0.26）</td><td>自然灾害受灾指数（1.00）</td></tr>
<tr><td colspan="2" rowspan="5">环境质量
（0.40）</td><td colspan="2">土壤质量安全点位比例（0.10）</td></tr>
<tr><td colspan="2">达到或优于Ⅲ类水质比例（0.30）</td></tr>
<tr><td colspan="2">地表水水质指数（0.25）</td></tr>
<tr><td colspan="2">空气质量优良天数比例（0.20）</td></tr>
<tr><td colspan="2">空气质量综合指数（0.15）</td></tr>
</table>

注：* 表示括号内为涉海县域权重。

第三部分　监管指标

监管指标包括生态环境保护管理指标、自然生态变化详查指标，以及突发环境事件与突出生态环境问题指标三部分。

一、生态环境保护管理

（一）评分细则

从生态保护修复、环境污染防治、绿色协调发展、城乡人居环境、工作组织情况五个方面进行量化评价，各项目的分值相加即为该县的生态环境保护管理得分值（$EM_{管理}$）。

$EM_{管理}$满分 100 分，其中生态保护修复 25 分、环境污染防治 25 分、绿色协调发展 15 分、城乡人居环境 20 分、工作组织情况 15 分（表 4）。

表 4　生态环境保护管理指标分值

一级指标	二级指标	分值
1. 生态保护修复（25 分）	1.1 生态文明建设	10 分
	1.2 自然保护地建设	5 分
	1.3 生态保护红线制度落实	5 分
	1.4 生态保护修复工程	5 分
2. 环境污染防治（25 分）	2.1 排污许可制度落实	5 分
	2.2 主要污染物减排	10 分
	2.3 农业面源污染防治	7 分
	2.4 地下水保护与治理	3 分
3. 绿色协调发展（15 分）	3.1 产业结构优化	7 分
	3.2 绿色低碳发展	3 分
	3.3 生态环境保护与治理投入	5 分
4. 城乡人居环境（20 分）	4.1 农村环境整治	3 分
	4.2 城乡生活污水处理	6 分
	4.3 城乡生活垃圾无害化处理	4 分
	4.4 城乡饮用水水源水质	7 分
5. 工作组织情况（15 分）	5.1 党委政府共抓生态环境保护工作	4 分
	5.2 工作组织	6 分
	5.3 自查报告	5 分
合计		100 分

1. 生态保护修复（25 分）

1.1　生态文明建设

指标解释：指县域开展国家生态文明建设示范市县、“绿水青山就是金山银山”实践创新基地、环境保护模范城市等创建。

评分方法：10 分，①获得国家级命名，得 10 分；②获得省级命名，得 5 分；③编制生态文明创建或“绿水青山就是金山银山”实践创新基地规划并经省级生态环境主管部门组织评审，且评价年仍然在规划实施期内，得 3 分；④若县域获得不止一个上述命名，以最高级命名计分且得分不累加；⑤按照相关管理规程，若县域未通过国家开展的定期复核评估，则该项不得分；⑥若县域生态环境质量综合评价结果为“变差”中的“轻微变差”或“一般变差”等级，则最终评价结果再降低一档，直至“明显变差”。

评分依据：①国家级命名以 2017 年以来的生态环境部公告文件为准，且命名仍然有效；②省级命名以 2017 年以来的省级生态环境主管部门公告文件为准，且命名仍然有效；③规划方案简本，以及经县级人民代表大会（或其常务委员会）或人民政府审议批准实施的文件；④生态环境部每年度开展的复核评估结果文件。

1.2　自然保护地建设

指标解释：指县域内国家公园、自然保护区、自然公园等各级各类自然保护地建设情况。

评分方法：5 分，按照《关于建立以国家公园为主体的自然保护地体系的指导意见》，自然保护地分为中央直接管理、中央地方共同管理和地方管理 3 类，其中国家批准设立中央直接管理和中央地方共同管理的自然保护地，省级政府批准设立地方管理的自然保护地。①建成由国家批准设立的国家公园或自然保护区，得 5 分；②建成由国家批准设立的自然公园或省级政府批准设立的自然保护区，得 3 分；③在评价年，建成由省级政府批准设立的自然公园，得 2 分；④若县域内同时有国家和省级政府批准设立的自然保护地，则以最高等级计分，且得分不超过 5 分；⑤对于跨县域行政边界的自然保护地，则按每个县域单独计分；⑥按照生态环境部《自然保护地生态环境监管工作暂行办法》，县域内若有国家批准设立的自然保护地生态环境保护成效评估为“差”等级，扣 5 分，若有省级批准设立的自然保护地生态环境保护成效评估为“差”等级，每个扣 2 分，扣完为止。

评分依据：①各级各类自然保护地批准设立的文件或公告，以及自然保护地占地分布图、拐点坐标、覆盖行政区域、保护内容等基本信息；②生态环境部或省级生态环境主管部门每年度自然保护地生态环境保护成效评估结果文件。

1.3　生态保护红线制度落实

指标解释：指县级地方政府落实生态保护红线“面积不减少、性质不改变、功能不降低”保护要求情况。

评分方法：5 分。根据上级部门对县域生态保护红线监管结果，评价年若发现并核实县域生态保护红线区存在面积降低或性质改变情形，则不得分。

评分依据：上级部门生态保护红线年度监管结果。

1.4　生态保护修复工程

指标解释：指县级政府坚持新发展理念，统筹山水林田湖草沙系统保护和修复，为提升重点生态功能区生态产品供给能力而实施的诸如河湖湿地保护修复、防沙治沙、水土流失治理、生物多样性保护等生态保护修复工程。

评分方法：5 分。①县级政府编制县域生态功能保护修复规划，规划的实施能有效提升生态系统质量和稳定性，提升主导生态功能，1 分。②根据县域生态功能保护修复规划，评价年按照资金投入大小提供不超过 3 个已经完工的生态保护修复工程，按照工程投入、生态环境综合效益、受益范围等综合评分，0～4 分，小数点后保留一位有效数字。

评分依据：①县域“十四五”生态功能保护修复规划简本及地方政府批准实施文件；②评价年已经完成验收的生态保护修复工程材料［包括但不限于设计（可研）方案、资金投入、实施位置、工程期限、竣工验收等］。

2. 环境污染防治（25 分）

2.1　排污许可制度落实

指标解释：依据法律规定实行排污许可管理的企事业单位和其他生产经营者，应当依据《排污许可管理条例》规定申请取得排污许可证，并按照许可证规定的内容、频次和时间要求，向审批部门提交排污许可证执行报告。

评分方法：5 分，①排污许可执行情况，以排污许可证执行年度报告提交率表示，是指已提交年度执行报告的排污单位占县域内应提交年度执行报告的各类排污单位的比例，得分：排污许可证执行年度报告提交率 ×3，小数点后保留一位有效数字。②排污单位持证排污情况，县域内排污单位均依法持证排污，得 2 分；发现 1 家排污单位无证排污，且未履行行政处罚程序的扣 0.5 分，扣完为止。最终得分：①+②。

评分依据：①国家或省级生态环境主管部门利用全国排污许可证管理信息平台，核定县域排污许可证年度执行报告提交率；②监管执法记录等资料。

2.2　主要污染物减排

指标解释：以主要污染物排放强度表示，是指县域内二氧化硫、氮氧化物、化学需氧量和氨氮排放量与县域国土面积的比值。

评分方法：10 分。①主要污染物排放强度，4 分；评价年与对照年相比，县域主要污染物排放强度不增加，按照排放强度降低幅度计算得分，计算公式为

$$\frac{x_{对照年}-x_{评价年}}{x_{评价年}}\div 0.3\times 4$$

小数点后保留一位有效数字；若排放强度增加，则得0分。②县级政府落实精准治污、科学治污举措，6分，其中落实精准治污开展生态环境问题诊断分析，0～3分；落实科学治污提出生态环境质量改善提升途径，0～3分，小数点后保留一位有效数字。

评分依据：①评价年、对照年县域主要污染物排放量统计数据、县域国土面积等数据；②县级政府落实精准治污、科学治污要求，开展“十四五”期间县域生态环境问题诊断及质量改善提升对策研究，提供相关研究报告以及政府批准实施等材料。

2.3　农业面源污染防治

指标解释：农业面源污染防治包括农业面源污染防治规划编制，农业面源污染监测，化肥施用量、施用强度和利用率，农药施用量、施用强度和利用率，畜禽粪污综合利用率，规模养殖场畜禽粪污综合利用台账等6部分。

评分方法：7分，①县域推进农业面源污染防治，制定农业面源污染防治规划，2分；②布设农业面源监测点位开展监测工作，1分；③评价年，县域化肥利用率、施用量下降幅度和单位面积施用强度达到规定的目标值，得1分，否则不得分；④评价年，县域农药利用率、施用量下降幅度和单位面积施用强度达到规定的目标值，得1分，否则不得分；⑤评价年，县域畜禽粪污综合利用率达到规定的目标值，得1分，否则不得分；⑥评价年，县域规模畜禽养殖场全部建立畜禽粪污资源化利用台账，得1分，否则不得分。最终得分：①+②+③+④+⑤+⑥。

评分依据：县域推进农业绿色发展，制定农业面源污染防治规划，在畜禽粪污资源化、化肥农药减量化、面源污染现场监测等方面的具体举措和成效；通过统计调查、监测等手段核算污染物排放量、农药化肥施用量、粪污资源化利用等各类数据。对位于草原区且不存在农业面源污染的县域，经地方政府提出证明并经审核后该指标不评价。

2.4　地下水保护与治理

指标解释：地下水保护与治理包括地下水水位和地下水水质两部分。

评分方法：3分，①评价年，县域地下水水位与最近年份的水位监测数据相比，水位不降低的监测点位比例，计分方法：点位比例×1；②评价年，县域地下水水质类别不降低的监测点位比例，计分方法：点位比例×2。最终得分：①+②，小数点后保留一位有效数字。

评分依据：县域地下水监测点位、地下水水位监测报告、地下水水质监测数据或报告。

3. 绿色协调发展（15 分）

3.1　产业结构优化

指标解释：产业结构优化包括县级政府在国土空间规划与管控、落实“三线一单”政策、第二产业占比 3 方面内容。

评分方法：7 分。其中：①制定国土空间规划，2 分。②落实“三线一单”政策，生态环境准入清单实施情况，0～3 分，小数点后保留一位有效数字。③县域第二产业占比变化，2 分，评价年与对照年（评价年前一年）相比，若第二产业所占比例增加，则不得分；若降低，则按照降低幅度计算得分，计算公式：$(p_{对照年}-p_{评价年})\div 0.1\times 2$，小数点后保留一位有效数字。最终得分：①+②+③。

评分依据：①县域“十四五”国土空间规划报告；②县域生态环境准入清单，县域产业园区规划环评开展情况，以及“三线一单”在产业空间布局、产业调整以及新增产业准入方面的应用情况；③评价年、对照年县域第一、第二、第三产业增加值统计数据。

3.2　绿色低碳发展

指标解释：以二氧化碳排放强度表示，指单位地区生产总值的增长所带来的二氧化碳排放量。

评分方法：3 分，评价年县域二氧化碳排放强度完成上级管控目标，或与对照年相比保持稳定或降低，得 3 分，否则不得分。

评分依据：上级部门碳排放管控目标文件（如有），以及评价年、对照年县域二氧化碳排放量（t）、地区生产总值增加值（万元）统计核算数据。

3.3　生态环境保护与治理支出

指标解释：指评价年县域在生态保护修复、环境污染防治、生活污水和生活垃圾等环境基础设施建设运行、自然资源保护等方面的投入占全县当年财政支出的比例。

评分方法：5 分，计算公式：生态环境保护与治理支出比例 ×5，小数点后保留一位有效数字。

评分依据：评价年经县级人民代表大会审议通过的县域年度财政预算收支报告，内含各类上级下达的转移支付资金和各级生态环境保护财政资金。

4. 城乡人居环境（25 分）

4.1　农村环境整治

指标解释：以农村环境整治率和年度计划任务完成率表示，其中农村环境整治率是指县域落实《关于全面推进乡村振兴加快农业农村现代化的意见》，县域内完成农村环境整治的行政村占县域内所有行政村的比例；年度计划任务完成率是指根据“十四五”各省农村环境整治计划，县域每年完成整治的村庄数量占本年度上级下达的整治任务比例。

评分方法：3 分，计算公式：农村环境整治率 ×2+ 年度计划任务完成率 ×1，小数点后保留一位有效数字，若评价年县域超额完成年度整治任务，则年度计划任务完成率按 100% 计；若评价年县域无上级下达的年度整治任务，计算公式：农村环境整治率 ×3，小数点后保留一位有效数字。

评分依据：①县域落实乡村振兴战略，评价年完成的农村环境整治村庄验收材料，农村环境整治包括但不限于农村生活污水、生活垃圾处理。开展美丽宜居村庄和美丽庭院示范创建活动情况。②评价年，上级下达的年度农村环境整治任务，以及任务完成情况的验收材料。

4.2　城乡生活污水处理

指标解释：城乡生活污水处理包括县城驻地的城镇生活污水处理与管网建设、乡镇生活污水处理设施建设，以及农村生活污水治理 3 部分内容。

（1）城镇生活污水集中处理与管网建设

指标解释：包括城镇生活污水处理率、污水管网覆盖率两个指标。其中城镇生活污水处理率是指县城所在地城镇经过污水处理厂集中处理且达标排放的污水量占城镇生活污水年总排放量的比例；污水管网覆盖率是指污水收集管网覆盖的城镇建成区面积占建成区总面积的比例。

评分方法：3 分，计算公式：城镇生活污水处理率 ×2+ 污水管网覆盖率 ×1，小数点后保留一位有效数字。

评分依据：评价年城镇生活污水年排放总量、收集量、处理量数据，污水处理厂运行、污泥产生量以及城区污水管网建设、覆盖范围等资料。

（2）乡镇生活污水处理设施建设

指标解释：以乡镇生活污水处理覆盖率表示，指县域内开展生活污水收集处理的乡镇（县政府驻地除外）占全县乡镇个数的比例。

评分方法：2 分，计算公式：乡镇生活污水处理覆盖率 ×2，小数点后保留一位有效数字。

评分依据：乡镇生活污水处理设施建设立项（可研）、竣工验收材料；污水收集管网建设等材料。

（3）农村生活污水治理

指标解释：以农村生活污水治理率表示，指县域内生活污水得到处理或资源化利用的行政村数占县域内所有行政村数量的比例。生活污水得到处理或资源化利用是指每个自然村内 60% 以上的农户，且每个行政村内 60% 以上的自然村生活污水得到处理或资源化利用，无污水横流现象，不引起水体、土壤等环境质量显著下降，视为该行政村完成生活污水治理。禁止违反《水污染防治法》要求，利用渗井、渗坑、裂隙、溶洞或私设暗管等方式直接排放未经处理的生活污水。

评分方法：1 分，计算公式：农村生活污水治理率 ×1，小数点后保留一位有效数字。

评分依据：农村生活污水治理项目可研报告或实施方案、验收材料，处理设施运行状况材料等。

4.3　城乡生活垃圾无害化处理

指标解释：城乡生活垃圾无害化处理包括县城驻地的城镇生活垃圾无害化处理率和乡镇生活垃圾集中收集率两部分。其中，城镇生活垃圾无害化处理率是指经过无害化处理的垃圾量占垃圾产生总量的比例；乡镇生活垃圾集中收集率是指开展生活垃圾统一收集、集中处理或转运（如村收集乡转运县处理）的乡镇占全县乡镇数量的比例。

评分方法：4 分，计算公式：城镇生活垃圾无害化处理率 ×2 + 乡镇生活垃圾集中收集率 ×2，小数点后保留一位有效数字。

评分依据：①评价年县域生活垃圾产生量、清运量、处理量台账等资料，以及生活垃圾处理设施运行状况；②评价年乡镇生活垃圾收集、清运量台账，清运设施及资金投入等材料。

4.4　城乡饮用水水源水质

指标解释：城乡饮用水水源水质包括城镇集中式饮用水水源水质达标率、“千吨万人”水源水质达标率以及乡镇集中式饮用水水源保护区划定比例 3 部分。饮用水水源分为地表水和地下水型，地表水型水源水质监测执行《地表水环境质量标准》（GB 3838—2002），按季度监测，4 次 / 年；地下水型水源水质监测执行《地下水质量标准》（GB/T 14848—2017），每半年监测 1 次，2 次 / 年；若监测频次不符合要求，则不得分。具体如下：

（1）城镇集中式饮用水水源水质达标率

指标解释：是指服务县城的在用集中式饮用水水源，其水质监测中达标频次占全年监测总频次的比例。

评分方法：2 分，计算公式：城镇集中式饮用水水源水质达标率 ×2，小数点后保留一位有效数字。

评分依据：县城在用集中式饮用水水源水质监测报告。

（2）“千吨万人”水源水质达标率

指标解释：是指县域内所有划定的“千吨万人”水源，其水质监测中达标频次占全年监测总频次的比例。

评分方法：3 分，计算公式：“千吨万人”水源水质达标率 ×3，小数点后保留一位有效数字。

评分依据：县域“千吨万人”水源规划报告、水源名单以及水质监测报告。

（3）乡镇集中式饮用水水源保护区划定比例

指标解释：是指县域内乡镇集中式饮用水水源中完成保护区划定的比例。

评分方法：2分，计算公式：乡镇集中式饮用水水源保护区划定比例 ×2，小数点后保留一位有效数字。若县域内无“千吨万人”水源，则“千吨万人”水源水质达标率的分值加到乡镇集中式饮用水水源保护区划定比例中，计算公式：乡镇集中式饮用水水源保护区划定比例 ×5，小数点后保留一位有效数字。

评分依据：县域乡镇集中式饮用水水源保护区批复报告，以及水源名单、乡镇名单等。

5. 工作组织情况（15分）

5.1 党委政府共抓生态环境保护工作

指标解释：是指县级党委政府主要负责人研究部署和督促落实生态环境保护工作情况。

评分方法：4分，县级党委政府共同推进污染防治攻坚战，加强生态环境保护工作，督促各部门推进生态保护修复、环境污染防治、城乡环境整治等任务，每季度1分。

评分依据：评价年县级党委政府主要负责人研究部署生态环境保护工作的会议记录（纪要）等材料。

5.2 工作组织

指标解释：是指县级政府每年组织开展国家重点生态功能区县域生态环境质量监测评价工作，制定实施方案、保障工作经费等举措。

评分方法：6分，县级政府每年年初将该项工作纳入年度工作计划，制定实施方案（2分），成立由政府领导牵头的领导小组，组织协调县域生态环境监测评价工作（1分）；根据指标体系及实施细则，明确各部门职责分工以及需要开展的工作、需要提供的数据资料（1分）；保障工作经费（2分）。

评分依据：实施方案可每年制定，也可制定“十四五”期间的方案；工作经费凭证。

5.3 自查报告

指标解释：是指县级政府编写年度自查报告，综合分析县域生态环境质量状况，以及生态保护修复、环境污染治理成效、存在问题等。

评分方法：5分。根据自查报告编制质量综合评分，0～5分，小数点后保留一位有效数字。若审核发现，县域上报各类数据资料存在（缺）漏报、错报等不规范（造假瞒报除外）情形的，发现1处扣1分，扣完为止；若县域不能按时上报数据资料，影响省级审核工作进度的，扣5分。

评分依据：自查报告数据翔实，能体现评价年县级政府的生态环境保护工作和成效，以及生态环境质量变化趋势，鼓励开展生态环境保护成效评价，探索生态产品价值实现机制。

（二）评价方法

生态环境保护管理评分分省级评分和国家评分两级，在省级评分基础上，国家进行复核。根据每个县域生态环境保护管理得分（$EM_{管理}$），以省为单位将各县域的分值转换为 -1.5～+1.5 之间的无量纲值，作为生态环境保护管理评价值，以 $EM'_{管理}$表示，若本省内县域数量不足 5 个，则与相邻省份合并评价，$EM'_{管理}$计算公式如下：

$$EM'_{管理}=1.5\times(EM_{管理}-EM_{avg})/(EM_{max}-EM_{avg})，当EM_{管理}\geqslant EM_{avg}时$$
$$EM'_{管理}=1.5\times(EM_{管理}-EM_{avg})/(EM_{avg}-EM_{min})，当EM_{管理}\leqslant EM_{avg}时$$

式中：EM_{max}——某省县域生态环境保护管理得分的最大值；

EM_{min}——某省县域生态环境保护管理得分的最小值；

EM_{avg}——某省县域生态环境保护管理得分的平均值。

若经审核或现场核查发现县域生态环境保护管理指标证明材料存在编造或瞒报情形，则该县域 $EM'_{管理}$直接定为 -1.5，且最终评价结果不得为“变好”等级，并进行通报。

若经核实县域生态环境质量监测数据存在造假或发生严重人为干扰环境质量监测站点行为，则该县域生态环境质量综合评价结果定为最差一档，即“明显变差”。

若县域近三年（包括评价年，下同）生态环境保护管理评价不为负值（$EM'_{管理}\geqslant 0$），且同时满足以下 3 个条件，则其当年生态环境质量综合评价结果定为“轻微变好”：①近三年生态环境质量综合评价结果均为“基本稳定”且不为负值（$0\leqslant \Delta EI<1$）；②近三年生态环境质量动态变化值不为负值（$\Delta EI'\geqslant 0$）；③近三年县域内未出现突发环境事件或突出生态环境问题（$EM'_{事件}$不为负值）。

若县域近三年生态环境质量综合评价结果均为“轻微变好”，且同时满足以下 4 个条件，则其当年生态环境质量综合评价结果定为“一般变好”：①近三年且生态环境质量动态变化值不为负值（$\Delta EI'\geqslant 0$）；②近三年生态环境保护管理评价不为负值（$EM'_{管理}\geqslant 0$）；③近三年自然生态变化详查评价不为负值（$EM'_{遥感}\geqslant 0$）；④近三年未出现突发环境事件或突出生态环境问题（$EM'_{事件}$不为负值）。

二、自然生态变化详查

自然生态变化详查是通过评价年与对照年（县域纳入转移支付年份作为对照年）高分辨率卫星遥感影像对比分析及无人机遥感核查等方法，查找并验证县域内局部自然生态系统发生变化的区域，评价值（$EM'_{遥感}$）介于 -0.7～+0.7 之间（表 5）。自然生态变化详查评价通过“变化类型 + 变化面积”综合确定。其中，“变化类型”为定性指标，主要包括矿产资源开发类、工业开发类、固体废物堆放类、城市开发建设类，以及其他改变生态用地的类型；“变化面积”为定量指标，根据生态变化斑块面积进行评价，分为明显变化、一般变化和轻微变化（表 5）。

表 5　自然生态变化详查评价

<table>
<tr><th colspan="3">自然生态变化规模</th><th>$EM'_{遥感}$</th><th>自然生态破坏类型</th></tr>
<tr><td rowspan="2">明显变化</td><td rowspan="2">变化面积＞5 km^2</td><td>破坏</td><td>−0.7</td><td rowspan="7">1. 矿产资源开发类：包括矿产露天开采、尾矿库、采石场、石料厂、砂石厂等；
2. 工业开发类：独立设置的工厂、工业园区等；
3. 固体废物堆放类：包括工业固体废物、矿业固体废物、农业固体废物、城市生活垃圾、建筑固体废物、非常规来源固体废物等；
4. 城市开发建设类：包括工业园区新建或扩建、城镇建设、房地产开发等；
5. 其他改变生态用地的类型</td></tr>
<tr><td>恢复</td><td>0.7</td></tr>
<tr><td rowspan="2">一般变化</td><td rowspan="2">2 km^2＜变化面积≤5 km^2</td><td>破坏</td><td>−0.5</td></tr>
<tr><td>恢复</td><td>0.5</td></tr>
<tr><td rowspan="2">轻微变化</td><td rowspan="2">0＜变化面积≤2 km^2</td><td>破坏</td><td>−0.3</td></tr>
<tr><td>恢复</td><td>0.3</td></tr>
<tr><td colspan="3">未变化</td><td>0</td></tr>
</table>

自然生态变化无人机遥感核查遵循典型性与可行性原则，重点选取由人为因素导致的且生态变化面积较大的斑块，同时也参考新闻媒体或舆情中出现的生态破坏事件。

对于在生态重要区或极度敏感区发现的破坏，如自然保护区、饮用水水源保护区、生态保护红线内，或往年发现的生态破坏斑块仍没有好转的，甚至持续扩大的，评价值可降档扣分，结合生态破坏斑块的类型、面积和空间位置，可直接定为最差一档（即“明显变差”）（表 6）。

表 6　自然保护区等生态敏感区生态破坏评价

<table>
<tr><th>自然生态破坏类型</th><th>自然保护区功能分区</th><th>饮用水水源保护区分区</th><th>$EM'_{遥感}$</th></tr>
<tr><td rowspan="3">1. 矿产资源开发类：包括矿产露天开采、尾矿库、采石场、石料厂、砂石厂等；
2. 工业开发类：独立设置的工厂、工业园区等；
3. 固体废物堆放类：包括工业固体废物、矿业固体废物、农业固体废物、城市生活垃圾、建筑固体废物、非常规来源固体废物等；
4. 城市开发建设类：包括工业园区新建或扩建、城镇建设、房地产开发等；
5. 其他改变生态用地的类型</td><td rowspan="2">核心保护区（核心区、缓冲区）</td><td>一级保护区</td><td rowspan="2">最终评价结果定为最差一档（明显变差）</td></tr>
<tr><td>二级保护区</td></tr>
<tr><td>一般控制区（实验区）</td><td>准保护区</td><td>首先按照破坏面积进行评价，然后再降低一档。如按照破坏面积评价为 −0.3，则降低一档后变成 −0.5，直至变成 −0.7 为止</td></tr>
</table>

注：自然保护区优化调整完成之前，采用核心区、缓冲区、实验区的功能分区。自然保护区优化调整完成后，采用核心保护区、一般控制区的功能分区；若生态保护红线内发现生态破坏斑块，评价方式同自然保护区一般控制区（实验区）和饮用水水源保护区准保护区。

三、突发环境事件与突出生态环境问题

该部分包括突发环境事件、突出生态环境问题两部分，以 $EM'_{事件}$表示，作为负向评价指标。对于由自然灾害等不可抗力因素造成的突发环境事件、突出生态环境问题不纳入评价。

$EM'_{事件}$介于 −1.0～0 之间，如果县域发生特别重大等级的突发环境事件，或经中央生态环境保护督察发现的地方政府不作为、乱作为、虚假整改等性质恶劣、影响较大的生态环境问题，可将最终评估结果定为最差一档（即“明显变差”）（表 7）；如果县域发生重大等级的突发环境事件，最终评价结果降低一档且不得为“变好”或“基本稳定”等级（表 7）。

表 7　突发环境事件与突出生态环境问题评价

<table>
<tr><th colspan="2">类型</th><th>$EM'_{事件}$</th><th>判断依据</th><th>说明</th></tr>
<tr><td rowspan="4">突发环境事件</td><td>特别重大环境事件</td><td>最终评价结果为最差一档</td><td rowspan="4">依据《国家突发环境事件应急预案》，评价年县域内发生人为因素引发的特别重大、重大、较大或一般等级的突发环境事件。若发生不止一起突发环境事件则以最严重等级为准</td><td rowspan="4">若同一事件有多种资料来源，则以最严重等级计算评价值，不重复计算</td></tr>
<tr><td>重大环境事件</td><td>最终评价结果降低一档且不得为“变好”或“基本稳定”等级</td></tr>
<tr><td>较大环境事件</td><td>−0.5</td></tr>
<tr><td>一般环境事件</td><td>−0.3</td></tr>
<tr><td rowspan="2">突出生态环境问题</td><td rowspan="2">中央生态环境保护督察问题</td><td>最终评价结果为最差一档</td><td>①中央领导批示督办的重大生态环境问题；②地方政府虚假敷衍整改、以整改名义行开发之实的；③资源违法无序开发造成重大生态环境问题的；④自然保护区等各类保护地核心保护区存在人类开发活动的；⑤其他类似程度的生态环境问题</td><td rowspan="2"></td></tr>
<tr><td>−1.0</td><td>①生活垃圾、污水处理设施运行不正常或长期超负荷运行，污水收集管网建设滞后的；②企业未安装污染处理设施导致污染物直排的；③自然保护区等各类保护地生态环境问题整改不到位或缓冲区有开发建设活动的；④违法违规建设或未批先建的；⑤地方政府重视不够，生态环境保护治理未形成合力的；⑥面源污染防治不力对环境质量有明显影响的；⑦其他类似程度的生态环境问题</td></tr>
</table>

续表

类型		$EM'_{事件}$	判断依据	说明
突出生态环境问题	中央生态环境保护督察问题	−0.5	①生活垃圾、污水处理设施不能按要求完成建设或改造的；②企业污染治理设施运行不正常的；③河长制、林长制等生态环境保护制度落实不到位的；④生态环境问题整改不到位的；⑤不合理开发以及产业项目不合理上马造成生态环境隐患的；⑥其他类似程度的生态环境问题	
	生态环境部例行监管发现的生态环境问题	−0.5	因生态环境问题被生态环境部约谈、公开通报、挂牌督办或实施区域限批	
	集中重复生态环境投诉举报问题		因集中重复投诉举报被生态环境部发函预警	

第四部分　综合评价

县域生态环境质量综合评价结果（ΔEI）作为国家重点生态功能区转移支付资金奖惩调节的主要依据，由技术评价结果（即县域生态环境质量变化值 $\Delta EI'$）、生态环境保护管理评价（$EM'_{管理}$）、自然生态变化详查评价（$EM'_{遥感}$）、突发环境事件与突出生态环境问题评价（$EM'_{事件}$）4 部分组成，公式如下：

$$\Delta EI=\Delta EI'+EM'_{管理}+EM'_{遥感}+EM'_{事件}$$

县域生态环境质量综合评价结果分为三级七类。三级为“变好”“基本稳定”“变差”；其中“变好”包括“轻微变好”“一般变好”“明显变好”，“变差”包括“轻微变差”“一般变差”“明显变差”（表 8）。

表 8　县域生态环境质量综合评价结果分级

变化等级	变好			基本稳定	变差		
	轻微变好	一般变好	明显变好		轻微变差	一般变差	明显变差
ΔEI 阈值	$1\leqslant\Delta EI\leqslant2$	$2<\Delta EI<4$	$\Delta EI\geqslant4$	$-1<\Delta EI<1$	$-2\leqslant\Delta EI\leqslant-1$	$-4<\Delta EI<-2$	$\Delta EI\leqslant-4$

第 4 章
关于印发《中央对地方重点生态功能区转移支付办法》的通知

（财预〔2022〕59 号）

各省、自治区、直辖市、计划单列市财政厅（局）：

为深化生态保护补偿制度改革，加强重点生态功能区转移支付分配、使用和管理，我们制定了《中央对地方重点生态功能区转移支付办法》，现予印发。

附件：中央对地方重点生态功能区转移支付办法

财政部

2022 年 4 月 13 日

附件：

中央对地方重点生态功能区转移支付办法

第一条 为深入贯彻习近平生态文明思想，加快生态文明制度体系建设，深化生态保护补偿制度改革，加强重点生态功能区转移支付管理，根据《中华人民共和国预算法》及其实施条例，制定本办法。

第二条 重点生态功能区转移支付列一般性转移支付，用于提高重点生态县域等地区基本公共服务保障能力，引导地方政府加强生态环境保护。

第三条 重点生态功能区转移支付包括重点补助、禁止开发区补助、引导性补助以及考核评价奖惩资金。

第四条 重点生态功能区转移支付不规定具体用途，中央财政分配下达到省、自治区、直辖市、计划单列市以及新疆生产建设兵团（以下统称省）省级财政部门，由相关省根据本地区实际情况统筹安排使用。

第五条 重点生态功能区转移支付支持范围。

（一）重点补助范围

1. 重点生态县域，包括限制开发的国家重点生态功能区所属县（含县级市、市辖区、旗等，下同）以及新疆生产建设兵团相关团场。

2. 生态功能重要地区，包括未纳入限制开发区的京津冀有关县、海南省有关县、雄安新区和白洋淀周边县。

3. 长江经济带地区，包括长江经济带沿线 11 省。

4. 巩固拓展脱贫攻坚成果同乡村振兴衔接地区，包括国家乡村振兴重点帮扶县及原“三区三州”等深度贫困地区。

（二）禁止开发补助范围

相关省所辖国家级禁止开发区域。

（三）引导性补助范围

南水北调工程相关地区（东线水源地、工程沿线部分地区和汉江中下游地区）以及其他生态功能重要的县。

第六条 重点生态功能区转移支付资金按照以下原则进行分配：

（一）公平公正，公开透明。选取客观因素进行公式化分配，转移支付办法和分配结果公开。

（二）分类处理，突出重点。根据生态功能重要性、财力水平等因素对转移支付对象实施差异化补助，体现差别、突出重点。

（三）注重激励，强化约束。健全生态环境监测评价和奖惩机制，激励地方加大生态环境保护力度，提高资金使用效率。

第七条 重点生态功能区转移支付资金选取影响财政收支的客观因素测算。具体计算公式为：

$$某省转移支付应补助额 = 重点补助 + 禁止开发补助 + 引导性补助 \pm 考核评价奖惩资金$$

测算的转移支付应补助额（不含考核评价奖惩资金）少于该省上一年转移支付预算执行数的，按照上一年转移支付预算执行数安排。

第八条 重点补助测算。

（一）重点生态县域和生态功能重要地区补助按照标准财政收支缺口并考虑补助系数测算。其中，标准财政收支缺口参照均衡性转移支付办法测算，结合中央与地方生态环境领域财政事权和支出责任划分，将各地生态环境保护方面的减收增支情况作为转移支付测算的重要因素；补助系数根据标准财政收支缺口、生态保护红线、产业发展受限对财力的影响情况等因素测算，并向西藏和四省涉藏州县、南水北调中线工程水源地倾斜。

重点生态县域和生态功能重要地区补助参照均衡性转移支付办法设置增幅控制机制。对倾斜支持地区、以前年度补助水平较低的地区，适当放宽增幅控制。

（二）长江经济带补助根据生态保护红线、森林面积、人口等因素测算。

（三）巩固拓展脱贫攻坚成果同乡村振兴衔接地区补助根据脱贫人口数、标准财政支出水平等因素测算，并结合脱贫人口占比、人均转移支付水平进行适当调节。

第九条　禁止开发补助根据各省禁止开发区域的面积和个数等因素测算，根据生态功能重要性适当提高国家自然保护区和国家森林公园权重，并向西藏和四省涉藏州县倾斜。

第十条　引导性补助中，南水北调工程相关地区（东线水源地、工程沿线部分地区和汉江中下游地区）按照相关规定予以补助；其他生态功能重要的县按照标准财政收支缺口并考虑补助系数测算。

第十一条　考核评价奖惩资金根据生态环境质量监测评价情况实施奖惩，对评价结果为明显变好和一般变好的地区予以适当奖励；对评价结果为明显变差和一般变差的地区，适当扣减转移支付资金。

第十二条　财政部于每年 10 月 31 日前，提前向省级财政部门下达下一年度重点生态功能区转移支付预计数。省级财政部门收到财政部提前下达重点生态功能区转移支付预计数 30 日内，提前向下级财政部门下达下一年度重点生态功能区转移支付预计数。

第十三条　省级财政部门应当根据本地实际情况，制定省对下重点生态功能区转移支付办法，规范资金分配，加强资金管理，将各项补助资金落实到位。各省应当加大重点生态功能区转移支付力度。省级财政部门分配重点生态功能区转移支付资金，应重点支持中央财政补助范围内的地区。

第十四条　享受重点生态功能区转移支付的地区应当切实增强生态环境保护意识，将转移支付用于保护生态环境和改善民生，不得用于楼堂馆所及形象工程建设和竞争性领域，同时加强对生态环境质量的考核和资金的绩效管理。

第十五条　财政部各地监管局根据工作职责和财政部要求，对重点生态功能区转移支付资金进行监管。

第十六条　各级财政部门及其工作人员在资金分配、下达和管理工作中存在违反本办法行为，以及其他滥用职权、玩忽职守、徇私舞弊等违法违规行为的，依法追究相应责任。

资金使用部门和个人存在弄虚作假或挤占、挪用、滞留资金等行为的，依照《中华人民共和国预算法》及其实施条例、《财政违法行为处罚处分条例》等国家有关规定追究相应责任。

第十七条 本办法自发布之日起施行。《中央对地方重点生态功能区转移支付办法》（财预〔2019〕94 号）同时废止。

第5章
云南省生态环境厅　云南省财政厅
关于印发《云南省县域生态环境质量监测与评价办法》和《云南省县域生态环境质量监测与评价指标体系实施细则》的通知

（云环通〔2024〕28号）

各州、市生态环境局、财政局：

为推进美丽中国建设云南实践，推动全省生态环境质量持续改善，定量评价县域生态环境质量，提高生态功能区转移支付资金绩效，参照《“十四五”国家重点生态功能区县域生态环境质量监测与评价指标体系及实施细则》，省生态环境厅、省财政厅联合制定了《云南省县域生态环境质量监测与评价办法》《云南省县域生态环境质量监测与评价指标体系实施细则》，现印发你们，请遵照执行。原《云南省县域生态环境质量监测评价与考核办法（试行）》废止。

附件：1. 云南省县域生态环境质量监测与评价办法

2. 云南省县域生态环境质量监测与评价指标体系实施细则

云南省生态环境厅

云南省财政厅

2024年3月27日

附件 1

云南省县域生态环境质量监测与评价办法

第一章　总　则

第一条　为贯彻习近平生态文明思想，筑牢我国西南生态安全屏障，推进“绿美云南”建设，促进生态文明建设排头兵取得新进展，推动全省生态环境质量持续改善，进一步提高生态功能区转移支付资金使用绩效，参考《“十四五”国家重点生态功能区县域生态环境质量监测与评价指标体系及实施细则》，结合云南实际，制定本办法。

第二条　坚持生态优先、节约集约、绿色低碳发展的原则，全方位、全地域、全过程加强生态环境保护，落实生态环境保护地方各级政府责任，推动县域生态环境质量持续改善；坚持动态评价、奖惩并重的原则，开展县域生态环境质量年际变化综合评价，客观反映山水林田湖草沙一体化保护和系统治理工作实绩，依据评价结果实施奖惩；坚持公平公正、公开透明的原则，按照分类指标体系和评价方法实施科学、客观的评价，并对评价结果进行公开。

第三条　本办法适用于全省县域生态环境质量监测与评价，其中纳入中央对地方重点生态功能区转移支付的县（市、区），直接采用国家重点生态功能区县域生态环境质量监测与评价结果，其余县（市、区）的评价按本办法执行。

第二章　监测与评价内容

第四条　监测与评价内容包括技术指标（生态质量和环境质量）和监管指标两大类。生态质量按照《区域生态质量评价办法（试行）》进行评价；环境质量评价包含地表水水质、环境空气质量和土壤环境质量；监管指标包括生态环境保护管理指标、自然生态变化详查指标，以及突发环境事件与突出生态环境问题指标三部分。

第五条　指标体系及评价方法按照《云南省县域生态环境质量监测与评价指标体系实施细则》（以下简称《实施细则》）相关要求执行，《实施细则》根据环境管理需求适时修订。

第三章　评价程序

第六条　年度评价采取县级自查、州（市）级初审及省级集中审核和综合评价的程序进行。

第七条　各县（市、区）人民政府每年向所在州（市）级人民政府生态环境主管部门报送上一年度县域生态环境质量监测与评价自查报告及数据。

州（市）级人民政府生态环境主管部门对县（市、区）人民政府提交自查报告及年度数据的完整性、逻辑性和真实性进行初审，将审核后的自查报告及数据报送省生态环境厅。报送时间以年度通知为准。

省生态环境厅对各县（市、区）自查报告及数据进行集中审核，形成初步评价结果，征求相关厅局意见，最终形成年度评价结果。

第四章　组织分工

第八条　由省生态环境厅、省财政厅联合组织实施。

省生态环境厅负责评价工作具体实施，省生态环境监测中心作为技术支撑单位负责评价技术培训、数据汇总、现场核查、审核和评价。

省财政厅负责评价工作指导与监督，依据评价结果，采取相应的生态功能区转移支付奖惩措施，并保障评价工作所需经费。

省生态环境厅、省财政厅联合发文通报评价结果。

第九条　州（市）人民政府负责对所辖县（市、区）评价工作的指导和监督，州（市）级人民政府生态环境主管部门会同评价工作涉及的各相关职能部门对县（市、区）人民政府上报自查报告进行初审，并提出审核意见。

第十条　县（市、区）人民政府为责任主体，负责组织开展县域生态环境质量监测与评价数据和材料梳理，负责自查报告编制，并对报告及相关数据的真实性和准确性负责。

第十一条　县（市、区）人民政府要加强生态环境保护及污染防治工作，建立相应的监测监管制度，确保数据和自查报告的规范、可靠和完整，能客观反映县域生态保护和建设成效。县级财政部门要保障监测、评价所需经费。

第十二条　评价监测如有委托社会检测机构的，县（市、区）人民政府对监测数据质量负责；州（市）级人民政府生态环境主管部门对质控工作的落实情况实施监督。

第五章　评价方法和评价结果确定

第十三条　评价方法按《实施细则》执行，采取综合指数法，以县域生态环境质量现状（EI）和综合评价结果（ΔEI）的量化分值表征。

第十四条　县域生态环境质量综合评价结果分为三级七类：明显变好（ΔEI≥4）、一般变好（2<ΔEI<4）、轻微变好（1≤ΔEI≤2）、基本稳定（-1<ΔEI<1）、轻微变差（-2≤ΔEI≤-1）、一般变差（-4<ΔEI<-2）、明显变差（ΔEI≤-4）。

第十五条　县域内发生下列情形之一的，对当年度评价结果进行正向调节。

（一）近三年评价结果均为“基本稳定”，且三年（包括评价年，下同）生态环境质量年际正向变化（$\Delta EI'>0$），评价年环境管理得分高于全省平均分、未出现突发环境事件或突出生态环境问题，则当年评价结果推荐为“轻微变好”。

（二）近三年评价结果均为“轻微变好”，且三年生态环境质量年际正向变化（$\Delta EI'>0$），评价年环境管理得分高于全省平均分、自然生态变化详查评价为正向变化（$EM'_{遥感}>0$）、未出现突发环境事件或突出生态环境问题，则当年评价结果推荐为“一般变好”。

（三）年度测算结果为“基本稳定”的县域，若评价年度及上一年度集中式饮用水源地水质达标率、地表水达到或优于Ⅲ类水质达标率和优良以上空气质量达标率均为100%，评价年管理评分高于全省平均分，未出现突发环境事件或突出生态环境问题，则当年评价结果推荐为“轻微变好”。

（四）评价年度被命名为国家级生态文明建设示范区或“绿水青山就是金山银山”实践创新基地，管理评分高于全省平均分，未出现突发环境事件或突出生态环境问题，如评价年度测算结果不为变差层级，则评价结果上调一个层级。

第十六条 县域内发生下列情形之一的，将直接给予当年度评价结果变差的层级。

（一）因人为因素引发的特别重大突发环境事件。

（二）存在性质恶劣、影响较大的突出生态环境问题，如：中央领导批示督办的重大生态环境问题；中央或省级生态环境保护督察发现的地方政府不作为、乱作为、虚假整改等性质恶劣、影响较大的生态环境问题；地方政府虚假敷衍整改，以整改名义行开发之实的；资源违法无序开发造成重大生态环境问题的。

（三）自然保护区等各类保护地核心区、饮用水水源一级保护区或生态重要区域、极度敏感区域内存在新增人类开发活动，或违反相关管理规定且整改不力。

（四）涉及生态环境问题舆情且导致恶劣影响的。

（五）其他造成生态环境质量严重影响的情形。

第六章 结果运用

第十七条 评价结果作为全省生态功能区转移支付资金分配的重要依据，具体奖惩按省财政厅《云南省生态功能区转移支付办法》规定执行。

第十八条 评价结果作为申报国家级、省级生态文明建设示范区、“绿水青山就是金山银山”实践创新基地及其他与生态环境质量相关考核及评价的重要依据。

第十九条 评价结果为变差层级的县域，县（市、区）人民政府需提出具有针对性和可操作性的整改措施，组织实施整改并向省生态环境厅专题报告整改情况。

第七章 监督管理

第二十条 为保证评价结果的客观、公正，应全面如实填报相关评价数据，对在评价工作中瞒报、谎报及弄虚作假的，一经发现将给予通报，情节严重的直接给予当年评价结果变差层级。

第二十一条　评价结果公开，接受社会公众和舆论的监督。

第八章　附　则

第二十二条　本办法由省生态环境厅、省财政厅负责解释，自公布之日起实施。

附件 2

云南省县域生态环境质量监测与评价指标体系实施细则

2024 年 3 月

第一部分　总　则

为进一步加强云南省县域生态环境质量监测与评价工作，推动全省生态环境质量持续改善，特制定《云南省县域生态环境质量监测与评价指标体系实施细则》。

云南省县域生态环境质量监测与评价指标体系包括技术指标和监管指标两部分（表 1）。

技术指标由生态质量指标和环境质量指标组成，突出水土保持、生物多样性维护、水源涵养和城市区四类生态功能类型的差异性，县域生态功能定位由生态环境部提供，详见附表。

监管指标包括生态环境保护管理指标、自然生态变化详查指标，以及突发环境事件与突出生态环境问题指标三部分。

表 1　云南省县域生态环境质量监测与评价指标体系

<table>
<tr><th colspan="2">指标类型</th><th colspan="2">一级指标</th><th>二级指标</th><th>三级指标</th></tr>
<tr><td rowspan="4">技术指标</td><td rowspan="4">水土保持</td><td rowspan="4">生态质量</td><td rowspan="4">生态格局</td><td>生态组分</td><td>生态用地面积比指数</td></tr>
<tr><td rowspan="3">生态结构</td><td>生态保护红线面积比指数</td></tr>
<tr><td>生境质量指数</td></tr>
<tr><td>重要生态空间连通度指数</td></tr>
</table>

续表

指标类型		一级指标		二级指标	三级指标
技术指标	水土保持	生态质量	生物多样性	重点保护生物	重点保护生物指数
				重要生物功能群	指示生物类群生命力指数
					原生功能群种占比指数
			生态功能	水土保持	水土保持指数
			生态胁迫	人为胁迫	陆域开发干扰指数
				自然胁迫	自然灾害受灾指数
		环境质量		地表水水质	达到或优于Ⅲ类水质比例
					地表水水质指数
				环境空气质量	空气质量优良天数比例
					空气质量综合指数
				土壤环境质量	土壤质量安全点位比例
	生物多样性维护	生态质量	生态格局	生态组分	生态用地面积比指数
				生态结构	生态保护红线面积比指数
					生境质量指数
					重要生态空间连通度指数
			生物多样性	重点保护生物	重点保护生物指数
				重要生物功能群	指示生物类群生命力指数
					原生功能群种占比指数
			生态功能	生态活力	植被覆盖指数
					水网密度指数
			生态胁迫	人为胁迫	陆域开发干扰指数
				自然胁迫	自然灾害受灾指数
		环境质量		地表水水质	达到或优于Ⅲ类水质比例
					地表水水质指数
				环境空气质量	空气质量优良天数比例
					空气质量综合指数
				土壤环境质量	土壤质量安全点位比例
	水源涵养	生态质量	生态格局	生态组分	生态用地面积比指数
				生态结构	生态保护红线面积比指数
					生境质量指数
					重要生态空间连通度指数

续表

<table>
<tr><th colspan="2">指标类型</th><th colspan="2">一级指标</th><th>二级指标</th><th>三级指标</th></tr>
<tr><td rowspan="27">技术指标</td><td rowspan="11">水源涵养</td><td rowspan="6">生态质量</td><td rowspan="3">生物多样性</td><td>重点保护生物</td><td>重点保护生物指数</td></tr>
<tr><td rowspan="2">重要生物功能群</td><td>指示生物类群生命力指数</td></tr>
<tr><td>原生功能群种占比指数</td></tr>
<tr><td>生态功能</td><td>水源涵养</td><td>水源涵养指数</td></tr>
<tr><td rowspan="2">生态胁迫</td><td>人为胁迫</td><td>陆域开发干扰指数</td></tr>
<tr><td>自然胁迫</td><td>自然灾害受灾指数</td></tr>
<tr><td colspan="2" rowspan="5">环境质量</td><td rowspan="2">地表水水质</td><td>达到或优于Ⅲ类水质比例</td></tr>
<tr><td>地表水水质指数</td></tr>
<tr><td rowspan="2">环境空气质量</td><td>空气质量优良天数比例</td></tr>
<tr><td>空气质量综合指数</td></tr>
<tr><td>土壤环境质量</td><td>土壤环境安全点位比例</td></tr>
<tr><td rowspan="16">城市区</td><td rowspan="11">生态质量</td><td rowspan="4">生态格局</td><td>生态组分</td><td>生态用地面积比指数</td></tr>
<tr><td rowspan="3">生态结构</td><td>生态保护红线面积比指数</td></tr>
<tr><td>生境质量指数</td></tr>
<tr><td>重要生态空间连通度指数</td></tr>
<tr><td rowspan="3">生物多样性</td><td>重点保护生物</td><td>重点保护生物指数</td></tr>
<tr><td rowspan="2">重要生物功能群</td><td>指示生物类群生命力指数</td></tr>
<tr><td>原生功能群种占比指数</td></tr>
<tr><td rowspan="2">生态功能</td><td rowspan="2">生态宜居</td><td>建成区绿地率指数</td></tr>
<tr><td>建成区公园绿地可达指数</td></tr>
<tr><td rowspan="2">生态胁迫</td><td>人为胁迫</td><td>陆域开发干扰指数</td></tr>
<tr><td>自然胁迫</td><td>自然灾害受灾指数</td></tr>
<tr><td colspan="2" rowspan="5">环境质量</td><td rowspan="2">地表水水质</td><td>达到或优于Ⅲ类水质比例</td></tr>
<tr><td>地表水水质指数</td></tr>
<tr><td rowspan="2">环境空气质量</td><td>空气质量优良天数比例</td></tr>
<tr><td>空气质量综合指数</td></tr>
<tr><td>土壤环境质量</td><td>土壤环境安全点位比例</td></tr>
<tr><td colspan="2" rowspan="3">监管指标</td><td colspan="4">生态环境保护管理</td></tr>
<tr><td colspan="4">自然生态变化详查</td></tr>
<tr><td colspan="4">突发环境事件与突出生态环境问题</td></tr>
</table>

第二部分　技术指标

一、生态质量指标

生态质量指标、指标计算及权重系数采用生态环境部制定印发的《区域生态质量评价办法（试行）》（环监测〔2021〕99号）。

1. 生态用地面积比指数

指评价区林地、草地、湿地、农田、沙地等具有生态属性的用地面积占比情况。

$$\begin{aligned}\mathrm{EL} = A_{\mathrm{el}} \times [&\text{有林地面积} + \text{灌木林地面积} + \text{疏林地面积} + \text{草地面积} + \\ &\text{河流面积} + \text{湖泊（近海）面积} + \text{滩涂面积} + \\ &\text{永久性冰川雪地面积} + \text{沼泽面积} + \text{沙地面积} + \\ &\text{其他林地面积} \times 0.7 + \text{水库面积} \times 0.7 + \text{水田面积} \times 0.7 + \\ &\text{旱地面积} \times 0.5] / \mathrm{LA}\end{aligned}$$

式中：EL——生态用地面积比指数；

A_{el}——生态用地面积比指数的归一化系数，参考值为100.502 2；

LA——区域国土面积，km^2。

2. 生态保护红线面积比指数

指评价区生态保护红线面积占比情况。

$$\mathrm{ECRR} = [A_{\mathrm{ecrr}} \times (\mathrm{ECRA/LA})]/5+50$$

式中：ECRR——生态保护红线面积比指数；

A_{ecrr}——生态保护红线面积比指数的归一化系数，参考值为102.880 6；

ECRA——生态保护红线面积，km^2；

LA——区域国土面积，km^2。

3. 生境质量指数

指评价区由于生态系统类型不同而体现的生物栖息地质量差异。

$$\mathrm{HQI} = A_{\mathrm{bio}} \times (0.35 \times \mathrm{SF} + 0.21 \times \mathrm{SG} + 0.28 \times \mathrm{SW} + 0.11 \times \mathrm{SC} + 0.04 \times \mathrm{SB} + 0.01 \times \mathrm{SU}) / \mathrm{LA}$$

式中：HQI——生境质量指数；

A_{bio}——生境质量指数的归一化系数，参考值为494.812 2；

SF——林地指数；

SG——草地指数；

SW——水域湿地指数；

SC——耕地指数；

SB——建设用地指数；

SU——未利用地指数；

LA——区域国土面积，km^2。

表 2　生境质量指数各类型分权重

	林地指数			草地指数			水域湿地指数				耕地指数		建设用地指数			未利用地指数				
土地利用类型	有林地	灌木林地	疏林地和其他林地	高覆盖度草地	中覆盖度草地	低覆盖度草地	河流（渠）	湖泊（库）	滩涂湿地和沼泽地	永久性冰川雪地	水田	旱地	城镇建设用地	农村居民点	其他建设用地	沙地	盐碱地	裸土地	裸岩石砾	其他未利用地
分权重	0.60	0.25	0.15	0.60	0.30	0.10	0.10	0.30	0.50	0.10	0.60	0.40	0.30	0.40	0.30	0.20	0.30	0.20	0.20	0.10

注：林地指数（SF）、草地指数（SG）、水域湿地指数（SW）、耕地指数（SC）、建设用地指数（SB）和未利用地指数（SU）由表中相应类型的面积乘以权重计算获得。

4. 重要生态空间连通度指数

指评价区重要生态空间斑块之间的整体连通程度。

$$PC = A_{PC} \times \frac{\sum_{i=1}^{n}\sum_{j=1}^{n} a_i \times a_j \times P_{ij}^*}{LA^2}$$

$$P_{ij} = e^{-k \times d_{ij}}$$

式中：PC——重要生态空间连通度指数，重要生态空间指将林地、草地、水域和沼泽地进行合并后，面积大于 0.1 km^2 的斑块；

A_{PC}——重要生态空间连通度指数的归一化系数，参考值为 103.700 0；

n——重要生态空间斑块的总数量，个；

a_i——斑块 i 的面积，km^2；

a_j——斑块 j 的面积，km^2；

LA——区域国土面积，km^2；

P_{ij}^*——斑块 i 和斑块 j 之间所有路径最终连通性的最大值，即斑块 i 和 j 之间所有可能路径 P_{ij} 的最大乘积概率；

P_{ij}——斑块 i 与 j 之间的直接扩散概率；

d_{ij}——斑块 i 与 j 之间的最低成本距离，在此指最短距离，km；

k——常数项，通过物种平均扩散距离和设置的概率值确定，推荐平均距离为 5 km，概率设置为 0.5。

5. 水土保持指数

水土保持型县域的特征指标，评价植被保持土壤的能力。

$$Q_{水土}=\frac{\sum_{i=1}^{n}Q_{水土i}}{n}$$

$$Q_{水土i}=100\times\left(0.5\times\frac{\mathrm{NDVI}_i-0.05}{0.90}+0.5\times\frac{\mathrm{NPP}_i}{\mathrm{NPP}_{\max}}\right)$$

式中：$Q_{水土}$——水土保持指数；

$Q_{水土i}$——像元的水土保持指数；

n——评价区像元数，个；

NDVI_i——评价年 5—9 月像元归一化差值植被指数最大值；

NPP_i——评价年 5—9 月像元植被净初级生产力累积值；

$\mathrm{NPP}_{\max}$——评价区内最好气象条件下的植被净初级生产力，选取近五年 NPP 累积值最大值。

6. 水源涵养指数

水源涵养型县域的特征指标，指评价区各生态类型的水源涵养综合功能状况。

WRC=A_{con} × {0.45 × [0.1 × 河流面积 +0.3 × 湖库面积 + 0.6 ×（滩涂面积 + 沼泽面积）] +0.35 ×（0.6 × 有林地面积 + 0.25 × 灌木林地面积 +0.15 × 其他林地面积）+ 0.20 ×（0.6 × 高覆盖度草地面积 +0.3 × 中覆盖度草地面积 + 0.1 × 低覆盖度草地面积）}/LA

式中：WRC——水源涵养指数；

A_{con}——水源涵养指数的归一化系数，参考值为 526.792 6；

LA——区域国土面积，km^2。

7. 生态活力

生物多样性维护型县域的特征指标，指评价区植被覆盖和水网密度状况。

$$生态活力指数=0.6\times C+0.4\times \mathrm{DW}$$

式中：C——植被覆盖指数；

DW——水网密度指数。

（1）植被覆盖指数

指评价区内的植被覆盖状况。

$$C = A_{veg} \times \frac{\sum_{i=1}^{n} P_j}{10\,000 \times n}$$

式中：C——植被覆盖指数；

A_{veg}——植被覆盖指数的归一化系数，参考值为 121.165 1；

P_j——评价年 5—9 月像元归一化差值植被指数月最大值的均值；

n——区域像元数，个。

（2）水网密度指数

指评价区内河流、湖泊、水库、永久性冰川雪地等占比情况，用于表征水的丰富程度。

$$DW = A_{DW} \times \frac{S_{river} + S_{lake} + S_{reservoir} + S_{glacier}}{LA}$$

式中：DW——水网密度指数，大于 100 的区域按 100 算；

A_{DW}——水网密度指数的归一化系数，参考值为 1 005.478 8；

S_{river}——有水河流面积，km^2；

S_{lake}——湖泊面积，km^2；

$S_{reservoir}$——水库面积，km^2；

$S_{glacier}$——永久性冰川雪地面积，km^2；

LA——区域国土面积，km^2。

8. 重点保护生物指数

指评价区内已记录的符合《国家重点保护野生动物名录》和《国家重点保护野生植物名录》的高等植物、哺乳类、鸟类、爬行类和两栖类的物种数，用于表征评价区生物物种被保护情况。

$$KS_r = A_{KS_r} \times AKS + 13.214\,2$$

式中：KS_r——重点保护生物指数；

A_{KS_r}——重点保护生物指数的归一化系数，参考值为 0.151 0；

AKS——评价区内列入《国家重点保护野生动物名录》和《国家重点保护野生植物名录》的高等植物、哺乳类、鸟类、爬行类和两栖类的物种数，种。

9. 指示生物类群生命力指数

指评价区内已记录的野生哺乳类、鸟类、两栖类和蝶类等生态环境指示生物类群所有物种的生物多样性的变化状况。

$$Q_t = A_Q \times \frac{10^{-\sum_{i=1}^{s} P_{it}\ln P_{it} + \frac{1}{s}\sum_{i=1}^{s}\log N_{it}}}{10^{\frac{1}{s}\sum_{i=1}^{s}\log P_{i0} + \log N_0}}$$

式中：Q_t——指示生物类群生命力指数；

A_Q——指示生物类群生命力指数的归一化系数，参考值为 13.528 8；

N_{it}——第 i 个物种第 t 年的个体数量，个；

N_0——初始年特定类群所有物种的个体数量总和，个；

S——第 t 年的物种数，种；

P_{it}——第 t 年特定物种的个体数量占所评价区域内实际监测到的指示生物总个体数的比例，%；

P_{i0}——初始年特定物种的个体数量占所评价区域内实际监测到的指示生物个体总数的比例，%。

10. 原生功能群种占比指数

指评价区内监测样地地带性原生生态系统群落建群种生物量或生物个数占样地生物量或个数的比例。

$$B_{ps} = A_{ps} \times S_{is} / S_{ts}$$

式中：B_{ps}——原生功能群种占比指数；

A_{ps}——原生功能群种占比指数的归一化系数，参考值为 100；

S_{is}——评价区监测样方内的地带性原生生态系统群落建群种个体数（生物量），个（g/m^2）；

S_{ts}——评价区监测样方内的生物总个体数（总生物量），个（g/m^2）。

11. 陆域开发干扰指数

指评价区开发建设用地面积占比情况，表征人类活动对陆域生态系统的胁迫程度。

$$\mathrm{LDI} = A_{\mathrm{LDI}} \times \frac{S_1 + W \times S_2}{\mathrm{LA}}$$

式中：LDI——陆域开发干扰指数，大于 100 的区域按 100 算；

A_{LDI}——陆域开发干扰指数的归一化系数，参考值为 333.333 3；

S_1——生态保护红线外的开发建设用地面积，km^2；

S_2——生态保护红线内的开发建设用地面积，km^2；

W——生态保护红线内的开发建设用地权重，推荐值为 2；

LA——区域国土面积，km^2。

12. 自然灾害受灾指数

指评价区气象、地质、生物、生态环境等自然灾害受灾面积占比情况，表征自然灾害对生态系统造成的扰动。

$$\mathrm{NDI} = A_{\mathrm{NDI}} \times \frac{\sum_{i=1}^{n} S_{\mathrm{NDI}}}{\mathrm{LA}}$$

式中：NDI——自然灾害受灾指数，大于 100 的区域按 100 算；

A_{NDI}——自然灾害受灾指数的归一化系数，参考值为 100；

S_{NDI}——气象、地质、生物、生态环境等重大自然灾害受灾面积，km^2；

n——重大自然灾害种类数，种；

LA——区域国土面积，km^2。

二、环境质量指标

13. 达到或优于Ⅲ类水质比例

指县域内所有国控、省控水质断面开展的监测中，监测结果符合Ⅰ～Ⅲ类水质的次数占县域内全部断面全年监测总次数的比例。

达到或优于Ⅲ类水质比例 = 水质Ⅰ～Ⅲ类监测次数 / 全年总监测次数 ×100%

14. 地表水水质指数

根据县域内所有国控、省控水质断面监测数据，通过监测项目年均浓度值计算县域地表水水质指数，计算方法依据《城市地表水环境质量排名技术规定（试行）》（环办监测〔2017〕51 号）。

$$\mathrm{CWQI}_{县域} = \frac{\mathrm{CWQI}_{河流} \times M + \mathrm{CWQI}_{湖库} \times N}{M + N}$$

式中：$\mathrm{CWQI}_{县域}$——地表水水质指数；

$\mathrm{CWQI}_{河流}$——河流水质指数；

$\mathrm{CWQI}_{湖库}$——湖库水质指数；

M——县域的河流断面数；

N——县域的湖库点位数。

鉴于 $\mathrm{CWQI}_{县域}$值越小表示水质越好，需要将其归一化处理为 0～100 之间的无量纲值 $\mathrm{CWQI}^*_{县域}$，计算公式为

$$\mathrm{CWQI}^*_{县域} = 100 \times \left(\frac{\mathrm{CWQI}_{县域\max} - \mathrm{CWQI}_{县域}}{\mathrm{CWQI}_{县域\max} - \mathrm{CWQI}_{县域\min}} \right)$$

式中：$\mathrm{CWQI}_{县域\max}$、$\mathrm{CWQI}_{县域\min}$——每年度所有县域中地表水水质指数的最大值和

最小值。若县域内地表水断面（点位）评价年、对照年均满足或优于《地表水环境质量标准》（GB 3838—2002）Ⅱ类水质，则该县域 $CWQI^{*}_{县域}$ 赋值为 100，不参加归一化处理。

15. 空气质量优良天数比例

指县域范围内国控、省控点空气质量达到优良级别的天数占全年有效监测总天数的比例。

空气质量优良天数比例＝空气质量优良天数／全年有效监测总天数 ×100%

16. 空气质量综合指数

根据县域范围内国控、省控点空气质量自动监测的六项污染物浓度值，计算县域空气质量综合指数，计算方法依据《城市环境空气质量排名技术规定》（环办监测〔2018〕19 号）。

$$I_{\text{sum}} = \sum_{i=1}^{6} I_i$$

式中：I_{sum}——空气质量综合指数值；

I_i——代表 SO_2、NO_2、PM_{10}、$PM_{2.5}$、CO 和 O_3 的单项指数。

鉴于 I_{sum} 值越小表示空气质量越好，需要将其归一化处理为 0～100 之间的无量纲值 I^{*}_{sum}，计算公式为

$$I^{*}_{\text{sum}} = 100 \times \left(\frac{I_{\text{sum max}} - I_{\text{sum}}}{I_{\text{sum max}} - I_{\text{sum min}}} \right)$$

式中：$I_{\text{sum max}}$、$I_{\text{sum min}}$——每年度所有县域中空气质量综合指数的最大值和最小值。

17. 土壤质量安全点位比例

依据《土壤环境质量　农用地土壤污染风险管控标准（试行）》（GB 15618—2018），县域内评价结果为优先保护类和安全利用类的点位占县域所有土壤环境质量监测点位的比例。

土壤质量安全点位比例＝（优先保护类点位＋安全利用类点位）/
县域土壤环境质量监测点位 ×100%

三、生态环境质量评价

18. 县域生态环境质量评价（EI）

县域生态环境质量采用综合指数法评价，以 EI 表示县域生态环境质量状况，计算公式为

$$\text{EI}=w_{\text{eco}}\text{EI}_{\text{eco}}+w_{\text{env}}\text{EI}_{\text{env}}$$

式中：EI_{eco}——生态质量分指数值；

w_{eco}——生态质量指标权重；

EI_{env}——环境质量分指数值；

w_{env}——环境质量指标权重；

EI_{eco}、EI_{env}——由各自的二或三级指标加权获得。

生态质量分指数值：

$$EI_{eco}=\sum_{i=1}^{n} w_i \times X_i'$$

环境质量分指数值：

$$EI_{env}=\sum_{i=1}^{n} w_i \times X_i'$$

式中：w_i——二或三级指标对应权重；

X_i'——二或三级指标标准化后对应值。

19. 县域生态环境质量变化评价（ΔEI′）

以 ΔEI′ 表示县域生态环境质量变化，计算公式为

$$\Delta EI'=EI_{评价年}-EI_{对照年}$$

式中：$EI_{评价年}$——评价年县域的生态环境质量指数值；

$EI_{对照年}$——对照年县域的生态环境质量指数值，对照年是评价年的前一年，如 2023 年是评价年，则对照年是 2022 年，以此类推。

表 3　县域生态环境质量监测与评价技术指标权重

功能类型	一级指标权重		二级指标权重	三级指标权重
水土保持	生态质量（0.60）	生态格局（0.36）	生态组分（0.32）	生态用地面积比指数（1.00）
			生态结构（0.68）	生态保护红线面积比指数（0.10）
				生境质量指数（0.80）
				重要生态空间连通度指数（0.10）
		生物多样性（0.19）	重点保护生物（0.30）	重点保护生物指数（1.00）
			重要生物功能群（0.70）	指示生物类群生命力指数（0.62）
				原生功能群种占比指数（0.38）
		生态功能（0.35）	水土保持（1.00）	水土保持指数（1.00）

续表

<table>
<tr><th>功能类型</th><th colspan="2">一级指标权重</th><th>二级指标权重</th><th>三级指标权重</th></tr>
<tr><td rowspan="7">水土保持</td><td rowspan="2">生态质量（0.60）</td><td rowspan="2">生态胁迫（0.10）</td><td>人为胁迫（0.74）</td><td>陆域开发干扰指数（1.00）</td></tr>
<tr><td>自然胁迫（0.26）</td><td>自然灾害受灾指数（1.00）</td></tr>
<tr><td colspan="2" rowspan="5">环境质量（0.40）</td><td colspan="2">达到或优于Ⅲ类水质比例（0.25）</td></tr>
<tr><td colspan="2">地表水水质指数（0.20）</td></tr>
<tr><td colspan="2">空气质量优良天数比例（0.25）</td></tr>
<tr><td colspan="2">空气质量综合指数（0.20）</td></tr>
<tr><td colspan="2">土壤质量安全点位比例（0.10）</td></tr>
<tr><td rowspan="16">生物多样性维护</td><td rowspan="11">生态质量（0.60）</td><td rowspan="4">生态格局（0.36）</td><td>生态组分（0.32）</td><td>生态用地面积比指数（1.00）</td></tr>
<tr><td rowspan="3">生态结构（0.68）</td><td>生态保护红线面积比指数（0.10）</td></tr>
<tr><td>生境质量指数（0.80）</td></tr>
<tr><td>重要生态空间连通度指数（0.10）</td></tr>
<tr><td rowspan="3">生物多样性（0.19）</td><td>重点保护生物（0.30）</td><td>重点保护生物指数（1.00）</td></tr>
<tr><td rowspan="2">重要生物功能群（0.70）</td><td>指示生物类群生命力指数（0.62）</td></tr>
<tr><td>原生功能群种占比指数（0.38）</td></tr>
<tr><td rowspan="2">生态功能（0.35）</td><td rowspan="2">生态活力（1.00）</td><td>植被覆盖指数（0.60）</td></tr>
<tr><td>水网密度指数（0.40）</td></tr>
<tr><td rowspan="2">生态胁迫（0.10）</td><td>人为胁迫（0.74）</td><td>陆域开发干扰指数（1.00）</td></tr>
<tr><td>自然胁迫（0.26）</td><td>自然灾害受灾指数（1.00）</td></tr>
<tr><td colspan="2" rowspan="5">环境质量（0.40）</td><td colspan="2">达到或优于Ⅲ类水质比例（0.30）</td></tr>
<tr><td colspan="2">地表水水质指数（0.25）</td></tr>
<tr><td colspan="2">空气质量优良天数比例（0.20）</td></tr>
<tr><td colspan="2">空气质量综合指数（0.15）</td></tr>
<tr><td colspan="2">土壤质量安全点位比例（0.10）</td></tr>
<tr><td rowspan="4">水源涵养</td><td rowspan="4">生态质量（0.60）</td><td rowspan="4">生态格局（0.36）</td><td>生态组分（0.32）</td><td>生态用地面积比指数（1.00）</td></tr>
<tr><td rowspan="3">生态结构（0.68）</td><td>生态保护红线面积比指数（0.10）</td></tr>
<tr><td>生境质量指数（0.80）</td></tr>
<tr><td>重要生态空间连通度指数（0.10）</td></tr>
</table>

续表

功能类型	一级指标权重		二级指标权重	三级指标权重
水源涵养	生态质量（0.60）	生物多样性（0.19）	重点保护生物（0.30）	重点保护生物指数（1.00）
			重要生物功能群（0.70）	指示生物类群生命力指数（0.62）
				原生功能群种占比指数（0.38）
		生态功能（0.35）	水源涵养（1.00）	水源涵养指数（1.00）
		生态胁迫（0.10）	人为胁迫（0.74）	陆域开发干扰指数（1.00）
			自然胁迫（0.26）	自然灾害受灾指数（1.00）
	环境质量（0.40）		达到或优于Ⅲ类水质比例（0.30）	
			地表水水质指数（0.25）	
			空气质量优良天数比例（0.20）	
			空气质量综合指数（0.15）	
			土壤质量安全点位比例（0.10）	
城市区	生态质量（0.60）	生态格局（0.36）	生态组分（0.32）	生态用地面积比指数（1.00）
			生态结构（0.68）	生态保护红线面积比指数（0.10）
				生境质量指数（0.80）
				重要生态空间连通度指数（0.10）
		生物多样性（0.19）	重点保护生物（0.30）	重点保护生物指数（1.00）
			重要生物功能群（0.70）	指示生物类群生命力指数（0.62）
				原生功能群种占比指数（0.38）
		生态功能（0.35）	生态宜居（1.00）	建成区绿地率指数（0.70）
				建成区公园绿地可达指数（0.30）
		生态胁迫（0.10）	人为胁迫（0.74）	陆域开发干扰指数（1.00）
			自然胁迫（0.26）	自然灾害受灾指数（1.00）
	环境质量（0.40）		达到或优于Ⅲ类的水质断面监测频次比例（0.25）	
			地表水水质指数（0.20）	
			空气质量优良天数比例（0.25）	
			空气质量综合指数（0.20）	
			土壤质量安全点位比例（0.10）	

第三部分　监管指标

监管指标包括生态环境保护管理指标、自然生态变化详查指标，以及突发环境事件与突出生态环境问题指标三部分。

一、生态环境保护管理

（一）评分细则

从生态保护修复、环境污染防治、绿色低碳发展、城乡人居环境、工作组织情况五个方面进行量化评价，各项得分相加即为该县的生态环境保护管理得分（$EM_{管理}$）。

$EM_{管理}$满分 100 分，其中生态保护修复 25 分、环境污染防治 24 分、绿色低碳发展 11 分、城乡人居环境 20 分、工作组织情况 20 分（表 4）。

表 4　生态环境保护管理指标分值

一级指标	二级指标	分值
1. 生态保护修复（25 分）	1.1 生态文明建设	6 分
	1.2 自然保护地及生态保护红线监管	10 分
	1.3 生态保护修复工程	5 分
	1.4 生物多样性调查监测	4 分
2. 环境污染防治（24 分）	2.1 精准治污科学治污举措	6 分
	2.2 排污许可制度落实	5 分
	2.3 主要污染物排放强度	4 分
	2.4 农业面源污染防治	7 分
	2.5 开展新污染物防治	2 分
3. 绿色低碳发展（11 分）	3.1 产业结构优化	3 分
	3.2 单位地区生产总值二氧化碳排放	2 分
	3.3 生态产品价值实现机制	3 分
	3.4 生态环境保护与治理支出	3 分
4. 城乡人居环境（20 分）	4.1 城乡生活污水处理	8 分
	4.2 城乡生活垃圾无害化处理	4 分
	4.3 绿美云南建设	4 分
	4.4 城乡饮用水水质	4 分

续表

一级指标	二级指标	分值
5. 工作组织情况（20 分）	5.1 生态环境保护责任清单制度	1 分
	5.2 年度实施方案	2 分
	5.3 工作组织	5 分
	5.4 工作经费保障	7 分
	5.5 自查报告质量	5 分
合计		100 分

1. 生态保护修复（25 分）

1.1　生态文明建设

指标解释：指县域开展国家及省级生态文明建设示范区、“绿水青山就是金山银山”实践创新基地等创建。

评分方法：6 分。①获得国家级命名，计 6 分；②获得省级生态文明建设示范区命名，计 4 分；获得省级“绿水青山就是金山银山”示范基地命名，计 3 分；③编制创建规划并经省级生态环境主管部门组织评审，且评价年度仍然在规划实施期内，计 2 分；④若县域不止获得一个上述命名，以最高级命名计分且得分不累加；⑤按照相关管理规程，若县域未通过国家或省级开展的定期复核评估，则该项不得分；⑥若获得国家级命名的县域，生态环境质量综合评价结果为“变差”中的“轻微变差”或“一般变差”等级，则最终评价结果再降低一档，直至“明显变差”。

评分依据：①国家级命名以生态环境部公告文件为准，且命名仍然有效；②省级命名以省政府或省级生态环境主管部门公告文件为准，且命名仍然有效；③经县级人民代表大会（或其常务委员会）或人民政府审议批准实施的创建规划文本（评价年在规划期内）；④复核评估结果文件。

1.2　自然保护地及生态保护红线监管

指标解释：指县域履行自然保护地及生态保护红线监管职责，确保生态保护红线“面积不减少、性质不改变、功能不降低”。

评分方法：10 分。其中①自然保护地监管结果，计 6 分，根据评价年度纳入国家对我省自然保护地重点问题考核清单，存在一个未完成整改问题扣 1 分，扣完为止；②生态保护红线监管结果，计 4 分，根据上级部门对县域生态保护红线监管结果，评价年度存在生态破坏问题图斑或者历史图斑整改不力，每个生态破坏斑块扣 1 分，扣完为止。最终得分：①＋②。

评分依据：评价年度自然保护地重点问题考核清单整改完成情况证明材料、生态环境部或省级生态环境主管部门生态破坏问题清单及整改完成情况证明材料。

1.3　生态保护修复工程

指标解释：指县级政府坚持新发展理念，统筹山水林田湖草沙一体化保护和系统治理，为提升重点生态功能区生态产品供给能力而实施的诸如河湖湿地保护修复、水土流失治理、生物多样性保护等生态保护修复工程。

评分方法：5 分。其中①县级政府编制县域生态功能保护修复规划，规划的实施能有效提升生态系统质量和稳定性，提升主导生态功能，计 1 分；②生态保护修复工程，计 4 分，提供不超过 3 个评价年度验收的工程，按照生态效益、资金投入、证明材料提供完整程度进行 0～4 综合评分。最终得分：① + ②。

评分依据：①县域生态功能保护修复规划及地方政府批准实施文件；②生态保护修复工程相关证明材料，包括但不限于实施（可研）方案、批复文件、资金拨付文件、竣工验收材料、生态效益分析等。

1.4　生物多样性调查监测

指标解释：指县级政府统筹资源开展生物多样性调查监测工作，依托各部门各类监测站点和监测样地（线），推进区域内国家重点保护野生动植物、特有性或指示性水生物种、外来入侵物种及重要生物遗传资源本底调查，建立反映生态环境质量的重点保护野生动植物、指示物种清单，具备条件的地区开展长期监测和周期性调查。

评分方法：4 分。其中①基于调查或监测结果的县域内国家重点保护野生动物和植物物种名录及数量，计 2 分（动植物各 1 分）；②基于调查或监测结果的县域内入侵物种名录及分布情况，计 2 分（动植物各 1 分）。最终得分：① + ②。

评分依据：①县域内被《国家重点保护野生动物名录》（2021 版）和《国家重点保护野生植物名录》（2021 版）收录的高等植物、哺乳类、鸟类、爬行类和两栖类的物种名称及数量；②县域内入侵物种（动植物）名录及分布情况。

2. 环境污染防治（24 分）

2.1　精准治污科学治污举措

指标解释：为持续打好蓝天、碧水、净土保卫战，县级政府坚持精准治污、科学治污、依法治污，掌握重点污染源排放状况、强化污染排放监管，在县域内开展生态环境问题诊断分析，并应对问题提出针对性的解决方案。

评分方法：6 分。其中①根据县级政府开展区域内生态环境问题诊断分析，进行 0～2 综合评分；②根据县级政府落实精准治污、科学治污、生态保护修复，提出生态环境质量改善提升途径，进行 0～2 综合评分；③各县域重点污染源执法监测由县级生态环境监测站完成，计 2 分，由县级生态环境监测站和第三方社会检测机构共同完成，计 1 分，全部委托第三方社会检测机构完成，不得分。最终得分：① + ② + ③。

评分依据：①通过政府或主管部门评审的，对区域内水、大气、土壤、生态等方面存在问题进行诊断分析的专题研究报告或调查报告；②经县级政府批准实施的，为落实精准治污、科学治污、生态保护修复所制定评价年度仍有效的政策或实施方案；③评价年度各县重点污染源清单及执法监测报告。

2.2　排污许可制度落实

指标解释：依据法律规定实行排污许可管理的企事业单位和其他生产经营者，应当依据《排污许可管理条例》规定申请取得排污许可证，并按照许可证规定的内容、频次和时间要求，向审批部门提交排污许可证执行报告。

评分方法：5 分。其中①排污许可执行情况，以排污许可证执行年度报告提交率表示，是指已提交年度执行报告的排污单位占县域内应提交年度执行报告的各类排污单位的比例，得分：排污许可证执行年度报告提交率 ×3，小数点后保留两位有效数字。②排污单位持证排污情况，县域内排污单位均依法持证排污，计 2 分；发现 1 家排污单位无证排污，且未履行行政处罚程序的扣 0.5 分，扣完为止。最终得分：①+②。

评分依据：①国家或省级生态环境主管部门利用全国排污许可证管理信息平台，核定县域排污许可证年度执行报告提交率；②监管执法记录等资料。

2.3　主要污染物排放强度

指标解释：以主要污染物排放强度表示，是指县域内二氧化硫、氮氧化物、挥发性有机物、化学需氧量和氨氮排放量与县域国土面积的比值。

评分方法：4 分。评价年与对照年相比，县域主要污染物排放强度不增加，按照排放强度降低幅度计算得分，计算公式：$\frac{x_{对照年}-x_{评价年}}{x_{评价年}}\div 0.3\times 4$，小数点后保留两位有效数字；若排放强度增加，则得 0 分。

评分依据：评价年、对照年县域主要污染物排放量统计数据、县域国土面积等数据。

2.4　农业面源污染防治

指标解释：农业面源污染防治包括农业面源污染防治规划编制、农业面源污染监测、化肥施用量降幅、农药施用量降幅、畜禽粪污综合利用率升幅、粪污资源化台账建立情况和秸秆综合利用率升幅等七部分。

评分方法：7 分。其中①县域推进农业面源污染防治，制定农业面源污染防治规划（评价年在规划期内），计 1 分。②布设农业面源监测点位并开展监测工作，计 1 分。③评价年度县域化肥施用量较对照年下降，计 1 分，保持稳定，计 0.5 分，上升不得分。④评价年度县域农药施用量较对照年下降，计 1 分，保持稳定，计 0.5 分，上升不得分。⑤评价年度县域畜禽粪污综合利用率达到规定的目标值，计 1 分，达不到的，不得分；无法提供规定目标有效文件的，综合利用率较对照年上升，计 1 分，保持稳定，计 0.5 分，下降不得分。⑥评价年度县域规模畜禽养殖场全部建立粪污资源化利用台账，计 1 分，建立不完全的，不得分。⑦评价年度县域秸秆综合利用率较对照年上升，计 1 分，保持稳定，计 0.5 分，下降不得分。最终得分：①＋②＋③＋④＋⑤＋⑥＋⑦。

评分依据：①县域推进农业绿色发展，制定农业面源污染防治规划，并经县级政府或主管部门审核通过；②农业面源监测点位设定证明材料及评价年度监测报告；③主管部门提供的评价年及对照年农药化肥施用量、粪污资源化利用率、秸秆综合利用率等各类数据；④县域在农业面源污染防控、化肥农药减量化、畜禽粪污资源化利用、秸秆综合利用等方面的具体举措和成效，并提供规定目标值和是否全部建立粪污资源化利用台账检查情况。

2.5　开展新污染物防治

指标解释：根据国家重点管控新污染物清单，县域在重点行业、典型工业园区开展新污染物调查，细化制定区域内重点管控新污染物清单，并采取有针对性的管控措施。

评分方法：2 分。其中：①根据国家最新发布的重点管控新污染物清单，县域在重点行业、典型工业园区开展新污染物环境风险排查，计 1 分；②制定区域内重点管控新污染物清单，计 1 分。最终得分：①＋②。

评分依据：①县域重点管控新污染物环境风险排查结果证明材料；②县域重点管控新污染物清单。

3. 绿色低碳发展（11 分）

3.1　产业结构优化

指标解释：通过节约资源和保护环境的空间格局、产业结构，建立健全绿色低碳循环发展的生态经济体系，坚定不移走生态优先、绿色低碳的高质量发展道路。

评分方法：3 分。其中：①制定县级国土空间总体规划，计 1 分。②县域第二产业占比变化，计 2 分，评价年与对照年相比，若第二产业所占比例增加，不得分；若降低，则按照降低幅度计算得分，计算公式：$\left(P_{对照年}-P_{评价年}\right)\div 0.1\times 2$，小数点后保留两位有效数字。最终得分：①＋②。

评分依据：①县人民政府发布的“十四五”国土空间规划；②评价年、对照年县域第一、第二、第三产业统计数据。

3.2　单位地区生产总值二氧化碳排放

指标解释：指单位地区生产总值的增长所带来的二氧化碳排放量，用来衡量经济增长同碳排放量增长之间的关系。

评分方法：2 分。评价年度县域二氧化碳排放强度与对照年相比保持稳定计 1 分，降低计 2 分，如果排放量上升或未完成上级部门碳排放管控目标均不得分。

评分依据：上级部门二氧化碳排放管控目标文件，以及评价年、对照年县域二氧化碳排放量（t）、地区生产总值增加值（万元）统计核算数据。

3.3　生态产品价值实现机制

指标解释：指将生态产品所具有的生态价值、经济价值和社会价值，通过生态保护补偿、市场经营开发等手段体现出来，建立生态环境保护者受益、使用者付费、破坏者赔偿的利益导向机制。包括以下三个方面的评价：

（1）生态产品信息调查

指标解释：①生态产品，指生态系统为经济活动和其他人类活动提供且被使用的货物与服务贡献，包括物质供给、调节服务类和文化服务三类。②生态产品信息调查，建立并完善自然资源和生态环境调查监测体系，摸清各类生态产品数量、质量等底数。③生态系统类型与分布，明确核算区域内的森林、草地、湿地、农田、荒漠、城市等生态系统类型、面积与分布，绘制生态系统空间分布图。

评分方法：1 分。其中①绘制生态系统空间分布图，计 0.25 分；②形成生态产品目录清单，计 0.5 分；③生态系统类型与分布、生态产品目录清单通过县级政府或县级主管部门审核通过，计 0.25 分。最终得分：①+②+③。

评分依据：绘制生态系统空间分布图，形成生态产品目录清单，并经县级政府或县级主管部门审核通过。

（2）生态产品总值和生态资产核算

指标解释：①生态产品总值（GEP），指一定行政区域内各类生态系统在核算期内提供的所有生态产品的货币价值之和。②生态资产，是在一定的时空范围内生态系统为人类提供的自然和社会经济价值，是个存量概念。

评分方法：1 分。其中①完成县域生态产品总值、生态资产核算报告，计 0.75 分；②核算报告通过县级主管部门组织的审查，计 0.25 分。最终得分：①+②。

评分依据：按照国家或省级相关标准，完成县域生态产品总值和生态资产核算，并形成核算报告。

（3）生态产品价值转化

指标解释：①绿色、有机农产品产值占农业总产值比重，指行政区域内绿色、有机农产品产值对农业总产值的贡献率，是反映绿色、有机农业发展状况的主要指标。绿色、有机农产品按国家有关认证规定执行，产品涵盖种植业、渔业、林下产业及畜牧业等。例如绿色、有机农产品种植、养殖，中药材种植等。绿色、有机农产品的产地环境状况，应达到《食用农产品产地环境质量评价标准》（HJ/T 332—2006）和《温室蔬菜产地环境质量评价标准》（HJ/T 333—2006）国家环境保护标准和管理规范要求。

②生态加工业产值占工业总产值比重，指行政区域内生态加工业产值对工业总产

值的贡献率，是反映生态加工业发展状况的主要指标。其中生态加工业主要包括依托生态资源衍生的农副食品加工、食品制造、饮料制造、木材加工、家具制造、矿泉水生产等。

③生态旅游收入占服务业总产值比重，指行政区域内生态旅游收入对服务业总产值的贡献率，是反映生态旅游业发展状况的主要指标。生态旅游是指以可持续发展为理念，以保护生态环境为前提，以统筹人与自然为准则，并依托良好的自然生态环境和独特的人文生态系统，采取生态友好方式，开展生态体验、生态教育、生态认知并获得身心愉悦的旅游方式。

④生态补偿类收入占财政总收入比重，指行政区域内生态补偿类财政收入对财政总收入的贡献率，是反映生态环境保护成效转化的主要指标。生态补偿类财政收入包括中央转移支付、省级转移支付及地区之间横向补偿。

评分方法：1 分。其中①绿色、有机农产品产值占农业总产值比重计 0.25 分，计算公式：绿色、有机农产品产值占农业总产值比重 ×0.25；②生态加工业产值占工业总产值比重计 0.25 分，计算公式：生态加工业产值占工业总产值比重 ×0.25；③生态旅游收入占服务业总产值比重计 0.25 分，计算公式：生态旅游收入占服务业总产值比重 ×0.25；④生态补偿类收入占财政总收入比重计 0.25 分，计算公式：生态补偿类收入占财政总收入比重 ×0.25。最终得分：①+②+③+④。

评分依据：①评价年度县域统计核算数据，县域绿色、有机认证相关证明材料。②评价年度县域统计核算数据，县域生态加工业相关证明材料。③评价年度县域统计核算数据，县域生态旅游收入相关证明材料。④评价年度县域统计核算数据，县域生态补偿类财政收入相关证明材料。

3.4　生态环境保护与治理支出

指标解释：指评价年县域在生态保护修复、环境污染防治、生活污水和生活垃圾等环境基础设施建设运行、自然资源保护等方面的投入占全县当年财政支出的比例。

评分方法：3 分，计算公式：（生态环境保护与治理支出比例 ÷0.15）×3，小数点后保留两位有效数字。

评分依据：评价年度经县级人民代表大会审议通过的县域年度财政预算报告和一般公共预算支出明细表。

4. 城乡人居环境（20 分）

4.1　城乡生活污水处理

指标解释：城乡生活污水处理包括县城驻地的城镇生活污水处理与管网建设、乡镇生活污水处理设施建设，以及农村生活污水治理三部分内容，具体如下：

（1）城镇生活污水集中处理与管网建设

指标解释：包括城镇污水处理厂进水化学需氧量、污水管网覆盖率两个指标。其中，城镇污水处理厂进水化学需氧量是评价县城所在地城镇污水处理厂进水化学需氧量浓度是否达到污水处理厂进水设计值，按污水处理厂设计的处理能力评价；污水管网覆盖率是指污水收集管网覆盖的城镇建成区面积占建成区总面积的比例。

评分方法：3 分。其中①城镇污水处理厂进水化学需氧量浓度月均值达到污水处理厂进水设计值的比率，计 2 分，计算公式：达标率 ×2，小数点后保留两位有效数字；②建成区污水管网覆盖率，计 1 分，计算公式：污水管网覆盖率 ×1。最终得分：①+②。

评分依据：评价年度城镇污水处理厂进水化学需氧量在线监测数据；评价年度城镇生活污水年排放总量、收集量、处理量等指标证明材料；县域建成区总面积、截止评价年度建成区污水管网总长（污水管总长+雨污合流管总长）、污水管网覆盖面积等证明材料。

（2）乡镇生活污水处理设施建设

指标解释：以乡镇生活污水处理覆盖率表示，指县域内开展生活污水收集处理的乡镇（县政府驻地除外）占全县乡镇个数的比例。

评分方法：1 分。计算公式：乡镇生活污水处理覆盖率 ×1，小数点后保留两位有效数字。

评分依据：乡镇生活污水处理设施建设立项（可研）、竣工验收、污水处理设施运行证明材料。

（3）农村生活污水治理

指标解释：农村生活污水治理指标包含农村生活污水治理率和农村生活污水治理设施正常运行率两个指标。农村生活污水治理率是指县域内生活污水得到处理或资源化利用的行政村数占县域内所有行政村数量的比例；农村生活污水治理设施正常运行率是指县域内生活污水治理设施正常运行数量占县域内所有治理设施数量的比例。

评分方法：3 分。农村生活污水治理率，计 2 分；农村生活污水治理设施正常运行率，计 1 分。计算公式：农村生活污水治理率 ×2+ 农村生活污水治理设施正常运行率 ×1，小数点后保留两位有效数字。

评分依据：评价年度云南省农村生态环境监管信息系统各地上报完成的农村生活污水治理村庄清单、上传的附件证明材料和省、州（市）两级现场抽查情况。

（4）农村黑臭水体整治

指标解释：农村黑臭水体整治考核包括年度整治目标完成情况、新增黑臭水体应报未报情况、整治后黑臭水体返黑返臭情况 3 个方面。完成农村黑臭水体整治需通过县级自查评估和州（市）验收。

评分方法：1 分。完成州（市）生态环境部门下达的年度农村黑臭水体整治任务数量目标，计 1 分；未完成目标的，按照完成整治水体的比例得分，计算公式：年度实际完成整治的农村黑臭水体 ÷ 年度农村黑臭水体整治任务目标数 ×1（分），小数点后保留两位有效数字；县域内无农村黑臭水体整治目标的，计 1 分。

省、州（市）两级生态环境部门抽查发现村庄周围 500 米范围内存在 200 平方米以上且未经当地人民政府或生态环境部门主动上报纳入监管清单的新增黑臭水体的，每发现 1 处扣 0.2 分，扣完为止；已完成整治的国家监管清单农村黑臭水体，发现返黑返臭的，每发现 1 处扣 0.5 分，扣完为止。

评分依据：整治完成情况依据评价年度上报的农村黑臭水体整治完成清单及自查评估和验收证明材料。扣分情况依据省、州（市）两级抽查有关资料。

4.2　城乡生活垃圾无害化处理

指标解释：城乡生活垃圾无害化处理包括县城驻地的城镇生活垃圾无害化处理率和乡镇生活垃圾集中收集率两部分内容，具体如下：

（1）城镇生活垃圾无害化处理率

指标解释：是指经过无害化处理的垃圾量占垃圾产生总量的比例。建成区生活垃圾日清运量超过 300 吨的地区，鼓励建设垃圾焚烧处理设施，不具备建设规模化垃圾焚烧处理设施条件的地区，鼓励跨区域共建共享。

评分方法：2 分。其中①城镇生活垃圾无害化处理率，计 1 分，计算公式：城镇生活垃圾无害化处理率 ×1，小数点后保留两位有效数字；②垃圾无害化处理方式，计 1 分，卫生填埋处理得 0.5 分；焚烧处理得 1 分，如果县域存在多种处理方式的，以最高得分计，不累计计分。最终得分：①+②。

评分依据：评价年度县域生活垃圾产生量、处理量、处理方式、处理设施运行情况证明材料等。

（2）乡镇生活垃圾集中收集率

指标解释：指开展生活垃圾统一收集、集中处理或转运（如村收集乡转运县处理）的乡镇占全县乡镇数量的比例。

评分方法：2 分。计算公式：乡镇生活垃圾集中收集率 ×2，小数点后保留两位有效数字。

评分依据：评价年度乡镇生活垃圾收集及清运处理相关证明材料。

4.3　绿美云南建设

指标解释：绿美云南建设包括建成区绿化覆盖率和城市公园绿地 500 米服务半径覆盖率两部分内容，具体如下：

（1）建成区绿化覆盖率

指标解释：指建成区内绿化覆盖面积与建成区面积的比率。

评分方法：2 分。计算公式：（评价年度县域建成区绿化覆盖率 ÷ 评价年度全省建成区绿化覆盖率最大值）×2，小数点后保留两位有效数字。

评分依据：评价年度县域建成区绿化覆盖面积、县域建成区总面积指标证明材料。

（2）城市公园绿地500米服务半径覆盖率

指标解释：指城区公园绿化活动场地500米服务半径覆盖的居住用地面积占居住用地总面积的百分比，5 000平方米及以上公园绿化活动场地按500米服务半径测算。

评分方法：2分。计算公式：（城区公园绿化活动场地500米服务半径覆盖的居住用地面积 ÷ 居住用地总面积）×2，小数点后保留两位有效数字。

评分依据：评价年度城区公园绿化活动场地500米服务半径覆盖的居住用地面积和城区居住用地总面积。

4.4　城乡饮用水水质

指标解释：城乡饮用水水质包括城镇集中式饮用水水源水质达标率、村镇饮用水卫生合格率两部分，具体如下：

（1）城镇集中式饮用水水源水质达标率

指标解释：指服务县城的在用集中式饮用水水源，其水质监测中达标次数占全年监测总次数的比例。

评分方法：2分。计算公式：城镇集中式饮用水水源水质达标率 ×2，小数点后保留两位有效数字。

评分依据：评价年度县城集中式饮用水水源地水质达标率。

（2）村镇饮用水卫生合格率

指标解释：指行政区内以自来水厂或手压井形式取得合格饮用水的农村人口占农村常住人口的比例，雨水收集系统和其他饮水形式的合格与否需经检测确定。

评分方法：2分。计算公式：（取得合格饮用水的农村人口数 ÷ 农村常住人口数）×2，小数点后保留两位有效数字。饮用水水质符合国家《生活饮用水卫生标准》的规定，如果评价年度发生饮用水污染事故，则以0分计。

评分依据：评价年度村镇饮用水卫生合格率指标证明材料。

5. 工作组织情况（20分）

5.1　生态环境保护责任清单制度

指标解释：指县级党委政府印发实施《× 县（市、区）有关部门和单位生态环境保护责任清单》（以下简称《责任清单》），明确有关部门和单位生态环境保护工作职责。

评分方法：1分。建立生态环境保护责任清单制度，印发实施《责任清单》得1分。

评分依据：县级党委政府印发实施的《责任清单》。

5.2　年度实施方案

指标解释：指县级政府每年年初将该项工作纳入年度工作计划，并按云南省县域生态环境质量监测与评价实施细则，明确各部门职责分工以及需要开展的工作、需要提供的数据资料，将年度任务分解到各相关部门，制定并发布年度实施方案。

评分方法：2 分。其中①评价年度实施方案，计 1 分，如果年度实施方案在 6 月以后发布的该部分以 0 分计；②各部门任务分解，计 1 分，根据实施方案中各部门职责分工及任务分解情况综合评分。最终得分：① + ②。

评分依据：县级人民政府印发的评价年度县域生态环境质量监测与评价实施方案。

5.3 工作组织

指标解释：是指县级政府组织开展县域生态环境质量监测与评价工作，成立由政府领导牵头的领导小组，研究部署和督促落实生态环境保护相关要求，并组织各部门进行技术培训。

评分方法：5 分。其中①成立党政同责的领导小组，计 1 分；②领导小组每季度召开工作推进会，研究部署和督促落实生态环境保护相关要求，计 2 分（每季度 0.5 分）；③县级政府组织各相关部门进行技术培训，计 2 分。最终得分：① + ② + ③。

评分依据：领导小组成立文件，各季度工作推进会议通知、签到及会议纪要，年度培训通知、签到及照片等相关证明材料。

5.4 工作经费保障

指标解释：指县级政府保障评价工作开展所需资金，主要包括生态环境监测站能力建设资金、组织开展县域生态环境质量评价监测、培训、自查报告编制及资料汇编等相关工作经费。

评分方法：7 分。评价工作经费大于等于 100 万元计 7 分，小于 100 万元按以下公式计算得分：（评价年度县级财政所拨付的工作保障经费 ÷100）×7，经费以万元计。

评分依据：评价年度县级财政监测能力建设及工作经费拨付凭证、能力建设实施内容及经费使用证明材料；如果只提供拨付凭证，无能力建设实施内容及经费使用证明材料，省级审核时将进行酌情扣分。

5.5 自查报告质量

指标解释：指县级政府编写年度自查报告、组织资料汇编、数据报送、现场核查协调配合等工作开展情况。

评分方法：5 分。其中①自查报告及资料汇编质量，计 2 分，若省级审核发现县域上报各类数据资料存在（缺）漏报、错报等不规范（造假瞒报除外）情形的，发现 1 处扣 0.5 分，扣完为止；②数据报送时效，计 2 分，若县域存在不能按时上报数据资料，影响省级审核工作进度的，该部分不得分；③现场核查协调配合，计 1 分，若县域存在评价年度现场核查协调配合不力的，该部分不得分，如果评价年度未发生现场核查的，该部分直接赋 1 分。最终得分：① + ② + ③。

评分依据：自查报告及资料汇编审核结果、省级数据报送时效反馈、现场核查反馈等。

（二）评价方法

生态环境保护管理评分分州（市）级评分和省级评分两级，州（市）级评分基于生态环境主管部门初审结果，为省级审核提供参考；最终生态环境保护管理评分以省级评分为准。根据每个县域生态环境保护管理得分（$EM_{管理}$）转化为 −1.5～+1.5 之间的无量纲值，作为生态环境保护管理评价值，以 $EM'_{管理}$表示，计算公式如下：

$$EM'_{管理}=1.5\times(EM_{管理}-EM_{avg})/(EM_{max}-EM_{arg})，当EM_{管理}\geqslant EM_{avg}时$$

$$EM'_{管理}=1.5\times(EM_{管理}-EM_{avg})/(EM_{avg}-EM_{min})，当EM_{管理}\leqslant EM_{avg}时$$

式中：EM_{max}——全省县域生态环境保护管理得分的最大值；

EM_{min}——全省县域生态环境保护管理得分的最小值；

EM_{avg}——全省县域生态环境保护管理得分的平均值。

二、自然生态变化详查

自然生态变化详查是生态环境部卫星环境应用中心、云南省生态环境监测中心等技术支撑部门通过评价年与对照年（评价年度之前一年）高分辨率卫星遥感影像对比分析及无人机遥感核查等方法，查找并验证县域内局部自然生态系统发生变化的区域，评价值（$EM'_{遥感}$）介于 −0.7～+0.7 之间（表 5）。自然生态变化详查评价通过“变化类型 + 变化面积”综合确定。其中，“变化类型”为定性指标，主要包括矿产资源开发类、工业开发类、固体废物堆放类、城市开发建设类，以及其他改变生态用地的类型；“变化面积”为定量指标，根据生态变化斑块面积进行评价，分为明显变化、一般变化和轻微变化（表 5）。

表 5　自然生态变化详查评价

<table>
<tr><th colspan="3">自然生态变化规模</th><th>$EM'_{遥感}$</th><th>自然生态破坏类型</th></tr>
<tr><td rowspan="2">明显变化</td><td rowspan="2">变化面积＞5 km^2</td><td>破坏</td><td>−0.7</td><td rowspan="7">1. 矿产资源开发类：包括矿产露天开采、尾矿库、采石场、石料厂、砂石厂等；
2. 工业开发类：独立设置的工厂、工业园区等；
3. 固体废物堆放类：包括工业固体废物、矿业固体废物、农业固体废物、城市生活垃圾、建筑固体废物、非常规来源固体废物等；
4. 城市开发建设类：包括工业园区新建或扩建、城镇建设、房地产开发等；
5. 其他改变生态用地的类型</td></tr>
<tr><td>恢复</td><td>+0.7</td></tr>
<tr><td rowspan="2">一般变化</td><td rowspan="2">2 km^2＜变化面积≤5 km^2</td><td>破坏</td><td>−0.5</td></tr>
<tr><td>恢复</td><td>+0.5</td></tr>
<tr><td rowspan="2">轻微变化</td><td rowspan="2">0.5 km^2＜变化面积≤2 km^2</td><td>破坏</td><td>−0.3</td></tr>
<tr><td>恢复</td><td>+0.3</td></tr>
<tr><td colspan="3">变化面积≤0.5 km^2</td><td>0</td></tr>
</table>

自然生态变化无人机遥感核查遵循典型性与可行性原则，重点选取由人为因素导致的且生态变化面积较大的斑块，同时也参考新闻媒体或舆情中出现的生态破坏事件。

对于在生态重要区或极度敏感区发现的破坏，如自然保护区、饮用水水源保护区、生态保护红线内，或往年发现的生态破坏斑块仍没有好转的，甚至持续扩大的，评价值可降档扣分，结合生态破坏斑块的类型、面积和空间位置，可直接定为最差一档（即“明显变差”）（表 6）。

表 6　自然保护区等生态敏感区生态破坏评价

<table>
<tr><th>自然生态破坏类型</th><th>自然保护区功能分区</th><th>饮用水水源保护区分区</th><th>$EM'_{遥感}$</th></tr>
<tr><td rowspan="3">1. 矿产资源开发类：包括矿产露天开采、尾矿库、采石场、石料厂、砂石厂等；
2. 工业开发类：独立设置的工厂、工业园区等；
3. 固体废物堆放类：包括工业固体废物、矿业固体废物、农业固体废物、城市生活垃圾、建筑固体废物、非常规来源固体废物等；
4. 城市开发建设类：包括工业园区新建或扩建、城镇建设、房地产开发等；
5. 其他改变生态用地的类型</td><td rowspan="2">核心保护区（核心区、缓冲区）</td><td>一级保护区</td><td rowspan="2">最终评价结果定为最差一档（明显变差）</td></tr>
<tr><td>二级保护区</td></tr>
<tr><td>一般控制区（实验区）</td><td>准保护区</td><td>首先按照破坏面积进行评价，然后再降低一档。如按照破坏面积评价为 -0.3，则降低一档后变成 -0.5，直至变成 -0.7 为止</td></tr>
</table>

注：自然保护区优化调整完成之前，采用核心区、缓冲区、实验区的功能分区。自然保护区优化调整完成后，采用核心保护区、一般控制区的功能分区；若生态保护红线内发现生态破坏斑块，评价方式同自然保护区一般控制区（实验区）和饮用水水源保护区准保护区。

三、突发环境事件与突出生态环境问题

该部分包括突发环境事件与突出生态环境问题两部分，以 $EM'_{事件}$表示，作为负向评价指标。对于由自然灾害等不可抗力因素造成的突发环境事件、突出生态环境问题不纳入评价。

$EM'_{事件}$介于 -1.0～0 之间，但如果县域发生特别重大等级的突发环境事件，或经中央生态环境保护督察发现的地方政府不作为、乱作为、虚假整改等性质恶劣、影响较大的生态环境问题，可将最终评估结果定为最差一档（即“明显变差”）（表 7）；如果县域发生重大等级的突发环境事件，最终评价结果降低一档且不得为“变好”或“基本稳定”等级（表 7）。

表 7　突发环境事件与突出生态环境问题评价

<table>
<tr><th colspan="2">类型</th><th>$EM'_{事件}$</th><th>判断依据</th><th>说明</th></tr>
<tr><td rowspan="4">突发环境事件</td><td>特别重大环境事件</td><td>最终评价结果为最差一档</td><td rowspan="4">依据《国家突发环境事件应急预案》，评价年县域内发生人为因素引发的特别重大、重大、较大或一般等级的突发环境事件。若发生不止一起突发环境事件则以最严重等级为准</td><td rowspan="6">若同一事件有多种资料来源，则以最严重等级计算评价值，不重复计算</td></tr>
<tr><td>重大环境事件</td><td>最终评价结果降低一档且不得为“变好”或“基本稳定”等级</td></tr>
<tr><td>较大环境事件</td><td>−0.5</td></tr>
<tr><td>一般环境事件</td><td>−0.3</td></tr>
<tr><td rowspan="2">突出生态环境问题</td><td rowspan="2">中央及省级生态环境保护督察问题</td><td>最终评价结果为最差一档</td><td>评价年存在以下情况的：①中央领导批示督办的重大生态环境问题；②地方政府不作为、乱作为，虚假整改、敷衍整改，并经中央生态环境保护督察曝光典型案例的；③督察整改不力被中央生态环境保护督察协调局通报、约谈、开展专项督察的，被省生态环境保护督察工作领导小组开展专项督察的；④其他类似程度的生态环境问题</td></tr>
<tr><td>−1.0</td><td>评价年存在以下情况的：①生活垃圾、污水处理设施运行不正常或长期超负荷运行，污水收集管网建设滞后的；②企业未安装污染处理设施导致污染物直排的；③自然保护区等各类保护地生态环境问题整改不到位或缓冲区有开发建设活动的；④违法违规建设或未批先建的；⑤地方政府重视不够，生态环境保护治理未形成合力的；⑥面源污染防治不力对环境质量有明显影响的；⑦被省生态环境保护督察工作领导小组办公室通报、督办、约谈的；⑧其他类似程度的生态环境问题</td></tr>
</table>

续表

<table>
<tr><th colspan="2">类型</th><th>$\mathrm{EM}'_{\text{事件}}$</th><th>判断依据</th><th>说明</th></tr>
<tr><td rowspan="3">突出生态环境问题</td><td>中央及省级生态环境保护督察问题</td><td>−0.5</td><td>评价年存在以下情况的：①生活垃圾、污水处理设施不能按要求完成建设或改造的；②企业污染治理设施运行不正常的；③河长制、林长制等生态环境保护制度落实不到位的；④生态环境问题整改不到位的；⑤不合理开发以及产业项目不合理上马造成生态环境隐患的；⑥中央或省级生态环境保护督察年度整改任务未按期完成且无正当理由的；⑦其他类似程度的生态环境问题</td><td rowspan="3">若同一事件有多种资料来源，则以最严重等级计算评价值，不重复计算</td></tr>
<tr><td>生态环境部例行监管发现的生态环境问题</td><td rowspan="2">−0.5</td><td>评价年因生态环境问题被生态环境部约谈、公开通报、挂牌督办或实施区域限批</td></tr>
<tr><td>集中重复生态环境投诉举报问题</td><td>评价年因集中重复投诉举报被生态环境部发函预警</td></tr>
</table>

第四部分　综合评价

县域生态环境质量综合评价结果（ΔEI）由技术评价结果（即县域生态环境质量变化值 ΔEI′）、生态环境保护管理评价（$\mathrm{EM}'_{\text{管理}}$）、自然生态变化详查评价（$\mathrm{EM}'_{\text{遥感}}$）、突发环境事件与突出生态环境问题评价（$\mathrm{EM}'_{\text{事件}}$）四部分组成，公式如下：

$$\Delta\mathrm{EI}=\Delta\mathrm{EI}'+\mathrm{EM}'_{\text{管理}}+\mathrm{EM}'_{\text{遥感}}+\mathrm{EM}'_{\text{事件}}$$

县域生态环境质量综合评价结果分为三级七类。三级分别为“变好”“基本稳定”“变差”；其中，“变好”包括“轻微变好”“一般变好”“明显变好”，“变差”包括“轻微变差”“一般变差”“明显变差”（表 8）。

表 8　县域生态环境质量综合评价结果分级

变化等级	变好			基本稳定	变差		
	明显变好	一般变好	轻微变好		轻微变差	一般变差	明显变差
ΔEI 阈值	ΔEI≥4	2＜ΔEI＜4	1≤ΔEI≤2	−1＜ΔEI＜1	−2≤ΔEI≤−1	−4＜ΔEI＜−2	ΔEI≤−4

附表

云南省129个县（市、区）生态功能定位

序号	县（区、市）	州（市）	功能定位	是否纳入国家重点生态功能区评价
1	五华区	昆明市	城市区	否
2	盘龙区	昆明市	城市区	否
3	官渡区	昆明市	城市区	否
4	西山区	昆明市	城市区	否
5	东川区	昆明市	水土保持	是
6	呈贡区	昆明市	城市区	否
7	晋宁区	昆明市	城市区	否
8	富民县	昆明市	生物多样性维护	否
9	宜良县	昆明市	生物多样性维护	否
10	石林县	昆明市	生物多样性维护	否
11	嵩明县	昆明市	生物多样性维护	否
12	禄劝县	昆明市	生物多样性维护	否
13	寻甸县	昆明市	生物多样性维护	否
14	安宁市	昆明市	生物多样性维护	否
15	麒麟区	曲靖市	城市区	否
16	沾益区	曲靖市	城市区	否
17	马龙区	曲靖市	生物多样性维护	否
18	陆良县	曲靖市	生物多样性维护	否
19	师宗县	曲靖市	生物多样性维护	否
20	罗平县	曲靖市	生物多样性维护	否
21	富源县	曲靖市	生物多样性维护	否
22	会泽县	曲靖市	生物多样性维护	否
23	宣威市	曲靖市	生物多样性维护	否
24	红塔区	玉溪市	城市区	否
25	江川区	玉溪市	城市区	是
26	通海县	玉溪市	生物多样性维护	是
27	华宁县	玉溪市	生物多样性维护	是

续表

序号	县（区、市）	州（市）	功能定位	是否纳入国家重点生态功能区评价
28	易门县	玉溪市	生物多样性维护	否
29	峨山县	玉溪市	生物多样性维护	否
30	新平县	玉溪市	生物多样性维护	否
31	元江县	玉溪市	生物多样性维护	否
32	澄江市	玉溪市	生物多样性维护	是
33	隆阳区	保山市	城市区	否
34	施甸县	保山市	生物多样性维护	否
35	龙陵县	保山市	生物多样性维护	否
36	昌宁县	保山市	生物多样性维护	否
37	腾冲市	保山市	生物多样性维护	否
38	昭阳区	昭通市	城市区	否
39	鲁甸县	昭通市	生物多样性维护	否
40	巧家县	昭通市	水土保持	是
41	盐津县	昭通市	水土保持	是
42	大关县	昭通市	水土保持	是
43	永善县	昭通市	水土保持	是
44	绥江县	昭通市	水土保持	是
45	镇雄县	昭通市	生物多样性维护	否
46	彝良县	昭通市	生物多样性维护	否
47	威信县	昭通市	生物多样性维护	否
48	水富市	昭通市	生物多样性维护	否
49	古城区	丽江市	城市区	否
50	玉龙县	丽江市	生物多样性维护	是
51	永胜县	丽江市	水源涵养功能	是
52	华坪县	丽江市	生物多样性维护	否
53	宁蒗县	丽江市	生物多样性维护	是
54	思茅区	普洱市	城市区	否
55	宁洱县	普洱市	生物多样性维护	否
56	墨江县	普洱市	生物多样性维护	否
57	景东县	普洱市	生物多样性维护	是
58	景谷县	普洱市	生物多样性维护	否

续表

序号	县（区、市）	州（市）	功能定位	是否纳入国家重点生态功能区评价
59	镇沅县	普洱市	生物多样性维护	是
60	江城县	普洱市	生物多样性维护	否
61	孟连县	普洱市	生物多样性维护	是
62	澜沧县	普洱市	生物多样性维护	是
63	西盟县	普洱市	生物多样性维护	是
64	临翔区	临沧市	城市区	否
65	凤庆县	临沧市	生物多样性维护	否
66	云县	临沧市	生物多样性维护	否
67	永德县	临沧市	生物多样性维护	否
68	镇康县	临沧市	生物多样性维护	否
69	双江县	临沧市	生物多样性维护	否
70	耿马县	临沧市	生物多样性维护	否
71	沧源县	临沧市	生物多样性维护	否
72	楚雄市	楚雄州	生物多样性维护	否
73	双柏县	楚雄州	生物多样性维护	是
74	牟定县	楚雄州	生物多样性维护	否
75	南华县	楚雄州	生物多样性维护	否
76	姚安县	楚雄州	生物多样性维护	否
77	大姚县	楚雄州	水土保持	是
78	永仁县	楚雄州	水土保持	是
79	元谋县	楚雄州	生物多样性维护	否
80	武定县	楚雄州	生物多样性维护	否
81	禄丰县	楚雄州	生物多样性维护	否
82	个旧市	红河州	生物多样性维护	否
83	开远市	红河州	生物多样性维护	否
84	蒙自市	红河州	生物多样性维护	否
85	弥勒市	红河州	生物多样性维护	否
86	屏边县	红河州	生物多样性维护	是
87	建水县	红河州	生物多样性维护	否
88	石屏县	红河州	水源涵养功能	是
89	泸西县	红河州	生物多样性维护	否

续表

序号	县（区、市）	州（市）	功能定位	是否纳入国家重点生态功能区评价
90	元阳县	红河州	生物多样性维护	否
91	红河县	红河州	生物多样性维护	否
92	金平县	红河州	生物多样性维护	是
93	绿春县	红河州	生物多样性维护	否
94	河口县	红河州	生物多样性维护	否
95	文山市	文山州	水土保持	是
96	砚山县	文山州	生物多样性维护	否
97	西畴县	文山州	水土保持	是
98	麻栗坡县	文山州	水土保持	是
99	马关县	文山州	水土保持	是
100	丘北县	文山州	生物多样性维护	否
101	广南县	文山州	水土保持	是
102	富宁县	文山州	水土保持	是
103	景洪市	西双版纳州	生物多样性维护	是
104	勐海县	西双版纳州	生物多样性维护	是
105	勐腊县	西双版纳州	生物多样性维护	是
106	大理市	大理州	生物多样性维护	否
107	漾濞县	大理州	生物多样性维护	是
108	祥云县	大理州	生物多样性维护	否
109	宾川县	大理州	生物多样性维护	否
110	弥渡县	大理州	生物多样性维护	否
111	南涧县	大理州	生物多样性维护	是
112	巍山县	大理州	生物多样性维护	是
113	永平县	大理州	生物多样性维护	是
114	云龙县	大理州	生物多样性维护	否
115	洱源县	大理州	水源涵养功能	是
116	剑川县	大理州	生物多样性维护	是
117	鹤庆县	大理州	生物多样性维护	否
118	瑞丽市	德宏州	生物多样性维护	否
119	芒市	德宏州	生物多样性维护	否
120	梁河县	德宏州	生物多样性维护	否

续表

序号	县（区、市）	州（市）	功能定位	是否纳入国家重点生态功能区评价
121	盈江县	德宏州	生物多样性维护	否
122	陇川县	德宏州	生物多样性维护	否
123	泸水市	怒江州	生物多样性维护	是
124	福贡县	怒江州	生物多样性维护	是
125	贡山县	怒江州	生物多样性维护	是
126	兰坪县	怒江州	生物多样性维护	是
127	香格里拉市	迪庆州	生物多样性维护	是
128	德钦县	迪庆州	生物多样性维护	是
129	维西县	迪庆州	生物多样性维护	是

第6章
云南省财政厅关于印发《云南省生态功能区转移支付办法》的通知

（云财基层〔2024〕10号）

各州（市）财政局，镇雄县、宣威市、腾冲市财政局：

为深化生态保护补偿制度改革，加强生态功能区转移支付分配、使用和管理，我们修订了《云南省生态功能区转移支付办法》，现予印发，请遵照执行。

云南省财政厅

2024年5月29日

云南省生态功能区转移支付办法

第一条 为深入贯彻习近平生态文明思想和习近平总书记考察云南重要讲话精神，加快推进生态文明体制改革，筑牢国家西南生态安全屏障，服务保障生态文明建设排头兵和美丽中国七彩云南建设，推动我省高质量跨越式发展，在中央财政重点生态功能区转移支付支持下，根据《中央对地方重点生态功能区转移支付办法》，省财政设立生态功能区转移支付制度。

第二条 生态功能区转移支付列一般性转移支付，用于提高地方政府基本公共服务保障能力，引导地方政府加强生态环境保护。

第三条 生态功能区转移支付不规定具体用途，由各地根据本地区实际情况统筹安排使用。

第四条 生态功能区转移支付支持范围包括全省各州（市）本级和县（市、区），重点支持中央财政补助范围内的地区。

第五条 生态功能区转移支付资金按照以下原则进行分配：

（一）公平公正，规范统一。生态功能区转移支付以对各地生态功能价值的补偿性补助为主，选取客观因素，采取统一办法规范计算补助资金，力求方法科学、过程规范、结果合理。

（二）生态补偿，激励约束。根据各地生态功能价值进行动态补偿，弥补地方政府为保护生态环境所形成的实际支出与机会成本，提高地方政府基本公共服务保障能力。建立完善生态环境质量监测与评价结果奖惩机制，激励各地加大生态环境保护力度。

（三）分类管理，突出重点。根据生态类型、生态重要程度和财力水平等情况实施分档分类补助，并对我省辖区内生态重要地区加大补助力度，体现差异、突出重点。

第六条　生态功能区转移支付资金选取客观因素测算，分为对各地生态功能价值的补偿性补助、对各地污染防治和生态文明建设投入的奖励性补助、政策性补助、重点补助、生态环境质量监测与评价结果奖惩资金。

省对某地区生态功能区转移支付应补助额＝对该地区生态功能价值的补偿性补助＋对该地区污染防治和生态文明建设投入的奖励性补助＋政策性补助＋重点补助 ± 生态环境质量监测与评价结果奖惩资金

扣除据实核算及阶段性补助后，测算的转移支付应补助额少于该州（市）上一年转移支付预算执行数的，省财政按照上一年转移支付预算执行数下达。

第七条　对各地生态功能价值的补偿性补助，选取影响生态功能价值的客观因素，按统一方法分县（市、区）测算。

某县（市、区）生态功能价值的补偿性补助＝全省此项资金总量 × 该县（市、区）生态功能指数 ÷ 各县（市、区）生态功能指数之和

生态功能指数是指根据森林、水域、湿地、草地和耕地等主要生态载体的物理当量（即面积）和生态质量，以及不同生态载体的生态价值相对关系，并考虑生态保护红线及区域生态重要程度，合成反映生态功能价值大小的指数。其中，对纳入国家重点生态功能区补助的县（市、区）、涉及九大高原湖泊和高黎贡山保护治理等地区增加区域生态重要程度加成系数。

第八条　对各地污染防治和生态文明建设投入的奖励性补助，具体根据各州（市）本级和所辖县（市、区）污染防治和生态文明建设资金投入情况计算，并按财政困难程度适当调整。

对某州（市）、县（市、区）污染防治和生态文明建设投入的奖励性补助＝该州（市）、县（市、区）上一年度污染防治和生态文明建设资金投入 ÷ 各州（市）、县（市、区）上一年度污染防治和生态文明建设资金投入之和 × 该项资金总量 × 财政困难程度调整系数

第九条　政策性补助对象为禁止开发区、具有跨区域外溢价值大型水库地区、九大高原湖泊地区及具有较重要生态价值地区等。

政策性补助＝禁止开发区补助＋具有跨区域外溢价值大型水库补助＋九大高原湖泊补助＋其他政策性补助

其中：禁止开发区补助范围为国家公园、国家级和省级自然保护区、国家级和省级自然公园［包括风景名胜区、森林公园、地质公园、湿地公园、沙漠（石漠）公园、草原公园 6 类］、水产种质资源保护区、世界文化自然遗产、高原湖泊面积（若有交叉不重复计算）占辖区面积比例超过 20% 的县（市、区）。对面积占比较大的地区加大补助力度。

具有跨区域外溢价值大型水库补助，补助范围是库址和用水地不在同一行政区域的大型水库所在县（市、区），弥补外溢到用水地的生态价值。

九大高原湖泊补助，根据九湖流域生态产品价值（GEP）核算结果等因素测算分配。

其他政策性补助根据生态文明建设、重点生态保护及修复工程等有关情况，结合实际安排。

第十条　重点补助对象为国家级巩固拓展脱贫攻坚成果同乡村振兴衔接地区及生态重要地区，根据脱贫人口数、人均可支配收入、人均转移支付等因素测算。

第十一条　省财政厅会同生态环境等部门，根据全省县域生态环境质量监测与评价结果，实施相应的资金奖惩。对年度间生态环境“明显变好”“一般变好”“轻微变好”的县（市、区），分别按该县（市、区）当年测算生态功能价值补偿性补助资金量的 15%、10%、5% 增加转移支付。对年度间生态环境“明显变差”“一般变差”“轻微变差”的县（市、区），分别按该县（市、区）当年测算生态功能价值补偿性补助资金量的 80%、55%、25% 扣减转移支付。

第十二条　省财政厅每年按规定将下一年度生态功能区转移支付预计数提前下达各地。州（市）财政部门在收到省财政提前下达生态功能区转移支付预计数后，应在预算年度内提前向县（市、区）级财政部门下达下一年度生态功能区转移支付预计数。州（市）、县（市、区）财政部门应将提前下达的转移支付预计数全额编入本级预算。

第十三条　省财政将补助资金测算到县（市、区），州（市）财政部门在此基础上，结合本地“三保”保障、财政事权划分和跨区域生态建设规划等实际情况，可在 10% 幅度以内统筹所辖县（市、区）补助，并在年度结束后将调整至州（市）本级的资金使用情况报省财政厅备案。其中：州（市）本级所得补助资金大于本州（市）资金总额 10% 的，不得再统筹所辖县（市、区）所得补助；对“三保”保障存在困难的县（市、区），不得统筹其所得补助。

第十四条　州（市）财政部门可根据本地实际情况，制定本地区生态功能区转移支付办法，并报省财政厅备案。各级财政部门要规范资金分配，加强资金管理，将各项补助资金落实到位。

第十五条　各地要秉持“保基本、促均衡”的原则，增强生态环境保护意识，将生态功能区转移支付资金用于保护生态环境、改善民生和基层“三保”等，不得用于

"楼堂馆所"及形象工程建设，不得用于市场竞争性领域的直接投入，同时加强对生态环境质量的监测与评价以及资金的绩效管理。

第十六条　各级财政部门及其工作人员在资金分配、下达和管理工作中存在违反本办法规定以及其他滥用职权、玩忽职守、徇私舞弊等违法违规行为的，依法追究相应责任。

资金使用部门和个人存在弄虚作假或挤占、挪用、滞留资金等行为的，依照《中华人民共和国预算法》及其实施条例、《财政违法行为处罚处分条例》等国家有关规定追究相应责任。

第十七条　本办法自印发之日起施行。《云南省财政厅关于印发〈云南省生态功能区转移支付办法〉的通知》（云财基层〔2022〕24 号）同时废止。

第二篇

指标体系修订

第 1 章
县域生态环境质量监测与评价工作简介

1　国家重点生态功能区转移支付及绩效评估

2008 年环境保护部与中国科学院联合发布的《全国生态功能区划》和 2010 年国务院发布的《全国主体功能区规划》中均划定了重点生态功能区，即生态系统脆弱或生态功能重要，资源环境承载能力较低，不具备大规模高强度工业化城镇化开发的条件，必须把增强生态产品生产能力作为首要任务，从而应该限制进行大规模高强度工业化城镇化开发的地区。重点生态功能区按照主导生态功能分为防风固沙、水土保持、水源涵养和生物多样性维护四种类型。国家层面的重点生态功能区是“两屏三带”生态安全战略格局的主要支撑，其功能定位是：保障国家生态安全的重要区域，人与自然和谐相处的示范区；要以保护和修复生态环境、提供生态产品为首要任务，因地制宜地发展不影响主体功能定位的适宜产业，引导超载人口逐步有序转移。

为落实《全国主体功能区规划》，深化生态保护补偿制度改革，2008 年中央财政建立了国家重点生态功能区转移支付政策，制定《中央对地方重点生态功能区转移支付办法》，用以规范转移支付资金的管理、绩效及奖惩。重点生态功能区转移支付属于生态补偿类资金，列一般性转移支付，用于提高重点生态县域等地区基本公共服务保障能力，引导地方政府加强生态环境保护，要求享受重点生态功能区转移支付的地区应当切实增强生态环境保护意识，将转移支付用于保护生态环境和改善民生。

为评估重点生态功能区转移支付资金使用绩效，2009 年，环保部联合财政部启动了国家重点生态功能区县域生态环境质量监测评价与考核工作（简称“国考”），2011 年建立指标体系并开展试点考核，以生态环境质量监测、定量化评价作为衡量转移支付资金使用效果的依据，试点考核期间由省级负责数据报送，纳入重点生态功能区转移支付的县域尚未切实承担起考核主体责任。2014 年各考核县域正式开始自查自报，环保部出具考核结果，财政部根据考核结果建立转移支付奖惩调节机制，形成了“花钱问效、无效问责”的绩效评估机制。

2011 年云南省首批纳入中央对地方重点生态功能区转移支付并列入国考范围的县

域只有 18 个：屏边县、金平县、文山市、西畴县、马关县、广南县、富宁县、玉龙县、勐海县、勐腊县、剑川县、泸水县、福贡县、贡山县、兰坪县、香格里拉市、德钦县和维西县；2015 年增加澄江县、江川区、通海县、华宁县和宁蒗县，变为 23 个县（市、区）；2016 年增加东川区、巧家县、盐津县、大关县、永善县、绥江县、石屏县、永胜县、永平县、洱源县、景东县、镇沅县、孟连县、西盟县和澜沧县，纳入国考的县域变为 38 个；2017 年增加永仁县、大姚县、双柏县、麻栗坡县、景洪市、巍山县、南涧县和漾濞县，云南省共计 46 个县域纳入国考范围，2017 年至今全国纳入国考的县域未再发生变动。

2　云南省县域生态环境质量监测评价与考核启动

云南的生物多样性在中国乃至全世界都占有十分重要的地位，是我国重要的生物多样性宝库和西南生态安全屏障，也是全球生物物种最丰富地区之一，全球 36 个生物多样性热点区域云南就占了 3 个。习近平总书记考察云南时强调，“云南生态地位十分重要，被誉为‘植物王国’‘动物王国’‘世界花园’，这是大自然赐予云南的宝贵财富，必须倍加珍惜”。因此，对云南各县（市、区）生态质量及环境质量现状和动态变化监测评价，对于筑牢西南生态安全屏障来说尤其重要。

2013 年云南省作为国家重点生态功能区县域生态环境质量考核指标体系的示范省份，云南省环境监测中心站（现云南省生态环境监测中心）开展了“云南省县域生态环境质量监测评价与考核指标体系研究暨国家重点生态功能区县城生态环境质量考核示范研究”，在国家考核指标体系的基础上，结合云南省县域生态环境和地理位置的特殊性、复杂性、社会经济发展的不平衡性，研究建立了“云南省县域生态环境质量监测评价与考核指标体系”（省考 2015 版指标体系），既是对国考工作的拓展和深化，但又与之有明显的区别，国家重点生态功能区县域生态环境质量监测评价与考核只针对重点生态功能区开展，所以其指标体系的组成和权重是按照“防风固沙、水土保持、生物多样性维护、水源涵养功能区”4 个生态功能类型来进行不同设置的。而云南省县域生态环境质量监测评价与考核 2015 版指标体系是结合云南特色，且适应全省所有县（市、区）的一套普适性的指标体系。

2015 年 5 月云南省环境保护厅、云南省财政厅联合印发《云南省县域生态环境质量监测评价与考核办法（试行）》（云环通〔2015〕134 号），确定了云南省县域考核指标体系，同年 10 月省财政厅配套出台了能充分体现各县生态价值的生态补偿制度，印发《云南省生态功能区转移支付办法》（云财预〔2015〕398 号），实现县域生态环境质量考核监督机制与生态保护补偿机制的结合，同时云南省也成为全国第一个把县域生态环境质量监测评价与考核工作及生态功能区转移支付政策覆盖到全省 129 个县（市、区）的省份。

3　工作机制

云南省县域生态环境质量监测评价与考核，简称“省考”或“县域考核”，2024 年 3 月新指标体系发布后更名为“云南省县域生态环境质量监测与评价”，简称“省考”或“县域评价”。该项工作由省生态环境厅和省财政厅联合组织实施（图 1-1），采取县级自查、州（市）级审核及省级评价的程序，对全省各县（市、区）实施年度考核。省生态环境厅负责考核工作具体实施；省生态环境监测中心负责各层级考核技术支撑；省财政厅负责考核工作指导与监督，依据考核结果，采取相应的生态功能区转移支付奖惩措施，并保障考核工作所需经费。每年度考核结果由省生态环境厅和省财政厅联合发文通报。

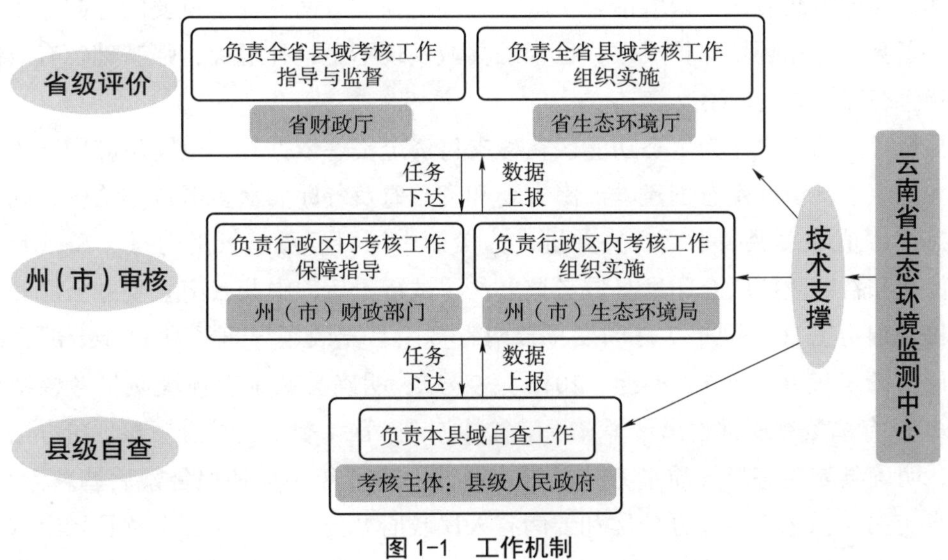

图 1-1　工作机制

4　考核结果应用

2015 年云南省财政厅印发《云南省生态功能区转移支付办法》（云财预〔2015〕398 号），县域考核结果持续运用于云南省生态功能区转移支付资金奖惩分配。2018 年（云财预〔2018〕212 号）、2019 年（云财基层〔2019〕14 号）和 2022 年（云财基层

〔2022〕24号）省财政厅三次对生态功能区转移办法进行了完善，2024年3月省生态环境厅和省财政厅联合发布新指标体系后，5月省财政厅也同步更新了《云南省生态功能区转移支付办法》（云财基层〔2024〕10号）。

2016—2023年云南省财政厅对下累计安排生态功能区转移支付资金503.26亿元，用于弥补地方政府为保护生态环境所形成的实际支出与机会成本，提高地方政府基本公共服务保障能力。根据云南省县域生态环境质量监测评价与考核结果，省财政厅累计对181个县域转移支付资金实施奖惩调节，其中奖励县域124个、扣减县域57个，有效支撑了转移支付奖惩分配、使用和管理，强化了“花钱问效，无效问责”的奖惩机制。根据现行有效的《云南省生态功能区转移支付办法》（云财基层〔2024〕10号），对年度间县域生态环境质量监测与评价结果“明显变好”“一般变好”“轻微变好”的县（市、区），分别按该县（市、区）当年测算生态功能价值补偿性补助资金量的15%、10%、5%增加转移支付。对年度间“明显变差”“一般变差”“轻微变差”的县（市、区），分别按该县（市、区）当年测算生态功能价值补偿性补助资金量的80%、55%、25%扣减转移支付。县域考核结果应用于生态功能区转移支付奖惩，在引导和督促地方政府切实采取措施实施生态环境保护方面发挥了重要的导向作用，不但推广了县域生态环境保护成效，也帮助县域发现不足，补短板，强基础，有效保障了全省生态环境质量持续改善。

县域考核结果除作为生态功能区转移支付资金奖惩依据外，也同步应用于生态环境部和省生态环境厅生态创建、云南省委和省政府及各厅局众多考核办法中，确保云南生态高颜值和发展高素质齐头并进，为美丽中国目标贡献云南力量。2015年5月省环保厅和省财政厅联合印发县域考核办法（试行）后，中共云南省委办公厅和云南省人民政府办公厅于同年7月印发《云南省贫困县党政领导班子和领导干部经济社会发展实绩考核办法》（云办通〔2015〕39号），明确县域生态环境质量考核结果占3分。2015年省委组织部也出台了《云南省县（市、区）委书记综合考核评价办法（试行）》，明确县域生态环境质量考核结果占8分，2016年中央环保督察后调整为9分。2019年6月中共云南省委办公厅和云南省人民政府办公厅印发《云南省县域经济发展分类考核评价办法》，将县域考核结果应用于各县年度县域经济考核，如果当年县域生态环境质量监测评价与考核为“一般变差”，则按照末尾考核酌情确定；2022年发改委量化了县域生态环境质量考核结果在县域经济发展考核的运用，根据城市化发展区、农产品主产区和重点生态功能区来对县域生态环境质量考核结果按4、6、8分权重赋分。此外，县域考核结果也作为生态环境部国家生态文明建设示范区、“绿水青山就是金山银山”实践创新基地创建（环办生态〔2024〕4号）和云南省生态环境厅省级生态文明建设示范区创建（云环发〔2022〕19号）的必要申报条件持续得到运用，如果考核结果为变差层级，则三年内不得申报，同时会影响已命名县域的复核评估。

第 2 章
县域生态环境质量监测与评价指标体系修订

1　指标体系修订的必要性

适应国家生态质量评价方法变化的需要。省考 2015 版指标体系用于评价自然生态的年度数据来源于省内各厅局，如林地覆盖率、活立木蓄积量、草地覆盖率、湿地率等，数据更新较慢，对生态质量年际变化的表征不敏感，不适应年度考核。2021 年 10 月生态环境部发布了《区域生态质量评价办法（试行）》（环监测〔2021〕99 号），结合“天空地一体化”的监测手段，运用生态质量指数（EQI）从生态格局、生物多样性、生态功能和生态胁迫四个维度对县级及以上区域生态质量现状和趋势进行综合评价。根据《“十四五”国家重点生态功能区县域生态环境质量监测与评价指标体系及实施细则》（环办监测函〔2022〕30 号），各县域生态质量统一用 EQI 来进行现状及动态变化评价，因此对云南省县域评价中生态质量指标做相应修订势在必行。

适应精准控污和精准治污的需要。省考 2015 版指标体系对环境质量现状和变化的表征均用达标率来评价，对地表水和环境空气质量的变化反应不够灵敏，例如：地表水断面水质评价结果存在达标率无年际变化，但水质类别却已明显下降的情况。因此，在环境质量指标中除评价达标率变化外，新增水质指数和空气质量综合指数，评价结果能更精准反映环境质量变化，使之适应云南省精准控污和精准治污绩效评估需要。

客观评价县域山水林田湖草一体化保护和系统治理成效的需要。党的二十大报告提出，要全方位、全地域、全过程加强生态环境保护，推进生态优先、节约集约、绿色低碳发展。省考 2015 版指标体系在生态环境管理评价上并不能充分反映县域在生态修复、生物多样性保护、生态保护红线监管、排污许可制度落实、新污染物治理、产业结构调整、应对气候变化等方面所做的工作及成效，所以对生态环境管理、自然生态详查等监管指标的修订能让县域评价更加结合新时期生态环境保护管理需求，能更充分反映县域系统化修复和治理成效。

2 指导思想

以习近平生态文明思想为指导，全面贯彻党的二十大和二十届一中、二中和三中全会精神，坚持绿水青山就是金山银山的理念，坚持山水林田湖草沙一体化保护和系统治理，全方位、全地域、全过程加强生态环境保护，深入推进环境污染防治。坚定不移贯彻新发展理念，以绿色、循环、低碳发展为主题，以生态环境质量改善为核心，坚持科学监测、综合评价、测管协同，优化云南省县域生态环境质量监测评价业务与技术体系，为生态功能区转移支付绩效评价提供科学依据，为促进地方政府切实加强生态环境保护、筑牢西南生态安全屏障，推进生态文明排头兵建设提供有力支撑。

3 总体目标

建立覆盖全省县域的“天空地一体化”生态环境质量监测与评价技术体系，涵盖水、气、土及生态要素，实现对县域生态质量与环境质量系统化、立体化、动态化监测及年际变化评价，形成以县域生态环境质量评价为核心，生态环境保护管理和遥感无人机核查为辅助，结果评价与过程评价有机结合，覆盖全面、科学客观的评价技术体系，通过县域评价与生态补偿的结合，实现“花钱问效，无效问责”，进一步提高云南省生态功能区转移支付资金使用绩效。

4 基本原则

继承发展，科学评价。继承现有业务与技术体系中经实践检验的工作机制、模式、监测评价指标、技术方法与手段，同时吸纳最新生态环境质量监测评价研究成果，完善技术体系。

突出导向，适应需求。紧密结合国家和云南省新时期生态环境保护要求，将“十四五”有关规划及重点任务纳入县域评价指标体系，引导地方政府不断提升生态环境保护和治理能力水平。

分工协作，压实责任。通过评价指标设置明确云南省县域生态环境质量监测与评价工作相关部门的职责和任务，推进县域各部门分工协作，进一步理顺工作机制，强化日常监管和责任落实。

5　指标体系修订依据

（1）中共中央办公厅　国务院办公厅印发的《关于划定并严守生态保护红线的若干意见》；

（2）中共中央办公厅　国务院办公厅印发的《关于进一步加强生物多样性保护的意见》；

（3）中共中央办公厅　国务院办公厅印发的《关于建立健全生态产品价值实现机制的意见》；

（4）《中共中央　国务院关于实施乡村振兴战略的意见》；

（5）《国务院关于印发2030年前碳达峰行动方案的通知》（国发〔2021〕23号）；

（6）《国务院办公厅转发国家发展改革委等部门关于加快推进城镇环境基础设施建设指导意见的通知》（国办函〔2022〕7号）；

（7）《国务院办公厅关于印发新污染物治理行动方案的通知》（国办发〔2022〕15号）；

（8）《美丽中国建设评估指标体系及实施方案》（发改环资〔2020〕296号）；

（9）《区域生态质量评价办法（试行）》（环监测〔2021〕99号）；

（10）《"十四五"国家重点生态功能区县域生态环境质量监测与评价指标体系及实施细则》（环办监测函〔2022〕30号）、《全国生态质量监督监测工作方案（2023—2025年）》（环监测〔2023〕45号）；

（11）《"十四五"城镇生活垃圾分类和处理设施发展规划》（发改环资〔2021〕642号）；

（12）《"十四五"城镇污水处理及资源化利用发展规划》（发改环资〔2021〕827号）；

（13）中共云南省委、云南省人民政府印发《云南省生态文明建设排头兵规划（2021—2025年）》；

（14）中共云南省委、云南省人民政府《关于深入打好污染防治攻坚战的实施意见》；

（15）《云南省人民政府关于印发云南省碳达峰实施方案的通知》；

（16）《云南省人民政府关于印发〈云南省加快建立健全绿色低碳循环发展经济体系行动计划〉的通知》（云政发〔2022〕1号）；

（17）《云南省人民政府办公厅转发省发展改革委等部门关于加快推进城镇环境基础设施建设工作方案的通知》（云政办函〔2022〕52号）；

（18）《中共云南省委办公厅、云南省人民政府办公厅印发〈云南省城乡绿化美化三年行动（2022—2024年）〉》；

（19）《云南省生态环境厅关于印发〈云南省省级生态文明建设示范区管理规程〉的通知》（云环发〔2022〕19号）；

（20）《云南省生态环境厅关于印发〈云南省省级生态文明建设示范区建设指标〉的通知》（云环发〔2022〕21号）。

6 指标修订过程

为全力做好“十四五”期间云南省县域生态环境质量监测评价与考核工作，2020年11月云南省生态环境厅印发《云南省生态环境厅关于加强“十四五”云南省县域生态环境质量监测评价与考核工作的函》（云环函〔2020〕625号），正式启动省考指标体系修订，云南省生态环境监测中心作为县域考核技术支撑单位，具体负责指标体系修订工作。2022年1月生态环境部和财政部联合印发《“十四五”国家重点生态功能区县域生态环境质量监测与评价指标体系及实施细则》（环办监测函〔2022〕30号），国考指标确定和试运行给省考指标修订提供了直接的参考依据。2023年7月，省厅印发《云南省县域生态环境质量监测与评价办法（征求意见稿）》，向省发改委、省财政厅、省自然资源厅、省住建厅、省农业农村厅、省水利厅、省林草局和16个州（市）生态环境局进行了意见征求，共收到反馈意见和建议56条。云南省生态环境监测中心对所有意见和建议进行了整理和汇总，并根据省生态环境厅专题讨论会结果，对征求意见稿进行了修改和完善。

2024年1月2日，省生态环境厅再次组织厅内各处室及相关直属单位，对修改后的县域生态环境质量监测与评价办法和实施细则进行专题讨论会，各处室和单位会后形成了书面意见和建议，1月23日，省生态环境厅监测处和省生态环境监测中心对这些意见和建议的采纳与否进行了磋商，1月24日，形成第二轮征求意见稿，印发省发改委、省财政厅、省自然资源厅、省住建厅、省农业农村厅、省水利厅和省林草局，共收到反馈意见和建议37条。2月2日，省生态环境厅监测处和省生态环境监测中心对各厅局反馈意见进行最后一轮蹉商，形成的上报稿经厅党组会通过。2024年3月27日，由省生态环境厅和省财政厅联合印发《云南省县域生态环境质量监测与评价办法》和《云南省县域生态环境质量监测与评价指标体系实施细则》。

7 主要修订内容

7.1 县域评价分类调整

省考 2015 版指标体系未对各县域进行分类考核，指标体系是普适性的，全省 129 个县（市、区）用统一指标考核。新修订的 2024 版县域评价指标体系则实行分类考核：纳入中央对地方重点生态功能区转移支付的县域（截至 2024 年全省有 46 个县域），直接采用评价年度国家重点生态功能区县域生态环境质量监测与评价结果；其余县域依据云南省 2024 版指标体系按水土保持、生物多样性维护、水源涵养和城市区四种生态功能类型进行评价，各县域生态功能定位由生态环境部确定。

7.2 技术指标调整

（1）自然生态指标由生态质量指标替代，突出县域不同生态功能类型差异，数据年际变化更灵敏。省考 2015 版指标体系中的自然生态指标数据来源于自然资源、林草、农业农村、水务等各职能部门，指标数据的更新较慢，多数指标无法获取年际变化数据。2024 版指标体系用生态质量指标代替自然生态指标，其测算依据《区域生态质量评价办法（试行）》（环监测〔2021〕99 号），且按生态功能类型不同进行生态质量指数（EQI）分类测算。数据主要来源于年度遥感监测数据和生态质量样地监测数据，数据的年际变化较旧指标更为灵敏。

（2）环境状况指标更名为环境质量指标，对县域地表水、空气和土壤环境质量评价更精准。2024 版指标体系的环境质量指标较原环境状况指标新增了水质指数、空气质量综合指数和土壤质量安全点位比例，地表水水质和环境空气质量不但评价达标率变化，还要评价污染物浓度年际变化，同时强化了土壤质量监管需求，评价结果能更全面、更精准地反映环境质量变化。

（3）将环境保护指标调整至监管指标的生态环境保护管理部分，不再参与县域生态环境质量变化值 $\Delta EI'$ 计算，这部分指标也将从县域自身年际变化比较转变为全省尺度进步速度比较，更利于突出先进县域。

（4）一级指标由 2015 版指标体系的 4 个增加到 7 个，二级指标也由 15 个优化到 12 个（表 2-1）。

表 2-1　省考技术指标修订前后比较

<table>
<tr><th colspan="4">2015 版指标体系</th><th colspan="4">2024 版指标体系</th></tr>
<tr><th>指标分类</th><th>一级指标</th><th>二级指标</th><th>说明</th><th>指标分类</th><th>一级指标</th><th>二级指标</th><th>说明</th></tr>
<tr><td rowspan="13">生态环境质量指标</td><td rowspan="7">自然生态指标</td><td>林地覆盖率</td><td rowspan="7">来自各部门报送数据</td><td rowspan="7">生态质量</td><td rowspan="2">生态格局</td><td>生态组分</td><td rowspan="7">代替原自然生态指标，根据《区域生态质量评价办法（试行）》测算各县域生态质量指数 EQI</td></tr>
<tr><td>活立木蓄积量</td><td>生态结构</td></tr>
<tr><td>森林覆盖率</td><td rowspan="2">生物多样性</td><td>重点保护生物</td></tr>
<tr><td>草地覆盖率</td><td>重要生物功能群</td></tr>
<tr><td>湿地率</td><td>生态功能</td><td>根据县域生态功能定位分类考核：水土保持、生物多样性维护、水源涵养和生态宜居</td></tr>
<tr><td rowspan="2">受保护区域面积占比</td><td rowspan="2">生态胁迫</td><td>人为胁迫</td></tr>
<tr><td>自然胁迫</td></tr>
<tr><td rowspan="6">环境状况指标</td><td>集中式饮用水水源地水质达标率</td><td></td><td rowspan="6">环境质量</td><td colspan="3">调整至监管指标的生态环境保护管理部分</td></tr>
<tr><td rowspan="2">Ⅲ类或优于Ⅲ类水质达标率</td><td rowspan="2"></td><td rowspan="2">地表水水质</td><td>达到或优于Ⅲ类水质比例</td><td>算法未变，名称调整</td></tr>
<tr><td>地表水水质指数</td><td>新增</td></tr>
<tr><td rowspan="2">优良以上空气质量达标率</td><td rowspan="2"></td><td rowspan="2">环境空气质量</td><td>空气质量优良天数比例</td><td>算法未变，名称调整</td></tr>
<tr><td>空气质量综合指数</td><td>新增</td></tr>
<tr><td>—</td><td></td><td>土壤环境质量</td><td>土壤质量安全点位比例</td><td>新增</td></tr>
<tr><td rowspan="6">环境保护指标</td><td rowspan="2">节能减排指标</td><td>主要污染物排放强度</td><td></td><td colspan="4">调整至监管指标的生态环境保护管理部分，增加了挥发性有机物</td></tr>
<tr><td>重点防控重金属排放强度</td><td></td><td colspan="4">调整至监管指标的生态环境保护管理部分</td></tr>
<tr><td rowspan="4">环境治理指标</td><td>重点污染源排放达标率</td><td></td><td colspan="4">删除</td></tr>
<tr><td>城镇生活污水集中处理率</td><td></td><td colspan="4">调整至监管指标的生态环境保护管理部分，评价方法有所调整</td></tr>
<tr><td>生活垃圾无害化处理率</td><td></td><td colspan="4">调整至监管指标的生态环境保护管理部分，评价方法有所调整</td></tr>
<tr><td>建成区绿地率</td><td></td><td colspan="4">改为“建成区绿化覆盖率”调整至监管指标的生态环境保护管理部分</td></tr>
</table>

7.3　监管指标调整

（1）监管指标由一类增加为三类。由原来的环境管理指标增加为生态环境保护管理（$EM'_{\text{管理}}$）、自然生态变化详查（$EM'_{\text{遥感}}$）和突发环境事件与突出生态环境问题（$EM'_{\text{事件}}$），其中生态环境保护管理指标在国考的基础上进行了优化，使之区别于国家重点生态功能区县域评价，更适合云南省省情；而自然生态变化详查评价方法和突发环境事件与突出生态环境问题评价方法则参照国考评价方法执行。

（2）优化调整生态环境保护管理指标。一级指标由 2015 版指标体系的 2 个增加到 5 个，二级指标由 5 个增加到 21 个（表 2-2）。

表 2-2　省考监管指标修订前后比较

<table>
<tr><th colspan="4">2015 版指标体系</th><th colspan="4">2024 版指标体系</th></tr>
<tr><th>指标分类</th><th>一级指标</th><th>二级指标</th><th>说明</th><th>指标分类</th><th>一级指标</th><th>二级指标</th><th>说明</th></tr>
<tr><td rowspan="15">环境管理指标</td><td rowspan="15">生态环境保护与监管</td><td>生态环境保护制度与创建</td><td></td><td rowspan="15">生态环境保护管理</td><td rowspan="4">生态保护修复</td><td>生态文明建设</td><td>原指标优化</td></tr>
<tr><td>—</td><td>—</td><td>自然保护地及生态保护红线监管</td><td>新增</td></tr>
<tr><td>生态保护与建设工程</td><td></td><td>生态保护修复工程</td><td>新增并优化了原有生态建设工程内容</td></tr>
<tr><td>—</td><td></td><td>生物多样性调查监测</td><td>新增</td></tr>
<tr><td>—</td><td></td><td rowspan="5">环境污染防治</td><td>精准治污科学治污举措</td><td>新增</td></tr>
<tr><td>—</td><td></td><td>排污许可制度落实</td><td>新增</td></tr>
<tr><td>—</td><td></td><td>主要污染物排放强度</td><td>原环境保护指标调入</td></tr>
<tr><td>—</td><td></td><td>农业面源污染防治</td><td>新增</td></tr>
<tr><td>—</td><td></td><td>开展新污染物防治</td><td>新增</td></tr>
<tr><td>—</td><td></td><td rowspan="4">绿色低碳发展</td><td>产业结构优化</td><td>新增</td></tr>
<tr><td>—</td><td></td><td>单位地区生产总值二氧化碳排放</td><td>新增</td></tr>
<tr><td>—</td><td></td><td>生态产品价值实现机制</td><td>新增</td></tr>
<tr><td></td><td></td><td>生态环境保护与治理支出</td><td>新增</td></tr>
<tr><td rowspan="2">生态环境监管与环境基础设施建设</td><td rowspan="2"></td><td rowspan="2">城乡人居环境</td><td>城乡生活污水处理</td><td rowspan="2">由原指标中城镇两污增加为城、乡、村两污，城镇两污评价方法也进行了优化调整</td></tr>
<tr><td>城乡生活垃圾无害化处理</td></tr>
</table>

续表

2015 版指标体系				2024 版指标体系			
指标分类	一级指标	二级指标	说明	指标分类	一级指标	二级指标	说明
环境管理指标	生态环境保护与监管	—		生态环境保护管理	城乡人居环境	绿美云南建设	新增
		—				城乡饮用水水质	将原环境状况指标中的集中式饮用水水源地水质达标率调入，并增加了村镇饮用水卫生合格率
	监测评价与考核工作组织实施	—			工作组织情况	生态环境保护责任清单制度	新增
		工作组织情况				年度实施方案	原指标优化和细化
						工作组织	
						工作经费保障	
		工作实施情况				自查报告质量	
—	—	—		自然生态变化详查		新增，参照《“十四五”国家重点生态功能区县域生态环境质量监测与评价指标体系及实施细则》（环办监测函〔2022〕30 号）执行	
—	—	—		突发环境事件与突出生态环境问题		新增，参照《“十四五”国家重点生态功能区县域生态环境质量监测与评价指标体系及实施细则》（环办监测函〔2022〕30 号）执行	

7.4　综合评价结果及分级调整

县域生态环境质量综合评价结果（ΔEI）及分级变化如表 2-3 所示。生态环境质量变化得分（ΔEI′）仍然是考核年度技术指标得分减上一年度技术指标得分，但调节分在原有环境管理（新指标更名为生态环境保护管理 $EM'_{管理}$）的基础上，还加入了自然生态变化详查（$EM'_{遥感}$）和突发环境事件与突出生态环境问题（$EM'_{事件}$）。生态环境质量综合评价结果分级与国考统一，由原来的五级变更为七级，对变化阈值也根据国考分级阈值做了调整，比 2015 版指标体系更为严格。

表 2-3　省考综合评价结果及分级修订前后比较

	2015 版指标体系		2024 版指标体系	
生态环境质量综合评价结果计算	$\Delta EI=\Delta EI'+EM'_{管理}$		$\Delta EI=\Delta EI'+EM'_{管理}+EM'_{无人机}+EM'_{事件}$	
生态环境质量综合评价结果分级	—	—	明显变好	$\Delta EI \geqslant 4$
	一般变好	$\Delta EI \geqslant 4$	一般变好	$2<\Delta EI<4$
	轻微变好	$2 \leqslant \Delta EI<4$	轻微变好	$1 \leqslant \Delta EI \leqslant 2$

续表

	2015 版指标体系		2024 版指标体系	
生态环境质量综合评价结果分级	基本稳定	$-2<\Delta EI<2$	基本稳定	$-1<\Delta EI<1$
	轻微变差	$-4<\Delta EI\leqslant-2$	轻微变差	$-2\leqslant\Delta EI\leqslant-1$
	一般变差	$\Delta EI\leqslant-4$	一般变差	$-4<\Delta EI<-2$
	—	—	明显变差	$\Delta EI\leqslant-4$

8　与“十四五”国考指标比较

2024 版指标体系在结构上和国考完全一致，主要区别是技术指标的生态功能指标分类中，国考有防风固沙类型，省考没有，而省考相比国考增加了生态宜居类型，主要考核城市区县域，国考只是对重点生态功能区县域进行考核（表 2-4）。从监管指标来看，省考结合前两年国考指标的使用情况和云南省省情，对生态环境保护管理指标进行了部分优化调整（表 2-5），而自然生态变化详查、突发环境事件与突出生态环境问题两部分则与国考基本保持一致。

表 2-4　省考 2024 版技术指标与国考技术指标比较

国考技术指标			2024 版省考技术指标			
指标分类	一级指标	二级指标说明	指标分类	一级指标	二级指标	说明
生态质量	生态格局	生态组分	生态质量	生态格局	生态组分	与国考一致
		生态结构			生态结构	与国考一致
	生物多样性	重点保护生物		生物多样性	重点保护生物	与国考一致
		重要生物功能群			重要生物功能群	与国考一致
	生态功能	根据县域生态功能类型不同考核：水土保持、生物多样性维护、水源涵养和防风固沙		生态功能	根据县域生态功能类型不同考核：水土保持、生物多样性维护、水源涵养和生态宜居	云南没有防风固沙类型县域，省考相比国家重点生态功能区考核增加了城市区县域
	生态胁迫	人为胁迫		生态胁迫	人为胁迫	与国考一致
		自然胁迫			自然胁迫	与国考一致
环境质量	地表水水质	达到或优于Ⅲ类水质比例	环境质量	地表水水质	达到或优于Ⅲ类水质比例	与国考一致
		地表水水质指数			地表水水质指数	与国考一致
	环境空气质量	空气质量优良天数比例		环境空气质量	空气质量优良天数比例	与国考一致
		空气质量综合指数			空气质量综合指数	与国考一致
	土壤环境质量	土壤质量安全点位比例		土壤环境质量	土壤质量安全点位比例	与国考一致

表 2–5　2024 版省考监管指标与国考监管指标比较

国考监管指标			2024 版省考监管指标			
指标分类	一级指标	二级指标	指标分类	一级指标	二级指标	指标设定依据及与国考差异
生态环境保护管理	生态保护修复	生态文明建设	生态环境保护管理	生态保护修复	生态文明建设	主要依据文件：《“十四五”国家重点生态功能区县域生态环境质量监测与评价指标体系及实施细则》 与国考差异：名称进行了修改
		自然保护地建设			自然保护地及生态保护红线监管	主要依据文件：①《“十四五”国家重点生态功能区县域生态环境质量监测与评价指标体系及实施细则》；② 2017 年 2 月 7 日，中共中央办公厅　国务院办公厅印发《关于划定并严守生态保护红线的若干意见》：地方各级党委和政府是严守生态保护红线的责任主体，要将生态保护红线作为相关综合决策的重要依据和前提条件，履行好保护责任。 与国考差异：将国考生态保护线线制度落实与自然保护地建设两部分进行了合并和优化，删除了自然保护区评分内容，因为全省县域中国家级和省级自然保护区不是每县都有，这部分对于城市区县域来说很难推进工作
		生态保护修复工程			生态保护修复工程	主要依据文件：《“十四五”国家重点生态功能区县域生态环境质量监测与评价指标体系及实施细则》 与国考差异：与国考一致
		生态保护红线制度落实			—	优化合并到“自然保护地及生态保护红线监管”部分
		—			生物多样性调查监测	主要依据文件：①《区域生态质量评价办法（试行）》（环监测〔2021〕99 号）：生态质量指数 EQI 核算时，“重点保护生物指数”需要各县域提供区域内重点保护野生动植物物种、数量及分布。② 2021 年 10 月 19 日，中共中央办公厅　国务院办公厅印发《关于进一步加强生物多样性保护的意见》：“地方各级党委和政府落实生物多样性保护责任，上下联动、形成合力”；“充分依托现有各级各类监测站点和监测样地（线），构建生态定位站点等监测网络。建立反映生态环境质量的指示物种清单，开展长期监测，鼓励具备条件的地区开展周期性调查”

续表

国考监管指标			2024版省考监管指标			
指标分类	一级指标	二级指标	指标分类	一级指标	二级指标	指标设定依据及与国考差异
生态环境保护管理	环境污染防治	排污许可制度落实	生态环境保护管理	环境污染防治	排污许可制度落实	主要依据文件：《“十四五”国家重点生态功能区县域生态环境质量监测与评价指标体系及实施细则》 与国考差异：与国考一致
		主要污染物减排			精准治污科学治污举措	主要依据文件：《“十四五”国家重点生态功能区县域生态环境质量监测与评价指标体系及实施细则》 与国考差异：国考的“主要污染物减排”包括“主要污染物排放强度”和“科学精准治污”两部分，省考进行了拆分，在主要污染物排放强度中增加了挥发性有机物，并对要求进行了细化
					主要污染物排放强度	
		农业面源污染防治			农业面源污染防治	主要依据文件：《“十四五”国家重点生态功能区县域生态环境质量监测与评价指标体系及实施细则》 与国考差异：省考根据省农业农村厅反馈意见中对农药和化肥施用量零增长控制要求，对国考部分不可获取指标进行了优化调整
		地下水保护与治理			—	删除原因：国考考核地下水水位和水质，但全省目前国控地下水点位只有75个，且只测水质不测水位，目前监测基础不足以支撑作为普适性考核指标
		—			开展新污染物防治	主要依据文件：①2022年5月4日，《国务院办公厅关于印发新污染物治理行动方案的通知》（国办发〔2022〕15号）：“统筹推进新污染物环境风险管理，实施调查评估、分类治理、全过程环境风险管控”，“按照国家统筹、省负总责、市县落实的原则，完善新污染物治理的管理机制，全面落实新污染物治理属地责任”，“建立国家和地方联动的监督执法机制，按照‘双随机、一公开’原则，将新化学物质环境管理事项纳入环境执法年度工作计划，加大对违法企业的处罚力度”。②2022年7月27日，中共云南省委、云南省人民政府《关于深入打好污染防治攻坚战的实施意见》：“加强新污染物治理。推进持久性有机污染物、内分泌干扰物等新污染物的调查监测和环境风险评估。建立健全有毒有害化学物质环境风险管理制度，强化源头准入，加强新污染物环境风险管控”

续表

国考监管指标			2024 版省考监管指标			
指标分类	一级指标	二级指标	指标分类	一级指标	二级指标	指标设定依据及与国考差异
生态环境保护管理	绿色协调发展	产业结构优化	生态环境保护管理	绿色低碳发展	产业结构优化	主要依据文件：《“十四五”国家重点生态功能区县域生态环境质量监测与评价指标体系及实施细则》 与国考差异：与国考一致
		绿色低碳发展			单位地区生产总值二氧化碳排放	主要依据文件：《“十四五”国家重点生态功能区县域生态环境质量监测与评价指标体系及实施细则》 与国考差异：名称不同，但内容都是考核单位地区生产总值二氧化碳排放量
		生态环境保护与治理支出			生态环境保护与治理支出	主要依据文件：《“十四五”国家重点生态功能区县域生态环境质量监测与评价指标体系及实施细则》 与国考差异：与国考一致
		—			生态产品价值实现机制	主要依据文件：① 2021 年 4 月，中共中央办公厅、国务院办公厅发布《关于建立健全生态产品价值实现机制的意见》：提出建立健全生态产品价值实现机制，是贯彻落实习近平生态文明思想的重要举措，是践行“绿水青山就是金山银山”理念的关键路径，是从源头上推动生态环境领域治理体系和治理能力现代化的必然要求，对推动经济社会发展全面绿色转型具有重要意义。② 2022 年 4 月，云南省委、省政府印发《云南省建立健全生态产品价值实现机制实施方案》：明确到 2024 年，通过开展生态产品价值实现机制试点示范，有效破解生态产品难度量、难抵押、难交易、难变现等问题，形成可复制、可推广的生态产品价值实现机制经验做法，并在全省逐步推广运用
	城乡人居环境	农村环境整治		城乡人居环境	—	删除原因：农村环境综合整治项目无统一实施标准，而且“十四五”期间很少有专项实施，有的村只做厕改，有的村做道路硬化，有的做绿化，评分缺乏统一标准依据，而且在省考城乡生活污水和垃圾处理中已强化了对农村两污治理要求，所以不再做重复考核要求

续表

国考监管指标			2024 版省考监管指标			
指标分类	一级指标	二级指标	指标分类	一级指标	二级指标	指标设定依据及与国考差异
生态环境保护管理	城乡人居环境	城乡生活污水处理	生态环境保护管理	城乡人居环境	城乡生活污水处理	主要依据文件：①《“十四五”国家重点生态功能区县域生态环境质量监测与评价指标体系及实施细则》；② 2022 年 1 月 12 日，《国务院办公厅转发国家发展改革委等部门关于加快推进城镇环境基础设施建设指导意见的通知》（国办函〔2022〕7 号）：2025 年城镇环境基础设施建设主要目标：新增污水处理能力 2 000 万 m^3/d，新增和改造污水收集管网 8 万 km；县城污水处理率达到 95% 以上，地级及以上缺水城市污水资源化利用率超过 25%，城市污泥无害化处置率达到 90%。③ 2022 年 7 月 25 日，《云南省人民政府办公厅转发省发展改革委等部门关于加快推进城镇环境基础设施建设工作方案的通知》（云政办函〔2022〕52 号）：到 2025 年，新增污水处理能力 200 万 t/d，新增和改造污水收集管网 7 200 km，基本消除城市建成区生活污水直排口和收集处理设施空白区；县城污水处理率达到 95% 以上，全省城市生活污水集中收集率力争达到 70% 以上。 与国考差异：“城镇生活污水集中处理与管网建设”国考考核城镇生活污水处理率和污水管网覆盖率，而省考考核城镇污水处理厂进水化学需氧量和污水管网覆盖率；“农村生活污水治理”部分国考只考核农村生活污水治理率，而省考既考核农村生活污水治理率又考核农村生活污水治理设施正常运行率；省考还增加了对农村黑臭水体整治的考核

续表

国考监管指标			2024 版省考监管指标			
指标分类	一级指标	二级指标	指标分类	一级指标	二级指标	指标设定依据及与国考差异
生态环境保护管理	城乡人居环境	城乡生活垃圾无害化处理	生态环境保护管理	城乡人居环境	城乡生活垃圾无害化处理	主要依据文件：①《“十四五”国家重点生态功能区县域生态环境质量监测与评价指标体系及实施细则》；② 2022 年 1 月 12 日，《国务院办公厅转发国家发展改革委等部门关于加快推进城镇环境基础设施建设指导意见的通知》（国办函〔2022〕7 号）：2025 年城镇环境基础设施建设主要目标：生活垃圾分类收运能力达 70 万 t/d 左右，城镇生活垃圾焚烧处理能力达到 80 万 t/d 左右。城市生活垃圾资源化利用率达到 60% 左右，城市生活垃圾焚烧处理能力占无害化处理能力比重达 65% 左右。③ 2022 年 7 月 25 日，《云南省人民政府办公厅转发省发展改革委等部门关于加快推进城镇环境基础设施建设工作方案的通知》（云政办函〔2022〕52 号）：城市建成区生活垃圾日清运量超过 300 t 的地区，加快建设垃圾焚烧处理设施。不具备建设规模化垃圾焚烧处理设施条件的地区，鼓励跨区域共建共享。到 2025 年，新增生活垃圾分类收运能力 1.4 万 t/d，城镇生活垃圾焚烧处理能力达到 3 万 t/d，新增厨余垃圾处理能力 1 710 t/d，城市生活垃圾资源化利用率达 60% 左右、焚烧处理能力占无害化处理能力比重达 65% 左右。④ 2022 年 1 月 13 日，《云南省人民政府关于印发〈云南省加快建立健全绿色低碳循环发展经济体系行动计划〉的通知》（云政发〔2022〕1 号）：到 2025 年，城市生活垃圾焚烧处理率 65% 以上。⑤ 2022 年 7 月 27 日《中共云南省委、云南省人民政府关于深入打好污染防治攻坚战的实施意见》：持续打好农业农村污染治理攻坚战。因地制宜推进农村厕所革命、生活污水治理、生活垃圾治理。 与国考差异：省考比国考增加了对垃圾无害化处理方式的考核，对卫生填埋处理和焚烧处理区别赋分

续表

国考监管指标			2024版省考监管指标			
指标分类	一级指标	二级指标	指标分类	一级指标	二级指标	指标设定依据及与国考差异
生态环境保护管理	城乡人居环境	—	生态环境保护管理	城乡人居环境	绿美云南建设	主要依据文件：① 2022年5月21日，中共云南省委　云南省人民政府印发《云南省生态文明建设排头兵规划（2021—2025年）》：“十四五”时期绿美云南建设取得新成就。探索符合云南实际的城乡绿化美化建设路径和发展模式，重点实施绿美城镇、绿美社区、绿美乡村、绿美交通、绿美河湖、绿美校园、绿美园区、绿美景区建设，使生态美、环境美、城市美、乡村美、山水美、人文美成为普遍形态。② 2022年7月26日，中共云南省委办公厅、云南省人民政府办公厅印发《云南省城乡绿化美化三年行动（2022—2024年）》：着力推进城乡面貌和人居环境改善，使城镇乡村融入大自然、建成大花园，更加宜居宜业宜游，让云岭大地山更绿、水更清、天更蓝、景更美、人更富，持续增强人民群众获得感、幸福感、自豪感，不断夯实争当我国生态文明建设排头兵的基础。③ 2022年1月13日，《云南省人民政府关于印发〈云南省加快建立健全绿色低碳循环发展经济体系行动计划〉的通知》（云政发〔2022〕1号）：到2025年，州（市）政府所在地城市建成区绿化覆盖率达到40%以上，人均公园绿地面积不低于13 m^2
		城乡饮用水水源水质			城乡饮用水水质	主要依据文件：《“十四五”国家重点生态功能区县域生态环境质量监测与评价指标体系及实施细则》 与国考差异：国考包括城镇集中式饮用水水源水质达标率、“千吨万人”水源水质达标率以及乡镇集中式饮用水水源保护区划定比例三部分，省考包括城镇集中式饮用水水源水质达标率、村镇饮用水卫生合格率两部分。省考饮用水安全既考虑了水源水，也考虑了农村的龙头水，既考虑城镇也考虑乡村。因为83个省考县域中22个没有“千吨万人”水源地，所以“千吨万人”水源水质达标率不适于作为普适性考核指标

续表

国考监管指标			2024 版省考监管指标			
指标分类	一级指标	二级指标	指标分类	一级指标	二级指标	指标设定依据及与国考差异
生态环境保护管理	工作组织情况	—	生态环境保护管理	工作组织情况	生态环境保护责任清单制度	主要依据文件：2022 年 7 月 27 日中共云南省委、云南省人民政府《关于深入打好污染防治攻坚战的实施意见》：严格落实《云南省省级有关部门和单位生态环境保护责任清单》，建立完善州（市）、县（市、区）生态环境保护责任清单制度
		党委政府共抓生态环境保护工作			年度实施方案	主要依据文件：《“十四五”国家重点生态功能区县域生态环境质量监测与评价指标体系及实施细则》 与国考差异：省考细化了工作经费保障内容和评分，把县级对生态环境监测站能力建设投入纳入量化评分
		工作组织			工作组织	
		—			工作经费保障	
		自查报告质量			自查报告质量	
自然生态变化详查			自然生态变化详查			主要依据文件：《“十四五”国家重点生态功能区县域生态环境质量监测与评价指标体系及实施细则》
突发环境事件与突出生态环境问题			突发环境事件与突出生态环境问题			主要依据文件：《“十四五”国家重点生态功能区县域生态环境质量监测与评价指标体系及实施细则》

第三篇

技术方案

第1章
纳入县域评价的地表水监测断面及责任划分

全省所有国控及省控地表水断面均按责任划分纳入各县域年度生态环境质量监测与评价，责任划分根据2023年5月《云南省生态环境厅关于开展云南省地表水国控和省控断面县域生态环境质量考核责任划分工作的通知》各州（市）生态环境局反馈结果确定，存在责任争议的断面则以《“十四五”国家空气、地表水环境质量监测网设置方案》（环办监测〔2020〕3号）和《云南省生态环境厅关于印发“十四五”省级空气、地表水环境质量监测网设置方案的通知》（云环通〔2020〕169号）作为责任县域判定依据。46个国考县域纳入评价的地表水断面及责任划分依据生态环境部要求执行，83个省考县域纳入评价的地表水断面及责任划分详见表1-1（截至2024年）。国控监测断面由国家组织实施监测，其余省控断面由省级统一组织实施监测，无须县域自行委托监测。纳入各年度县域评价的地表水断面可根据国家和省级要求进行动态调整。

表1-1　83个省考县域纳入评价的地表水断面及责任划分（截至2024年）

序号	测点名称	责任州/市	责任县域	监管级别	所属水系	河流名称	断面类别	汇入河流	经度	纬度
1	松华坝坝口	昆明市	盘龙区	国控	长江流域	松华坝水库	湖库	—	102.784 1	25.141 3
2	篆塘河泵站	昆明市	西山区	国控	长江流域	大观河	河流	滇池	102.677 7	25.033
3	牛恋乡	昆明市	晋宁区	国控	长江流域	柴河	河流	滇池	102.694 1	24.688 8
4	宝丰村入湖口	昆明市	官渡区	国控	长江流域	宝象河	河流	滇池	102.77	24.964 4
5	尼格水文站（拖木嘎）	昆明市	禄劝县	国控	长江流域	普渡河	河流	金沙江	102.774 4	26.210 3
6	普渡河桥	昆明市	禄劝县	国控	长江流域	普渡河	河流	金沙江	102.646	25.649 5
7	盐塘	昆明市	禄劝县	国控	长江流域	掌鸠河	河流	普渡河	102.549 8	25.500 3
8	江尾下闸	昆明市	呈贡区	国控	长江流域	洛龙河	河流	滇池	102.786 9	24.883 7
9	草海中心	昆明市	西山区	国控	长江流域	滇池草海	湖库	—	102.642 80	24.991 70

续表

序号	测点名称	责任州/市	责任县域	监管级别	所属水系	河流名称	断面类别	汇入河流	经度	纬度
10	金属筛片厂小桥	昆明市	西山区	国控	长江流域	西坝河	河流	滇池	102.669 4	25.011 5
11	禄丰村	昆明市	宜良县	国控	珠江流域	南盘江	河流	珠江	103.110 3	24.560 2
12	海口西	昆明市	西山区	国控	长江流域	滇池外海	湖库	—	102.630 00	24.773 30
13	灰湾中	昆明市	官渡区	国控	长江流域	滇池外海	湖库	—	102.690 30	24.913 60
14	通仙桥	昆明市	安宁市	国控	长江流域	鸣矣河	河流	金沙江	102.472 70	24.881 60
15	观音山中	昆明市	西山区	国控	长江流域	滇池外海	湖库	—	102.709 40	24.837 20
16	阳宗海中	昆明市	宜良县	国控	珠江流域	阳宗海	湖库	—	103.003 90	24.916 10
17	断桥	昆明市	西山区	国控	长江流域	滇池草海	湖库	—	102.659 60	25.015 00
18	观音山东	昆明市	呈贡区	国控	长江流域	滇池外海	湖库	—	102.761 10	24.837 20
19	白鱼口	昆明市	西山区	国控	长江流域	滇池外海	湖库	—	102.670 00	24.810 00
20	滇池南	昆明市	晋宁区	国控	长江流域	滇池外海	湖库	—	102.636 40	24.706 40
21	观音山西	昆明市	西山区	国控	长江流域	滇池外海	湖库	—	102.675 60	24.837 20
22	罗家营	昆明市	呈贡区	国控	长江流域	滇池外海	湖库	—	102.749 20	24.890 00
23	一检站	昆明市	西山区	国控	长江流域	船房河	河流	滇池	102.652 9	24.992
24	土萝村	昆明市	呈贡区	国控	长江流域	捞渔河	河流	滇池	102.783 8	24.825
25	河口	昆明市	寻甸县	国控	长江流域	牛栏江	河流	金沙江	103.405 4	25.639 2
26	昆河铁路（王大桥）	昆明市	盘龙区	国控	长江流域	金汁河	河流	滇池	102.745 4	25.044 9
27	小古城桥（回龙村）	昆明市	官渡区	国控	长江流域	马料河（昆）	河流	滇池	102.775 2	24.923
28	富民大桥	昆明市	富民县	国控	长江流域	螳螂川	河流	金沙江	102.494 7	25.219 9
29	严家村桥	昆明市	官渡区	国控	长江流域	盘龙江	河流	滇池	102.707 7	24.969
30	东大河入湖口	昆明市	晋宁区	国控	长江流域	东大河	河流	滇池	102.614 6	24.662 8
31	崔家庄	昆明市	嵩明县	国控	长江流域	牛栏江	河流	金沙江	103.221 5	25.365 3
32	晋城小寨	昆明市	晋宁区	国控	长江流域	淤泥河	河流	滇池	102.731 1	24.693 6

续表

序号	测点名称	责任州/市	责任县域	监管级别	所属水系	河流名称	断面类别	汇入河流	经度	纬度
33	狗街	昆明市	宜良县	国控	珠江流域	南盘江	河流	珠江	103.138 3	24.792
34	摆依河引洪渠	昆明市	宜良县	省控	珠江流域	摆依河引洪渠	河流	—	102.971 39	24.949 72
35	团结水库	昆明市	石林县	省控	珠江流域	团结水库	湖库	—	103.356 70	24.899 70
36	清水海	昆明市	寻甸县	省控	长江流域	清水海	湖库	—	103.116	25.589 611 11
37	阳宗海南	昆明市	宜良县	省控	珠江流域	阳宗海	湖库	—	102.995	24.883 055 56
38	阳宗海北	昆明市	宜良县	省控	珠江流域	阳宗海	湖库	—	103.007 777 8	24.954 722 22
39	取水点	昆明市	安宁市	省控	长江流域	车木河水库	湖库	—	102.367 379	24.620 781
40	松华坝坝中	昆明市	盘龙区	省控	长江流域	松华坝水库	湖库	—	102.785 833 3	25.137 777 78
41	宝象河水库坝口	昆明市	官渡区	省控	长江流域	宝象河水库	湖库	—	102.933 611 1	25.036 666 67
42	宝象河水库坝中	昆明市	官渡区	省控	长江流域	宝象河水库	湖库	—	102.933 611 1	25.036 666 67
43	柴河水库坝口	昆明市	晋宁区	省控	长江流域	柴河水库	湖库	—	103.686 111 1	24.596 666 67
44	双龙水库监测点	昆明市	晋宁区	省控	长江流域	双龙水库	湖库	—	0.000 0	0.000 0
45	洛武河水库监测点	昆明市	晋宁区	省控	长江流域	洛武河水库	湖库	—	0.000 0	0.000 0
46	自卫村水库坝口	昆明市	五华区	省控	长江流域	自卫村水库	湖库	—	102.785 833 3	25.135
47	自卫村水库坝中	昆明市	五华区	省控	长江流域	自卫村水库	湖库	—	102.785 833 3	25.135
48	云龙坝前	昆明市	禄劝县	省控	长江流域	云龙水库	湖库	—	102.425 555 6	25.856 111 11
49	云龙坝中	昆明市	禄劝县	省控	长江流域	云龙水库	湖库	—	102.425 555 6	25.922 777 78
50	大河水库坝口	昆明市	晋宁区	省控	长江流域	大河水库	湖库	—	102.767 5	24.555
51	积下村（积中村）	昆明市	西山区	省控	长江流域	老运粮河	河流	滇池	102.657 11	25.027 94
52	明波村	昆明市	西山区	省控	长江流域	乌龙河	河流	滇池	102.669 90	25.029 86
53	姑海	昆明市	寻甸县	省控	长江流域	小江	河流	金沙江	103.249 76	25.794 03

续表

序号	测点名称	责任州/市	责任县域	监管级别	所属水系	河流名称	断面类别	汇入河流	经度	纬度
54	对龙河官渡桥	昆明市	嵩明县	省控	长江流域	牛栏江对龙河	河流	金沙江	103.059 72	25.254 44
55	果马河河湾闸	昆明市	嵩明县	省控	长江流域	牛栏江果马河	河流	金沙江	103.095 28	25.274 44
56	杨林河汇入牛栏江处	昆明市	嵩明县	省控	长江流域	牛栏江杨林河	河流	金沙江	103.105 00	25.259 44
57	昆阳码头	昆明市	晋宁区	省控	长江流域	城河（中河）	河流	滇池	102.598 6	24.672 7
58	前进河哦嘎电站	昆明市	寻甸县	省控	长江流域	牛栏江前进河	河流	金沙江	103.301 11	25.538 06
59	范家村新二桥	昆明市	官渡区	省控	长江流域	海河	河流	滇池	102.698 00	24.955 29
60	德泽水库调水取水口	昆明市	寻甸县	省控	长江流域	牛栏江	河流	金沙江	103.496 92	25.813 47
61	七星水文站	昆明市	寻甸县	省控	长江流域	牛栏江	河流	金沙江	103.322 06	25.537 67
62	四营水文站	昆明市	嵩明县	省控	长江流域	牛栏江	河流	金沙江	103.146 67	25.290 56
63	温泉大桥	昆明市	安宁市	省控	长江流域	螳螂川	河流	金沙江	103.496 92	25.813 47
64	中滩闸门	昆明市	西山区	省控	长江流域	螳螂川	河流	金沙江	102.606 36	24.781 99
65	小人桥	昆明市	盘龙区、五华区	省控	长江流域	盘龙江	河流	金沙江	102.713 86	25.032 04
66	积善村桥	昆明市	西山区	省控	长江流域	新河	河流	滇池	102.649 37	25.026 49
67	柴石滩	昆明市	宜良县	省控	珠江流域	南盘江	河流	珠江	103.329 10	25.001 60
68	高枧槽	昆明市	盘龙区	省控	长江流域	牧羊河	河流	—	102.835 30	25.210 80
69	大青河泵站	昆明市	官渡区	省控	长江流域	大青河	河流	滇池	102.693 97	24.952 31
70	金源大桥	昆明市	寻甸县	省控	长江流域	块河	河流	小江	103.112 40	25.871 60
71	青龙峡	昆明市	安宁市、西山区	省控	长江流域	螳螂川	河流	金沙江	102.376 97	25.068 86
72	老煤山大桥	昆明市	五华区	省控	长江流域	大营河	河流	螳螂川	102.585 88	25.197 53

续表

序号	测点名称	责任州/市	责任县域	监管级别	所属水系	河流名称	断面类别	汇入河流	经度	纬度
73	东山桥	昆明市	石林县	省控	珠江流域	巴江	河流	珠江	103.272 08	24.763 78
74	马渔滩	昆明市	晋宁区	省控	长江流域	古城河	河流	—	102.599 61	24.729 15
75	成器墩小桥	昆明市	富民县	省控	长江流域	沙朗河	河流	—	102.506 30	25.220 80
76	大叠水	昆明市	石林县、宜良县	省控	珠江流域	巴江	河流	—	103.196 60	24.667 80
77	转龙	昆明市	禄劝县	省控	长江流域	洗马河	河流	—	102.852 80	25.912 80
78	梁王河高新大道	昆明市	呈贡区	省控	长江流域	梁王河	河流	—	102.805 60	24.802 80
79	天生桥	曲靖市	陆良县	国控	珠江流域	南盘江	河流	南海	103.492 90	24.937 30
80	三江口	曲靖市	罗平县	国控	珠江流域	南盘江	河流	南海	104.527 30	24.734 60
81	偏桥水库	曲靖市	宣威市	国控	珠江流域	规沙河	河流	—	103.929 10	25.992 20
82	龙潭河	曲靖市	宣威市	国控	珠江流域	龙潭河	河流	—	104.058 9	26.503 9
83	以礼河水文站（自动站位置）	曲靖市	会泽县	国控	长江流域	以礼河	河流	—	103.19	26.516 7
84	厂房大桥	曲靖市	宣威市	国控	珠江流域	北盘江	河流	珠江	104.471 1	26.239 4
85	德泽水库大坝	曲靖市	沾益区	国控	长江流域	牛栏江	河流	长江	103.600 9	25.956 2
86	马过河河边桥	曲靖市	马龙区	国控	长江流域	牛栏江马龙河	河流	牛栏江	103.390 9	25.453 6
87	牛栏江大桥	曲靖市	会泽县	国控	长江流域	牛栏江	河流	长江	103.717 5	26.518 6
88	旧营桥	曲靖市	宣威市	国控	珠江流域	北盘江	河流	珠江	104.223 8	26.244 3
89	设里桥	曲靖市	师宗县	国控	珠江流域	南盘江	河流	南海	104.331 9	24.549 8
90	腊龙	曲靖市	宣威市	国控	珠江流域	可渡河	河流	珠江	104.680 3	26.381 7
91	长底大桥	曲靖市	罗平县	国控	珠江流域	喜旧溪河	河流	珠江	104.507 5	25.035 8
92	花山水库出口	曲靖市	沾益区	国控	珠江流域	南盘江	河流	南海	103.899 2	25.764 8
93	普里寨	曲靖市	富源县	省控	珠江流域	黄泥河	河流	—	104.722 222 2	25.263 333 33
94	响水坝老吴村	曲靖市	麒麟区	省控	珠江流域	南盘江	河流	—	103.856 70	25.191 90
95	冯家圩	曲靖市	麒麟区	省控	珠江流域	潇湘江	河流	—	103.846 70	25.482 50

续表

序号	测点名称	责任州/市	责任县域	监管级别	所属水系	河流名称	断面类别	汇入河流	经度	纬度
96	独木水库大坝	曲靖市	麒麟区	省控	珠江流域	独木水库	湖库	—	104.100 555 6	25.298 888 89
97	潇湘水库坝中	曲靖市	麒麟区	省控	珠江流域	潇湘水库	湖库	—	103.759 444 4	25.456 944 44
98	西河水库坝中	曲靖市	沾益区	省控	珠江流域	西河水库	湖库	—	103.723 888 9	25.597 5
99	水城水库坝中	曲靖市	麒麟区	省控	珠江流域	水城水库	湖库	—	103.943 333 3	25.303 611 11
100	大坝	曲靖市	会泽县	省控	长江流域	毛家村水库	湖库	—	103.269 444 4	26.347 222 22
101	沾益铁路桥	曲靖市	沾益区	省控	珠江流域	西河	河流	—	103.828 80	25.541 60
102	西泽河土格樟	曲靖市	宣威市	省控	长江流域	西泽河	河流	牛栏江	103.640 40	26.030 60
103	天生坝	曲靖市	沾益区	省控	珠江流域	南盘江	河流	南海	103.812 5	25.624 4
104	乃格	曲靖市	罗平县	省控	珠江流域	黄泥河	河流	珠江	104.531 1	24.797 2
105	七排	曲靖市	师宗县	省控	珠江流域	子午河	河流	—	104.100 50	24.891 60
106	亦那河（赤那河）	曲靖市	宣威市	省控	珠江流域	亦那河（赤那河）	河流	—	104.347 30	26.116 10
107	海丹大桥	曲靖市	富源县	省控	珠江流域	块择河	河流	—	104.348 888 9	25.469 722 22
108	花山水库入口	曲靖市	沾益区	省控	珠江流域	南盘江	河流	南海	103.945 3	25.979 7
109	响水河水库	曲靖市	富源县	省控	珠江流域	响水河水库	湖库	—	104.167 80	25.691 00
110	龙潭河水库坝下	曲靖市	麒麟区	省控	珠江流域	龙潭河	河流	—	103.940 20	25.406 10
111	多依	曲靖市	罗平县	省控	珠江流域	多依河	河流	—	104.497 80	24.765 60
112	松溪坡水库	曲靖市	马龙区	省控	长江流域	松溪坡水库	湖库	—	103.688 90	25.302 20
113	会泽跃进水库	曲靖市	会泽县	省控	长江流域	会泽跃进水库	湖库	—	103.336 90	26.679 20
114	金龙桥	曲靖市	沾益区	省控	珠江流域	南盘江	河流	—	103.859 90	25.541 70
115	阿岗水库坝中	曲靖市	罗平县	省控	珠江流域	篆长河	河流	—	104.047 90	25.000 40
116	文明公路桥	曲靖市	麒麟区	省控	珠江流域	潇湘江	河流	—	103.731 00	25.403 10

续表

序号	测点名称	责任州/市	责任县域	监管级别	所属水系	河流名称	断面类别	汇入河流	经度	纬度
117	西关	曲靖市	麒麟区	省控	珠江流域	龙潭河	河流	—	103.868 30	25.305 90
118	化念水库	玉溪市	新平县	国控	红河流域	小河底河	河流	—	102.212	24.016 4
119	大谷厂水管所	玉溪市	易门县	国控	红河流域	扒河	河流	绿汁江	102.240 1	24.702 9
120	永昌桥	玉溪市	峨山县	国控	珠江流域	曲江	河流	南盘江	102.444 9	24.158
121	绿汁江大桥	玉溪市	易门县	国控	红河流域	绿汁江	河流	元江	101.959 6	24.689 7
122	坝洪村	玉溪市	元江县	国控	红河流域	元江（红河）	河流	红河	102.084 8	23.545
123	清水河口	玉溪市	红塔区	省控	珠江流域	清水河	河流	珠江	102.420 30	24.379 50
124	居拉里大桥	玉溪市	新平县	省控	红河流域	平甸河	河流	—	102.156 741 7	24.001 111 11
125	南薅	玉溪市	新平县	省控	红河流域	戛洒江	河流	红河	101.824 72	23.748 06
126	清水河三板桥电站	玉溪市	元江县	省控	红河流域	清水河	河流	元江	101.903 319	23.488 969
127	他拉河水库	玉溪市	新平县	省控	红河流域	他拉河水库	湖库	—	101.993 70	23.966 80
128	矣读可	玉溪市	红塔区	省控	珠江流域	曲江	河流	珠江	102.369 225	24.232 236
129	水库大坝	玉溪市	峨山县	省控	红河流域	化念水库	湖库	—	102.179 325	24.146 886 11
130	水库大坝	玉溪市	红塔区	省控	珠江流域	飞井水库	湖库	—	102.516 691 7	24.409 177 78
131	库心	玉溪市	红塔区	省控	珠江流域	东风水库	湖库	—	102.589 525	24.365 136 11
132	自来水口	玉溪市	红塔区	省控	珠江流域	东风水库	湖库	—	102.579 805 6	24.371 047 22
133	大矣资	玉溪市	红塔区	省控	珠江流域	董炳河	河流	—	102.620 40	24.353 10
134	江边（炉房）	玉溪市	易门县	省控	红河流域	绿汁江	河流	—	102.017 70	24.488 80
135	岔河水库	玉溪市	易门县	省控	红河流域	岔河水库	湖库	—	102.171 60	24.842 90
136	习谦	保山市	昌宁县	国控	澜沧江流域	罗闸河	河流	—	99.700 7	24.695 7
137	红旗桥	保山市	施甸县、龙陵县	国控	怒江流域	怒江	河流	怒江	98.971	24.735 5

续表

序号	测点名称	责任州/市	责任县域	监管级别	所属水系	河流名称	断面类别	汇入河流	经度	纬度
138	永保桥	保山市	隆阳区	国控	澜沧江流域	澜沧江	河流	南海	99.341 1	25.431 8
139	龙江桥	保山市	腾冲市	国控	伊洛瓦底江流域	瑞丽江	河流	伊洛瓦底江	98.675 10	24.892 70
140	湘柏河中桥	保山市	腾冲市	国控	伊洛瓦底江流域	大盈江	河流	—	98.388 90	24.930 20
141	猴桥	保山市	腾冲市	国控	伊洛瓦底江流域	槟榔江	河流	伊洛瓦底江	98.205 60	25.393 40
142	湾甸	保山市	昌宁县、施甸县	国控	怒江流域	勐波罗河	河流	怒江	99.349 9	24.516 8
143	木城	保山市	龙陵县	国控	怒江流域	怒江	河流	怒江	99.076 9	24.240 3
144	沙坝	保山市	隆阳区	国控	怒江流域	勐波罗河	河流	怒江	99.219 9	25.210 5
145	北海湖	保山市	腾冲市	省控	伊洛瓦底江流域	北海湖	湖库	—	98.553 30	25.126 20
146	凉亭桥	保山市	腾冲市	省控	伊洛瓦底江流域	大盈江	河流	伊洛瓦底江	98.519 80	25.048 30
147	大勐统河汇怒江口前	保山市	昌宁县	省控	怒江流域	大勐统河	河流	—	99.626 50	24.450 30
148	桥头	保山市	腾冲市	省控	伊洛瓦底江流域	龙川江	河流	—	98.641 90	25.482 70
149	地盘关	保山市	腾冲市	省控	伊洛瓦底江流域	瑞丽江	河流	—	98.570 80	25.728 10
150	江南	保山市	腾冲市	省控	伊洛瓦底江流域	瑞丽江	河流	—	98.553 80	25.259 20
151	卡斯	保山市	昌宁县	省控	怒江流域	勐波罗河	河流	—	99.358 60	24.736 80
152	叠水河桥	保山市	隆阳区	省控	怒江流域	勐波罗河	河流	—	99.370 40	24.968 60
153	由旺镇躲安桥	保山市	施甸县	省控	怒江流域	施甸大河	河流	—	99.090 00	24.801 70
154	龙泉门	保山市	隆阳区	省控	怒江流域	龙泉门	河流	怒江	99.153 9	25.129 7
155	瓦窑河口	保山市	隆阳区	省控	澜沧江流域	瓦窑河	河流	澜沧江	99.291 2	25.426 3
156	龙王塘	保山市	隆阳区	省控	怒江流域	龙王塘	河流	怒江	99.196 9	25.183 6

续表

序号	测点名称	责任州/市	责任县域	监管级别	所属水系	河流名称	断面类别	汇入河流	经度	纬度
157	北庙水库	保山市	隆阳区	省控	怒江流域	北庙水库	湖库	—	99.212 5	25.247 222 22
158	青岗坪	昭通市	鲁甸县	国控	长江流域	牛栏江	河流	金沙江	103.212	27.365 4
159	洛亥	昭通市	威信县	国控	长江流域	南广河	河流	—	104.926 50	27.994 80
160	岔河渡口	昭通市	镇雄县、威信县	国控	长江流域	赤水河	河流	长江	105.289 3	27.714 7
161	江底桥	昭通市	鲁甸县	国控	长江流域	牛栏江	河流	金沙江	103.630 7	27.022
162	头屯河	昭通市	镇雄县	国控	长江流域	头屯河	河流	六冲河	104.891 8	27.308 1
163	邓家河	昭通市	威信县	国控	长江流域	罗布河	河流	南广河	104.971 1	28.039 7
164	凤翥	昭通市	镇雄县	国控	长江流域	白水江	河流	横江	104.659 5	27.770 9
165	永宁河云南出境	昭通市	威信县	国控	长江流域	永宁河	河流	—	105.258 9	28.003 7
166	横江桥	昭通市	水富市	国控	长江流域	横江	河流	金沙江	104.419 7	28.625 8
167	三块石	昭通市	水富市	国控	长江流域	金沙江	河流	长江	104.451 6	28.631 7
168	坪地营	昭通市	鲁甸县	国控	长江流域	龙树河	河流	洒渔河	103.441 8	27.455
169	清水铺	昭通市	镇雄县、威信县	国控	长江流域	赤水河	河流	—	105.579 70	27.724 40
170	渔洞水库	昭通市	昭阳区	省控	长江流域	渔洞水库	湖库	—	103.552 269 4	27.403 952 78
171	得胜桥（石牛口）	昭通市	鲁甸县	省控	长江流域	昭鲁河	河流	洒渔河	103.620 80	27.242 30
172	砚池山水库	昭通市	鲁甸县	省控	长江流域	砚池山水库	湖库	—	103.552 50	27.171 10
173	靖安	昭通市	昭阳区	省控	长江流域	洒渔河	河流	横江	103.749 16	27.565 36
174	石坎	昭通市	威信县	省控	长江流域	石坎河	河流	赤水河	105.177 50	27.755 90
175	北闸水库	昭通市	昭阳区	省控	长江流域	北闸水库	湖库	—	103.765 9	27.420 619 44
176	永丰水库	昭通市	昭阳区	省控	长江流域	永丰水库	湖库	—	103.653 338 9	27.243 830 56
177	钨城	昭通市	威信县	省控	长江流域	罗布河	河流	南广河	105.215 3	27.948 6
178	洗白	昭通市	镇雄县	省控	长江流域	洗白河	河流	赤水河	104.836 3	27.514 92
179	曾家坡	昭通市	昭阳区	省控	长江流域	盘河	河流	关河	103.967 31	27.625 85
180	牛街	昭通市	彝良县	省控	长江流域	白水江	河流	横江	104.476 66	27.854 38

续表

序号	测点名称	责任州/市	责任县域	监管级别	所属水系	河流名称	断面类别	汇入河流	经度	纬度
181	欧家小河	昭通市	彝良县	省控	长江流域	洛泽河	河流	横江	104.031 20	27.645 00
182	白水	昭通市	威信县	省控	长江流域	白水江	河流	白水江	104.763 90	27.779 70
183	龙兴村	丽江市	古城区	国控	长江流域	漾弓江	河流	长江	100.245 3	26.695 1
184	五孙庙	丽江市	古城区	国控	长江流域	金沙江	河流	长江	100.403 90	26.565 40
185	灰窝村	丽江市	华坪县	国控	长江流域	三源河	河流	雅砻江	101.373 7	26.801 6
186	观音岩	丽江市	华坪县	国控	长江流域	新庄河	河流	—	101.444 2	26.531 4
187	龙洞	丽江市	华坪县	国控	长江流域	金沙江	河流	—	101.462 70	26.538 40
188	老八课	丽江市	古城区	省控	长江流域	金沙江	河流	长江	100.446 70	27.160 10
189	雾坪水库	丽江市	华坪县	省控	长江流域	雾坪水库	湖库	—	101.092 80	26.806 30
190	九鼎龙潭	丽江市	古城区	省控	长江流域	漾弓江	河流	—	100.202 80	26.927 40
191	清溪水库	丽江市	古城区	省控	长江流域	清溪水库	湖库	—	100.231 00	26.905 60
192	观音岩大桥	丽江市	华坪县	省控	长江流域	金沙江	河流	长江	101.446 9	26.531 1
193	鲤鱼河汇入口下游新桥	丽江市	华坪县	省控	长江流域	新庄河	河流	长江	101.284 9	26.577 6
194	古城下	丽江市	古城区	省控	长江流域	玉河	河流	长江	100.244 7	26.866 1
195	信房水库	普洱市	思茅区	国控	澜沧江流域	思茅河	河流	—	100.956 80	22.722 80
196	储木场	普洱市	景谷县	国控	澜沧江流域	威远江	河流	澜沧江	100.534 7	23.343 8
197	泗南江	普洱市	墨江县	国控	红河流域	阿墨江	河流	—	101.776 8	23.070 5
198	1 号桥	普洱市	景谷县	国控	澜沧江流域	小黑江	河流	威远江	100.920 9	23.206 5
199	莲花乡	普洱市	思茅区	国控	澜沧江流域	思茅河	河流	普洱大河	100.944 9	22.872 8
200	曼中田	普洱市	思茅区	国控	澜沧江流域	补远江	河流	—	101.360 1	22.689 5
201	大中河水库	普洱市	思茅区	国控	澜沧江流域	大中河水库	湖库	—	100.752 5	22.567 7
202	漫海	普洱市	宁洱县	国控	澜沧江流域	普洱大河	河流	—	100.931 7	22.954 3
203	思茅港	普洱市	思茅区	国控	澜沧江流域	澜沧江	河流	南海	100.579 4	22.499 9

续表

序号	测点名称	责任州 / 市	责任县域	监管级别	所属水系	河流名称	断面类别	汇入河流	经度	纬度
204	土卡河	普洱市	江城县	国控	红河流域	李仙江	河流	红河	102.292 5	22.592 5
205	小黑江汇口	普洱市	景谷县	省控	澜沧江流域	威远江	河流	—	100.646 90	23.037 20
206	箐门口水库	普洱市	思茅区	省控	澜沧江流域	箐门口水库	湖库	—	101.047 222 2	22.8
207	波云河口	普洱市	景谷县	省控	澜沧江流域	小黑江	河流	威远江	100.910 1	23.232 1
208	三江口电站下方约500 m	普洱市	墨江县	省控	红河流域	李仙江	河流	李仙江	101.751 7	223.115 8
209	水城	普洱市	江城县	省控	红河流域	勐野江	河流	—	101.646 70	22.687 80
210	忠爱桥	普洱市	墨江县	省控	红河流域	阿墨江	河流	李仙江	101.295 3	23.227 2
211	碧云大桥	普洱市	景谷县	省控	澜沧江流域	威远江	河流	—	100.651 30	23.015 70
212	把边	普洱市	宁洱县	省控	红河流域	李仙江	河流	红河	101.257 2	23.256 7
213	洗马河水库	普洱市	思茅区	省控	澜沧江流域	洗马河水库	湖库	—	100.985 0	22.787 2
214	纳贺水库	普洱市	思茅区	省控	澜沧江流域	纳贺水库	湖库	—	100.961 944 4	22.847 5
215	木乃河水库	普洱市	思茅区	省控	澜沧江流域	木乃河水库	湖库	—	100.888 055 6	22.802 777 78
216	南滚河	临沧市	沧源县	国控	怒江流域	南滚河	河流	—	98.941 5	23.182 5
217	永康水文站	临沧市	永德县	国控	怒江流域	永康河	河流	勐波罗河	99.365 4	24.086 3
218	黑箐	临沧市	云县、凤庆县	国控	澜沧江流域	罗闸河	河流	澜沧江	100.199 3	24.466 8
219	小黑江检查站	临沧市	双江县	国控	澜沧江流域	小黑江	河流	澜沧江	99.713 2	23.364 2
220	景临桥	临沧市	临翔区	国控	澜沧江流域	澜沧江	河流	南海	100.169 3	23.554 2
221	南宋	临沧市	双江县	国控	澜沧江流域	勐勐河	河流	—	99.736 7	23.401 9
222	南捧河	临沧市	镇康县	国控	怒江流域	南捧河	河流	—	98.989 5	23.765 4
223	博尚水库	临沧市	临翔区	国控	怒江流域	南汀河	河流	—	100.058 50	23.723 20
224	嘎旧	临沧市	云县	国控	澜沧江流域	澜沧江	河流	南海	100.496 5	24.540 9

续表

序号	测点名称	责任州/市	责任县域	监管级别	所属水系	河流名称	断面类别	汇入河流	经度	纬度
225	孟定大桥	临沧市	耿马县	国控	怒江流域	南汀河	河流	怒江	98.967 5	23.524 8
226	那缅	临沧市	耿马县	省控	澜沧江流域	南碧河	河流	小黑江	99.421 9	23.445 6
227	忙海水库	临沧市	永德县	省控	怒江流域	忙海水库	湖库	—	99.277 30	23.875 20
228	帮控大桥	临沧市	永德县、临翔区、云县	省控	怒江流域	南汀河	河流	怒江	99.750 1	24.013 1
229	大岔河大桥	临沧市	镇康县	省控	怒江流域	南捧河	河流	南汀河	98.905 20	23.923 20
230	和平桥	临沧市	沧源县	省控	澜沧江流域	拉勐河	河流	小黑江	99.447 3	23.328 3
231	双江纸厂大桥	临沧市	双江县	省控	澜沧江流域	勐勐河	河流	小黑江	99.786 9	23.438 0
232	铁厂河水库	临沧市	临翔区	省控	怒江流域	铁厂河水库	湖库	—	100.176 90	24.060 80
233	中山水库	临沧市	临翔区	省控	怒江流域	中山水库	湖库	—	100.100 166 7	23.790 638 89
234	大文	临沧市	临翔区	省控	怒江流域	南汀河	河流	怒江	100.100 9	23.977 4
235	平村	临沧市	凤庆县	省控	澜沧江流域	凤庆河	河流	罗扎河	99.947 47	24.604 03
236	莽街渡大桥	临沧市	凤庆县	省控	澜沧江流域	澜沧江	河流	南海	99.865 0	24.783 3
237	黑井	楚雄州	禄丰县、牟定县	国控	长江流域	龙川江	河流	金沙江	101.807 8	25.444 8
238	禄劝交界处	楚雄州	武定县	国控	长江流域	水城河	河流	普渡河	102.359 9	25.824 1
239	水文站	楚雄州	禄丰县	国控	红河流域	星宿江	河流	红河	102.045 9	25.147 7
240	木果甸村	楚雄州	武定县	国控	长江流域	菜园河（武定河）	河流	普渡河	102.440 8	25.545 9
241	高桥水文站	楚雄州	武定县	国控	长江流域	勐果河（猛果河）	河流	金沙江	102.17	25.639 4
242	西观桥	楚雄州	楚雄市	国控	长江流域	龙川江	河流	金沙江	101.636 5	25.093 8

续表

序号	测点名称	责任州/市	责任县域	监管级别	所属水系	河流名称	断面类别	汇入河流	经度	纬度
243	地索村坡脚	楚雄州	姚安县	国控	长江流域	渔泡江	河流	金沙江	100.997 6	25.677 9
244	黄瓜园	楚雄州	元谋县	国控	长江流域	龙川江	河流	—	101.864 4	25.843
245	姚安太平	楚雄州	姚安县	省控	长江流域	蜻蛉河	河流	—	101.236 10	25.395 00
246	沙桥镇	楚雄州	南华县	省控	长江流域	龙川江	河流	—	101.133 60	25.243 60
247	猫街	楚雄州	武定县	省控	长江流域	勐果河（猛果河）	河流	—	102.170 30	25.464 40
248	吕合镇	楚雄州	楚雄市	省控	长江流域	紫甸河	河流	—	101.370 60	25.148 90
249	中屯水库	楚雄州	牟定县、姚安县	省控	长江流域	中屯水库	湖库	—	101.456 10	25.444 00
250	东河水库	楚雄州	禄丰县	省控	红河流域	东河水库	湖库	—	102.190 60	25.259 70
251	青山嘴水库	楚雄州	楚雄市	省控	长江流域	龙川江	河流	金沙江	101.633 333	25.483 333
252	毛板桥水库	楚雄州	南华县	省控	长江流域	龙川江	河流	金沙江	101.168 889	25.236 111
253	大湾子	楚雄州	元谋县	省控	长江流域	金沙江	河流	长江	101.859 167	25.954 444
254	王家桥	楚雄州	姚安县	省控	长江流域	蜻蛉河	河流	龙川江	101.227 20	25.605 30
255	小天城	楚雄州	南华县	省控	长江流域	龙川江	河流	金沙江	101.344 42	25.145 64
256	团山水库	楚雄州	楚雄市	省控	长江流域	团山水库	湖库	—	101.486 1	25.113 9
257	九龙甸水库	楚雄州	楚雄市	省控	长江流域	九龙甸水库	湖库	—	101.388 6	25.092 2
258	西静河水库	楚雄州	楚雄市	省控	长江流域	西静河水库	湖库	—	101.408 3	25.408 3
259	关山场	楚雄州	禄丰县	省控	长江流域	沙站河	河流	螳螂川	102.328 40	25.067 30
260	小江口	楚雄州	禄丰县	省控	红河流域	星宿江	河流	红河	101.996 389	24.871 944
261	伍纳本村外	楚雄州	牟定县	省控	长江流域	紫甸河	河流	龙川江	101.358 20	25.295 18
262	元双路联丰村路口旁边	楚雄州	牟定县	省控	长江流域	古岩河	河流	—	101.596 666 7	25.543 055 56
263	红梅水库	楚雄州	姚安县	省控	长江流域	红梅水库	湖库	—	101.169 80	25.339 10

续表

序号	测点名称	责任州/市	责任县域	监管级别	所属水系	河流名称	断面类别	汇入河流	经度	纬度
264	藤条江大桥	红河州	元阳县	国控	红河流域	藤条江	河流	红河	102.583 8	23.057 3
265	长虹桥	红河州	开远市	国控	珠江流域	南盘江	河流	南海	103.266 7	23.815 8
266	锁龙桥	红河州	弥勒市	国控	珠江流域	甸溪河	河流	南盘江	103.375	23.968 2
267	蚂蟥堡桥	红河州	河口县	国控	红河流域	南溪河	河流	红河	103.976 1	22.571 1
268	石桥	红河州	开远市	国控	珠江流域	泸江	河流	南盘江	103.271 6	23.797 2
269	江边桥	红河州	弥勒市	国控	珠江流域	南盘江	河流	南海	103.584 6	24.047
270	中越桥	红河州	河口县	国控	红河流域	南溪河	河流	红河	103.966 1	22.505 1
271	河口县医院	红河州	河口县	国控	红河流域	红河	河流	北部湾	103.958 3	22.509 3
272	牛孔水文站	红河州	绿春县	国控	红河流域	牛孔河	河流	李仙江	102.149 9	23.038 9
273	蔓耗桥	红河州	个旧市	国控	红河流域	红河	河流	北部湾	103.343 7	23.018 1
274	红河县与元阳县交界处	红河州	红河县	省控	红河流域	红河	河流	北部湾	102.615 8	23.310 8
275	洛瓦电站	红河州	绿春县	省控	红河流域	小黑江	河流	李仙江	102.372 3	22.809 4
276	红河桥	红河州、玉溪市	红河县、元江县	省控	红河流域	红河	河流	北部湾	102.312 8	23.414 1
277	湖心亭	红河州	个旧市	省控	珠江流域	大屯海	湖库	—	103.317 22	23.425 83
278	倘甸双河入泸江口	红河州	个旧市	省控	珠江流域	倘甸双河	河流	泸江	103.218 1	23.518 3
279	浑水河入红河口前	红河州	个旧市	省控	红河流域	浑水河	河流	红河	103.136 9	23.104 2
280	太平水库	红河州	弥勒市	省控	珠江流域	太平水库	湖库	—	103.535 10	24.450 80
281	三角海	红河州	开远市	省控	珠江流域	三角海	湖库	—	103.291 30	23.596 80
282	阿子田	红河州	泸西县	省控	珠江流域	甸溪河	河流	—	103.745 00	24.757 80
283	益谷坝	红河州	泸西县	省控	珠江流域	小江	河流	—	103.812 50	24.613 60
284	小江下寨	红河州	泸西县	省控	珠江流域	小江	河流	—	103.694 90	24.334 60
285	戈姑水文站	红河州	蒙自市	省控	红河流域	南溪河	河流	—	103.639 20	23.247 50
286	小龙潭水文站	红河州	开远市	省控	珠江流域	南盘江	河流	南海	103.185 40	23.817 30

续表

序号	测点名称	责任州 / 市	责任县域	监管级别	所属水系	河流名称	断面类别	汇入河流	经度	纬度
287	五里冲水库	红河州	蒙自市	省控	红河流域	五里冲水库	湖库	—	103.483 888 9	23.219 166 67
288	扯龙桥	红河州	弥勒市	省控	珠江流域	甸溪河	河流	南盘江	103.425	24.329
289	燕子洞	红河州	建水县	省控	珠江流域	泸江	河流	南盘江	103.052 4	23.633 33
290	团山桥	红河州	建水县	省控	珠江流域	泸江	河流	南盘江	102.736 7	23.649 3
291	木花果	红河州	开远市	省控	珠江流域	泸江	河流	南盘江	103.260 7	23.705 3
292	牛坝荒水库	红河州	个旧市	省控	珠江流域	牛坝荒水库	湖库	—	103.139 722 2	23.31
293	白云水库	红河州	个旧市	省控	珠江流域	白云水库	湖库	—	103.029 166 7	23.398 333 33
294	个旧湖中	红河州	个旧市	省控	珠江流域	个旧湖	湖库	—	103.158 611 1	23.370 277 78
295	长桥海中	红河州	蒙自市	省控	珠江流域	长桥海	湖库	—	103.4	23.566 666 67
296	独善水文站	红河州	泸西县	省控	珠江流域	白马河	河流	—	103.540 80	24.550 80
297	板桥河水库	红河州	泸西县	省控	珠江流域	板桥河水库	湖库	—	103.703 70	24.702 80
298	建水跃进水库	红河州	建水县	省控	珠江流域	建水跃进水库	湖库	—	102.693 30	23.733 30
299	南洞	红河州	开远市	省控	珠江流域	南洞河	河流	泸江	103.287 8	23.653 1
300	清水江小学	文山州	丘北县	国控	珠江流域	清水江	河流	南盘江	104.524 4	24.250 5
301	中部	文山州	丘北县	国控	珠江流域	普者黑	湖库	—	104.119 4	24.135 8
302	回龙水库	文山州	砚山县	省控	红河流域	回龙水库	湖库	—	104.311 40	23.600 10
303	丘北县红旗水库	文山州	丘北县	省控	珠江流域	丘北县红旗水库	湖库	—	103.998 30	24.143 30
304	为民桥	文山州	丘北县	省控	珠江流域	清水河	河流	—	104.357 40	24.052 50
305	小关邑	大理州	大理市	国控	澜沧江流域	洱海	湖库	—	100.241	25.649
306	江尾桥	大理州	大理市	国控	澜沧江流域	弥苴河	河流	黑惠江	100.125 8	25.959 8
307	大坝左岸	临沧市	凤庆县	国控	澜沧江流域	小湾水库	湖库	—	100.094 8	24.708 5
308	交汇口	大理州	云龙县	国控	澜沧江流域	沘江	河流	澜沧江	99.382 9	25.638

续表

序号	测点名称	责任州 / 市	责任县域	监管级别	所属水系	河流名称	断面类别	汇入河流	经度	纬度
309	四级坝	大理州	大理市	国控	澜沧江流域	西洱河	河流	黑惠江	100.043 9	25.575 9
310	湖心	大理州	大理市	国控	澜沧江流域	洱海	湖库	—	100.215 5	25.714 5
311	龙树桥	大理州	弥渡县	国控	红河流域	礼社江（元江源头）	河流	元江	100.648 3	25.019 6
312	中江	大理州	鹤庆县	国控	长江流域	漾弓江	河流	金沙江	100.407 5	26.502 8
313	洱海北部湖心	大理州	大理市	国控	澜沧江流域	洱海	湖库	—	100.172 8	25.878 3
314	入海口	大理州	大理市	国控	澜沧江流域	波罗江	河流	黑惠江	100.268 9	25.623 1
315	大惠庄	大理州	宾川县	省控	长江流域	桑园河	河流	—	100.535 60	25.961 70
316	海稍水库	大理州	宾川县	省控	长江流域	海稍水库	湖库	—	100.646 70	25.693 90
317	大银甸水库	大理州	宾川县	省控	长江流域	大银甸水库	湖库	—	100.515 00	25.809 70
318	大练登	大理州	云龙县	省控	澜沧江流域	沘江	河流	澜沧江	99.438 26	26.113 30
319	功果桥	大理州	云龙县	省控	澜沧江流域	澜沧江	河流	南海	99.326 113 9	25.514 294 4
320	湖心 1	大理州	大理市	省控	澜沧江流域	洱海	湖库	—	100.186 7	25.826 1
321	闸门	大理州	大理市	省控	澜沧江流域	西洱河	河流	黑惠江	100.221 111	25.637 5
322	石门	大理州	云龙县	省控	澜沧江流域	沘江	河流	澜沧江	100.553 611	25.071 111
323	江尾东桥	大理州	大理市	省控	澜沧江流域	永安江	河流	黑惠江	100.13	25.959 167
324	沙坪桥	大理州	大理市	省控	澜沧江流域	罗时江	河流	黑惠江	100.1	25.946 389
325	盘口箐	大理州	宾川县	省控	长江流域	平川河	河流	—	100.802 02	26.050 22
326	陈家庄大桥	大理州	鹤庆县	省控	长江流域	落漏河	河流	—	100.398 00	26.105 60
327	舍茶寺	大理州	鹤庆县	省控	长江流域	落漏河	河流	—	100.202 50	26.174 30

续表

序号	测点名称	责任州/市	责任县域	监管级别	所属水系	河流名称	断面类别	汇入河流	经度	纬度
328	新民大桥	大理州、楚雄州	祥云县、姚安县	省控	长江流域	渔泡江	河流	—	100.984 444 4	25.631 111 11
329	毗雄河弥渡县出境断面	大理州	弥渡县	省控	红河流域	毗雄河	河流	—	100.549 80	25.086 50
330	喜洲	大理州	大理市	省控	澜沧江流域	洱海	湖库	—	100.163 80	25.863 90
331	塔村	大理州	大理市	省控	澜沧江流域	洱海	湖库	—	100.251 70	25.706 67
332	桃源	大理州	大理市	省控	澜沧江流域	洱海	湖库	—	100.126 00	25.907 30
333	双廊	大理州	大理市	省控	澜沧江流域	洱海	湖库	—	100.189 10	25.911 80
334	石房子	大理州	大理市	省控	澜沧江流域	洱海	湖库	—	100.270 30	25.645 10
335	龙龛	大理州	大理市	省控	澜沧江流域	洱海	湖库	—	100.208 20	25.702 90
336	风平	德宏州	芒市	国控	伊洛瓦底江流域	芒市河	河流	瑞丽江	98.514 9	24.405 8
337	坝后	德宏州	芒市	国控	伊洛瓦底江流域	勐板河水库	湖库	—	98.649 8	24.371 8
338	芒康桥	德宏州	盈江县	国控	伊洛瓦底江流域	槟榔江	河流	大盈江	98.068 7	24.801 3
339	姐告大桥	德宏州	瑞丽市	国控	伊洛瓦底江流域	瑞丽江	河流	伊洛瓦底江	97.878 9	23.984 8
340	嘎中大桥	德宏州	芒市	国控	伊洛瓦底江流域	瑞丽江	河流	伊洛瓦底江	98.101 20	24.155 70
341	户拉	德宏州	芒市	国控	伊洛瓦底江流域	芒市河	河流	—	98.185	24.213 1
342	桥头村桥头	德宏州	梁河县	国控	伊洛瓦底江流域	大盈江	河流	伊洛瓦底江	98.259 8	24.801 4
343	迭撒大桥	德宏州	陇川县	国控	伊洛瓦底江流域	南畹河	河流	瑞丽江	97.771 3	24.182 8
344	坝后	德宏州	瑞丽市	国控	伊洛瓦底江流域	姐勒水库	湖库	—	97.895	24.042 4
345	户宋河水库	德宏州	盈江县	国控	伊洛瓦底江流域	户宋河水库	湖库	—	97.692 5	24.555 1

续表

序号	测点名称	责任州/市	责任县域	监管级别	所属水系	河流名称	断面类别	汇入河流	经度	纬度
346	汇流电站	德宏州	盈江县	国控	伊洛瓦底江流域	大盈江	河流	伊洛瓦底江	97.719 4	24.471
347	坝前	德宏州	瑞丽市	省控	伊洛瓦底江流域	勐卯水库	湖库	—	97.85	24.05
348	芒究水库	德宏州	芒市	省控	伊洛瓦底江流域	芒究水库	湖库	—	98.6	24.416 666 67
349	户撒河下游断面	德宏州	陇川县	省控	伊洛瓦底江流域	户撒河	河流	—	97.765 30	24.430 80
350	勐养民族中学	德宏州	梁河县	省控	伊洛瓦底江流域	瑞丽江	河流	伊洛瓦底江	98.274 3	24.530 5
351	木康	德宏州	芒市	省控	伊洛瓦底江流域	芒市河	河流	瑞丽江	98.602 3	24.487 5

第2章
县域评价数据审核及现场核查技术指南

1　适用范围

本指南适用于云南省县域生态环境质量监测与评价工作（以下简称“县域评价”），规范技术指标和监管指标评价相关数据及资料的审核和现场核查。指南文本中的县域评价数据指县域自查自报的所有数字形式、图片形式和文本形式的数据及证明材料。

2　基本原则

依据《云南省县域生态环境质量监测与评价办法》和《云南省县域生态环境质量监测与评价指标体系实施细则》（云环通〔2024〕28号），为确保县域评价结果客观反映县域生态环境质量动态变化和县域生态环境保护管理水平，在实施县域评价数据审核和现场核查时需遵循以下原则：

真实性原则：对县域评价数据进行溯源审核，确保有原始数据和有效证明材料支撑；

权威性原则：对县域评价数据进行来源权威性审核；

准确性原则：对县域评价数据进行质量控制检查、权威数据核对、现场情况核实等准确性审核；

逻辑性原则：对县域评价数据进行逻辑判断，逻辑不合理数据和资料需进一步溯源核实；

完整性原则：对县域评价数据与《云南省县域生态环境质量监测与评价指标体系实施细则》要求的吻合性进行审核。

3 工作机制与流程

3.1 工作机制

县域评价数据审核和现场核查分省级和州市级，分别由省生态环境监测中心和州市生态环境局组织实施。县级人民政府对报送的所有自查数据和资料的真实性和准确性负责。州市生态环境局负责组织评价指标涉及的相关职能部门对县级报送的自查数据和资料进行初审，筛选需核实数据和资料，将常规核实数据和资料反馈县级人民政府，相关部门对核实结果进行情况说明，将错误数据进行修正，并按反馈信息完善资料报送州市生态环境局；对一些需要现场核实的重点数据和资料，州市生态环境局可组织专家对县域进行现场核查，确保数据的真实性和准确性。省生态环境监测中心负责组织专家对州市上报的全省县域自查数据和资料进行集中审核，数据审核结果作为县域评价的直接依据，对于存在质疑且影响评价结果需现场核实的数据组织开展现场核查，核查结果应用于县域评价。此外，每个评价年省级均会筛选部分县域对监测规范性、数据准确性、县域生态保护修复、环境污染防治、绿色低碳发展、城乡人居环境、考核工作组织等情况开展现场抽查，抽查结果作为年度评价参考。

3.2 工作流程

数据审核及现场核查工作流程如图 2-1 所示。

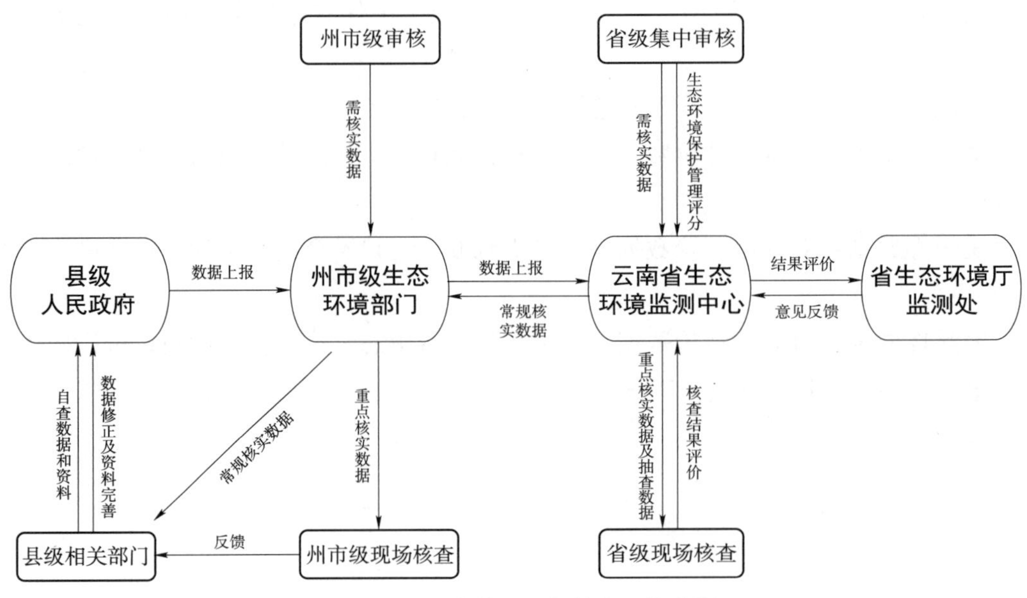

图 2-1 数据审核及现场核查工作流程

4　重点审核和核查内容

4.1　环境质量变化审核与核查

对于县域达到或优于Ⅲ类水质达标率、水质指数、空气质量优良天数比例、空气质量综合指数、土壤质量安全点位比例等年际变化较明显的数据进行核实，对于异常超标断面 / 点位可开展现场核查并溯源监测分析原始记录，对变化真实与否及变化原因进行评价。

4.2　纳入评价的环境质量监测断面 / 点位变更审核及核查

原则上所有国控省控地表水、环境空气、饮用水、土壤质量监测断面 / 点位按责权划分，全部纳入县域环境质量指标评价，如遇断面 / 点位变更或删除，需经省生态环境厅批复。如遇重大自然灾害（如干旱、洪涝、地震、地质等灾害）或非本行政区原因的环境污染事件，造成环境质量评价结果下降的，可结合相关职能部门提供的证明材料审核和现场核查结果综合考虑影响期内监测数据是否纳入年度县域评价。如果重要建设工程、河道治理工程、调度等实施，可能会对县域水环境质量产生影响，县域可以提前向省生态环境厅报备并提供相关证明材料，省生态环境厅组织专家审核证明材料，通过会商或现场核查来确定在工程实施期限内是否将断面水质监测数据纳入县域评价。

4.3　第三方检测机构质控抽查

为了确保云南省县域生态环境质量监测与评价工作的科学性、严谨性和公正性，确保监测数据的准确性、有效性和可靠性，对参与县域评价监测任务的第三方社会检测机构，省、州市和县级均可开展质控抽查。抽查内容主要包括第三方社会检测机构备案情况、年度质控计划和质控报告编制、实验室现场检查等方面。

4.3.1　第三方社会检测机构备案情况

凡是有第三方社会检测机构参与评价监测任务的县域，均应审核其监测资质和认证方法与委托项目监测要求的符合性，并填写“第三方社会检测机构备案表”（表 2-1），于评价年度 7 月 1 日前报州市生态环境局（下半年只报变更），州市生态环境局对辖区内“第三方社会检测机构备案表”审核汇总后报省生态环境监测中心备案。

表 2-1　年度云南省县域生态环境质量监测与评价第三方社会检测机构备案表

州市名称	县域名称	监测时间	监测单位	负责监测类别	负责监测项目	监测项目是否为资质认证监测能力确认项目	资质认证证书编号	资质认证有效期	是否为任务分包单位
□	□	□	□	□	□	□	□	□	□

注：监测类别填写饮用水、污水处理厂、垃圾填埋厂、农业面源、农村环境质量地表水、农村环境质量空气、"千吨万人"饮用水、农灌水、农村污水处理设施、乡镇饮用水等。

4.3.2　年度质控计划和质控报告编制

质控计划：所有涉及第三方社会检测机构监测的县域，需在年初监测工作开始前编制完成年度质控计划，并下发到参与监测的检测机构，用于规定本年度对其监测工作的质量控制要求。年度质控计划至少包括两方面内容：一方面，提出对实验室内部质量控制措施的具体要求，规范实验室按照管理程序文件中相关监测工作质量控制程序要求执行监测任务，确保实验室严格按标准和技术规范要求进行采样、样品贮存、样品流转和样品分析测试，并做好各环节的质量控制记录填写；另一方面，提出各季度对检测机构的监测质量监督计划，即实验室外部质量控制措施，如盲样考核、实验室比对及能力验证等。

质控报告：所有涉及第三方社会检测机构监测的县域在上报自查数据和资料时需总结本年度的质量控制工作完成情况，并生成质控报告，年度质控报告需经州市生态环境局初审通过，汇总后报省生态环境监测中心。质控报告对应年初的质控计划，至少包括两方面内容：一方面，实验室内部质量控制措施完成情况，总结所有质控样品测试数量及评价结果；另一方面，评价年度县域对第三方社会检测机构开展的监测质量监督检查完成情况，即外部质控措施完成情况。质控报告需要年度质控计划和检查原始记录作为附件证明材料。

4.3.3　实验室现场检查

对参与县域评价监测的第三方社会检测机构，每季度实施的实验室现场检查可以监督其在监测工作实施过程中年度质控计划的落实情况，评价检测机构在人员、场所环境、设备设施、管理体系方面与资质认定通用要求和补充要求的符合性，评价检测机构基本条件和技术能力与县域生态环境质量监测与评价相关要求的符合性。评价结果可以帮助县域进一步筛选数据质量可靠的第三方社会检测机构。

实验室现场检查可以按"云南省县域生态环境质量监测与评价检测机构实验室现场检查表"相关内容进行（表 2-2），涉及实验室资质、原始资料记录、实验室管理、监测报告及盲样考核等主要部分。除此之外，对第三方社会检测机构的现场检查还可以采用实样比对、能力验证、采样及分析全过程跟踪评价等其他外控方式。

表 2-2　云南省县域生态环境质量监测与评价检测机构实验室现场检查表

<table>
<tr><td colspan="2">被检查县域</td><td></td><td>被检查单位</td><td></td></tr>
<tr><td colspan="2">检查日期</td><td colspan="3"></td></tr>
<tr><td colspan="2">检查专家组成员</td><td colspan="3"></td></tr>
<tr><td colspan="5">实验室质控检查评分表</td></tr>
<tr><td colspan="4">评分项</td><td>得分</td></tr>
<tr><td colspan="2" rowspan="3">监测资质
（10 分）</td><td colspan="2">从事生态环境监测人员是否持证上岗：□是 □否（5 分，每发现一个未持证扣 2 分，扣完为止）</td><td>□ 0 分 □ 1 分
□ 3 分 □ 5 分</td></tr>
<tr><td colspan="2">监测机构的资质认证证书及认证项目、方法是否满足委托监测要求：□是 □否（5 分，注：如果存在分包，且无分包合同，或未确认分包方资质，此项也不得分）</td><td>□ 0 分 □ 5 分</td></tr>
<tr><td colspan="3">其他情况说明：</td></tr>
<tr><td rowspan="7">原始资料记录
（24 分）</td><td rowspan="2">现场采样记录</td><td colspan="2">采样信息填写是否完整、规范（样品编号、采样时间、采样人、环境描述、样品描述、固定剂描述、平行样、空白样等）：□是 □否（2.5 分，每发现一处不规范扣 0.5 分，扣完为止）</td><td>□ 0 分 □ 0.5 分
□ 1 分 □ 1.5 分
□ 2 分 □ 2.5 分</td></tr>
<tr><td colspan="3">采样信息填写不规范体现在：</td></tr>
<tr><td rowspan="2">样品交接记录</td><td colspan="2">样品交接流转记录是否完整、规范：□是 □否（2.5 分，每发现一处不规范扣 0.5 分，扣完为止）</td><td>□ 0 分 □ 0.5 分
□ 1 分 □ 1.5 分
□ 2 分 □ 2.5 分</td></tr>
<tr><td colspan="3">样品交接流转记录缺失，体现在：</td></tr>
<tr><td rowspan="3">实验分析记录</td><td colspan="2">实验室监测项目的分析方法、最低检出限是否满足评价标准要求：□是 □否（2.5 分，每发现一处不满足扣 0.5 分，扣完为止）</td><td>□ 0 分 □ 0.5 分
□ 1 分 □ 1.5 分
□ 2 分 □ 2.5 分</td></tr>
<tr><td colspan="3">不满足要求，体现在：</td></tr>
<tr><td colspan="2">分析原始记录是否规范、信息完整（分析时间、前处理方法、分析方法、标准曲线、自控样品等）：□是 □否（5 分，每发现一处不规范或信息缺失扣 1 分，扣完为止）</td><td>□ 0 分 □ 1 分
□ 2 分 □ 3 分
□ 4 分 □ 5 分</td></tr>
</table>

续表

<table>
<tr><th colspan="3">评分项</th><th>得分</th></tr>
<tr><td rowspan="7">原始资料记录（24 分）</td><td>实验分析记录</td><td colspan="2">实验记录不完整，体现在：</td></tr>
<tr><td rowspan="6">质控记录</td><td>是否有质控计划：□是 □否（3 分）</td><td>□ 0 分 □ 3 分</td></tr>
<tr><td>是否有外控措施：□是 □否（1.5 分）</td><td>□ 0 分 □ 1.5 分</td></tr>
<tr><td>是否有内控措施：□是 □否（1.5 分）</td><td>□ 0 分 □ 1.5 分</td></tr>
<tr><td>是否有质控报告：□是 □否（3 分，质控报告无翔实统计数据或无证明材料附件支撑只能得 1 分）</td><td>□ 0 分 □ 1 分
□ 3 分</td></tr>
<tr><td>质控记录是否规范、完整（空白样、平行样、已知样、加标回收样、质控结果评价等）：□是 □否（2.5 分，每发现一处不满足扣 0.5 分，扣完为止）</td><td>□ 0 分 □ 0.5 分
□ 1 分 □ 1.5 分
□ 2 分 □ 2.5 分</td></tr>
<tr><td colspan="2">质控记录存在的主要问题：</td></tr>
<tr><td rowspan="13">实验室管理（34 分）</td><td rowspan="3">环境条件</td><td>实验室环境条件是否符合实验要求：□是 □否（5 分，每发现一处不符合扣 1 分，扣完为止，重点核查有温度、湿度及其他特殊要求的实验场所）</td><td>□ 0 分 □ 1 分
□ 2 分 □ 3 分
□ 4 分 □ 5 分</td></tr>
<tr><td>实验室是否存在分析的相互干扰：□是 □否（2.5 分）</td><td>□ 0 分 □ 2.5 分</td></tr>
<tr><td colspan="2">存在的主要问题：</td></tr>
<tr><td rowspan="4">样品保存</td><td>样品间是否符合样品分类管理要求：□是 □否（2 分）</td><td>□ 0 分 □ 2 分</td></tr>
<tr><td>需要冷藏的样品是否按规定保存：□是 □否（2 分）</td><td>□ 0 分 □ 2 分</td></tr>
<tr><td>已测和待测样品是否分区管理：□是 □否（2 分）</td><td>□ 0 分 □ 2 分</td></tr>
<tr><td colspan="2">存在的主要问题：</td></tr>
<tr><td rowspan="3">纯水</td><td>纯水使用是否符合实验室要求：□是 □否（1 分）</td><td>□ 0 分 □ 1 分</td></tr>
<tr><td>纯水是否有检查记录：□是 □否（1 分）</td><td>□ 0 分 □ 1 分</td></tr>
<tr><td colspan="2">存在的主要问题：</td></tr>
<tr><td rowspan="3">试剂及气体</td><td>试剂是否做供应品符合性检验：□是 □否（1.5 分）</td><td>□ 0 分 □ 1.5 分</td></tr>
<tr><td>试剂是否在配制有效期内使用：□是 □否（2 分，每发现一处不符合扣 1 分，扣完为止）</td><td>□ 0 分 □ 1 分
□ 2 分</td></tr>
<tr><td>试剂保存及标签是否符合规定：□是 □否（1.5 分，每发现一处不符合扣 0.5 分，扣完为止）</td><td>□ 0 分 □ 0.5 分
□ 1 分 □ 1.5 分</td></tr>
</table>

续表

评分项			得分
实验室管理（34分）	试剂及气体	标准溶液和标准样品是否有期间核查记录：□是 □否（1.5分）	□0分 □1.5分
		气体存放是否满足要求：□是 □否（1分）	□0分 □1分
		气体是否在有效期内使用：□是 □否（1分，每发现一处不符合扣0.5分，扣完为止）	□0分 □0.5分 □1分 □1.5分
		存在的主要问题：____________________	
	仪器设备	仪器设备是否按期检定或校准：□是 □否（5分，每发现一台设备未检定扣2分，扣完为止）	□0分 □1分 □3分 □5分
		仪器设备是否进行期间核查并填写记录：□是 □否（2.5分，期间核查记录不完整酌情扣减）	□0分 □1分 □1.5分 □2分 □2.5分
		仪器设备使用记录填写是否规范：□是 □否（1.5分，每发现一处不规范扣0.5分，扣完为止）	□0分 □0.5分 □1分 □1.5分
		采样便携仪器设备是否有仪器出入库记录：□是 □否（1分）	□0分 □1.5分
		存在的主要问题：____________________	
监测报告（12分）		出具的监测报告是否规范使用CMA章、检测业务专用章，是否盖骑缝章：□是 □否（1分）	□0分 □1分
		监测报告三级审核是否完整：□是 □否（1分）	□0分 □1分
		是否存在超认证项目范围出具监测报告：□是 □否（5分）	□0分 □5分
		监测报告是否规范（监测项目、监测方法、单位、检出限、监测结果等）：□是 □否（5分，每发现一处不规范扣1分，扣完为止）	□0分 □1分 □2分 □3分 □4分 □5分
		存在的主要问题：____________________	

盲样考核（20分）	考核项目	检测方法	考核结果是否合格	得分
			□是 □否	□0分 □5分
			□是 □否	□0分 □5分
			□是 □否	□0分 □5分
			□是 □否	□0分 □5分

实验室质控检查得分：____________________

4.4 生态环境保护管理指标审核及核查

4.4.1 指标数据证明材料

指标数据证明材料是指在云南省县域生态环境质量监测与评价中，县级各职能部门直接出具的评价年度数据盖章件，这部分数据代表了数据来源的权威性，往往无须提供相关证明材料附件，县级职能部门为数据的真实性和准确性直接负责，因此县级各部门在出具该类数据时更要确保数据的真、准、全。指标证明材料主要包括：农药化肥秸秆指标证明材料、畜禽粪污综合利用指标证明材料、产业占比指标证明材料、二氧化碳指标证明材料、生态产品价值转化指标证明材料、城镇生活污水集中处理率指标证明材料、建成区污水管网覆盖率指标证明材料、城镇生活垃圾无害化处理率指标证明材料、建成区绿化覆盖率指标证明材料、城市公园绿地 500 米服务半径覆盖率指标证明材料、村镇饮用水卫生合格率指标证明材料等。

指标数据证明材料在数据审核时首先要核对盖章件水印与系统中水印的一致性，水印一致能确保系统录入数据与盖章件上部门提供数据一致；还要重点审核数据的逻辑性，例如，建成区污水管网覆盖率指标证明材料中县域填报“污水管网覆盖率”为 100%，但从“建成区总面积”和“建成区污水管网总长”两个填报值来看，每平方千米污水管网分布不足 2 千米，数据逻辑性存在明显问题，此数据判定为无效数据。经审核存在问题的指标数据证明材料也是现场核查的重点内容，如果县域存在数据填报不实的情况，应报请省生态环境厅给予通报，并酌情运用于最终评价结果，情节严重的按数据造假给予年度评价结果直接变差处理。

4.4.2 生态环境保护管理现场核查

生态环境保护管理现场核查的目的是直观掌握评价年度县域在生态保护修复、环境污染防治、绿色低碳发展、城乡人居环境、县域评价工作组织等方面的成效和短板。

生态保护修复主要核查内容：县级人民政府在评价年度研究部署和督促落实生态环境保护工作情况；根据“面积不减少、性质不改变、功能不降低”的要求，生态保护红线制度落实情况；自然保护地重点问题考核清单整改完成情况；从工程投入（资金及来源）、生态环境综合效益、受益范围等方面了解评价年度县域生态保护修护工程实施情况；生物多样性调查开展情况。

环境污染防治主要核查内容：县域精准治污、科学治污举措及实施情况；排污许可制度落实情况，按照《排污许可管理条例》县域内申领排污许可证的各类排污单位年度执行报告提交率，是否存在无证排污或非法排污情况，是否履行行政处罚；农业面源污染防治规划编制、监测、化肥 / 农药施用、畜禽粪污综合利用等情况；新污染物排查及管控情况。

绿色低碳发展主要核查内容：国土空间规划和产业结构调整情况；绿色低碳循环发展的生态经济体系建设情况；生态产品价值实现机制建立情况，生态产品信息调查和 GEP 核算开展情况；生态转移支付资金使用情况，评价年度县域在生态保护修复、环境污染防治、环境基础设施建设、自然资源保护等方面的投入。

城乡人居环境主要核查内容：城乡生活污水、垃圾处理设施建设及运行情况；农村人居环境整治、两污处理设施及运行情况；农村黑臭水体治理情况；饮用水水源地管理及城乡饮用水水质情况。

县域评价工作组织主要核查内容：县域评价工作机制及部门协调配合情况；评价指标体系学习宣贯情况；县级生态环境监测机构能力建设资金投入；县域评价工作经费保障情况。

现场核查内容及记录可以参考“生态环境保护管理现场核查记录表”（表 2-3）。

表 2-3　生态环境保护管理现场核查记录表

县域名称 （核查结果确认盖章）			
核查人员		核查时间	
□ 1. 生态保护修复			
项目	内容	基本情况	
□①生态文明建设	县域是否编制生态创建规划	□是 □否 规划名称：	
	规划有效期	年—　　年	
	目前创建命名		
	是否存在未通过复核评估的情况	□是 □否	
□②自然保护地及生态保护红线监管	评价年度是否存在纳入国家对云南省自然保护地重点问题考核清单的问题	□是 □否 问题数量：	
	自然保护地重点问题整改完成情况	是否完成整改：□是 □否 未完成整改原因：	
	评价年度生态保护红线是否存在生态破坏斑块	□是 □否 斑块数量：	
	生态破坏斑块整改完成情况	是否完成整改：□是 □否 是否存在历史图斑整改不力：□是 □否 未完成整改原因：	
□③生态保护修复规划	县域是否编制“十四五”生态功能保护修复规划并经地方政府批准实施	是否编制：□是 □否 规划名称： 是否经政府批准实施：□是 □否	

续表

<table>
<tr><th>项目</th><th>内容</th><th>基本情况</th></tr>
<tr><td rowspan="2">□③生态保护修复规划</td><td>规划内容是否能有效帮助提升生态系统质量和稳定性，提升主导生态功能</td><td>□是 □否 □内容不够全面
（如果上一项为否，此项不用填写）</td></tr>
<tr><td colspan="2">其他情况说明：</td></tr>
<tr><td rowspan="2">□④生态保护修复工程</td><td>通过查看评价年已经完成验收的，为提升重点生态功能区生态产品供给能力而实施的，如河湖湿地保护修复、防沙治沙、水土流失治理、矿山生态修复、生物多样性保护等生态保护修复工程材料（包括但不限于实施方案、可研报告、资金投入、竣工验收、生态效益评估等），初步评价修复工程实施所带来的生态效益大小（选择代表性工程数量不超过 3 个）</td><td>工程名称：
评价：□大 □一般 □不科学
工程名称：
评价：□大 □一般 □不科学
工程名称：
评价：□大 □一般 □不科学</td></tr>
<tr><td colspan="2">其他情况说明：</td></tr>
<tr><td rowspan="4">□⑤生物多样性调查监测</td><td>县级政府是否统筹资源开展生物多样性调查监测工作</td><td>□是 □否
参与单位：</td></tr>
<tr><td>是否能提供县域内国家重点保护野生动物和植物物种名录及数量</td><td>重点保护野生植物名录：
□是 □否
年份：
提供单位：
重点保护野生动物名录：
□是 □否
年份：
提供单位：</td></tr>
<tr><td>是否开展入侵物种调查</td><td>□是 □否
年份：
参与单位：</td></tr>
<tr><td colspan="2">其他情况说明：</td></tr>
<tr><td colspan="3">□ 2. 环境污染防治</td></tr>
<tr><td>项目</td><td>内容</td><td>基本情况</td></tr>
<tr><td>□①精准治污、科学治污举措</td><td>县级政府是否开展县域生态环境问题诊断分析及质量改善提升对策研究，并形成相关研究报告</td><td>□是 □否
研究报告名称：
编制单位：</td></tr>
</table>

续表

<table>
<tr><th>项目</th><th>内容</th><th>基本情况</th></tr>
<tr><td rowspan="2">□①精准治污、科学治污举措</td><td>重点污染源执法监测完成情况</td><td>□由县级生态环境监测站独立完成
□由县级生态环境监测站和第三方社会检测机构共同完成
□全部委托第三方社会检测机构完成
参与县域评价监测的第三方社会检测机构：</td></tr>
<tr><td colspan="2">其他情况说明：</td></tr>
<tr><td rowspan="2">□②排污许可制度落实</td><td>县域内企业是否存在非法排污情况</td><td>□是 □否</td></tr>
<tr><td>非法排污是否履行行政处罚程序</td><td>□是 □否</td></tr>
<tr><td rowspan="2">□③主要污染物排放强度</td><td>主要污染物排放强度（包括：二氧化硫、氮氧化物、挥发性有机物、化学需氧量和氨氮）</td><td>评价年度值：
较上一年：□保持稳定 □上升 □下降</td></tr>
<tr><td colspan="2">原因分析：</td></tr>
<tr><td rowspan="8">□④农业面源污染防治</td><td>县域是否制定农业面源污染防治规划</td><td>□是 □否
规划名称：
编制单位：</td></tr>
<tr><td>是否布设农业面源监测点位并开展监测</td><td>□是 □否
点位类型：□地表水 □土壤 □其他</td></tr>
<tr><td>农业面源监测点位布设是否科学</td><td>□是 □否</td></tr>
<tr><td>县域化肥施用量</td><td>评价年度值：
较上一年：□保持稳定 □上升 □下降</td></tr>
<tr><td>县域农药施用量</td><td>评价年度值：
较上一年：□保持稳定 □上升 □下降</td></tr>
<tr><td>县域畜禽粪污综合利用率</td><td>评价年度值：
是否下达目标值：□是（目标值：　　）□否
较上一年：□保持稳定 □上升 □下降</td></tr>
<tr><td>县域粪污资源化利用台账建立情况</td><td>县域规模畜禽养殖场数量：
建立台账养殖场数量：</td></tr>
<tr><td>县域秸秆综合利用率</td><td>评价年度值：
较上一年：□保持稳定 □上升 □下降</td></tr>
<tr><td></td><td colspan="2">其他情况说明：</td></tr>
</table>

续表

<table>
<tr><th>项目</th><th>内容</th><th>基本情况</th></tr>
<tr><td rowspan="5">□⑤开展新污染物防治</td><td>根据国家重点管控新污染物清单，县域是否在重点行业、典型工业园区开展新污染物环境风险排查</td><td>□是 □否
开展时间：
参与单位：</td></tr>
<tr><td>县域内是否存在需管控的新污染物</td><td>□是 □否</td></tr>
<tr><td>是否制定区域内重点管控新污染物清单</td><td>□是 □否</td></tr>
<tr><td>重点管控新污染物清单上企业是否纳入执法监管</td><td>□是 □否</td></tr>
<tr><td colspan="2">其他情况说明：</td></tr>
<tr><td colspan="3">□ 3. 绿色协调发展</td></tr>
<tr><td>项目</td><td>内容</td><td>基本情况</td></tr>
<tr><td rowspan="4">□①产业结构优化</td><td>是否制定县域国土空间总体规划</td><td>□是 □否</td></tr>
<tr><td>国土空间总体规划是否经县人民政府发布</td><td>□是 □否</td></tr>
<tr><td>第一、第二、第三产业统计数据</td><td>评价年度三产占比：
上一年度三产占比：</td></tr>
<tr><td colspan="2">第二产业不降反升原因分析：</td></tr>
<tr><td rowspan="3">□②单位地区生产总值二氧化碳排放</td><td>县域是否开展二氧化碳排放量或排放强度统计</td><td>□是 □否
评价年度值：
是否下达目标值：□是（目标值：　　）□否
较上一年：□保持稳定 □上升 □下降</td></tr>
<tr><td>县域单位地区生产总值能耗（如果未开展二氧化碳排放量或排放强度统计，可填写本项）</td><td>评价年度值：
是否下达目标值：□是（目标值：　　）□否
较上一年：□保持稳定 □上升 □下降</td></tr>
<tr><td colspan="2">其他情况说明：</td></tr>
<tr><td rowspan="2">□③生态产品价值实现机制</td><td>县域 GEP 核算开展情况</td><td>是否开展：□是 □否
完成时间：
承担单位：
核算成果：□核算报告 □建立核算管理系统
□其他：
成果是否经县级政府或县级主管部门审核通过：□是 □否</td></tr>
<tr><td colspan="2">其他情况说明：</td></tr>
</table>

续表

<table>
<tr><th>项目</th><th>内容</th><th>基本情况</th></tr>
<tr><td rowspan="2">□④生态环境保护与治理支出</td><td>省财政厅下达县域生态功能区转移支付资金使用情况</td><td>评价年度下达资金（元）：
主要用途：</td></tr>
<tr><td colspan="2">其他情况说明：</td></tr>
<tr><td colspan="3">□ 4. 城乡人居环境</td></tr>
<tr><th>项目</th><th>内容</th><th>基本情况</th></tr>
<tr><td rowspan="5">□①城镇生活污水集中处理设施</td><td>城镇生活污水集中处理率</td><td>评价年度值：　　　上一年度值：</td></tr>
<tr><td>城镇生活污水集中收集率</td><td>评价年度值：　　　上一年度值：</td></tr>
<tr><td>城镇污水处理厂进水化学需氧量设计值</td><td></td></tr>
<tr><td>进水化学需氧量浓度月均值达到设计值的比率</td><td>评价年度值：　　　上一年度值：</td></tr>
<tr><td colspan="2">其他情况说明：</td></tr>
<tr><td rowspan="6">□②建成区污水管网覆盖情况</td><td>建成区污水管网总长</td><td>评价年度值：　　　上一年度值：</td></tr>
<tr><td>雨污合流管线总长</td><td>评价年度值：　　　上一年度值：</td></tr>
<tr><td>污水管线总长</td><td>评价年度值：　　　上一年度值：</td></tr>
<tr><td>建成区面积</td><td></td></tr>
<tr><td>污水管网覆盖率</td><td>评价年度值：　　　上一年度值：</td></tr>
<tr><td colspan="2">其他情况说明：</td></tr>
<tr><td rowspan="6">□③乡镇生活污水处理设施建设</td><td>乡镇数量</td><td></td></tr>
<tr><td>实现污水收集处理的乡镇数</td><td>评价年度值：　　　上一年度值：</td></tr>
<tr><td>主要处理方式</td><td></td></tr>
<tr><td>乡镇污水处理覆盖率</td><td>评价年度值：　　　上一年度值：</td></tr>
<tr><td>抽查 1～2 个乡镇，查看生活污水处理设施是否正常运行</td><td>抽查乡镇名称：
污水处理设施：
是否正常运行：□是 □否</td></tr>
<tr><td colspan="2">其他情况说明：</td></tr>
<tr><td rowspan="4">□④农村生活污水治理</td><td>行政村数量</td><td></td></tr>
<tr><td>污水得到处理或资源化利用的行政村</td><td>资源化利用：　　个；建立处理设施：　　个</td></tr>
<tr><td>农村污水处理覆盖率</td><td>评价年度值：　　上一年度值：</td></tr>
<tr><td>农村生活污水治理设施正常运行率</td><td>评价年度值：　　上一年度值：</td></tr>
</table>

续表

项目	内容	基本情况
□④农村生活污水治理	抽查1～2个行政村，查看生活污水处理设施是否正常运行	抽查行政村名称： 污水处理设施： 是否正常运行：□是 □否
	其他情况说明：	
□⑤农村黑臭水体整治	是否存在农村黑臭水体	□是，数量：　个；□否
	完成整治农村黑臭水体数量	
	是否完成州市下达的年度整治任务	□是 □否 □未下达整治任务
	其他情况说明：	
□⑥城镇生活垃圾无害化处理设施	城镇生活垃圾无害化处理方式	□填埋 □焚烧 □焚烧发电 □县域自建 □委托处理：
	县城生活垃圾产生总量	评价年度值：　　上一年度值：
	无害化处理量	评价年度值：　　上一年度值：
	无害化处理率	评价年度值：　　上一年度值：
	其他情况说明：	
□⑦乡镇生活垃圾集中收集处理设施	乡镇数量	
	有垃圾集中收集处理设施的乡镇数量	评价年度值：　　上一年度值：
	乡镇生活垃圾集中收集率	评价年度值：　　上一年度值：
	抽查1～2个乡镇，查看垃圾集中收集处理设施是否正常运行	抽查乡镇名称： 处理方式： 是否正常运行：□是 □否
	其他情况说明：	
□⑧绿美云南建设	建成区绿化覆盖率	评价年度值：　　上一年度值：
	城市公园绿地500米服务半径覆盖率	评价年度值：　　上一年度值：
□⑨城乡饮用水水质	城镇集中式饮用水水源水质达标率	评价年度值：　　上一年度值：
	乡镇集中式饮用水水源保护区划定比例	评价年度值：　　上一年度值：
	村镇饮用水卫生合格率	评价年度值：　　上一年度值：
	其他情况说明：	

续表

<table>
<tr><td colspan="3">□ 5. 县域评价工作组织情况</td></tr>
<tr><td>项目</td><td>内容</td><td>基本情况</td></tr>
<tr><td rowspan="3">□①县域评价工作组织情况</td><td>是否印发实施生态环境保护责任清单</td><td>□是 □否</td></tr>
<tr><td>县级人民政府是否将县域评价工作纳入年度工作计划</td><td>□是 □否</td></tr>
<tr><td>查看县域评价工作年度推进会相关记录及年度工作方案落实情况</td><td>评价年推进会次数：
是否制定工作方案：□是 □否
是否有细化的任务分解：□是 □否
是否进行指标宣贯和培训：□是 □否</td></tr>
<tr><td rowspan="3">□②工作经费保障</td><td>县域评价相关工作经费</td><td></td></tr>
<tr><td>县级生态环境监测站能力建设投入</td><td></td></tr>
<tr><td colspan="2">其他情况说明：</td></tr>
<tr><td>县域主要存在的问题和困难</td><td colspan="2"></td></tr>
</table>

注：本表可以根据具体核查内容部分使用，在核查项目前打钩。

5　审核与核查结果运用

为确保上报数据能客观反映县域真实情况，州市级生态环境部门对辖区内县域的数据审核结果和现场核查结果，应及时反馈各县域。县级人民政府根据反馈信息，组织相关职能部门核实数据、完善资料，对存在问题的数据和资料进行修正，修正后数据包及自查报告由州市级生态环境部门报送省生态环境监测中心。

数据报送省级后进入评价环节，省生态环境监测中心负责组织专家对全省数据进行集中审核，对审核过程中存在问题并可以溯源的数据进行修正，并在县域自查报告质量中做扣分处理。经数据审核、现场核查认定为能正常反映县域生态环境质量和县域生态环境保护管理情况的数据和材料，将用于该年度县域评价。在省级评价过程中，县域存在自报数据不完整、数据伪造、审核发现数据错误且无法溯源、数据之间存在逻辑错误、指标数据证明材料未盖责任部门公章等情况，则判定为无效数据，相应部分生态环境保护管理评分为零。

第3章
自然生态变化详查技术指南

1 前言

1.1 工作背景

国家重点生态功能区对生态安全至关重要，涵盖水源保护、水土保持、防风固沙及生物多样性维护等方面。自2008年起，中央财政实施生态功能区财政转移支付，结合遥感技术，精准识别并补偿上述关键区域，建立起高效的生态补偿制度，并出台管理办法。为评估生态功能区县域生态环境改善及保护效果，原环保部、财政部于2009年依托遥感监测数据，对相关县域生态环境质量进行量化考核，以作为衡量财政转移支付资金使用效果的依据。

云南省为贯彻习近平生态文明思想，筑牢我国西南生态安全屏障，推进“绿美云南”建设，促进生态文明建设排头兵取得新进展，推动全省生态环境质量持续改善，进一步提高生态功能区转移支付资金使用绩效，参考《云南省县域生态环境质量监测与评价办法》和《云南省县域生态环境质量监测与评价指标体系实施细则》，结合地方实际，扩展到全省129县开展生态环境质量考核工作，并进一步强化遥感技术的应用，制定本自然生态变化详查技术指南。

本指南秉持生态优先、绿色低碳的原则，致力于强化生态环境保护意识，明确地方政府责任，推动县域环境持续改善。过程中实施动态评价，既奖励生态保护成效显著的区域，也对工作不力县域进行惩处。同时，坚持公平公正、公开透明，采用科学的指标体系和评价方法，确保评价结果客观公正，并向社会公开。

本指南适用于云南省县域自然生态环境遥感监测与评价，其中纳入中央对地方重点生态功能区转移支付的县（市、区），直接采用国家重点生态功能区县域自然生态详查结果，其余县（市、区）的评价按本指南执行。

1.2 自然生态详查内容

自然生态详查是生态环境部卫星环境应用中心、云南省生态环境监测中心等技术支撑部门通过评价年与对照年（评价年度之前一年）高分辨率卫星遥感影像对比分析及无人机遥感抽查等方法，查找并验证县域内局部自然生态系统发生变化，即改变原有的地表植被覆盖的区域，是针对云南省县域生态环境质量变化的一项系统性评估工作。

1.3　自然生态详查技术路线

自然生态遥感详查，需提取生态环境变化斑块的位置、面积、边界、地物类型等属性信息，并针对重点县域，采用无人机遥感技术进行生态变化抽查，同时，通过地面调查方式核实地物属性信息，检查生态环境变化斑块所涉建设项目的环评文件与批复情况。

该详查过程遵循“卫星普查—无人机抽查—现场核查—省级评估”的递进式工作流程，充分融合卫星遥感与无人机航空遥感技术的优势，以实现对云南省 129 个县域生态环境质量的全面、深入监测与评估，如图 3-1 所示。工作流程概述如下：

（1）卫星普查阶段：首先，利用卫星遥感技术实现对云南省所有县域的全覆盖监测，分别获取现状年和本底年两个时间点的卫星遥感影像。通过对比分析这些影像，提取出县域内的生态环境变化信息以及人类活动痕迹，为后续工作奠定数据基础。

（2）无人机抽查阶段：基于卫星普查的结果，筛选出生态环境变化较为显著或具有特殊关注价值的重点县域，作为无人机抽查的对象，下发给州市生态环境局。随后，州市组织技术人员，利用无人机对这些县域的生态变化区域进行高精度飞行作业，获取更为精细的航空影像。通过图像处理技术，进一步提取环境变化区域的边界、面积以及地物空间分布特征等详细信息，为深入了解生态环境变化提供有力支持。抽查结束后将航空影像与解译矢量一起报送省级部门。

（3）现场核查阶段：在卫星普查、无人机抽查的基础上，省级部门组织州市针对特定区域或存疑图斑进行实地核查，并下发生态变化斑块矢量与对应专题图。通过现场调查与验证，核实普查与抽查结果的准确性，进一步明确县域生态环境变化的属性信息，包括变化的具体类型、程度以及背后的原因等。同时，还需审核变化斑块所涉及的建设项目是否已按照法定程序完成了环境影响评价并获得了相关批复文件，以此判断变化斑块的合法性。

（4）省级评估阶段：在现场核查结束后，州市应及时调度汇总斑块核查信息表，整理形成州市生态变化斑块核查清单，对每个图斑的现场核查照片视频、所涉环评报告及相关批复文件进行归档，形成核查信息包，并报送省级部门审核。待专家研判无误后，按实际情况对 129 个县自然生态环境进行评估赋分。

整个自然生态详查流程通过综合运用卫星遥感、无人机航空遥感及现场核查等多种技术手段，形成省、市、县三级联动详查机制，实现对云南省县域生态环境质量变化的全面、精准监测与评估。这一流程不仅提高了评估的科学性与可比性，还为县域生态环境管理与保护提供了重要的技术与数据支撑。

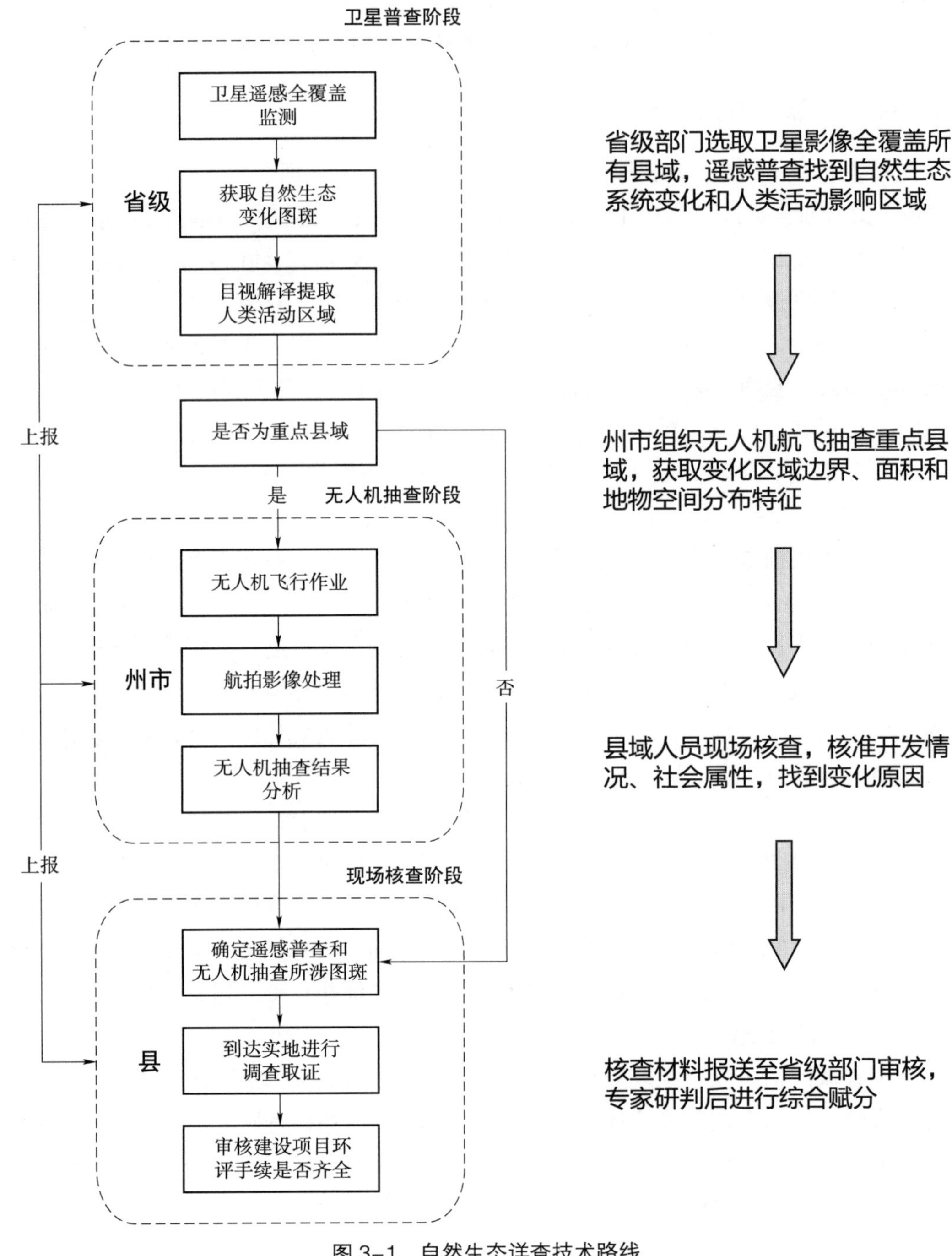

图 3-1　自然生态详查技术路线

2　卫星普查技术流程

2.1　卫星影像数据处理

（1）数据选取

在卫星影像处理初期，数据选取是至关重要的一步。此步骤主要遵循以下原则：

数据要求：以中、高空间分辨率的卫星影像数据为主，确保影像的空间分辨率优于 30 米，以满足高精度分析的需求。

时间选择：通常选取 6—8 月的影像数据，以确保良好的光照条件和植被覆盖情况。对于位于南方的县域，由于气候特点，可选择 5—9 月的影像数据。

云覆盖率：每景影像的云覆盖率需严格控制在 2% 以下，以减少云层对地面信息的遮挡，保证影像的清晰度和完整性。

（2）几何精校正

几何精校正是确保卫星影像地理位置准确性的关键步骤，具体操作如下：

校正基准：以基准年的卫星影像为基准，对现状年的影像进行校正，确保两期影像在地理空间上的一致性。

坐标系统：两期影像均需采用亚尔勃斯投影（Albert Equal Area）作为投影坐标系，同时采用 2000 国家大地坐标系作为地理坐标系，以确保影像坐标的标准化和兼容性。

精度要求：校正后的考核年卫星影像精度需优于 2 个像元，即影像上的位置误差需控制在较小范围内，以满足高精度分析的需求。

（3）影像镶嵌

影像镶嵌是将多幅卫星影像拼接成一幅完整影像的过程，此过程需要满足以下要求：

色调均匀：镶嵌后的影像整体色调需保持一致，避免出现明显的色差或色调突变现象。

接边质量：接边重叠带需确保无模糊或重影现象，保持影像的清晰度和连续性。

边界清晰：影像边界需清晰可辨，无明显错位或扭曲现象，以确保镶嵌后影像的准确性和可靠性。

2.2　变化斑块提取解译

变化斑块提取解译包括变化斑块提取、变化状况分级及变化斑块解译三方面工作。

变化斑块提取：根据县域卫星影像空间分辨率特征，参考县域生态考核实施细则，定义最小生态环境变化斑块面状地物为 10×10 像元，线状地物为 1×10 像元。因此，通过对比两期卫星影像，采用目视解译与数字化方法提取县域内所有大于最小生态环境变化斑块的区域边界，在数字化过程中，将变化斑块定义为多边形矢量，每隔 3 个像元数字化 1 个节点，数字化时的比例尺按照式（3-1）计算后设定。

$$\frac{1}{M}=\frac{1}{1\,000\times R\times P} \tag{3-1}$$

式中：M——数字化时的比例尺分母；

R——人眼对屏幕的分辨率，取值 4；

P——卫星影像空间分辨率，m。

变化状况分级：根据变化斑块矢量文件，计算每个斑块的面积，结果保留 2 位小数。

生态变化包括正向变化和负向变化，负向变化是指改变原有的地表植被覆盖状况，转变为矿产资源开发、工业用地、固体废物堆放、城镇开发建设等类型；正向变化则相反，包含退耕退牧还林还草还湿、防护林体系建设、矿山生态修复、土地综合整治、石漠化综合治理等类型。

生态变化斑块变化等级分为未变化（面积无明显变化）、轻微变化（0.5 km²<变化面积≤2 km²）、一般变化（2 km²<变化面积≤5 km²）、明显变化（变化面积>5 km²）四个级别。具体情况如表 3-1 所示。

表 3-1　生态环境破坏状况分级评价标准

分级		判断依据	说明
明显变化	破坏	变化面积>5 km²	通过不同年份遥感影像对比分析及无人机遥感抽查，查找和证实考核县域局部生态系统发生变化的区域并测算变化面积
	恢复		
一般变化	破坏	2 km²<变化面积≤5 km²	
	恢复		
轻微变化	破坏	0.5 km²<变化面积≤2 km²	
	恢复		
未变化	无明显变化	变化面积≤0.5 km²	

变化斑块解译：对县域内提取的所有变化斑块矢量数据建立属性表，建立变化斑块相关属性字段，具体要求如表 3-2 所示，土地覆盖 / 地物类型分类体系如表 3-3 所示，地物类型卫星影像解译标志如表 3-4 所示。

表 3–2　生态变化斑块属性表要求

序号	字段名称	字段类型	数据长度	备注
1	变化图斑编号	[char]	20	按照自上而下、从左到右的方式统一编号，编号为自然数
2	省份名称	[char]	20	如云南省
3	地市名称	[char]	20	如昆明市
4	县级行政辖区名称	[char]	20	如五华区
5	中心点经度	[float]	15，6	小数点后保留 6 位小数，单位：(°)
6	中心点纬度	[float]	15，6	小数点后保留 6 位小数，单位：(°)
7	是否纳入国家重点生态功能区	[char]	50	是 / 否（是则需填写国家重点生态功能区名称）
8	生态功能类型	[char]	50	城市区、水土保持区、水源涵养功能区、生物多样性维护区
9	基准年地物类型	[char]	20	耕地、林地、草地、水域、城镇用地、农村居民点、开发建设用地、裸地
10	考核年地物类型	[char]	20	耕地、林地、草地、水域、城镇用地、农村居民点、开发建设用地、裸地
11	变化面积	[float]	8，2	小数点后保留 2 位小数，单位：km^2
12	变化状况	[char]	20	生态环境变化状况等级
13	备注	[char]	50	需要说明的特殊情况

表 3–3　土地覆盖 / 地物类型分类体系表

一级地类		二级地类		含义
代码	名称	代码	名称	
1	耕地	—	—	指种植农作物的土地，包括熟耕地、新开荒地、休闲地、轮歇地、草田轮作地；以种植农作物为主的农果、农桑、农林用地；耕种三年以上的滩地和滩涂
		11	水田	指有水源保证和灌溉设施，在一般年景能正常灌溉，用于种植水稻、莲藕等水生农作物的耕地，包括实行水稻和旱地作物轮种的耕地
			111	山区水田
			112	丘陵水田

续表

一级地类		二级地类		含义
代码	名称	代码	名称	
1	耕地	11	113	平原水田
			114	大于 25° 的坡地水田
		12	旱地	指无灌溉水源及设施，靠天然降水生长作物的耕地；有水源和浇灌设施，在一般年景下能正常灌溉的旱作物耕地；以种菜为主的耕地，正常轮作的休闲地和轮歇地
			121	山区旱地
			122	丘陵旱地
			123	平原旱地
			124	大于 25° 的坡地旱地
2	林地	—	—	指生长乔木、灌木、竹类，以及沿海红树林地等林业用地
		21	有林地	指郁闭度大于 0.20 的天然林和人工林，包括用材林、防护林等成片林地
		22	灌木林	指郁闭度大于 0.30、高度在 2 m 以下的矮林地和灌丛林地，包括国家特别规定灌木林地和其他灌木林地
		23	疏林地	指疏林地（郁闭度为 0.10～0.20）
		24	其他林地	未成林造林地、迹地、苗圃及各类园地（果园、桑园、茶园、经济林等）
3	草地	—	—	指以生长草本植物为主，覆盖度在 5% 以上的各类草地，包括以牧为主的灌丛草地和郁闭度在 10% 以下的疏林草地
		31	高覆盖度草地	指覆盖度大于 50% 的天然草地、改良草地和割草地。此类草地一般水分条件较好，草被生长茂密
		32	中覆盖度草地	指覆盖度为 20%～50% 的天然草地和改良草地。此类草地一般水分不足，草被较稀疏
		33	低覆盖度草地	指覆盖度为 5%～20% 的天然草地。此类草地水分缺乏，草被稀疏，牧业利用条件差
4	水域	—	—	指天然陆地水域和水利设施用地
		41	河渠	指天然形成或人工开挖的河流及主干渠常年水位以下的土地，人工渠包括堤岸
		42	湖泊	指天然形成的积水区常年水位以下的土地
		43	水库坑塘	指人工修建的蓄水区常年水位以下的土地
		44	永久性冰川雪地	指常年被冰川和积雪所覆盖的土地

续表

一级地类		二级地类		含义
代码	名称	代码	名称	
4	水域	45	滩涂	指沿海大潮高潮位与低潮位之间的潮侵地带
		46	滩地	指河、湖水域平水期水位与洪水期水位之间的土地
		47	海域	指围海造陆地前的海域部分
5	建设用地	—	—	指城乡居民点及县镇以外的工矿、交通等用地
		51	城镇用地	指大、中、小城市及县镇以上建成区用地
		52	农村居民点	指农村居民点
		53	开发建设用地	指独立于城镇以外的厂矿、大型工业区、油田、盐场、采石场等用地，交通道路，机场及特殊用地
6	未利用土地	—	—	目前尚未利用的土地，包括难利用的土地
		61	沙地	指地表为沙覆盖，植被覆盖度在 5% 以下的土地，包括沙漠，不包括水系中的沙滩
		62	戈壁	指地表以碎砾石为主，植被覆盖度在 5% 以下的土地
		63	盐碱地	指地表盐碱聚集，植被稀少，只能生长耐盐碱植物的土地
		64	沼泽地	指地势平坦低洼，排水不畅，长期潮湿，季节性积水或常积水，表层生长湿生植物的土地
		65	裸土地	指地表为土质覆盖，植被覆盖度在 5% 以下的土地
		66	裸岩石砾地	指地表为岩石或石砾，其覆盖面积＞5% 以下的土地
		67	其他	指其他未利用土地，包括高寒荒漠、苔原等

注：耕地的三级编码为：1 山地；2 丘陵；3 平原；4 大于 25° 的坡地（如“113”为平原水田）。

表 3–4　地物类型卫星影像解译标志

序号	土地覆盖类型	影像特征			卫星影像解译标志
		现状	影像色调	纹理	
1	耕地	以块状、条带状或不规则状分布，地类界线较为清晰	种植作物呈现绿、暗绿、鲜绿、青绿等；未种植地块呈灰、灰白或白色；塑料大棚为灰白色；遮阳网为黑色	对于水田地块，影像纹理较为细腻，质地均匀；对于旱地地块，纹理较为粗糙，纹理不均匀	

续表

序号	土地覆盖类型	影像特征			卫星影像解译标志
		现状	影像色调	纹理	
2	林地	形状不规则，可呈线状、格状、点状、片状或分散分布	色调较为均匀，呈暗绿色、绿色、鲜绿色、青绿色等，与林地类型、生长地点相关性大	纹理较为细腻，由人力种植的林地纹理比较杂乱且不规则	
3	草地	连片分布，边界明显或形状不规则	以鲜绿色、绿色、淡绿色、青绿色、淡黄色为主色调	质地较为细腻，纹理清晰，颜色均一	
4	水域	弯曲线状、带状或片状，地物界线清晰	呈黑色或淡蓝色（冰雪呈亮白色）	质地均匀，颜色较为均一	
5	城镇用地	规则的团状、片状或长条状	呈灰、黑或黑灰色	纹理较为粗糙，一般有大的交通线路穿过	
6	农村居民点	规则的块状、长条状或不规则团状	呈青灰色或黑灰色，村庄四周如有树木或果园，使得村庄居民地周围出现绿色	纹理较为粗糙	
7	开发建设用地	不规则的块状或团状，内部有道路等，界线明显	呈青灰色或黑灰色	纹理较为粗糙	

续表

序号	土地覆盖类型	影像特征			卫星影像解译标志
		现状	影像色调	纹理	
8	沙地	不规则分布，界线较为清晰	呈白色或灰白色	具有格状、波状纹理	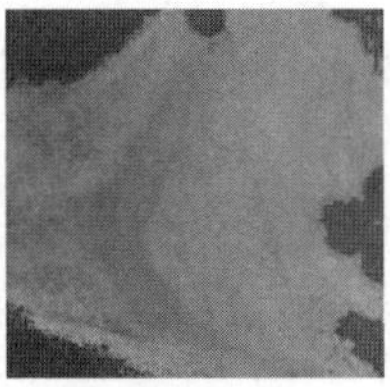
9	戈壁	不规则块状，界线明显	黑色或灰黑色	纹理较为粗糙	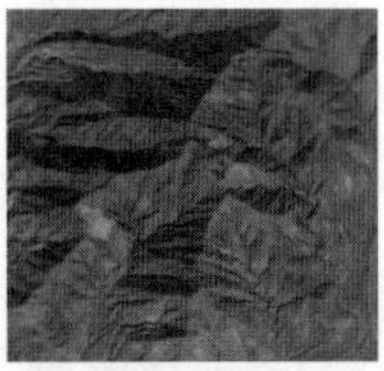
10	沼泽地	不规则片状或条带状，界线不清晰	青灰色基色中泛淡绿色或绿色，夹有黑色、蓝色或淡蓝色	质地较为均匀	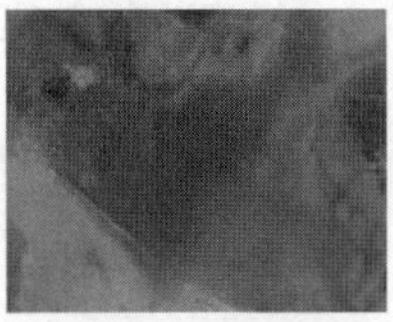
11	裸地	片状或带状，界线较为清晰	淡灰色或亮灰色	纹理较为粗糙	
12	裸岩石砾地	片状或团状，界线清晰	灰色、铁青色	纹理杂乱清晰	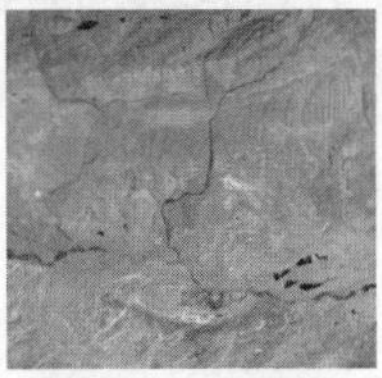
13	寒漠苔原	一般呈片状或带状，界线明确清晰	黑灰色或铁青色	质地较为均匀	

3 无人机抽查技术流程

3.1 抽查县域选取

抽查县域包括选取原则和筛选流程两个方面，选取原则遵循典型性与可行性原则，筛选流程采用逐层筛选与典型排序的方法。

3.1.1 选取原则

（1）从明显变化、一般变化和轻微变化的县域中选取抽查县域；

（2）原则上对自然因素导致的生态环境变化县域不进行抽查；

（3）原则上对生态环境变好的县域不进行抽查；

（4）难以满足无人机飞行条件的县域暂不纳入抽查县域范围。

3.1.2 筛选流程

（1）分别从明显变化、一般变化、轻微变化的县域中筛选出生态环境变差的县域。

（2）在生态环境变差的县域中筛选出由人为因素导致变差的县域。

（3）依据生态环境变化斑块所处的地理环境、气象条件、海拔高度、交通可达性等因素，在生态环境变差的县域中筛选出具备无人机飞行作业条件的县域，作为抽查县域总体。

（4）根据生态变化斑块类型，将抽查县域总体进行分类。

（5）按照生态环境斑块变化面积大小，对每个类型中的县域从高到低进行排序。

（6）按照年度无人机抽查县域数量要求，分别在每类县域中选取排名靠前的县域作为无人机抽查县域；同时，为更全面地选取抽查县域，在筛选过程中将舆情监控系统反映的生态县域环境破坏事件作为辅助条件进行参考。

3.2 无人机飞行作业

3.2.1 飞行区域划定

无人机抽查县域的飞行区域主要针对县域内生态环境变化严重或面积最大的斑块，飞行区域划定需满足以下要求：

（1）飞行区域必须覆盖生态变化斑块，并使变化斑块尽量位于飞行区域中部；

（2）飞行区域应为矩形或规则四边形，飞行面积视具体工作而定；

（3）飞行区域应不覆盖或少覆盖城镇用地和其他危险设施；

（4）变化斑块周边存在疑似生态破坏的区域，应纳入飞行区域。

3.2.2 无人机飞行

为保证获取的无人机影像质量，需规范无人机飞行作业流程，包括空域申请、原始影像分辨率、航线规划、飞行作业时相选择及飞行参数控制五个方面。

空域申请：根据《中华人民共和国民用航空法》《中华人民共和国飞行基本规则》等法律法规的规定，无人机飞行前需向相关航空管制部门申请飞行空域，经批准后方可开展飞行。因此，在划定飞行区域后，需向相关航空管制部门申请空域。

原始影像分辨率：为高精度、准确地提取生态环境变化斑块信息，要求无人机飞行的原始影像分辨率优于 0.2 m，基于该要求，选取符合要求的传感器，并设定相应的航高，计算原始影像分辨率公式如下：

$$GSD = \frac{H \cdot a}{f} \tag{3-2}$$

式中：H——行高，m；

f——镜头焦距，mm；

a——传感器的像元尺寸，mm。

航线规划：航线一般按东西向平行于图廓线敷设，特殊条件下亦可按南北向或沿线路、河流、海岸等方向敷设；曝光点尽量采用数字高程模型依地形起伏逐点设计；航向覆盖要求超出作业边界线不少于两条基线，超出作业边界线不少于像幅的 50%。

飞行作业时相选择：避免地表植被和其他覆盖物（如积雪、洪水、扬尘等）对作业的不利影响，确保图像能够真实显现地物细节，保证具有充足的光照度，避免过大的阴影；不同地形太阳高度角要求：平地＞20°，丘陵地＞30°，山地＞45°。

飞行参数控制：航向重叠度一般为 60%～80%，最小不低于 53%；旁向重叠度一般为 30%～60%，最小不低于 25%；像片倾角应小于 3°，出现超过 3° 的像片数不多于总数的 5%；像片旋角要求超过 10° 的数量不应超过 3 张，且在一个摄区内出现最大旋角的像片数不应超过摄区总像片数的 4%；像片倾角和旋角不应同时达到最大值；要求飞行作业过程中最大航高与最小航高之差＜40 m，实际航高与设计航高之差＜20 m。

无人机飞行作业具体要求详见生态环境部办公厅正式发文《无人机环境遥感监测基本作业规范（试行）》（环办〔2014〕84 号）。

3.2.3 无人机影像处理

为保证生态变化斑块信息提取精度，需保证无人机影像处理质量。无人机影像处理包括空中三角测量精度和影像处理质量两方面。

空中三角测量精度：相对定向要求连接点上下视差中误差＜2～3 个像素，最大残差≤1 个像素，每个相对连接点数目≥30 个，连接点距影像边缘≥100 个像素；绝对定向要求基本定向点残差≤1.5 m，检查点误差≤1.75 m，公共点较差≤3 m。

影像处理质量：拼接后的无人机影像空间分辨率优于 0.2 m，影像清晰，层次丰富，反差适中，色调柔和，无模糊、重影、错位、扭曲、变形、拉花、脏点、漏洞、同一地物色彩反差不一致的现象；无云、云影、烟、大面积反光、污点等缺陷；能辨认出与地面分辨率相适应的细小地物；曝光瞬间造成的像点位移＜1 个像元。

3.3 变化斑块信息提取解译

基于无人机影像的变化斑块信息提取解译参照 2.2 节相关流程。抽查结束后将无人机航空影像与解译矢量边界（.shp 格式），按图斑打包并报送省级部门。

4 自然生态变化制图流程

4.1 卫星普查斑块的专题图

以县域本底年与现状年的卫星影像为底图，生成生态变化斑块变化状况专题图，进而对比生态变化情况。要求卫星影像波段组合为标准真彩色合成影像（波段按照红、绿、蓝的顺序），添加指北针、比例尺、图例等要素，变化斑块边界用线要素表示，变化状况等级用不同颜色表示（表 3-5）。生态变化斑块专题图示意图如图 3-2 所示。

表 3-5 生态变化斑块变化状况专题图颜色表示

生态变化斑块变化状况等级	RGB 组合	颜色
明显变差	（255，0，0）	
明显变好	（0，0，255）	
一般变差	（255，0，255）	
一般变好	（0，255，255）	
轻微变差	（255，255，0）	
轻微变好	（112，48，160）	

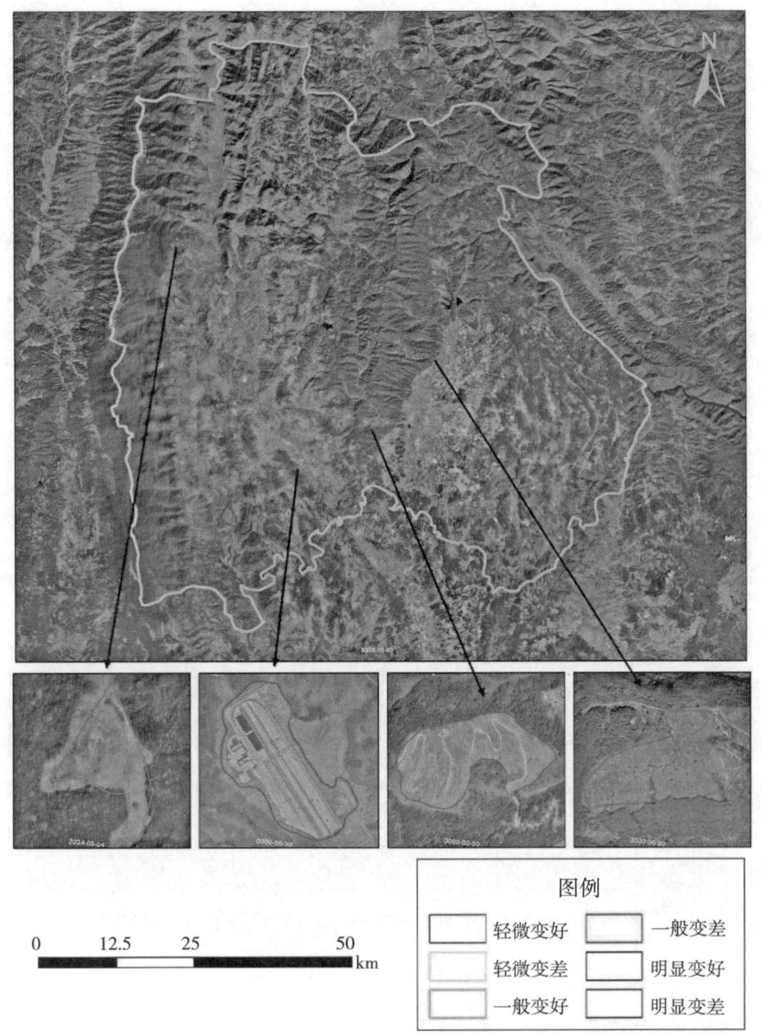

图 3-2　生态变化斑块专题图示意图

其中，图例字体格式为：居中，14.5 号字，宋体，加粗；各变化等级字体：左对齐，11 号字，宋体；比例尺字体：12 号字，宋体。

4.2　无人机抽查斑块的专题图

以无人机影像为底图，制作生态变化斑块专题图，要求具有指北针、比例尺、图例、边框等要素，变化斑块边界用线要素表示，变化状况等级颜色与“基于卫星影像的专题图制图”的内容一致。若对变化斑块内的地物类型细分后进行制图时，每个地物颜色可任意搭配，但不能与“基于卫星影像的专题图制图”中的颜色重复，也不能使用白色、黑色、灰色等颜色。其示意图如图 3-3 所示。

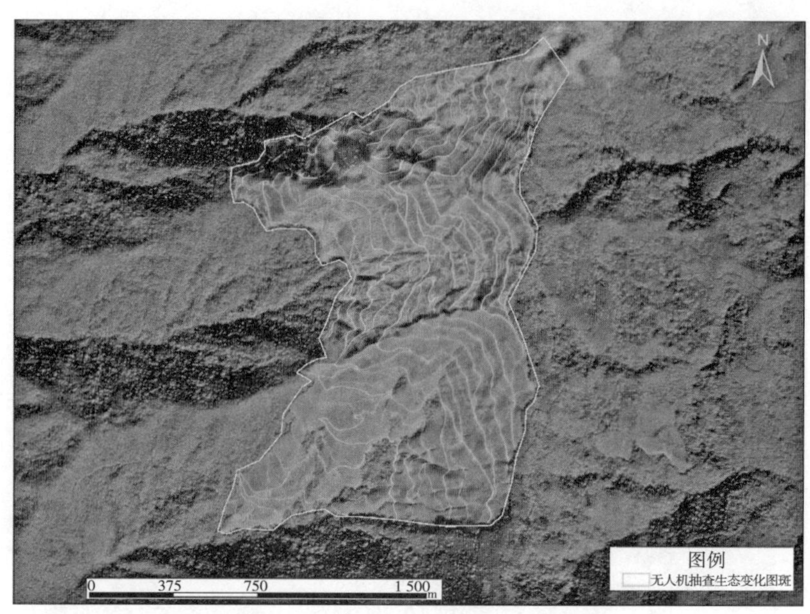

图 3–3 无人机影像变化斑块专题图示意图

其中，图例字体格式为：居中，14 号字，宋体，加粗；各变化等级字体：左对齐，11 号字，宋体；比例尺字体：12 号字，宋体。

4.3 单个生态变化斑块的专题图

为直观对比生态变化斑块变化情况，基于卫星及无人机影像，对每个变化斑块分别生成专题图，要求单个生态变化斑块专题图成图要素包括基准年与考核年标记，生态变化斑块变化过程指向箭头。其示意图如图 3–4 所示。

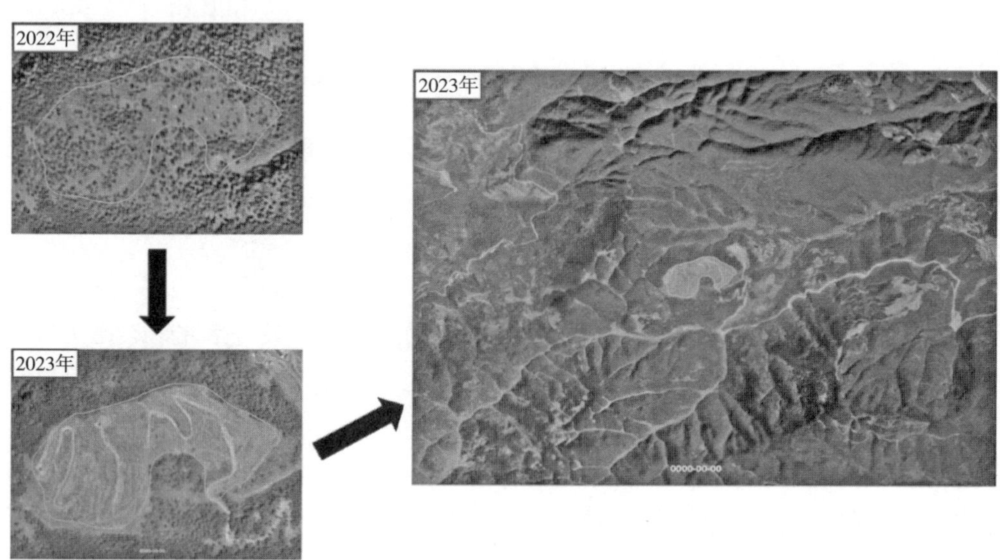

图 3–4 单个生态变化斑块专题图示意图

其中，基准年与考核年的字体格式为：居中，16 号字，宋体；各变化等级字体：箭头格式为：黑色（255，255，255），实线线型，2 磅宽度。

5　现场调查技术流程

5.1　变化斑块地物类型验证

为确保变化斑块地物类型解译的准确性，客观反映县域生态环境变化状况，需对解译过程中的不确定地物类型进行实地验证，明确其土地利用类别。基于生态变化斑块的卫星和无人机影像专题图，针对调查重点区域做好调查方案，县级部门组织技术人员，赴现场核实变化斑块类型，并在调查过程中，采用无人机、相机等设备对变化斑块整体及局部进行拍照取证。

地物类型验证包括验证准备、数据导入、车载 GPS 导航、地面 GPS 导航、地物类型验证等五方面工作（图 3-5）。

验证准备：在设备方面，需准备车载 GPS、手持 GPS、便携式计算机、照相机、越野车、望远镜等；在数据方面，需准备变化斑块卫星遥感影像、变化斑块数字化矢量文件、公路数据、其他道路辅助数据等；在软件方面，需准备 GIS 专业软件（奥维地图、户外两步路等），用于实时显示验证路径、修改地物类型。

数据导入：在便携式计算机中打开 GIS 软件，输入变化斑块卫星影像、变化斑块矢量文件及公路数据或其他道路辅助数据，连接、打开车载 GPS，接收卫星信号，使 GPS 光标信号可在 GIS 软件中显示，并确保汽车开动后，GPS 能在屏幕中沿行径方向移动。

车载 GPS 导航：在 GIS 软件中确定变化斑块、道路、起始点之间的空间关系，确定行径方向，出发后利用车载 GPS 导航，不断接近变化斑块中心点，汽车行驶到达离变化斑块最近的位置。

地面 GPS 导航：在道路达不到的地方，需步行达到变化斑块，将变化斑块中心点坐标输入手持 GPS，打开手持 GPS，接收卫星信号，利用手持 GPS 的目标导航，接近变化斑块中心点。

地物类型验证：到达变化斑块后，根据地物类型特征，确认变化斑块土地利用类型，并修改解译错误的斑块矢量文件属性表。

5.2　变化斑块属性信息调查

在变化斑块地物类型验证的基础上，县级部门对斑块涉及区域的属性信息进行详细调查，主要涉及以下四个方面。

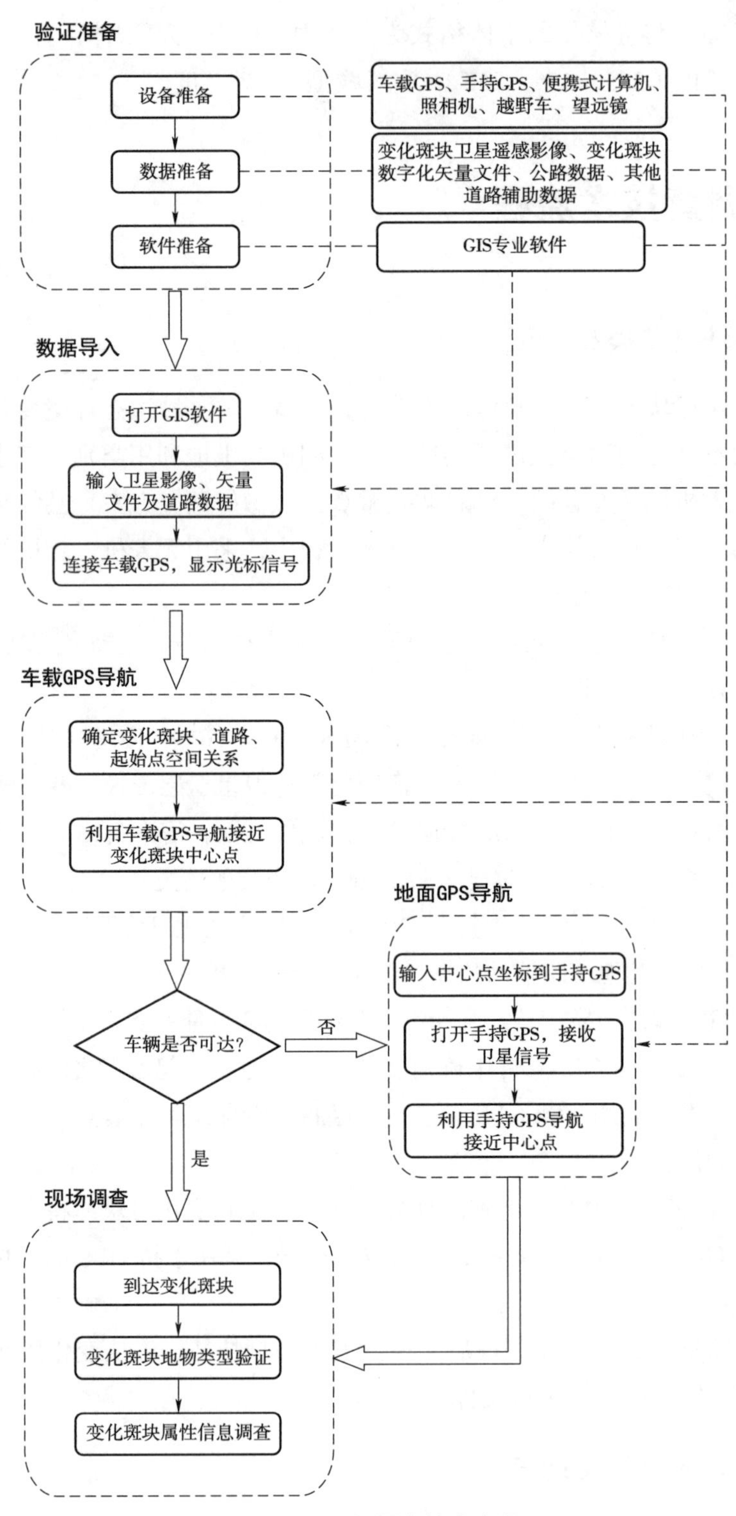

图 3-5　现场调查技术流程

（1）基本信息调查

地块位置：记录变化斑块的具体地理位置，包括经纬度坐标、行政区划等。

面积大小：测量并记录变化斑块的面积，通常以平方米或公顷为单位。

形状特征：描述变化斑块的形状，如矩形、圆形、不规则形等。

（2）变化类型调查

变化类型：明确变化斑块属于哪种类型的变化，如林地转为耕地、建设用地占用林地、森林砍伐、火灾烧毁等。

变化原因：调查并记录导致地块发生变化的具体原因，如政策调整、经济驱动、自然灾害等。

（3）权属关系调查

权属单位：明确变化斑块的权属单位或个人。

权属证明：收集并核实相关的权属证明材料，如土地证、林权证等。

（4）相关影响调查

生态影响：评估变化斑块对周边生态环境的影响，如生物多样性变化、水源涵养能力变化等。

社会经济影响：分析变化斑块对当地社会经济的影响，如土地利用结构调整、农民收入变化等。

现场调查时需注意以下事项：确保数据准确性，即在调查过程中要严格按照规范操作，确保数据的准确性和可靠性；注重时效性，及时开展调查工作，避免因时间拖延导致数据失效或失去参考价值；保护生态环境，在调查过程中要注意保护生态环境和生物多样性，避免对自然环境造成破坏。

5.3　环评手续审查

如变化斑块涉及建设项目，需审查项目环境影响报告书（表）和环评批复情况，如项目有上述文件，需对环境影响报告书（表）与环评批复文件拍照取证。如环评手续不齐或未办理，需填写整改查处情况。

根据现场调查工作内容，制定现场调查工作表，具体如表 3–6 所示。

表 3–6　现场调查工作表

____省____州（市）____县　　调查人____日期____

斑块编号	经度	纬度	影像判别地物类型	现场抽查地物类型	核查说明	涉及建设项目信息	有无环境影响报告书（表）	有无环评批复	整改查处情况	备注
例：DC*	××	××	开发建设用地	开发建设用地	×××	（名称、产业类型）	无	无	已立案整改，将于限期内完成恢复	

5.4 现场核查清单填报

在现场核查结束后，州市应及时调度、汇总斑块核查信息表，整理形成州市斑块核查台账，对每个斑块的现场核查照片视频、现场调查工作表、所涉环评报告及相关批复文件进行归档，形成核查信息包，并报送省级部门审核。

根据实地核实情况与获取的实地核实照片视频、相关说明或审批文件等材料，如实填报生态变化斑块清单中的相关待填报字段。待填报字段分为三种类型。

5.4.1 按照省级下发信息填报字段

该类字段内容依据下发矢量数据属性表对应内容或配套 Excel 清单表对应字段内容填报，无须修改。包括序号、图斑编号、省 / 市 / 县级行政区名称、经度、纬度、遥感解译地物类型（考核年）、遥感解译图斑面积（公顷）等。

5.4.2 必填字段

该类字段需要各州市在核实过程中依据填报要求（表 3-7）和样表示例（表 3-8）进行填报，必填字段如出现空缺或不规范内容将影响核实结果数据汇交，具体如下：

（1）乡镇 / 街道：必填字段，采用行政区划的规范名称。

（2）现场核实地物类型：必填字段，填报方式为下拉列表选择。列表内容包括无、耕地、林地、草地、水域、城镇用地、农村居民点、开发建设用地、沙地、戈壁、沼泽地、裸地、裸岩石砾地、寒漠苔原、其他等。

（3）现场核实人类活动类型：必填字段，填报方式为下拉列表选择。列表内容包括采矿场、采石场、采砂（沙、土）场、工厂、工业园、盐田、水电设施、风电设施、光伏设施、核电设施、输变电设施、火电设施、油气输送设施、游览设施、旅游辅助设施、机场、港口 / 码头、交通服务场站、铁路、硬化道路、其他道路、海水养殖场、淡水养殖场、畜禽养殖场、水田、旱地、园地、城镇居民点、农村居民点、其他人工设施、非人类活动等。

（4）是否与遥感解译一致：必填字段，若斑块现场核实结果与遥感解译结果一致，则填“是”；若不一致，填“否”。

（5）是否生态破坏问题：必填字段，若斑块现场核实结果为生态破坏问题，则填“是”；若不是生态破坏问题，则填“否”。

表 3–7 生态变化斑块问题清单字段与填报要求

序号	图斑编号	省级行政区	市级行政区	县级行政区	乡镇街道	经度	纬度	遥感解译地物类型	遥感解译图斑面积（公顷）	现场核实地物类型	现场核实人类活动类型	是否与遥感解译一致	是否生态破坏问题	生态破坏问题类型	图斑详细描述	图斑核查说明	整改查处情况	照片索引号	视频索引号	审批文件索引号	备注
按照下发数据信息填报	按照下发数据信息填报	按照下发数据信息填报	按照下发数据信息填报	按照下发数据信息填报	必填：采用行政区划的规范名称	按照下发数据信息填报	按照下发数据信息填报	按照下发数据信息填报	按照下发数据信息填报	必填：填报方式为下拉列表选择	必填：填报方式为下拉列表选择。如“现场核实人类活动类型”为非人类活动，则此处下拉选择“无”	必填：若图斑现场核实结果与遥感解译结果一致，则填是；若不一致，填否	必填：若图斑现场核实结果为生态破坏问题，则填“是”；若不是生态破坏问题，则填“否”	必填：填报方式为下拉列表选择。问题类型主要分为：矿产资源开发类、工业开发类、固体废物堆放类、城市开发建设类、其他改变生态用地的类型、无问题	必填：图斑详细位置描述、开发建设/破坏情况、现场情况描述等	必填：描述图斑核查基本情况，如该图斑涉及生态破坏问题，应进一步描述该问题涉及相关审批、运营情况，审批手续、历史沿革等	必填：如不涉及生态破坏问题，填无。如该图斑涉及生态破坏问题，应简要说明是否已进行整改查处，查处整改的时间、内容、方式、进展及结果等情况。如尚未开展整改查处，可简要说明整改查处的计划	必填：每个核实点位需提供近景、远景照各一张。照片索引号为：生态变化斑块编号 + PT（近）/ PP（远）+ 照片序号。照片格式为 .jpg/.png，每张照片大小不超过 5 MB，每个索引号中间使用英文半角符“;”隔开。相应照片存放到对应核实结果文件夹的 02_XCZP 文件夹下	选填：每个核实点位可提供一个现场视频。视频索引号为：生态变化斑块编号 + SP（视频）+ 视频序号，视频格式为 .mp4，视频录制时长为 5～20 s，大小不超过 30 MB，每个索引号中间使用英文半角符“;”隔开。相应视频存放到对应核实结果文件夹的 03_XCSP 文件夹下	选填：每个核实图斑可提供审批材料，审批材料索引号为：生态变化斑块编号 + HP/YD/QT（审批文件名称简写），文件格式为 .word/.pdf，每个文件大小不超过 10 MB，每个索引号中间使用英文半角符“;”隔开；审批文件类型为环评手续（HP）、用地手续（YD）、其他（QT）等相关文件名称拼音的首字母简写。相应材料文件存放到对应核实结果文件夹的 04_SPWJ 文件夹下	选填：其他认为需要备注的信息

表 3–8　生态变化斑块问题清单填报样例

序号	图斑编号	省级行政区	市级行政区	县级行政区	乡镇街道	经度	纬度	遥感解译地物类型	遥感解译图斑面积（公顷）	现场核实地物类型	现场核实人类活动类型	是否与遥感解译一致	是否生态破坏问题	生态破坏问题类型	图斑详细描述	图斑核查说明	整改查处情况	照片索引号	视频索引号	审批文件索引号	备注
1	202304-350421-321-001-001	××省	××市	××县	××乡	117.131 258	26.437 404	开发建设用地	0.99	开发建设用地	工厂	是	是	工业开发类	图斑位于 ××区 ××镇 ××村东南侧，××××区域内，为 ×××项目建设区范围，现场核查为砂土石块填埋×××××等情况，现场有重型渣土车运输，建设有×××设施和房屋等	该区域属于基本农田，根据农业农村局关于2020年度高标准农田建设项目实施计划的批复（农发〔2020〕89号）文对该地区进行高标准农田建设，在原来农路基础上，升级为水泥机耕路	该处问题已于 ××年 ××月××日由××部门对××公司进行查处，要求 ××公司采取××整改措施，计划于 ××年××月前完成整改	202304-350421-321-001-001-PT-01.jpg；202304-350421-321-001-001-PP-01.jpg	202304-350421-321-001-001-SP-01.mp4	202304-350421-321-001-001-HP-01.pdf；202304-35 0421-321-001-001-YD-01.pdf；202304-350421-321-001-001-QT-01.doc	

（6）生态破坏问题类型：必填字段，填报方式为下拉列表选择。列表内容包括：①矿产资源开发类：包括矿产露天开采、尾矿库、采石场、石料厂、砂石厂等；②工业开发类：独立设置的工厂、工业园区等；③固体废物堆放类：包括工业固体废物、矿业固体废物、农业固体废物、城市生活垃圾、建筑固体废物、非常规来源固体废物等；④城市开发建设类：包括工业园区新建或扩建、城镇建设、房地产开发等；⑤其他改变生态用地的类型；⑥无问题。如果同时存在多种生态破坏问题类型，可在备注列说明。

（7）图斑详细描述：必填字段，图斑详细位置描述、开发建设 / 破坏情况、现场情况描述等。

（8）图斑核查说明：必填字段，描述图斑核查基本情况，如该图斑涉及生态破坏问题，应进一步描述该问题涉及相关审批、运营情况、审批手续、历史沿革等。

（9）整改查处情况：必填字段，如不涉及生态破坏问题，填“无”。如该图斑涉及生态破坏问题，应简要说明违法违规情况是否已进行查处整改，查处整改的时间、方式、内容、进展及结果等情况。如尚未开展查处整改，可简要说明查处整改的计划。

（10）照片索引号：必填字段，每个核实点位需提供近景、远景照各一张。照片索引号设置方式为：生态变化斑块编号 +PT（近）/PP（远）+ 照片序号。照片格式为 .jpg，每张照片大小不超过 5 MB，每个索引号中间使用英文半角符“;”隔开。相应照片存放到对应核实结果文件夹的“02_XCZP”文件夹下。

5.4.3　选填字段

该类字段根据实际核实情况和数据情况选择填报。

（1）视频索引号：选填字段，每个核实图斑可提供一个现场视频。视频索引号设置方式为：生态变化斑块编号 +SP（视频）+ 视频序号。视频格式为 .mp4，视频录制时长为 5～20 s，大小不超过 30 MB，每个索引号中间使用英文半角符“;”隔开。相应视频存放到对应核实结果文件夹的“03_XCSP”文件夹下。

（2）审批文件索引号：选填字段，每个核实图斑可提供审批材料。审批材料索引号设置方式为：生态变化斑块编号 +HP/YD/QT（审批文件名称简写）。文件格式为 .word/.pdf，每个文件大小不超过 10 MB，每个索引号中间使用英文半角符“;”隔开；审批文件类型为环评手续（HP）、用地手续（YD）、其他（QT）等相关文件名称拼音的首字母简写。相应材料文件存放到对应核实结果文件夹的“04_SPWJ”文件夹下。

（3）备注：选填字段，其他需要备注的信息。

6 质量控制

6.1 卫星普查质量控制

卫星普查质量控制主要针对卫星影像选取、几何精校正、变化斑块提取、地物类型解译结果等内容进行质量控制。

卫星影像选取：针对选取的县域卫星影像，打开影像元数据文件，检查影像的时相、空间分辨率是否符合影像选取标准，同时，目视检查影像云量是否符合要求。

几何精校正：基于遥感软件，通过卷帘功能，对所有县域精校正后的影像，检查其中的河流、道路、人工建筑等地物与控制影像中相同地物在空间上的一致性。

变化斑块提取：检查所有县域提取变化斑块的边界与影像中斑块的边界一致性。

地物类型解译结果：基于高分辨率卫星影像，检查变化斑块解译的地物类型与变化斑块属性中地物类型的一致性，并检查其准确性；检查变化斑块属性表中各项字段属性值、字段类型、数据长度的准确性。

6.2 无人机抽查质量控制

无人机抽查质量控制包括飞行区域、无人机影像获取、无人机影像处理、变化斑块提取等内容的质量控制。

飞行区域：根据无人机区域划定的原则，检查划定的无人机飞行区域的合理性与准确性。

无人机影像获取：打开无人机航摄影像飞行记录数据，检查影像像片倾角、旋角、最大和最小航高差，同时，抽取 50% 的无人机航摄影像像片，检查其航向与旁向重叠度，比较其是否满足飞行参数控制要求。

无人机影像处理：通过无人机影像处理软件，检查空中三角测量相对定向的连接点上下视差中误差、最大残差、相对连接点数目、连接点距影像边缘等数据；检查绝对定向的定向残差、检查点误差和公共点较差等数据；检查拼接后无人机影像的空间分辨率、影像匀色效果与像点位移数据。

变化斑块提取：检查所有县域提取变化斑块的边界与影像中斑块的边界一致性。

6.3 专题图质量控制

卫星普查变化斑块专题图：检查变化斑块专题图图例中卫星影像合成波段顺序、各变化等级名称、要素颜色、指北针、比例尺的字体与样式，与专题图成图要求的一致性。

无人机抽查变化斑块专题图：检查变化斑块专题图图例、要素颜色、指北针、比例尺的字体与样式，与专题图成图要求的一致性。

6.4　现场核查质量控制

现场核查质量控制包括图斑地物类型、属性信息与环评等内容的质量控制。

属性信息：依据卫星、无人机影像，结合现场取证照片视频，检查变化斑块类型、属性的正确性。

环评手续：根据环境影响报告书（表）与环评批复文件的照片，检查项目环评批复情况的准确性。

7　抽查结果综合赋分

在现场调查的基础上，省级部门组织专家对州市上报的斑块清单进行审核，并综合研判，待确认无误后开展自然生态详查评估工作。

自然生态详查的评价值（$\mathrm{EM}'_{\text{遥感}}$）介于 −0.7～+0.7（表 3-9 和表 3-10）。自然生态变化详查评价通过“变化类型 + 变化面积”综合确定。其中，“变化类型”为定性指标，根据《“十四五”国家重点生态功能区县域生态环境质量监测与评价指标体系及实施细则》（环办监测函〔2022〕30 号）的规定，变差主要包括矿产资源开发类、工业开发类、固体废物堆放类、城市开发建设类，以及其他改变生态用地的类型；“变化面积”为定量指标，根据生态变化斑块面积进行评价，分为明显变化、一般变化和轻微变化。依据提取的生态变化斑块变化面积，对县域生态环境变化情况进行综合赋分，其中，无人机抽查县域以无人机抽查的变化斑块面积加上未抽查的解译斑块面积进行赋分，无人机抽查之外的县域，采用卫星普查的变化斑块面积进行赋分。

表 3-9　生态环境变差分级评价标准

<table>
<tr><th colspan="3">自然生态变差规模</th><th>$\mathrm{EM}'_{\text{遥感}}$</th><th>自然生态破坏类型</th></tr>
<tr><td>明显变差</td><td>变化面积
＞5 km^2</td><td>破坏</td><td>−0.7</td><td rowspan="2">1. 矿产资源开发类：包括矿产露天开采、尾矿库、采石场、石料厂、砂石厂等；
2. 工业开发类：独立设置的工厂、工业园区等；
3. 固体废物堆放类：包括工业固体废物、矿业固体废物、农业固体废物、城市生活垃圾、建筑固体废物、非常规来源固体废物等；</td></tr>
<tr><td>一般变化</td><td>2 km^2＜变化
面积≤5 km^2</td><td>破坏</td><td>−0.5</td></tr>
</table>

续表

自然生态变差规模			$EM'_{遥感}$	自然生态破坏类型
轻微变化	0.5 km^2＜变化面积≤2 km^2	破坏	−0.3	4. 城市开发建设类：包括工业园区新建或扩建、城镇建设、房地产开发等； 5. 其他改变生态用地的类型
变化面积≤0.5 km^2			0	

表 3–10　生态环境变好分级评价标准

自然生态变好规模			$EM'_{遥感}$	自然生态恢复类型
明显变好	变化面积＞5 km^2	恢复	+0.7	1. 退耕退牧还林还草还湿； 2. 防护林体系建设； 3. 矿山生态修复； 4. 土地综合整治； 5. 石漠化综合治理； 6. 其他生态修复类型
一般变化	2 km^2＜变化面积≤5 km^2	恢复	+0.5	
轻微变化	0.5 km^2＜变化面积≤2 km^2	恢复	+0.3	
变化面积≤0.5 km^2			0	

对于生态变化斑块所涉及项目未办理环评手续的县域，采取综合考核结果降一档处理，具体情况如表 3-11 所示。

表 3–11　基于环评手续办理情况的评价降档处理标准

自然生态变化斑块类型	环评手续办理认定条件	环评手续	降档处理
1. 矿产资源开发类：包括矿产露天开采、尾矿库、采石场、石料厂、砂石厂等； 2. 工业开发类：独立设置的工厂、工业园区等； 3. 固体废物堆放类：包括工业固体废物、矿业固体废物、农业固体废物、城市生活垃圾、建筑固体废物、非常规来源固体废物等； 4. 城市开发建设类：包括工业园区新建或扩建、城镇建设、房地产开发等； 5. 其他改变生态用地的类型	在现场核查清单上报前办理环评手续，即认定办理了环评手续	办理	不降档
		未办理	降一档

对于生态环境变化斑块位于国家级自然保护区、饮用水水源地保护区内的县域，依据保护区的保护对象，结合变化斑块所处的保护区功能分区类型，对综合考核结果进行降档处理，具体情况如表 3-12 所示。

表 3–12　自然保护区等生态敏感区生态破坏评价

<table>
<tr><th>自然生态破坏类型</th><th>自然保护区功能分区</th><th>饮用水水源保护区分区</th><th>$EM'_{遥感}$</th></tr>
<tr><td rowspan="3">1. 矿产资源开发类：包括矿产露天开采、尾矿库、采石场、石料厂、砂石厂等；
2. 工业开发类：独立设置的工厂、工业园区等；
3. 固体废物堆放类：包括工业固体废物、矿业固体废物、农业固体废物、城市生活垃圾、建筑固体废物、非常规来源固体废物等；
4. 城市开发建设类：包括工业园区新建或扩建、城镇建设、房地产开发等；
5. 其他改变生态用地的类型</td><td rowspan="2">核心保护区（核心区、缓冲区）</td><td>一级保护区</td><td rowspan="2">最终评价结果定为最差一档（明显变差）</td></tr>
<tr><td>二级保护区</td></tr>
<tr><td>一般控制区（实验区）</td><td>准保护区</td><td>首先按照破坏面积进行评价，然后再降低一档。如按照破坏面积评价为 -0.3，则降低一档后变成 -0.5，直至变成 -0.7 为止</td></tr>
</table>

注：自然保护区优化调整完成之前，采用核心区、缓冲区、实验区的功能分区。自然保护区优化调整完成后，采用核心保护区、一般控制区的功能分区；若生态保护红线内发现生态破坏斑块，评价方式同自然保护区一般控制区（实验区）和饮用水水源保护区准保护区。

第四篇

数据填报与审核系统软件使用指南

第1章
云南省县域生态环境质量监测与评价数据填报规范

为了便于数据填报和技术审核，根据考核要求和软件功能的调整和改进，制定了云南省县域生态环境质量监测评价与考核数据填报规范。

1　适用范围

本规范与云南省重点生态功能区县域生态环境质量考核数据填报软件共同使用，适用于2023年云南省重点生态功能区县域生态环境质量考核数据的填报，如软件有更新或升级，该规范也做相应调整。

2　其他数据上报

2.1　填报内容及要求

2.1.1　指标数据证明材料填报要求

指标数据证明材料包括农药化肥秸秆指标证明材料、畜禽粪污综合利用指标证明材料、产业占比指标证明材料、二氧化碳指标证明材料、生态产品价值转化指标证明材料、城镇生活污水集中处理率指标证明材料、建成区污水管网覆盖率指标证明材料、城镇生活垃圾无害化处理率指标证明材料、建成区绿化覆盖率指标证明材料、城市公园绿地500米服务半径覆盖率指标证明材料、村镇饮用水卫生合格率指标证明材料等，填写要求如表1-1～表1-11所示。

表 1–1　农药化肥秸秆指标填写要求

指标项	填写要求	是否必填
化肥施用量	单位：吨。填写阿拉伯数字，小数点后保留 2 位有效数字，如 82.70	是
农药施用量	单位：吨。填写方法同上	是
秸秆综合利用率	单位：%。填写方法同上	是
年度变化情况说明	存在年际变化则必填，填写变化情况说明，文字描述	否

注：若指标数据由于客观原因没法填报，填“-”(英文中划线)，不允许填其他符号或空缺。

表 1–2　畜禽粪污综合利用指标填写要求

指标项	填写要求	是否必填
畜禽粪污综合利用率	单位：%。填写阿拉伯数字，小数点后保留 2 位有效数字，如 82.70	是
畜禽粪污综合利用率目标值	单位：%。填写方法同上	是
规模化畜禽养殖场总数	单位：个。填写整数	是
建立粪污资源化利用台账的养殖场数量	单位：个。填写整数	是
目标值下达文件	填写名称和文件号，文字描述	是
资源化利用台账检查情况说明	填写检查情况说明，文字描述	否

注：若指标数据由于客观原因没法填报，填“-”(英文中划线)，不允许填其他符号或空缺。

表 1–3　产业占比指标证明填写要求

指标项	填写要求	是否必填
生产总值	单位：亿元。填写阿拉伯数字，小数点后保留 2 位有效数字，如 82.70	是
第一产业占比	单位：%。填写方法同上	是
第二产业占比	单位：%。填写方法同上	是
第三产业占比	单位：%。填写方法同上	是
情况说明	填写情况说明，文字描述	否

注：若指标数据由于客观原因没法填报，填“-”(英文中划线)，不允许填其他符号或空缺。

表 1–4　二氧化碳指标填写要求

指标项	填写要求	是否必填
二氧化碳排放量	单位：吨。填写阿拉伯数字，小数点后保留 2 位有效数字，如 82.70	是
地区生产总值增加值	单位：万元。填写方法同上	是

续表

指标项	填写要求	是否必填
二氧化碳排放强度	单位：吨 / 万元。填写方法同上	是
二氧化碳排放强度管控目标	单位：吨 / 万元。填写方法同上	是
情况说明	填写情况说明，文字描述	否

注：若指标数据由于客观原因没法填报的，填“–”（英文中划线），不允许填其他符号或空缺。

表 1–5　生态产品价值转化指标填写要求

指标项	填写要求	是否必填
绿色有机农产品产值	单位：万元。填写阿拉伯数字，小数点后保留 2 位有效数字，如 82.70	是
农业总产值	单位：万元。填写方法同上	是
生态加工业产值	单位：万元。填写方法同上	是
工业总产值	单位：万元。填写方法同上	是
生态旅游收入	单位：万元。填写方法同上	是
服务业总产值	单位：万元。填写方法同上	是
生态补偿类收入	单位：万元。填写方法同上	是
财政总收入	单位：万元。填写方法同上	是

注：若指标数据由于客观原因没法填报的，填“–”（英文中划线），不允许填其他符号或空缺。

表 1–6　城镇生活污水集中处理率指标填写要求

指标项	填写要求	是否必填
城镇污水处理厂生活污水处理量	单位：万吨。填写阿拉伯数字，小数点后保留 2 位有效数字，如 82.70	是
城镇生活污水排放总量	单位：万吨。填写方法同上	是
城镇生活污水集中处理率	单位：%。填写方法同上	是
城镇生活污水排放总量测算说明	填写排放总量测算说明，文字描述	是

注：若指标数据由于客观原因没法填报的，填“–”（英文中划线），不允许填其他符号或空缺。

表 1–7　建成区污水管网覆盖率指标填写要求

指标项	填写要求	是否必填
雨污合流管线总长	单位：千米。填写阿拉伯数字，小数点后保留 2 位有效数字，如 82.70	是
污水管线总长	单位：千米。填写方法同上	是
建成区污水管网总长	单位：千米。填写方法同上	是

续表

指标项	填写要求	是否必填
污水管网覆盖面积	单位：平方千米。填写方法同上	是
建成区总面积	单位：平方千米。填写方法同上	是
污水管网覆盖率	单位：%。填写方法同上	是
情况说明	填写情况说明，文字描述	否

注：建成区污水管网总长为雨污合流管线总长加上污水管线总长；污水管网覆盖率是污水管网覆盖面积占建成区总面积的比例。若指标数据由于客观原因没法填报的，填“-”（英文中划线），不允许填其他符号或空缺。

表 1-8　城镇生活垃圾无害化处理率指标填写要求

指标项	填写要求	是否必填
城镇生活垃圾无害化处理量	单位：万吨。填写阿拉伯数字，小数点后保留 2 位有效数字，如 120.70	是
城镇垃圾产生总量	单位：万吨。填写方法同上	是
城镇生活垃圾无害化处理率	单位：%。填写方法同上	是
城镇生活垃圾无害化处理方式	处理方式是指卫生填埋、焚烧处理、焚烧发电等，如果县域存在多种垃圾处理方式均需写明	是
情况说明	填写情况说明，文字描述	否

注：若指标数据由于客观原因没法填报的，填“-”（英文中划线），不允许填其他符号或空缺。

表 1-9　建成区绿化覆盖率指标填写要求

指标项	填写要求	是否必填
建成区绿化覆盖面积	单位：平方千米。填写阿拉伯数字，小数点后保留 2 位有效数字，如 82.70	是
建成区面积	单位：平方千米。填写方法同上	是
建成区绿化覆盖率	单位：%。填写方法同上	是
情况说明	填写情况说明，文字描述	否

注：若指标数据由于客观原因没法填报的，填“-”（英文中划线），不允许填其他符号或空缺。

表 1-10　城市公园绿地 500 米服务半径覆盖率指标填写要求

指标项	填写要求	是否必填
城区公园绿化活动场地 500 米服务半径覆盖的居住用地面积	单位：平方千米。填写阿拉伯数字，小数点后保留 2 位有效数字，如 1 200.70	是
居住用地总面积	单位：平方千米。填写方法同上	是

续表

指标项	填写要求	是否必填
城市公园绿地 500 米服务半径覆盖率	单位：%。填写方法同上	是
情况说明	填写情况说明，文字描述	否

注：若指标数据由于客观原因没法填报的，填“-”（英文中划线），不允许填其他符号或空缺。

表 1-11　村镇饮用水卫生合格率指标填写要求

指标项	填写要求	是否必填
合格饮用水农村人口数	单位：万人。填写阿拉伯数字，小数点后保留 2 位有效数字，如 120.70	是
农村常住人口数	单位：万人。填写方法同上	是
村镇饮用水卫生合格率	单位：%。填写方法同上	是
是否发生过饮用水污染事故	填写：是 / 否	是
情况说明	填写情况说明，文字描述	否

注：若指标数据由于客观原因没法填报的，填“-”（英文中划线），不允许填其他符号或空缺。

2.1.2　生态环境保护与管理填报要求

2.1.2.1　生态保护修复

（1）生态文明建设信息表（表 1-12）

表 1-12　生态文明建设信息填写要求

指标项	填写要求	是否必填
生态环境保护创建编号	自动生成	否
生态环境保护创建名称	填写生态环境保护创建名称	是
类别	填写生态文明建设示范市县 / “绿水青山就是金山银山”实践创新基地	是
状态级别	填写国家级 / 省级 / 备案	是
创建年份	用阿拉伯数字填写，如“2013”	是
批准部门	生态环境保护创建批准部门	是
概况	生态环境保护创建描述	是
证明材料	相关证明材料，格式为 pdf	是
备注	其他内容	否

（2）生态保护修复规划制定情况（表 1-13）

表 1-13　生态保护修复规划制定情况填写要求

指标项	填写要求	是否必填
制定年份	用阿拉伯数字填写，如“2013”	是
备注	简要说明规划编制情况	否
证明材料	相关证明材料，格式为 pdf	是

（3）生态保护修复工程情况（表 1-14）

表 1-14　生态保护修复工程情况填写要求

指标项	填写要求	是否必填
重点生态建设工程代码	自动生成	否
重点生态建设工程名称	填写重点生态建设工程名称	是
总投入	单位：万元。填阿拉伯数字，小数点后保留 2 位有效数字，如 7.23	是
其中：上级资金投入	单位：万元。填写方法同上	是
本级资金投入	单位：万元。填写方法同上	是
工程验收时间	填写工程验收时间，格式为“年 / 月”，如“2011/7”	是
工程周期	单位：月。填写整数，如 24	是
实施地点	填写建设地点	是
工程内容简介	填写建设内容	是
工程生态效益	填写工程生态效益	是
照片	生态建设工程的照片	否
证明材料	相关证明材料，包括但不限于实施（可研）方案、批复文件、资金拨付文件、竣工验收材料、生态效益分析等。格式为 pdf	否
备注	其他内容	否

（4）国家重点保护野生动物信息表（表 1-15）

表 1-15　国家重点保护野生动物信息表填写要求

指标项	填写要求	是否必填
野生动物代码	自动生成	否
物种名	填写物种名称	是
拉丁名	填写拉丁名	是

续表

指标项	填写要求	是否必填
类别	填写哺乳类 / 鸟类 / 两栖类 / 爬行类 / 鱼类 / 其他	是
保护级别	填写一级 / 二级	是
是 / 否发现	填写是 / 否	是
数量	单位：个。填写整数，如 24	否
时间	填写时间	否
位置描述	填写野生动物的位置	否
经度（°）	填大小范围在 0～180 之间的整数，如 69	否
经度（′）	填大小范围在 0～60 之间的整数，如 39	否
经度（″）	填大小范围在 0～60 之间的阿拉伯数字，小数点后保留 2 位，如 29.70	否
纬度（°）	填大小范围在 0～90 之间的整数，如 69	否
纬度（′）	填大小范围在 0～60 之间的整数，如 39	否
纬度（″）	填大小范围在 0～60 之间的阿拉伯数字，小数点后保留 2 位，如 29.70	否
保护状况和面临的主要威胁	填写主要威胁	否
数据来源	填写数据来源	否
调查人	填写调查人	否
备注	其他内容	否

（5）国家重点保护野生植物信息表（表 1-16）

表 1-16　国家重点保护野生植物信息表填写要求

指标项	填写要求	是否必填
野生植物代码	自动生成	否
物种名	填写物种名称	是
拉丁名	填写拉丁名	是
类别	填写高等植物	是
保护级别	填写一级 / 二级	是
是 / 否发现	填写是 / 否	是
数量	单位：个。填写整数，如 24	否
时间	填写时间	否
位置描述	填写野生植物的位置	否

续表

指标项	填写要求	是否必填
经度（°）	填大小范围在 0～180 的整数，如 69	否
经度（′）	填大小范围在 0～60 的整数，如 39	否
经度（″）	填大小范围在 0～60 的阿拉伯数字，小数点后保留 2 位，如 29.70	否
纬度（°）	填大小范围在 0～90 的整数，如 69	否
纬度（′）	填大小范围在 0～60 的整数，如 39	否
纬度（″）	填大小范围在 0～60 的阿拉伯数字，小数点后保留 2 位，如 29.70	否
保护状况和面临的主要威胁	填写主要威胁	否
数据来源	填写数据来源	否
调查人	填写调查人	否
备注	其他内容	否

（6）外来入侵动物信息表（表 1-17）

表 1-17　外来入侵动物信息表填写要求

指标项	填写要求	是否必填
入侵物种代码	自动生成	否
物种名	填写物种名称	是
拉丁名	填写拉丁名	是
动物类型	填写软体动物 / 甲壳动物 / 昆虫 / 鱼类 / 两栖类 / 爬行类 / 鸟类 / 哺乳类 / 其他	是
发生地点	填写入侵发生地点	是
生态环境	填写生态环境	否
分布最高海拔	单位：m。填写阿拉伯数字，小数点后保留 2 位有效数字，如 82.70	否
入侵级别	填写恶意入侵 / 严重入侵 / 局部入侵 / 一般入侵 / 有待观察	否
面积	单位：hm^2。填写阿拉伯数字，小数点后保留 2 位有效数字，如 82.70	否
分布密度	单位：个 /hm^2。填写阿拉伯数字，小数点后保留 2 位有效数字，如 82.70	否
危害类型	填写危害农业 / 危害林业 / 危害畜牧业 / 危害水产业 / 其他危害	否
主要宿主	仅动物类型为昆虫时填写主要宿主	否

续表

指标项	填写要求	是否必填
有无防治	填写有 / 无	否
防治方法	填写机械防治 / 化学防治 / 其他方法	否
防治效果	填写优 / 良 / 差	否
投入防治资金	单位：万元。填写阿拉伯数字，小数点后保留 2 位有效数字，如 7.23	否
备注	其他内容	否

（7）外来入侵植物信息表（表 1–18）

表 1–18　外来入侵植物信息表填写要求

指标项	填写要求	是否必填
入侵物种代码	自动生成	否
物种名	填写物种名称	是
拉丁名	填写拉丁名	是
发生地点	填写入侵发生地点	是
生态环境	填写生态环境	否
分布最高海拔	单位：m。填写阿拉伯数字，小数点后保留 2 位有效数字，如 82.70	否
入侵级别	填写恶意入侵 / 严重入侵 / 局部入侵 / 一般入侵 / 有待观察	否
面积	单位：hm^2。填写阿拉伯数字，小数点后保留 2 位有效数字，如 82.70	否
分布密度	单位：个 /hm^2。填写阿拉伯数字，小数点后保留 2 位有效数字，如 82.70	否
危害类型	填写危害农业 / 危害林业 / 危害畜牧业 / 危害水产业 / 其他危害	否
有无防治	填写有 / 无	否
防治方法	填写机械防治 / 化学防治 / 其他方法	否
防治效果	填写优 / 良 / 差	否
投入防治资金	单位：万元。填写阿拉伯数字，小数点后保留 2 位有效数字，如 7.23	否
开花时间	填写开花时间，字符型	否
结果时间	填写结果时间，字符型	否
备注	其他内容	否

（8）外来入侵植物病原生物信息表（表 1-19）

表 1–19　外来入侵植物病原生物信息表填写要求

指标项	填写要求	是否必填
入侵物种代码	自动生成	否
物种名	填写物种名称	是
拉丁名	填写拉丁名	是
发生地点	填写入侵发生地点	是
生态环境	填写生态环境	否
分布最高海拔	单位：m。填写阿拉伯数字，小数点后保留 2 位有效数字，如 82.70	否
入侵级别	填写恶意入侵 / 严重入侵 / 局部入侵 / 一般入侵 / 有待观察	否
面积	单位：hm^2。填写阿拉伯数字，小数点后保留 2 位有效数字，如 82.70	否
分布密度	单位：个 /hm^2。填写阿拉伯数字，小数点后保留 2 位有效数字，如 82.70	否
危害类型	填写危害农业 / 危害林业 / 危害畜牧业 / 危害水产业 / 其他危害	否
危害对象	填写危害对象	否
宿主	填写宿主	否
有无防治	填写有 / 无	否
防治方法	填写机械防治 / 化学防治 / 其他方法	否
防治效果	填写优 / 良 / 差	否
投入防治资金	单位：万元。填写阿拉伯数字，小数点后保留 2 位有效数字，如 7.23	否
备注	其他内容	否

2.1.2.2　环境污染防治

（1）落实精准科学治污情况（表 1-20）

表 1–20　落实精准科学治污情况填写要求

指标项	填写要求	是否必填
年份	自动生成考核年份，如 2023	否
环境问题诊断情况	填写环境问题诊断情况	是
质量改善对策情况	填写质量改善对策情况	是
证明材料	相关证明材料，格式为 pdf	是

（2）重点污染源执法监测情况（表 1-21）

表 1-21　重点污染源执法监测情况填写要求

指标项	填写要求	是否必填
年份	自动生成考核年份，如 2023	否
县域重点污染源企业数量	填写阿拉伯数字，整数，如 39	是
考核年度执法监测总频次	填写阿拉伯数字，整数，如 39	是
重点污染源执法监测情况	填写县监测站独立完成 / 县和第三方社会检测机构共同完成 / 全部委托第三方社会检测机构完成	是
参与县域考核第三方社会检测机构名称	填写参与县域考核第三方社会检测机构名称	是
证明材料	相关证明材料，格式为 pdf	是

（3）排污单位持证排污情况（表 1-22）

表 1-22　排污单位持证排污情况填写要求

指标项	填写要求	是否必填
排污单位编号	自动生成	否
排污单位名称	填写排污单位名称	是
行业类别	填写行业类别	是
排污许可证编号	填写排污许可证编号	是
许可证有效期限	填写许可证有效期限	是
是否违法排污	填写是 / 否	是
违法排污情况	填写违法排污情况	否
备注	其他内容	否

（4）排污单位监管执法情况（表 1-23）

表 1-23　排污单位监管执法情况填写要求

指标项	填写要求	是否必填
监管执法情况	填写监管执法情况	是
证明材料	相关证明材料，格式为 pdf	是

（5）农业面源污染防治情况（表 1-24）

表 1-24　农业面源污染防治情况填写要求

指标项	填写要求	是否必填
年份	自动生成考核年份，如 2023	否
工作开展情况	填写工作开展情况；简要说明农业面源污染防治规划编制情况	是
备注	填写其他内容	否
证明材料	相关证明材料，格式为 pdf	是

（6）农业面源污染监测点信息表（表 1-25）

表 1-25　农业面源污染监测点信息表填写要求

指标项	填写要求	是否必填
农业面源监测点位代码	自动生成	否
农业面源监测点位名称	填写农业面源监测点位名称	是
经度（°）	填大小范围在 0～180 的阿拉伯数字，整数，如 69	是
经度（′）	填大小范围在 0～60 的阿拉伯数字，整数，如 39	是
经度（″）	填大小范围在 0～60 的阿拉伯数字，小数点后保留 2 位，如 29.70	是
纬度（°）	填大小范围在 0～90 的阿拉伯数字，整数，如 69	是
纬度（′）	填大小范围在 0～60 的阿拉伯数字，整数，如 39	是
纬度（″）	填大小范围在 0～60 的阿拉伯数字，小数点后保留 2 位，如 29.70	是
证明材料	相关证明材料，格式为 pdf	是
备注	其他内容	否

（7）新污染物防治情况（表 1-26）

表 1-26　新污染物防治情况填写要求

指标项	填写要求	是否必填
年份	自动生成考核年份，如 2023	否
是否开展风险排查	填写是 / 否	是
排查企业数量	填写整数，如 69	是
是否发布管控清单	填写是 / 否	是
是否存在新污染物	填写是 / 否	是

续表

指标项	填写要求	是否必填
新污染物名称	填写新污染物名称	是
存在新污染物的企业名称	填写存在新污染物的企业名称	是
证明材料	相关证明材料，格式为 pdf	是
备注	其他内容	否

2.1.2.3　绿色低碳发展

（1）国土空间规划制定情况（表 1–27）

表 1–27　国土空间规划制定情况填写要求

指标项	填写要求	是否必填
制定年份	填写年份，如 2022	是
备注	简要说明规划编制情况	否
证明材料	相关证明材料，格式为 pdf	否

（2）生态产品信息调查情况（表 1–28）

表 1–28　生态产品信息调查情况填写要求

指标项	填写要求	是否必填
年份	自动生成考核年份，如 2023	否
是否开展产品调查	填写是 / 否	是
是否形成空间分布图	填写是 / 否	否
是否形成产品目录清单	填写是 / 否	否
是否审核通过	填写是 / 否	否
负责调查机构名称	填写负责调查机构名称	是
开展调查时间	填写开展调查时间	是
县域面积	单位：平方千米。填写阿拉伯数字，小数点后保留 2 位有效数字，如 82.70	是
森林面积	单位：平方千米。填写方法同上	是
湿地面积	单位：平方千米。填写方法同上	是
水体面积	单位：平方千米。填写方法同上	是
草地面积	单位：平方千米。填写方法同上	是
农田面积	单位：平方千米。填写方法同上	是
城乡面积	单位：平方千米。填写方法同上	是

续表

指标项	填写要求	是否必填
荒漠面积	单位：平方千米。填写方法同上	是
证明材料	相关证明材料，格式为 pdf	是
备注	其他内容	否

（3）生态产品总值和生态资产核算统计表（表 1-29）

表 1-29　生态产品总值和生态资产核算统计表填写要求

指标项	填写要求	是否必填
年份	自动生成考核年份，如 2023	否
是否开展核算	填写是 / 否	是
是否形成核算报告	填写是 / 否	是
是否审核通过	填写是 / 否	是
负责核算机构名称	填写负责核算机构名称	是
开展核算时间	填写开展核算时间	是
证明材料	相关证明材料，格式为 pdf	是
备注	其他内容	否

（4）生态环境保护与治理支出（表 1-30）

表 1-30　生态环境保护与治理支出填写要求

指标项	填写要求	是否必填
年份	自动生成考核年份，如 2023	否
县域财政支出预算	单位：万元。填写阿拉伯数字，小数点后保留 2 位有效数字，如 82.70	是
环境保护管理事务（21101）	单位：万元。填写方法同上	否
环境监测与监察（21102）	单位：万元。填写方法同上	否
污染防治（21103）	单位：万元。填写方法同上	否
自然生态保护（21104）	单位：万元。填写方法同上	否
天然林保护（21105）	单位：万元。填写方法同上	否
退耕还林还草（21106）	单位：万元。填写方法同上	否
风沙荒漠治理（21107）	单位：万元。填写方法同上	否
退牧还草（21108）	单位：万元。填写方法同上	否

续表

指标项	填写要求	是否必填
已垦草原退耕还草（21109）	单位：万元。填写方法同上	否
能源节约利用（21110）	单位：万元。填写方法同上	否
污染减排（21111）	单位：万元。填写方法同上	否
可再生能源（21112）	单位：万元。填写方法同上	否
循环经济（21113）	单位：万元。填写方法同上	否
能源管理事务（21114）	单位：万元。填写方法同上	否
其他节能环保支出（21199）	单位：万元。填写方法同上	否
国家重点风景区规划与保护（2120108）	单位：万元。填写方法同上	否
城乡社区环境卫生（21205）	单位：万元。填写方法同上	否
农业资源保护修复与利用（2130135）	单位：万元。填写方法同上	否
林业和草原（21302）	单位：万元。填写方法同上	否
水土保持（2130310）	单位：万元。填写方法同上	否
水资源节约管理与保护（2130311）	单位：万元。填写方法同上	否
农村水利（2130316）	单位：万元。填写方法同上	否
国际河流治理与管理（2130318）	单位：万元。填写方法同上	否
江河湖库水系综合整治（2130319）	单位：万元。填写方法同上	否
农村人畜饮水（2130335）	单位：万元。填写方法同上	否
环境、移民及水资源管理与保护（2130409）	单位：万元。填写方法同上	否
农村基础设施建设（2130504）	单位：万元。填写方法同上	否
自然资源利用与保护（2200106）	单位：万元。填写方法同上	否
海洋环境保护与监测（2200205）	单位：万元。填写方法同上	否
海岛和海域保护（2200218）	单位：万元。填写方法同上	否
生态保护补偿转移性支出（2302102）	单位：万元。填写方法同上	否
环境污染治理支出合计	单位：万元。自动计算	否
生态保护与修复支出合计	单位：万元。自动计算	否
生态功能区转移支付经费	单位：万元。填写方法同上	否
环境监测支出	单位：万元。填写方法同上	否
证明材料	相关证明材料，格式为 pdf	是

2.1.2.4 绿美云南建设

（1）城镇生活污水集中处理设施信息表（表 1-31）

表 1-31 城镇生活污水集中处理设施信息表填写要求

指标项	填写要求	是否必填
污水处理设施代码	自动生成	否
污水处理设施名称	填写污水处理设施名称	是
日处理能力	单位：吨 / 天。填阿拉伯数字，小数点后保留 2 位，如 29.70	是
运行状态	填写已运行 / 试运行 / 建设中	是
运维企业	填写运维企业名称	是
进水化学需氧量设计值	单位：mg/L。填阿拉伯数字，小数点后保留 2 位，如 29.70	是
经度（°）	填大小范围在 0～180 的整数，如 69	是
经度（′）	填大小范围在 0～60 的整数，如 39	是
经度（″）	填大小范围在 0～60 的阿拉伯数字，小数点后保留 2 位，如 29.70	是
纬度（°）	填大小范围在 0～90 的整数，如 69	是
纬度（′）	填大小范围在 0～60 的整数，如 39	是
纬度（″）	填大小范围在 0～60 的阿拉伯数字，小数点后保留 2 位，如 29.70	是
建立时间	填写建立时间，格式为“年 / 月 / 日”，如“2011/7/1”	是
1 月进水化学需氧量均值	单位：mg/L。填阿拉伯数字，小数点后保留 2 位，如 29.70	是
2 月进水化学需氧量均值	单位：mg/L。填写方法同上	是
3 月进水化学需氧量均值	单位：mg/L。填写方法同上	是
4 月进水化学需氧量均值	单位：mg/L。填写方法同上	是
5 月进水化学需氧量均值	单位：mg/L。填写方法同上	是
6 月进水化学需氧量均值	单位：mg/L。填写方法同上	是
7 月进水化学需氧量均值	单位：mg/L。填写方法同上	是
8 月进水化学需氧量均值	单位：mg/L。填写方法同上	是
9 月进水化学需氧量均值	单位：mg/L。填写方法同上	是
10 月进水化学需氧量均值	单位：mg/L。填写方法同上	是
11 月进水化学需氧量均值	单位：mg/L。填写方法同上	是
12 月进水化学需氧量均值	单位：mg/L。填写方法同上	是

续表

指标项	填写要求	是否必填
照片	格式为 jpg，尺寸大于 2 500 × 1 500 像素	是
可研报告材料	提供可研报告等证明材料，格式为 pdf	是
运行情况材料	提供设施运行情况等证明材料，格式为 pdf	是
在线监测材料	提供城镇污水处理厂进水化学需氧量在线监测数据等证明材料，格式为 pdf	是
备注	其他内容	否

（2）乡镇生活污水收集情况（表 1-32）

表 1-32　乡镇生活污水收集情况填写要求

指标项	填写要求	是否必填
整治编号	自动生成	否
整治类型	不可编辑，值为乡镇生活污水收集	是
已开展污水收集乡镇数量	单位：个。不可编辑，自动计算选择乡镇的数量	否
已实施地点	不可编辑，往年已实施地点	否
新增实施地点	选择考核年新增的实施地点	否
照片	格式为 jpg，尺寸大于 2 500 × 1 500 像素	是
立项文件	提供相关立项文件，格式为 pdf	是
完成情况相关文件	提供完成情况相关文件，格式为 pdf	是
备注	其他内容	否

（3）农村黑臭水体整治情况（表 1-33）

表 1-33　农村黑臭水体整治情况填写要求

指标项	填写要求	是否必填
年份	自动生成	否
是否下达年度整治目标	填写是 / 否	是
年度整治任务目标数	单位：个。填写整数，如 69	否
完成整治黑臭水体数量	单位：个。填写整数，如 69	否
整治完成率	单位：%。填阿拉伯数字，小数点后保留 2 位，如 29.70	否
是否发现未上报的黑臭水体	填写是 / 否	否

续表

指标项	填写要求	是否必填
抽查发现的黑臭水体数量	单位：个。填写整数，如 69	否
是否存在返黑返臭	填写是 / 否	否
返黑返臭黑臭水体数量	单位：个。填写整数，如 69	否
证明材料	提供相关证明文件，格式为 pdf	是
备注	其他内容	否

（4）城镇生活垃圾处理设施信息表（表 1-34）

表 1-34　城镇生活垃圾处理设施信息表填写要求

指标项	填写要求	是否必填
垃圾处理设施代码	自动生成	否
垃圾处理设施名称	填写垃圾处理设施名称	是
运行状态	填写已运行 / 试运行 / 建设中	是
处理方式	填写填埋 / 焚烧 / 发电	是
垃圾填埋场面积	单位：平方千米。填写阿拉伯数字，小数点后保留 2 位有效数字，如 7.23	是
日处理能力	单位：t/d。填阿拉伯数字，小数点后保留 2 位，如 29.70	是
经度（°）	填大小范围在 0～180 的阿拉伯数字，整数，如 69	是
经度（′）	填大小范围在 0～60 的阿拉伯数字，整数，如 39	是
经度（″）	填大小范围在 0～60 的阿拉伯数字，小数点后保留 2 位，如 29.70	是
纬度（°）	填大小范围在 0～90 的阿拉伯数字，整数，如 69	是
纬度（′）	填大小范围在 0～60 的阿拉伯数字，整数，如 39	是
纬度（″）	填大小范围在 0～60 的阿拉伯数字，小数点后保留 2 位，如 29.70	是
建立时间	填写建立时间，格式为“年 / 月 / 日”，如“2011/7/1”	是
照片	格式为 jpg，尺寸大于 2 500 × 1 500 像素	是
证明材料	提供相关证明文件，格式为 pdf	是
备注	其他内容	是

（5）乡镇生活垃圾收集情况（表 1-35）

表 1-35　乡镇生活垃圾收集情况填写要求

指标项	填写要求	是否必填
年份	自动生成	否
处理模式	填写垃圾处理模式	是
收集乡镇数量	单位：个。不可编辑，自动计算选择乡镇的数量	是
收集乡镇名称	选择考核年收集乡镇名称	否
照片	格式为 jpg，尺寸大于 2 500 × 1 500 像素	否
证明材料	提供相关证明文件，格式为 pdf	否
备注	其他内容	否

2.1.2.5　县域考核工作组织

（1）生态环境保护责任清单情况（表 1-36）

表 1-36　生态环境保护责任清单情况填写要求

指标项	填写要求	是否必填
年份	自动生成	否
是否建立责任清单	填写是 / 否	是
是否印发实施	填写是 / 否	是
印发实施时间	填写时间，格式为“年 / 月 / 日”，如“2011/7/1”	否
证明材料	提供相关证明文件，格式为 pdf	否
备注	其他内容	否

（2）年度实施方案情况（表 1-37）

表 1-37　年度实施方案情况填写要求

指标项	填写要求	是否必填
年份	自动生成	否
印发实施时间	填写时间，格式为“年 / 月 / 日”，如“2011/7/1”	否
部门分工情况	填写各部门分工情况，文字描述	是
证明材料	提供相关证明文件，格式为 pdf	否

（3）考核工作组织情况（表 1-38）

表 1-38　考核工作组织情况填写要求

指标项	填写要求	是否必填
年份	自动生成	否
是否开展培训	填写是 / 否	是
开展培训次数	单位：次。填写整数，如 5	是
受培总人数	单位：个。填写整数，如 15	是
保护工作部署情况	填写保护工作部署情况，文字描述	是
领导小组材料	提供领导小组相关材料，格式为 pdf	否
培训材料	提供培训相关材料，格式为 pdf	否
工作推进会材料	提供工作推进会材料，格式为 pdf	否

（4）考核工作经费保障（表 1-39）

表 1-39　考核工作经费保障填写要求

指标项	填写要求	是否必填
年份	自动生成	否
能力建设经费	单位：万元。填阿拉伯数字，小数点后保留 2 位，如 29.70	是
考核监测经费	单位：万元。填写方法同上	是
会议培训经费	单位：万元。填写方法同上	是
其他经费	单位：万元。填写方法同上	是
工作经费	单位：万元。不可编辑	是
资金用途说明	填写资金用途说明，文字描述	是
资金拨付及使用材料	提供资金拨付及使用材料等，格式为 pdf	否
备注	其他内容	否

2.1.3　生态环境保护工作情况信息

（1）生态环境保护责任落实情况（表 1-40）

表 1-40　生态环境保护责任落实情况填写要求

指标项	填写要求	是否必填
年份	自动生成	否
生态环境保护工作情况	填写生态环境保护工作情况，文字描述	是

续表

指标项	填写要求	是否必填
生态保护红线制度落实情况	填写生态保护红线制度落实情况，文字描述	是
排污许可制度落实情况	填写排污许可制度落实情况，文字描述	是
主要污染物减排落实情况	填写主要污染物减排落实情况，文字描述	是
考核工作组织实施情况	填写考核工作组织实施情况，文字描述	是

（2）生态保护修复成效情况（表 1-41）

表 1-41　生态保护修复成效情况填写要求

指标项	填写要求	是否必填
年份	自动生成	否
生态文明建设情况	填写生态文明建设情况，文字描述	是
自然保护地建设情况	填写自然保护地建设情况，文字描述	是
生态保护修复工程情况	填写生态保护修复工程情况，文字描述	是
生物多样性调查情况	填写生物多样性调查情况，文字描述	是

（3）环境污染防治情况（表 1-42）

表 1-42　环境污染防治情况填写要求

指标项	填写要求	是否必填
年份	自动生成	否
农业面源污染防治情况	填写农业面源污染防治情况，文字描述	是
新污染物防治情况	填写新污染物防治情况，文字描述	是

（4）绿色低碳发展情况（表 1-43）

表 1-43　绿色低碳发展情况填写要求

指标项	填写要求	是否必填
年份	自动生成	否
产业结构优化情况	填写产业结构优化情况，文字描述	是
“双碳”工作开展情况	填写“双碳”工作开展情况，文字描述	是
生态产品价值实现机制情况	填写生态产品价值实现机制情况，文字描述	是
生态环境保护与治理支出情况	填写生态环境保护与治理支出情况，文字描述	是

（5）城乡人居环境情况（表 1-44）

表 1-44　城乡人居环境情况填写要求

指标项	填写要求	是否必填
年份	自动生成	否
农村人居环境整治工作情况	填写农村人居环境整治工作情况，文字描述	是
城乡生活污水处理情况	填写城乡生活污水处理情况，文字描述	是
城乡生活垃圾无害化处理情况	填写城乡生活垃圾无害化处理情况，文字描述	是
城乡饮用水水源地水质情况	填写城乡饮用水水源地水质情况，文字描述	是

（6）县域概况及其他情况说明（表 1-45）

表 1-45　县域概况及其他情况说明填写要求

指标项	填写要求	是否必填
年份	自动生成	否
县域概况说明	填写县域概况说明，文字描述	是
督察问题及整改情况说明	填写督察问题及整改情况说明，文字描述	是
突发环境事件说明	填写突发环境事件说明，文字描述	是
其他情况说明	填写其他情况，文字描述	是
存在的问题及困难	填写存在的问题及困难，文字描述	否

2.1.4　其他图档材料

除上述材料外，其他与生态环境质量考核相关的照片、图片、电子文档、表格等也可同时提交，材料格式为 pdf 或 jpg。

2.1.5　纸质文档

（1）自查报告

考核县域自查报告是生态环境质量考核工作情况说明。自查报告由数据填报软件自动生成，打印装订后经考核县（市、区）人民政府盖章后报送。

（2）指标数据等证明文件

此部分指标数据证明文件是指数据相关主管部门审核盖章后的 pdf 扫描件，包括以下材料：

- 农药化肥秸秆指标证明材料；
- 畜禽粪污综合利用指标证明材料；
- 产业占比指标证明材料；
- 二氧化碳指标证明材料；
- 生态产品价值转化指标证明材料；
- 城镇生活污水集中处理率指标证明材料；
- 建成区污水管网覆盖率指标证明材料；
- 城镇生活垃圾无害化处理率指标证明材料；
- 建成区绿化覆盖率指标证明材料；
- 城市公园绿地 500 米服务半径覆盖率指标证明材料；
- 村镇饮用水卫生合格率指标证明材料。

2.2　材料上报要求

2.2.1　材料上报内容

年度云南省县域生态环境质量监测与评价所需提交的材料包括电子文档和纸质材料两部分：

（1）电子文档通过填报软件录入，通过软件加密打包后，将打包文件以光盘或 U 盘的方式报送。填报内容详见 2.1 节。

（2）纸质材料上报内容包括从填报软件自动生成的自查报告，此外还包括证明文件等辅助性材料，具体内容详见 2.1.5 节。

2.2.2　纸质材料装订要求

纸质材料中的自查报告和证明材料需合订成册，具体装订规范如下。

（1）内容排列顺序

装订时按封面、目录、自查报告、指标数据证明材料、各板块证明材料顺序装订。①自查报告为生态环境质量考核工作情况说明；②指标数据证明材料装订顺序为：农药化肥秸秆指标证明材料、畜禽粪污综合利用指标证明材料、产业占比指标证明材料、二氧化碳指标证明材料、生态产品价值转化指标证明材料、城镇生活污水集中处理率指标证明材料、建成区污水管网覆盖率指标证明材料、城镇生活垃圾无害化处理率指标证明材料、建成区绿化覆盖率指标证明材料、城市公园绿地 500 米服务半径覆盖率指标证明材料、村镇饮用水卫生合格率指标证明材料；③各板块证明材料装订顺序为生态保护修复、环境污染防治、绿色低碳发展、城乡人居环境、工作组织情况。封面格式见 3.4 节。

（2）具体装订要求

➢ 开本及版心

开本大小：210 mm × 297 mm（A4 纸）。

版心要求：左边距：30 mm，右边距：25 mm，上边距：30 mm，下边距：25 mm。

页眉边距：23 mm，页脚边距：18 mm。

➢ 正文字体

正文采用小四号宋体，行间距为 19 磅。

➢ 页码

正文需要标明页码，标注在页面底端居中。

➢ 封面

采用统一格式（见 3.4），封面用纸为白色铜版纸。

➢ 纸张

一律用 A4 打印纸装订。

➢ 内容隔页

自查报告、证明材料等内容间用彩色隔页纸隔开，并设资料分目录。

3 填报注意事项

3.1 评价县域行政区划代码

评价县域行政区划代码要以民政部发布的最新行政区划代码为准，县域名称必须填写完整，不允许用简称。

3.2 基础设施编码方式

基础设施、工程项目的编码方式见表 1-46。在填报数据时，每一条记录的站点编码要与基本信息表中的编码一致。

表 1-46 编码基本原则

含义	编码设计	示例	相关数据表
生态环境保护创建编号	“ES”（2 位字母编码，生态环境保护创建）+ 6 位行政区划代码 +5 位顺序码，共 13 位	ES53092700001	生态文明建设信息表
生态保护修复工程代码	“EC”（2 位字母编码，生态保护修复工程）+ 6 位行政区划代码 +5 位顺序码，共 13 位	EC53092700001	生态保护修复工程情况

续表

含义	编码设计	示例	相关数据表
野生动物代码	“PA”（2 位字母编码，野生动物）+6 位行政区划代码 +5 位顺序码，共 13 位	PA53092700001	国家重点保护野生动物信息表
野生植物代码	“PP”（2 位字母编码，野生植物）+6 位行政区划代码 +5 位顺序码，共 13 位	PP53092700001	国家重点保护野生植物信息表
入侵动物代码	“IA”（2 位字母编码，外来入侵动物）+6 位行政区划代码 +5 位顺序码，共 13 位	IA53092700001	外来入侵动物信息表
入侵植物代码	“IP”（2 位字母编码，外来入侵植物）+6 位行政区划代码 +5 位顺序码，共 13 位	IP53092700001	外来入侵植物信息表
入侵植物病原生物代码	“II”（2 位字母编码，入侵植物病原生物）+6 位行政区划代码 +5 位顺序码，共 13 位	II53092700001	外来入侵植物病原生物信息表
排污单位编号	“LP”（2 位字母编码，排污单位）+6 位行政区划代码 +5 位顺序码，共 13 位	LP53092700001	排污单位持证排污情况
农业面源监测点位代码	“AP”（2 位字母编码，农业面源监测点位）+6 位行政区划代码 +5 位顺序码，共 13 位	AP53092700001	农业面源污染监测点信息表
污水处理设施代码	“F”（1 位字母编码，代表污染物处理设施）+“W”（1 位字母编码，表示污水）+6 位行政区划代码 +5 位顺序码，共 13 位	FW53092700001	城镇生活污水集中处理设施信息表
整治编号	“EI”（2 位字母编码，乡镇生活污水收集）+6 位行政区划代码 +5 位顺序码，共 13 位	EI53092700001	乡镇生活污水收集情况
垃圾处理设施代码	“F”（1 位字母编码，代表污染类型）+“G”（1 位字母编码，表示垃圾）+6 位行政区划代码 +5 位顺序码，共 13 位	FG53092700001	城镇生活垃圾处理设施信息表

3.3 指标与基本信息填写

各填报项目具体规范参见表 1-1～表 1-45，材料填写格式需特别注意以下几点。

（1）数字一律用阿拉伯数字书写，根据本规范保留相应有效数字，格式为“**.**”，如“0.078”，不采用科学记数法等其他格式；

（2）日期格式为“年 / 月 / 日”或“年 - 月 - 日”，年、月、日用阿拉伯数字书写；

（3）指标数据若由于客观原因没法填报的，填“-”，不允许填其他符号或空缺。

3.4 资料汇编装订封面

××县

××××年度云南省县域生态环境质量监测与评价

资料汇编

××县人民政府（盖章）

年　月

第 2 章
数据填报系统安装操作手册

1　系统运行环境要求

“云南省县域生态环境质量监测评价与考核系统 12.0——数据填报系统”（以下简称“填报系统”）安装的软硬件环境不得低于以下配置，软件环境为必选项，否则系统无法正常运行，如表 2-1 所示。

表 2-1　系统运行环境

运行环境	设备	指标详细信息
硬件环境	CPU	2.0 GHz 以上
	内存	1 G 以上
	可用硬盘空间	5 GB 以上
软件环境	操作系统	Windows 2000/XP/2003/7
	支撑控件	.NET Framework 4.0（自动安装）
	其他辅助软件	Office 2007/2010（需含 Excel、Word） Adobe Reader 7.0 以上

2　系统安装说明

2.1　推荐安装步骤

1）安装 Microsoft Office 2007 或 2010，安装时 Word、Excel 为必选项，建议完全安装；

2）安装 Adobe Reader，版本为 7.0 以上即可；

3）安装“填报系统”软件，若以前没有安装 Microsoft .NET Framework 4.0，则在

安装本系统软件前会自动运行 Microsoft .NET Framework 4.0；

4）安装完成后会进行系统验证，需输入本县域的 12 位验证码（该验证码随软件安装盘下发），并完成安装。

2.2 安装操作说明

本操作说明将不对 Microsoft Office 2007 和 Adobe Reader 的安装进行详细说明，其安装方法请参见相关说明文档。“填报系统”的详细安装说明如下。

（1）双击运行安装包光盘中的“县域生态环境质量考核数据填报系统 \setup.exe”，如图 2-1 所示，系统开始安装。

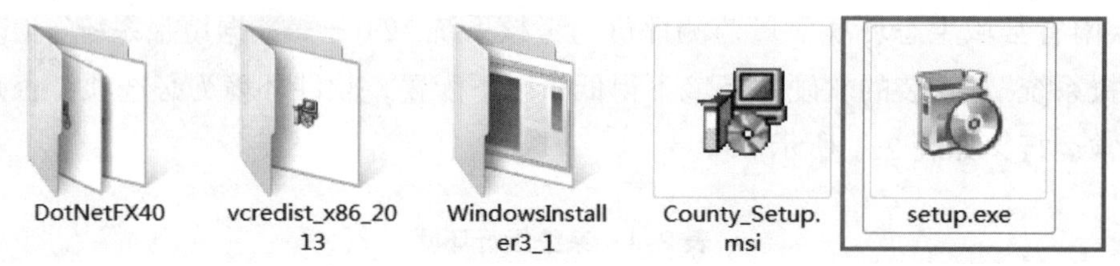

图 2-1　安装软件图标

（2）若计算机以前没有安装 Microsoft .NET Framework 4.0，安装程序会自动弹出提示安装 Microsoft .NET Framework 4.0 界面，如图 2-2 所示。

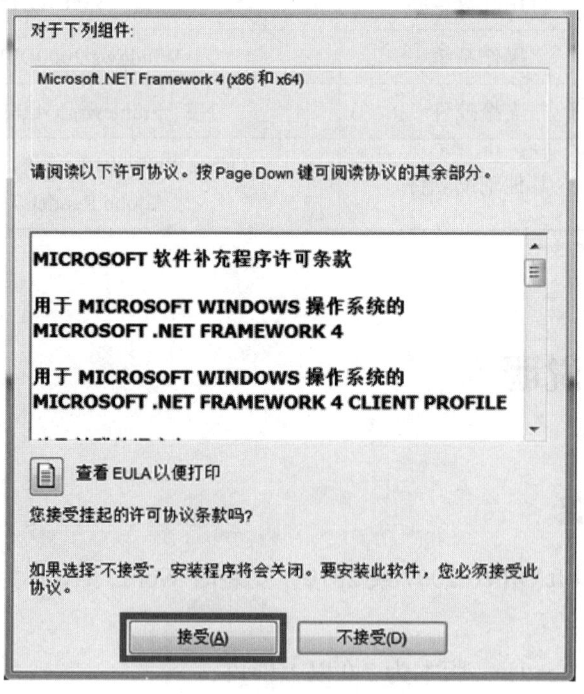

图 2-2　安装提示

（3）点击“接受”按钮，将进入 Microsoft .NET Framework 4.0 的安装文件复制步骤，复制安装文件所需时间根据不同机器环境需要 1～5 min，请耐心等候，在等候期间尽量不要进行其他操作。若点击“不接受”按钮，则退出安装，系统将提示安装未完成。文件复制完成后，进入 Microsoft .NET Framework 4.0 的正式安装界面，如图 2-3 所示。

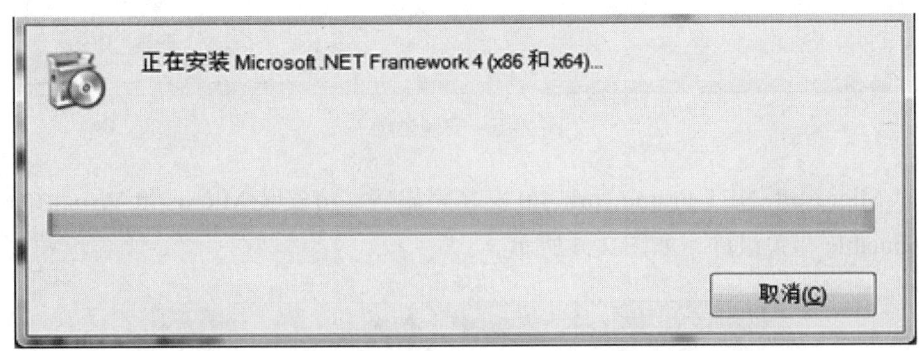

图 2-3　Microsoft.NET Framework 4.0 安装进程

在安装过程中，需安装 Microsoft .NET Framework 4.0 的汉化包，在安装此插件前有可能（根据不同操作系统及系统安全级别设置）出现如图 2-4 所示的安全警告。

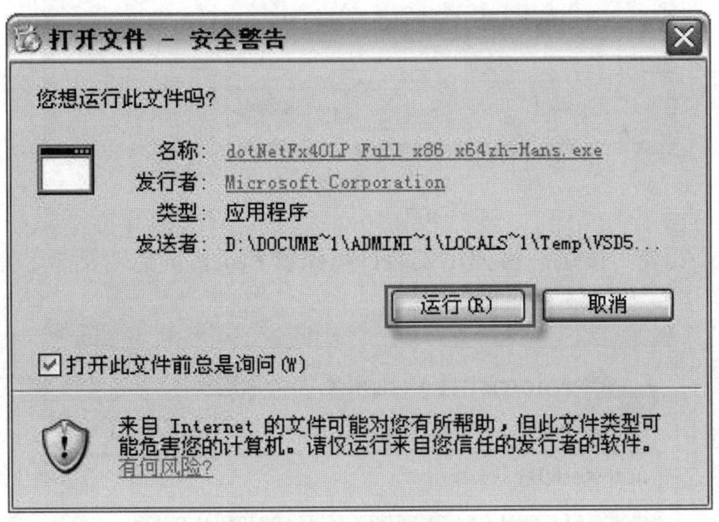

图 2-4　安全警告

（4）若出现此警告，点击“运行”按钮，继续进入如图 2-5 所示的 Microsoft .NET Framework 4.0 的安装进度界面。

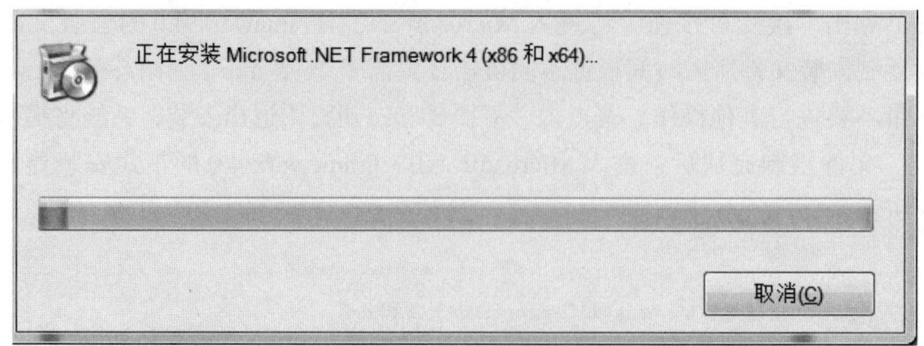

图 2-5　安装进程

（5）Microsoft .NET Framework 4.0 安装完成后，将安装 Microsoft Visual C++2013 Redistributable 相关组件，如图 2-6 所示。

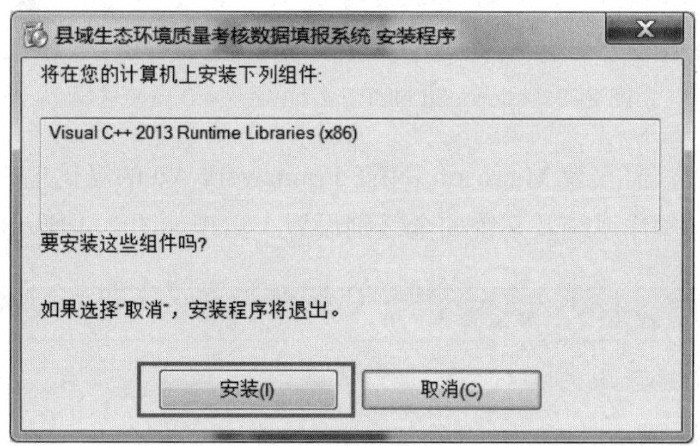

图 2-6　组件安装

（6）点击“安装”按钮，将弹出安装许可条款和条件同意对话框，如图 2-7 所示。

图 2-7　同意安装对话框

（7）勾选同意复选框，并点击“安装”按钮，进行组件的正式安装，如图 2-8 所示。

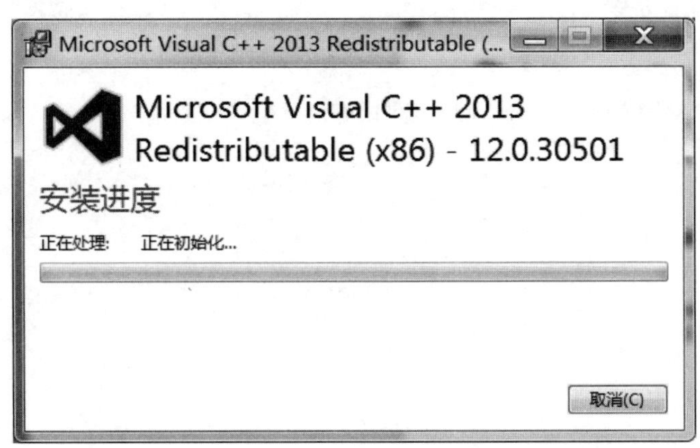

图 2-8　安装进程

（8）组件安装完成后，将自动进入“县域生态环境质量考核数据填报系统”（以下简称“填报系统”）软件的安装欢迎界面，如图 2-9 所示。在该界面中会有“填报系统”的简介、安装要求以及版本申明等信息。

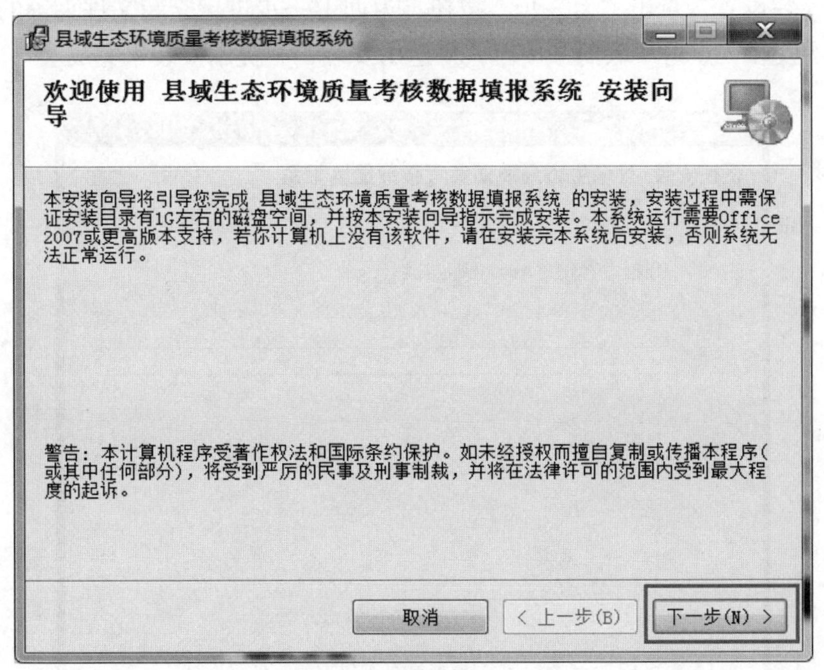

图 2-9　填报系统安装界面

（9）点击“下一步”按钮，则进入系统确认安装界面，如图 2-10 所示。

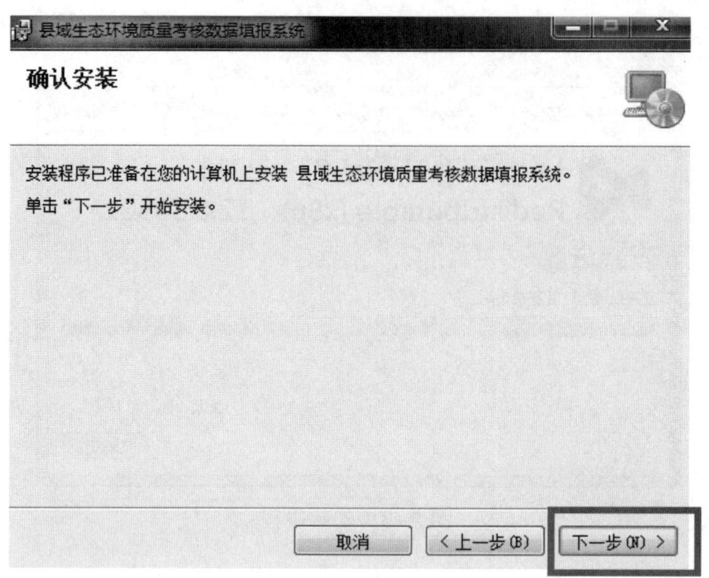

图 2-10　安装确认

（10）若确认安装，点击“下一步”按钮，进入系统安装进度界面（图 2-11）；若需要修改安装设置，点击“上一步”按钮，返回上一步进行安装文件夹等的修改；若想取消本次安装，点击“取消”按钮，将退出安装，并提示安装未完成。

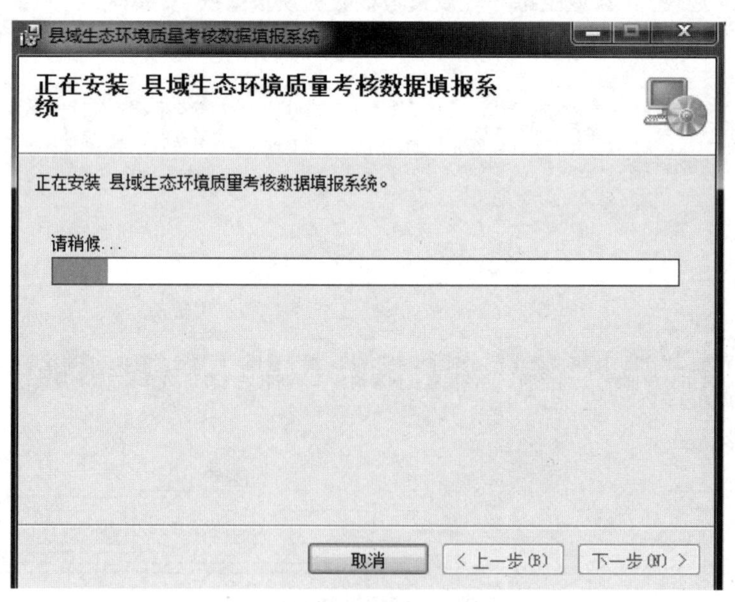

图 2-11　安装进程

（11）耐心等待系统安装，该过程根据不同性能的机器需要 1～3 min。安装完成后，进入县域选择界面，如图 2-12 所示。

图 2-12　县域选择界面

（12）选择所在县域，点击“确定”按钮，弹出县域信息导入对话框，如图 2-13 所示。

图 2-13　县域信息导入对话框

（13）点击“选择”按钮，弹出县域 data 包文件选择对话框，如图 2-14 所示。

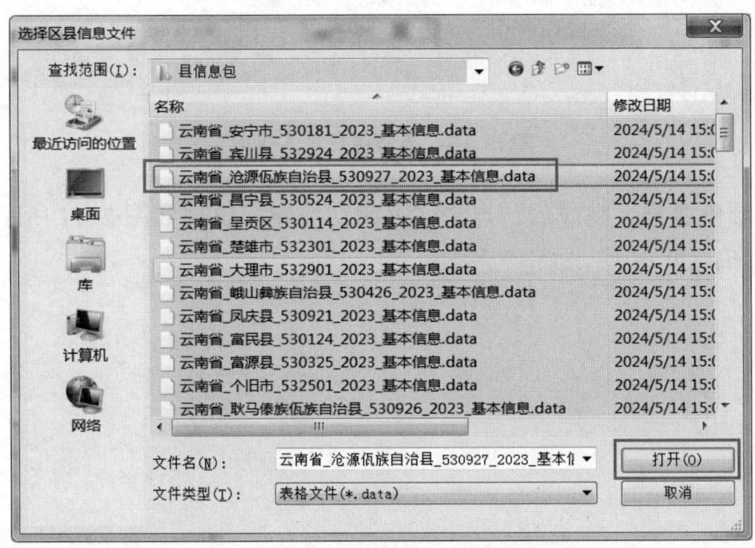

图 2-14　data 包选择对话框

（14）选择所选县域对应的data包，点击“打开”按钮，选中文件，如图2-15所示。

图2-15　data包导入

（15）点击“导入”按钮，进行县域基本信息的导入，如图2-16所示。

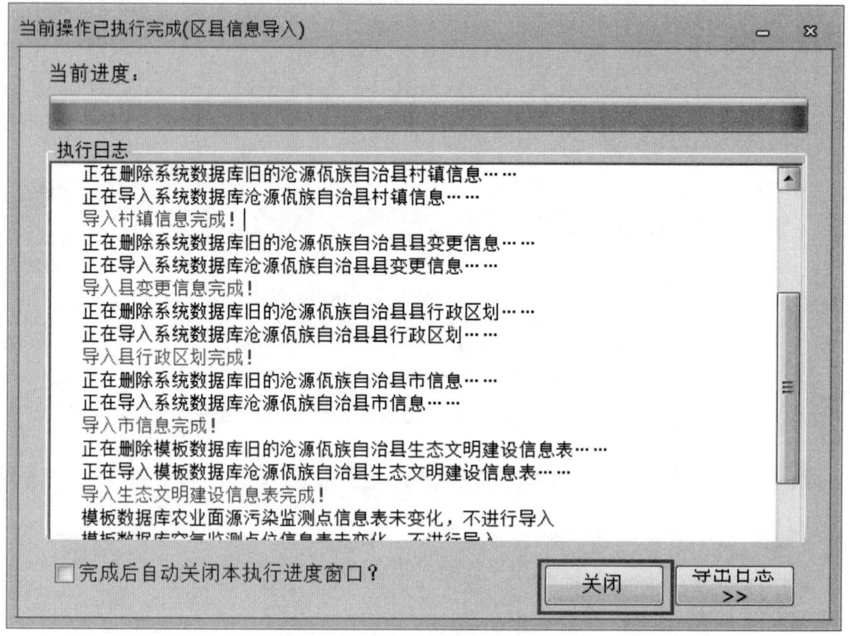

图2-16　县域信息导入进度

（16）县域信息导入完成后，点击“关闭”按钮，出现如图2-17所示界面。需输入软件的验证码，并点击“确定”按钮。

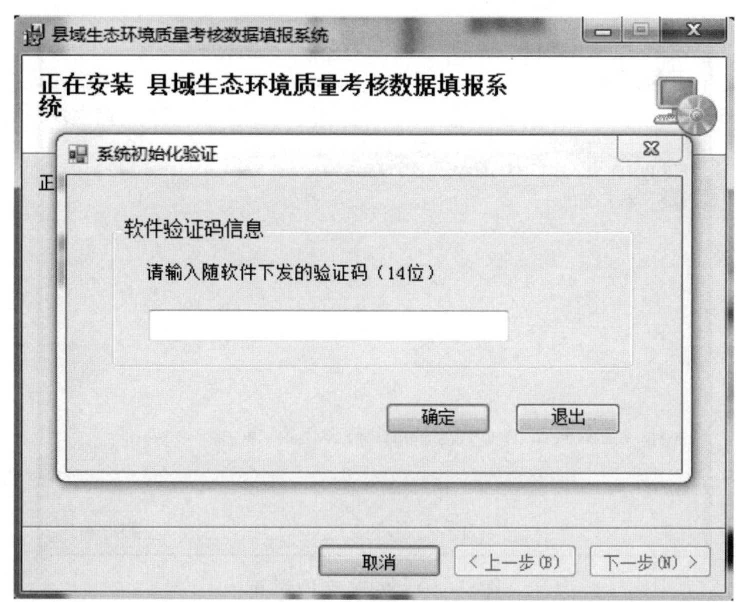

图 2-17　输入软件验证码

弹出如图 2-18 所示提示框，提示验证成功，并给出系统初始登录密码。需牢记该密码，并在系统第一次使用登录时进行修改。

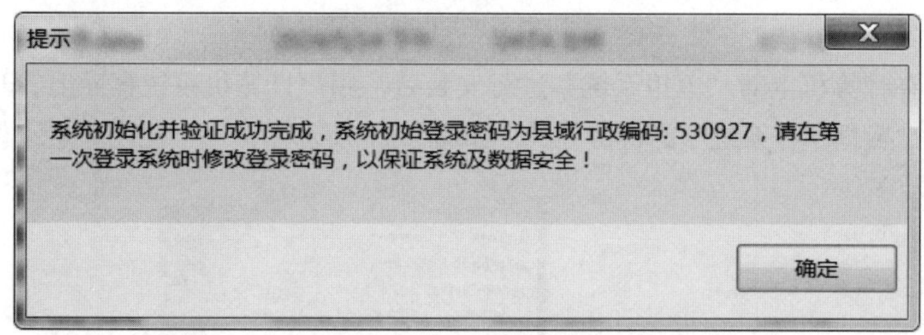

图 2-18　安装成功提示

（17）若系统验证成功，进入系统安装完成界面，如图 2-19 所示。

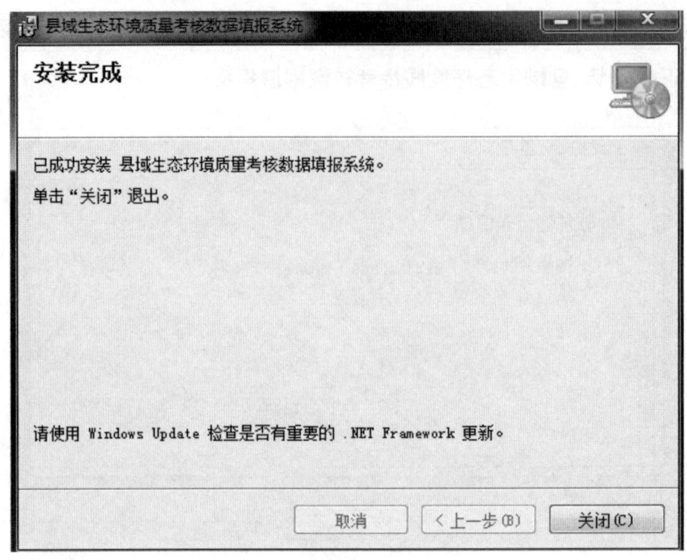

图 2-19　安装完成界面

（18）点击“关闭”按钮，系统安装完成。

3　系统启动运行

用户在计算机上对“填报系统”进行安装后，用户计算机系统桌面上、开始菜单中会出现“数据填报系统”的快捷方式，如图 2-20 所示。

图 2-20　开始菜单中软件快捷方式位置

双击桌面上的“数据填报系统”快捷方式或者点击计算机操作系统开始菜单中的“数据填报系统”，系统开始运行。系统使用时要进行软件验证，具体步骤详见用户使用手册。

4　系统卸载说明

用户可以通过两种方式对“填报系统”进行卸载，一种是通过计算机系统开始菜单中的“卸载数据填报系统”的快捷方式，如图 2-21 红框中所示。

图 2-21　开始菜单中软件卸载位置

也可以通过点击开始菜单中的“控制面板”，如图 2-21 蓝框中所示，选择“控制面板”中的卸载程序，打开卸载程序窗体，如图 2-22 所示，右击红框中的“县域生态环境质量考核数据填报系统”，选择右键菜单中的“卸载”项，打开软件卸载进度执行框，完成卸载。

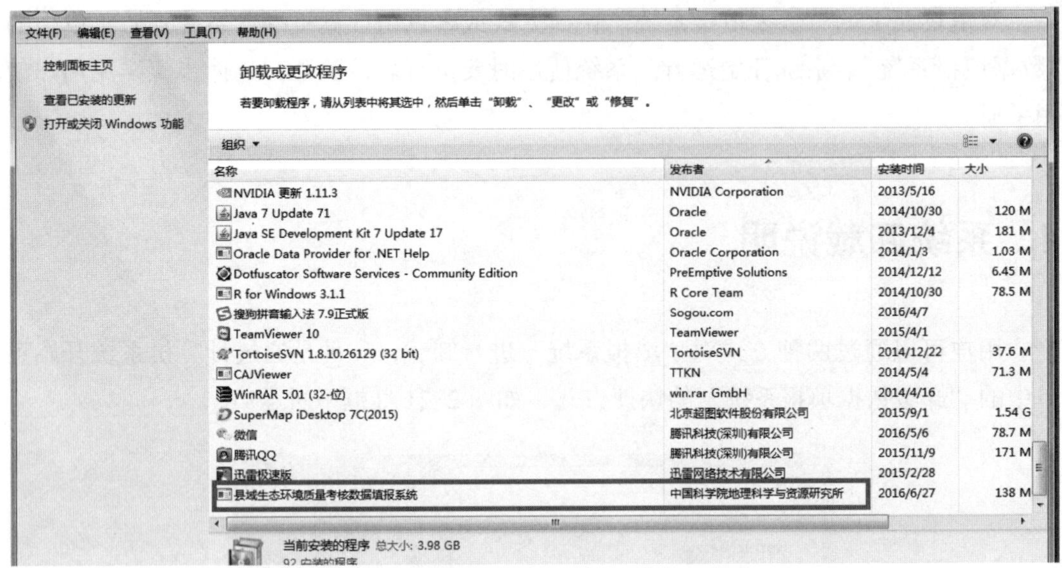

图 2-22　控制面板中软件卸载位置

5　系统功能升级

若系统存在功能缺陷，省级会下发软件升级包，直接安装即可修复功能缺陷，不会影响当年用户填报的数据。

6　县域信息变更

县域信息变更不再采用安装升级包的方式，而是通过系统中的“导入县域基本信息”功能导入省级下发的县域信息包进行变更。

第 3 章
数据填报系统推荐使用流程

1　推荐使用流程

本系统实现其他数据上报一般需要经过系统初始化并登录、数据模板获取、数据整理、数据导入及修改、数据质量检查、生成自查报告、文档打印、数据打包、数据上报九个步骤，具体使用流程如图 3-1 所示。

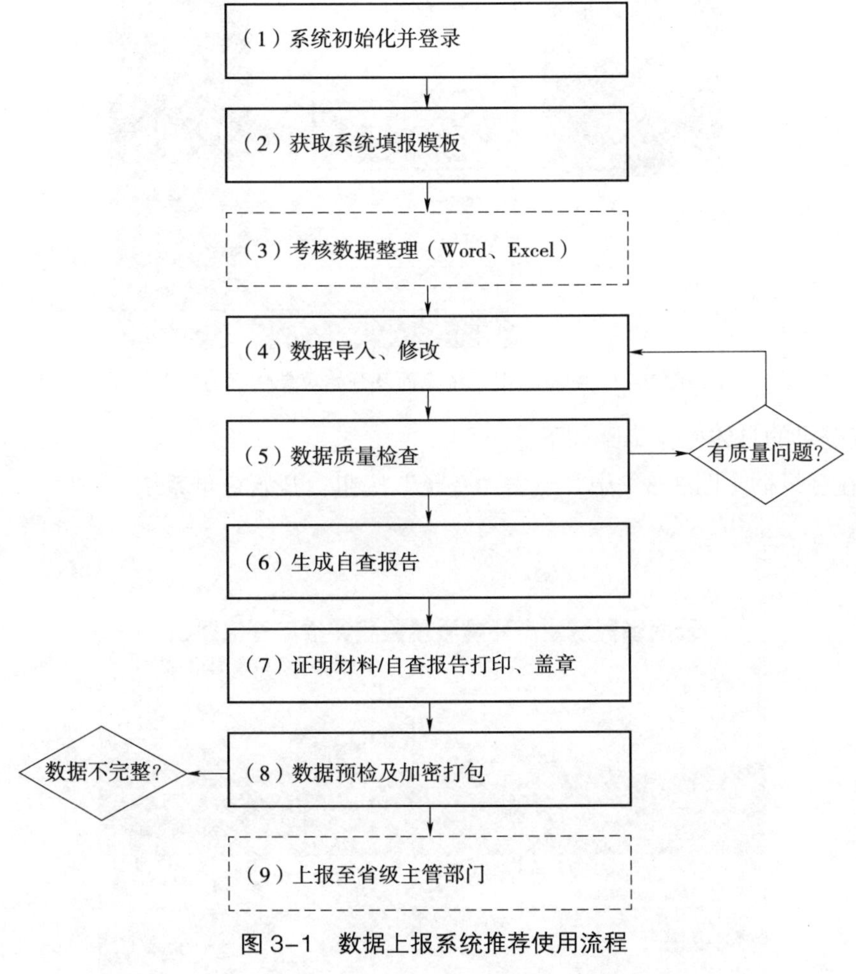

图 3-1　数据上报系统推荐使用流程

2　其他数据上报流程操作说明

2.1　登录系统

若用户在计算机上安装了“填报系统”，则用户计算机系统桌面上、开始菜单中将出现“数据填报系统”的快捷方式，如图 3-2 所示。若用户未安装，则参照《云南省县域生态环境质量监测评价与考核系统——数据填报系统安装操作手册》完成系统软件的安装。点击快捷方式，进入登录界面。

图 3-2　数据填报系统桌面及开始菜单快捷方式

系统登录的具体操作步骤如下。

1）在登录框（图 3-3）中，点击“登录”按钮，开始登录系统。

图 3-3　系统登录界面

2）系统第一次登录或初始化后，会在登录过程中提示用户数据库不存在，并引导用户输入考核年份，提示信息如图 3-4 所示。

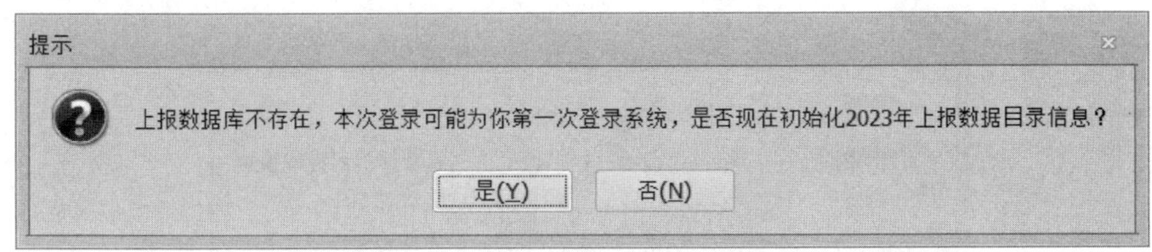

图 3-4　考核年份设置提示框

3）点击图 3-4 考核年份设置提示框中的“是”按钮，生成上报目录，并进入系统主界面（图 3-5），系统登录完成。

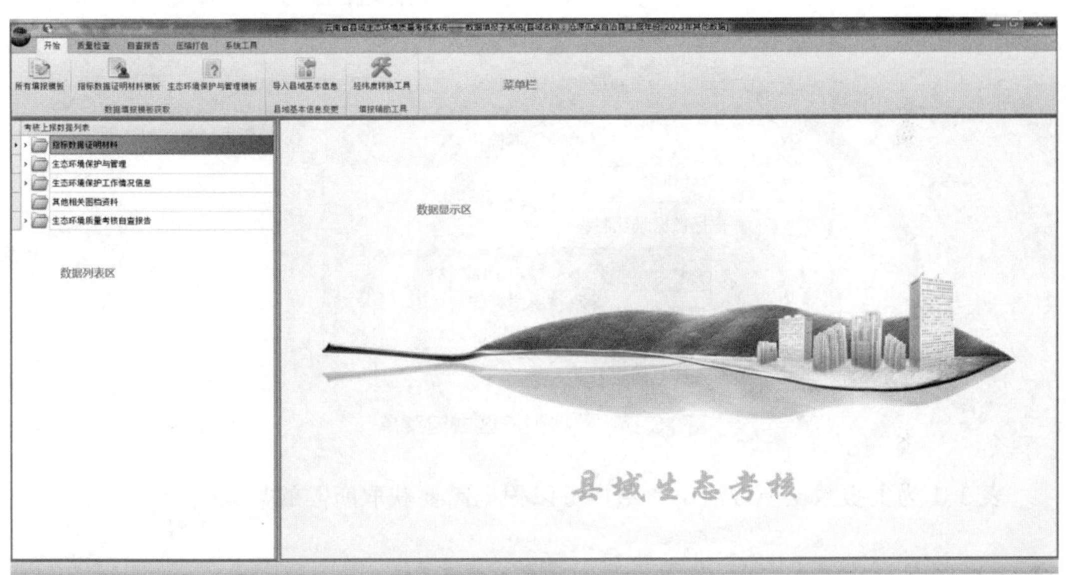

图 3-5　系统主界面

【**注意**】若系统安装时已进行了系统初始化验证工作，则在运行时不会弹出验证相关界面。

2.2　数据模板获取

数据填报模板获取是将需要整理导入的上报数据填报模板保存至指定的目录下。数据填报模板在系统中有两种获取方式，一种是通过系统上方的功能菜单获取，包括所有填报模板、指标数据证明材料模板、生态环境保护与管理模板三种类型，这些功能菜单位于系统上方的开始菜单面板中，如图 3-6 所示；另一种是通过系统左侧数据列表区的右键菜单获取（图 3-7），此种获取方式比较有针对性，是针对单一上报数据进行的模板获取，用户可以根据需要获取所需数据的模板。

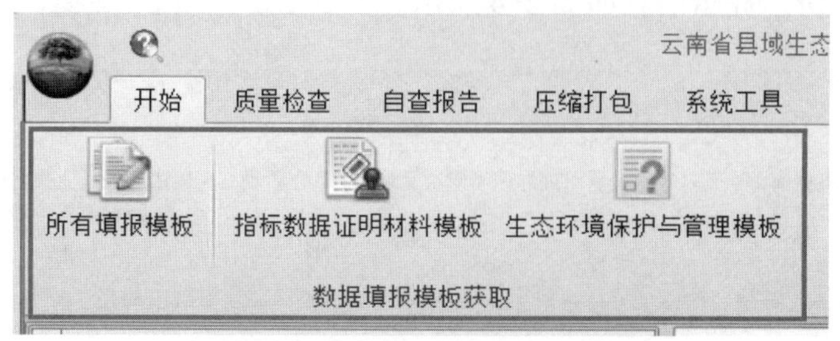

图 3-6　数据填报模板获取菜单

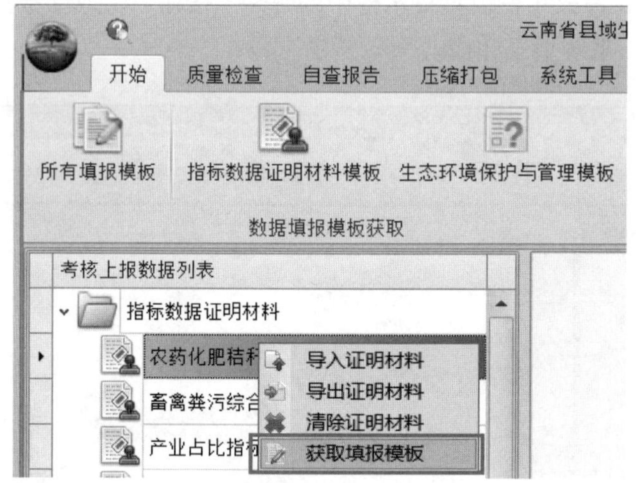

图 3-7　数据列表区右键菜单

表 3-1 为上报数据模板清单，用户可以根据需要获取所需的数据模板。

表 3-1　上报数据模板清单

文件夹	模板名称	备注
指标数据证明材料	国土面积指标证明材料 .docx	
	农药化肥秸秆指标证明材料 .docx	
	畜禽粪污综合利用指标证明材料 .docx	
	产业占比指标证明材料 .docx	
	二氧化碳指标证明材料 .docx	
	单位 GDP 能耗指标证明材料 .docx	
	生态产品价值转化指标证明材料 .docx	

续表

文件夹	模板名称	备注
指标数据证明材料	城镇生活污水集中处理率指标证明材料 .docx	
	建成区污水管网覆盖率指标证明材料 .docx	
	城镇生活垃圾无害化处理率指标证明材料 .docx	
	建成区绿化覆盖率指标证明材料 .docx	
	城市公园绿地 500 米服务半径覆盖率指标证明材料 .docx	
	村镇饮用水卫生合格率指标证明材料 .docx	
生态环境保护与管理	生态保护修复工程情况 .xlsx	
	国家重点保护野生动物信息表 .xlsx	
	国家重点保护野生植物信息表 .xlsx	
	外来入侵动物信息表 .xlsx	
	外来入侵植物信息表 .xlsx	
	外来入侵植物病原生物信息表 .xlsx	
	排污单位持证排污情况 .xlsx	
	农业面源污染监测点信息表 .xlsx	

（1）功能菜单获取填报模板

系统上方功能菜单中填报模板的获取主要包括所有填报模板、指标数据证明材料模板、生态环境保护与管理模板三个子菜单项，各菜单项功能的操作步骤一致，这里以所有填报模板获取功能为例，具体操作步骤如下。

1）点击“开始”菜单下“数据填报模板获取”栏中“所有填报模板”按钮，如图 3-8 所示，系统将弹出如图 3-9 所示的模板保存路径选择对话框。

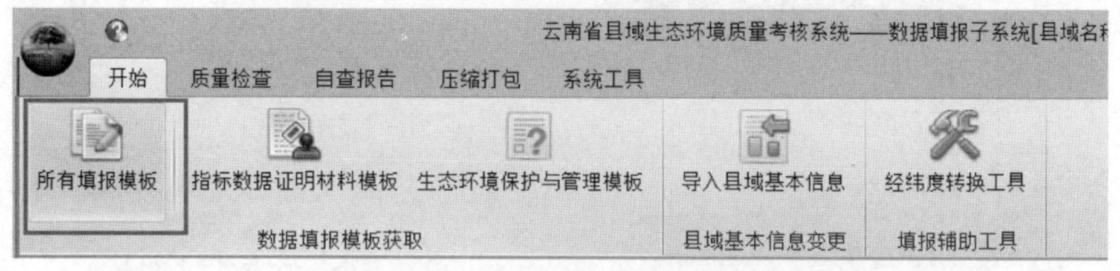

图 3-8　数据填报模板获取菜单

2）在模板保存路径选择对话框中，选取填报模板文件的保存路径，如图 3-9 所示，选择模板文件夹来存放导出的填报数据模板文件（若需要新建目录，可通过左下角的“新建文件夹”新建目录来保存）。

图 3-9　模板保存路径选择对话框

3）选择保存路径后，点击“确定”按钮，弹出模板导出执行进度框，如图 3-10 所示。在模板获取过程中，可点击“终止”按钮随时终止获取过程，也可勾选“完成后自动关闭本执行进度窗口？”复选框，在完成模板获取过程后自动关闭该执行进度框。

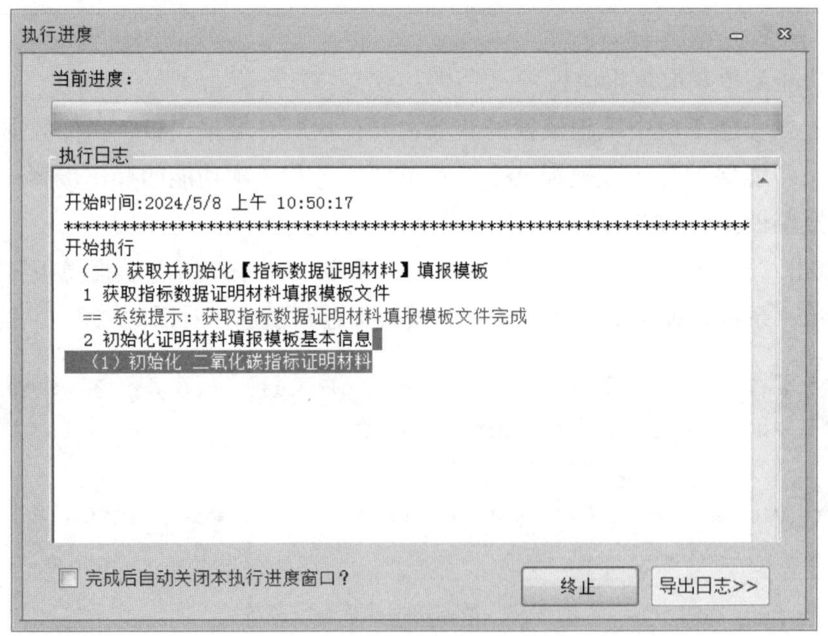

图 3-10　模板导出执行进度框

4）在模板导出执行进度框中，执行日志显示了执行进度，如图 3-10 所示，点击模板导出执行进度框中的“导出日志”按钮，可将执行日志以文本文档的形式导出到本地。

5）模板导出执行完成后，填报模板导出至2.2节指定的目录中，如图3-11所示为“所有填报模板”获取到本地文件夹中的模板文件。

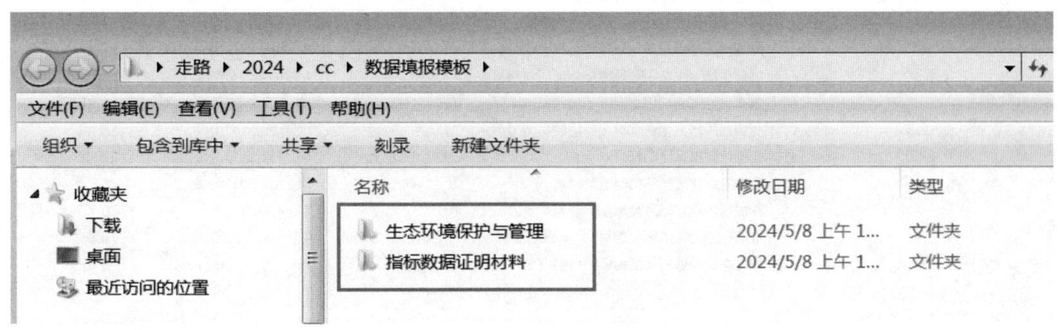

图3-11　导出的所有填报模板文件

（2）右键菜单获取填报模板

1）在填报数据列表区展开“指标数据证明材料”目录，并在需要导出数据的节点上右击，弹出右键功能菜单，如图3-12所示。

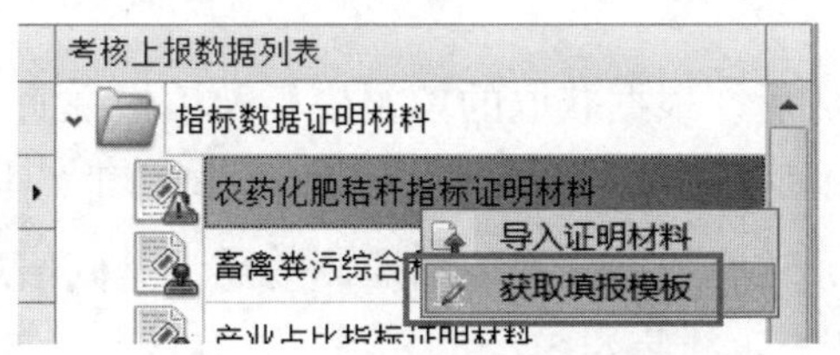

图3-12　模板获取右键功能菜单

2）在弹出的功能菜单中，点击“获取填报模板”菜单项，弹出如图3-13所示的文件存放路径选择对话框。

3）在文件存放路径选择对话框中，选择导出文件存放路径，如图3-13所示，导出文件的存放路径为“指标数据证明材料”文件夹；对话框中的默认保存文件名为获取的数据名称，用户可以自行修改。点击“保存”按钮，模板文件将保存到用户选择的路径下。

【注意】首次获取填报模板时，推荐用户采用系统菜单区的“获取所有填报模板”功能获取数据填报模板，以节省时间。

图 3-13　模板文件存放路径选择对话框

2.3　考核数据整理

在数据模板获取完成后，根据获取的填报模板及填报说明，需要整理并填写数据，数据的主要格式为 Word 或 Excel。数据均由系统操作部门（县级环保主管部门）的工作人员整理填写并导入，这些数据主要包括监测数据、基础信息。

【注意】为保证系统能正确导入各填报数据，数据必须按照填报模板及填报说明进行填写，且不能擅自修改模板，从而保证数据的正确性。

2.4　数据导入与修改

数据导入主要完成数据文件的导入和数据的录入工作。在所有数据模板获取并填写完成后，即可进行此项操作。目前，系统导入的文件类型主要有指标数据证明材料、生态环境保护与管理表、生态环境保护工作情况信息、生态环境质量考核自查报告与其他相关图档资料等，导入方式见表 3-2，表中所有的数据类别及名称与系统填报数据列表区的目录树相对应。

表 3-2　数据导入方式

数据类别	数据名称	右键菜单导入	界面录入	推荐入库方式
指标数据证明材料	国土面积指标证明材料	支持	不支持	导入
	农药化肥秸秆指标证明材料	支持	不支持	导入
	畜禽粪污综合利用指标证明材料	支持	不支持	导入
	产业占比指标证明材料	支持	不支持	导入
	二氧化碳指标证明材料	支持	不支持	导入
	单位 GDP 能耗指标证明材料	支持	不支持	导入
	生态产品价值转化指标证明材料	支持	不支持	导入
	城镇生活污水集中处理率指标证明材料	支持	不支持	导入
	建成区污水管网覆盖率指标证明材料	支持	不支持	导入
	城镇生活垃圾无害化处理率指标证明材料	支持	不支持	导入
	建成区绿化覆盖率指标证明材料	支持	不支持	导入
	城市公园绿地 500 米服务半径覆盖率指标证明材料	支持	不支持	导入
	村镇饮用水卫生合格率指标证明材料	支持	不支持	导入
生态环境保护与管理 / 生态保护修复	生态文明建设信息表	不支持	支持	界面录入
	生态保护修复规划制定情况	不支持	支持	界面录入
	生态保护修复工程情况	支持	支持	导入
	国家重点保护野生动物信息表	支持	支持	导入
	国家重点保护野生植物信息表	支持	支持	导入
	外来入侵动物信息表	支持	支持	导入
	外来入侵植物信息表	支持	支持	导入
	外来入侵植物病原生物信息表	支持	支持	导入
生态环境保护与管理 / 环境污染防治	落实精准科学治污情况	不支持	支持	界面录入
	重点污染源执法监测情况	不支持	支持	界面录入
	排污单位持证排污情况	支持	支持	导入
	排污单位监管执法情况	不支持	支持	界面录入
	农业面源污染防治情况	不支持	支持	界面录入
	农业面源污染监测点信息表	支持	支持	导入
	新污染物防治情况	不支持	支持	界面录入

续表

数据类别	数据名称	右键菜单导入	界面录入	推荐入库方式
生态环境保护与管理 / 绿色低碳发展	国土空间规划制定情况	不支持	支持	界面录入
	生态产品信息调查情况	不支持	支持	界面录入
	生态产品总值和生态资产核算统计表	不支持	支持	界面录入
	生态环境保护与治理支出	不支持	支持	界面录入
生态环境保护与管理 / 绿美云南建设	城镇生活污水集中处理设施信息表	不支持	支持	界面录入
	乡镇生活污水收集情况	不支持	支持	界面录入
	农村黑臭水体整治情况	不支持	支持	界面录入
	城镇生活垃圾处理设施信息表	不支持	支持	界面录入
	乡镇生活垃圾收集情况	不支持	支持	界面录入
生态环境保护与管理 / 县域考核工作组织	生态环境保护责任清单情况	不支持	支持	界面录入
	年度实施方案情况	不支持	支持	界面录入
	考核工作组织情况	不支持	支持	界面录入
	考核工作经费保障	不支持	支持	界面录入
生态环境保护工作情况信息	生态环境保护责任落实情况	不支持	支持	界面录入
	生态保护修复成效情况	不支持	支持	界面录入
	环境污染防治情况	不支持	支持	界面录入
	绿色低碳发展情况	不支持	支持	界面录入
	城乡人居环境情况	不支持	支持	界面录入
	县域概况及其他情况说明	不支持	支持	界面录入
其他相关图档资料		支持	不支持	导入
生态环境质量考核自查报告	生态环境质量考核工作情况说明	不支持	不支持	软件生成

表 3-2“生态文明建设信息表”“乡镇生活污水收集情况”中的数据为系统自带数据，无须导入。

（1）指标数据证明材料导入

指标数据证明材料包括国土面积指标证明材料、农药化肥秸秆指标证明材料、畜禽粪污综合利用指标证明材料、产业占比指标证明材料、二氧化碳指标证明材料、单位 GDP 能耗指标证明材料、生态产品价值转化指标证明材料、城镇生活污水集中处理率指标证明材料、建成区污水管网覆盖率指标证明材料、城镇生活垃圾无害化处理率指标证明材料、建成区绿化覆盖率指标证明材料、城市公园绿地 500 米服务半径覆盖率指标证明材料、村镇饮用水卫生合格率指标证明材料等。

以指标数据证明材料中的“农药化肥秸秆指标证明材料”的导入为例说明文件的导入过程。

1）在填报数据列表区展开“指标数据证明材料”目录下的“农药化肥秸秆指标证明材料”节点上右击，弹出右键菜单，如图 3-14 所示。

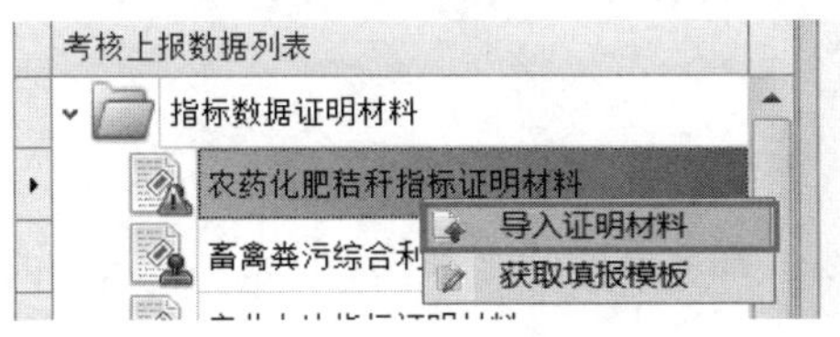

图 3-14　数据导入右键菜单

2）在弹出的功能菜单中，点击“导入证明材料”菜单项，弹出如图 3-15 所示的文件选择对话框。若此时操作系统中同时打开了 Word 文件，则会弹出 Word 文件正在运行提示框，如图 3-16 所示，此时需要关闭系统中的 Word 文件，然后点击提示框中的“重试”按钮继续导入文件，点击“取消”按钮，取消文件导入操作。

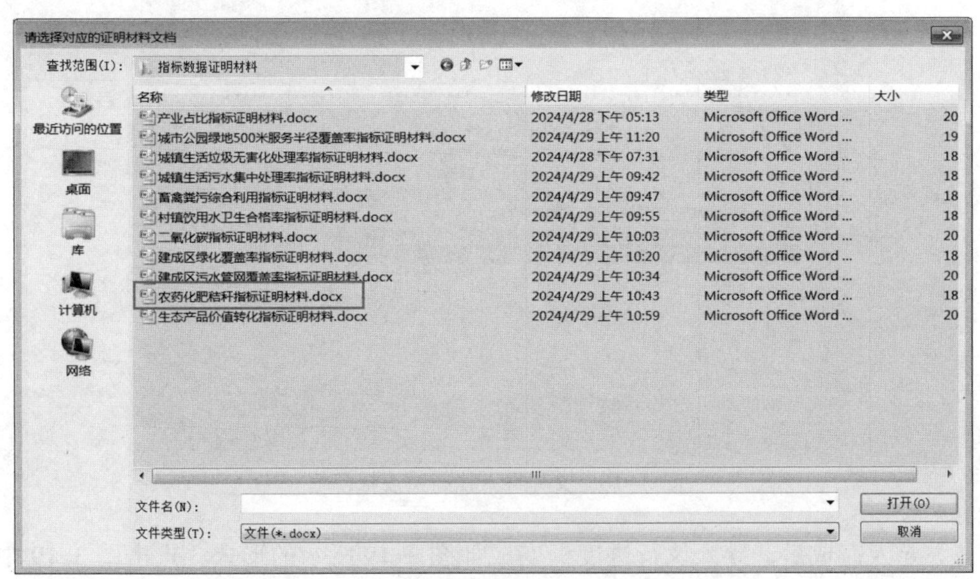

图 3-15　文件选择对话框

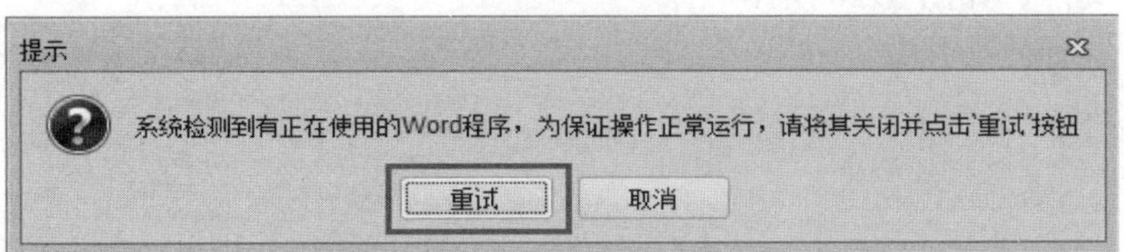

图 3-16　Word 文件运行提示框

3）在文件选择对话框中选择农药化肥秸秆指标证明材料文件，并点击“打开”按钮。若该数据以前已经导入，则弹出如图 3-17 所示的提示框，提示用户是否重新导入并替换已有文档。

图 3-17　文件替换确认框

4）点击图 3-17 中的“是”按钮，系统自动导入文件，并弹出导入执行进度提示框，如图 3-18 所示。在导入过程中，可点击“终止”按钮随时终止导入过程，也可勾选“完成后自动关闭本执行进度窗口？”复选框，导入结束后自动关闭该执行进度框。

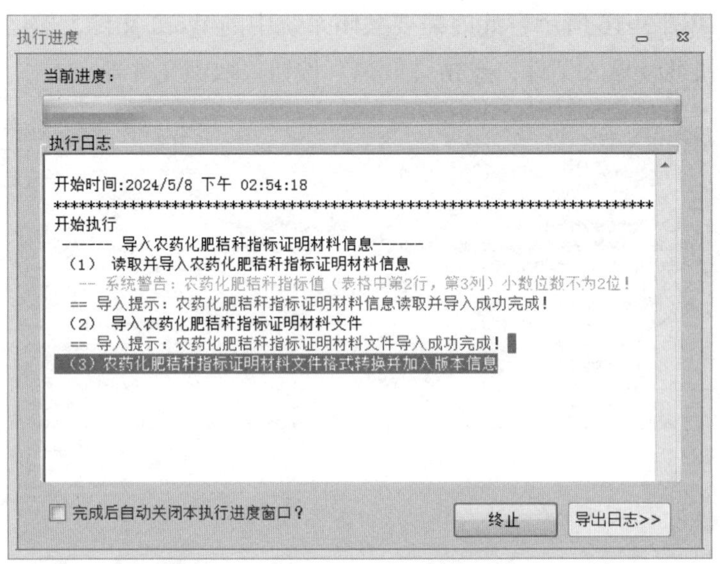

图 3-18　文件导入执行进度提示框

5）导入完成后，导入执行进度框变成如图 3-19 所示的形式，点击图 3-19 中的“导出日志”按钮，可将执行日志以文本文档的形式导出到本地。同时，在数据显示编辑区显示该文件，如图 3-20 所示。

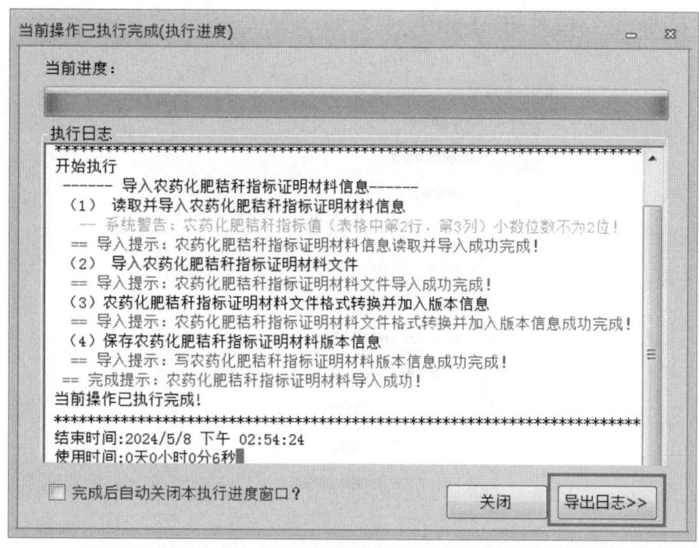

图 3-19　文件导入执行进度提示框

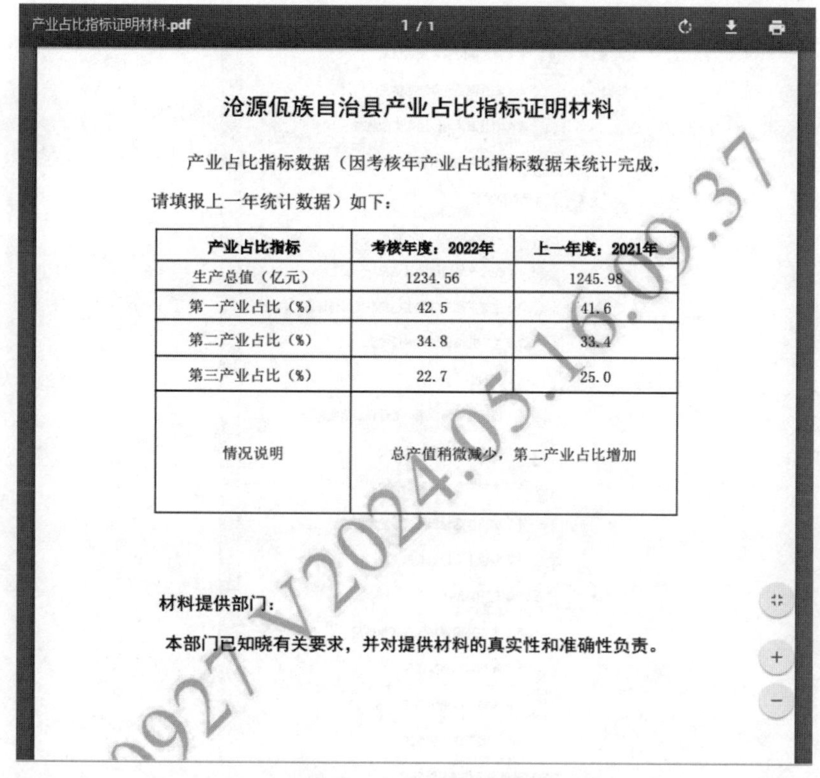

产业占比指标证明材料.pdf　1 / 1

沧源佤族自治县产业占比指标证明材料

产业占比指标数据（因考核年产业占比指标数据未统计完成，请填报上一年统计数据）如下：

产业占比指标	考核年度：2022年	上一年度：2021年
生产总值（亿元）	1234.56	1245.98
第一产业占比（%）	42.5	41.6
第二产业占比（%）	34.8	33.4
第三产业占比（%）	22.7	25.0
情况说明	总产值稍微减少，第二产业占比增加	

材料提供部门：

本部门已知晓有关要求，并对提供材料的真实性和准确性负责。

图 3-20　文件显示窗

（2）生态环境保护与管理信息导入

生态环境保护与管理包括生态保护修复、环境污染防治、绿色低碳发展、城乡人居环境及县域考核工作组织五部分内容，如图 3-21 所示。生态环境保护与管理信息的大多数数据都支持导入，操作步骤如下。

图 3-21　生态环境保护与管理数据列表

以“生态保护修复工程情况”导入为例介绍如下。

1）在“生态环境保护与管理”中展开“生态保护修复”目录，右击“生态保护修复工程情况”节点。

2）在弹出的菜单上选择“导入表格数据”，如图 3-22 所示。

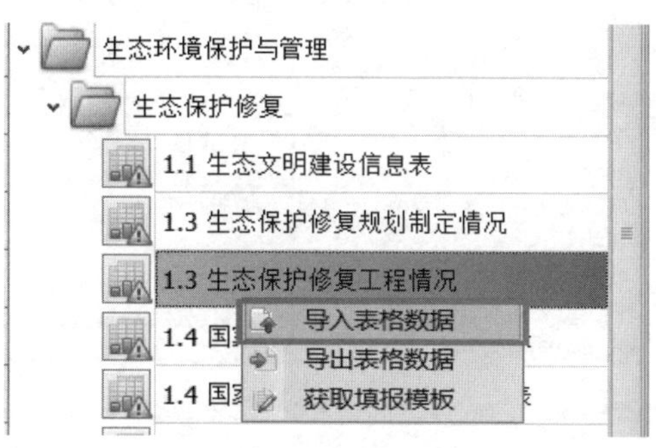

图 3-22　导入表格

3）在弹出的窗口上选择对应文件，点击“打开”按钮，如图 3-23 所示。

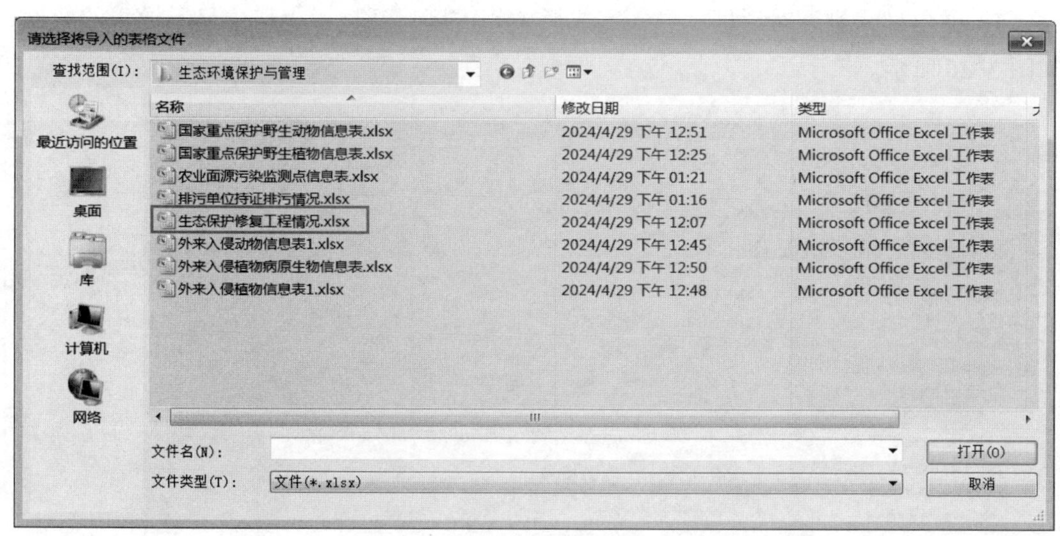

图 3-23　文件选择

4）弹出导入字段对应关系检查匹配对话框，匹配字段后进行导入，如图 3-24 所示。

图 3-24　字段匹配

5）弹出导入进度对话框，导入完成后关闭进度对话框，表格中显示导入的数据，如图 3-25 所示。

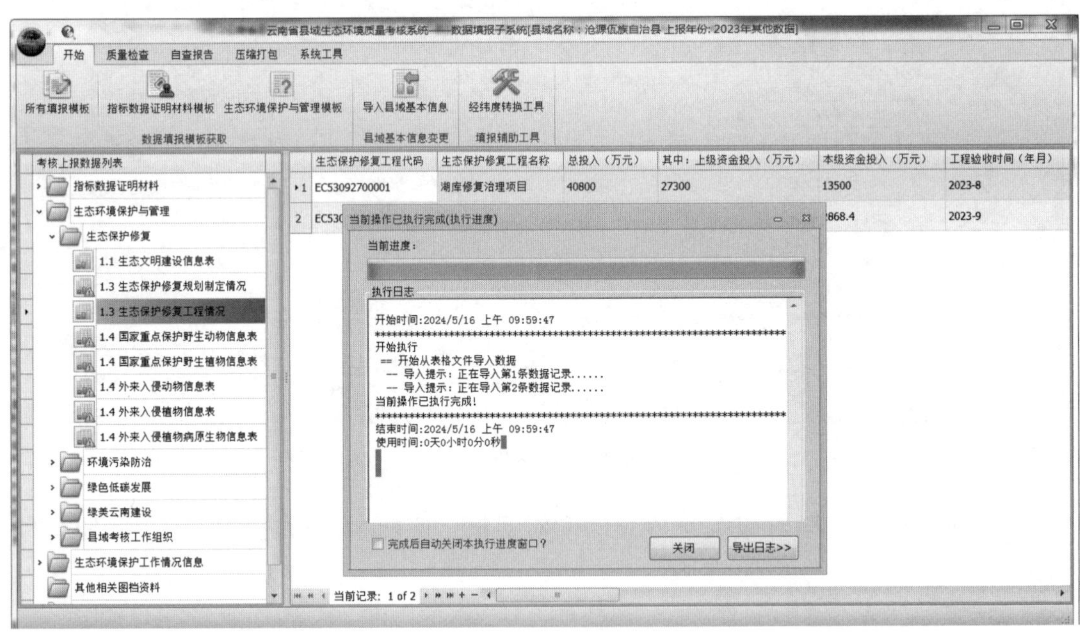

图 3-25　导入完成

（3）生态环境保护与管理相关照片导入

需要导入照片的表有生态保护修复工程情况、城镇生活污水集中处理设施信息表、乡镇生活污水收集情况、城镇生活垃圾处理设施信息表、乡镇生活垃圾收集情况，照片在导入系统时将自动命名。

以生态保护修复工程情况的照片信息导入为例，操作步骤如下。

1）在填报数据列表区展开“生态环境保护与管理”目录下的“生态保护修复”列表，点击“生态保护修复工程情况”节点。

2）点击右侧表格的照片列（图 3-26 红框位置）。

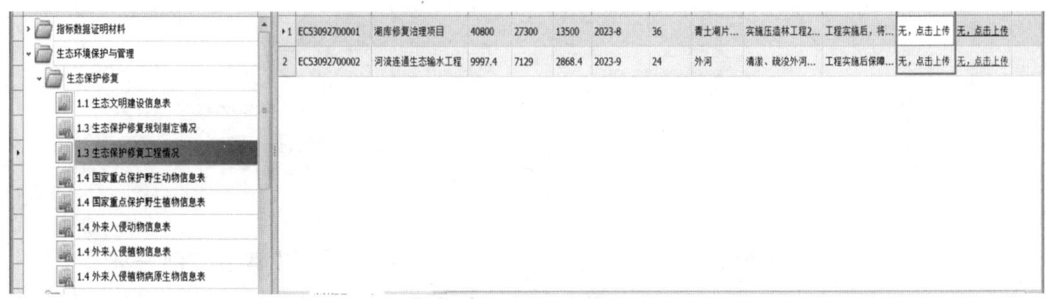

图 3-26　表格中照片列

3）弹出照片管理界面，如图 3-27 所示。

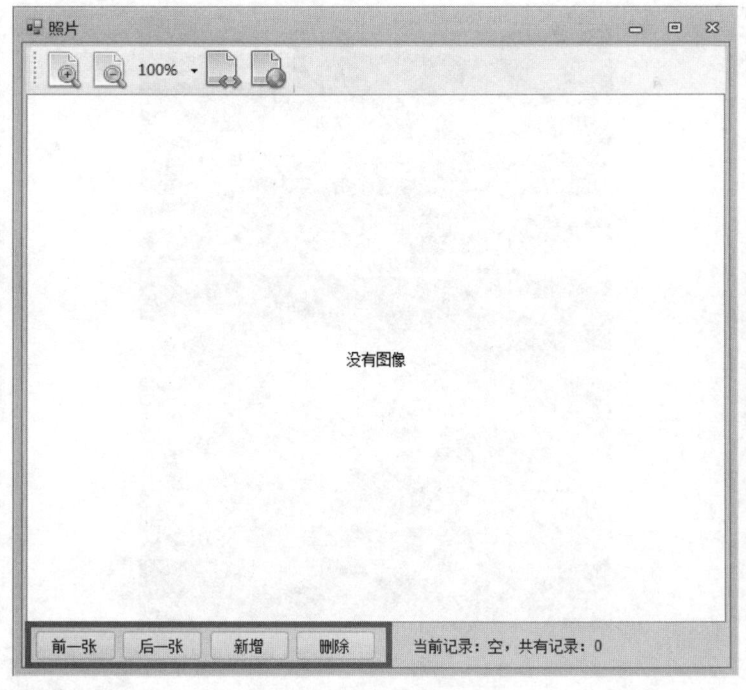

图 3-27　照片管理界面

4）点击图 3-27 红框中“新增”按钮，弹出选择照片界面（图 3-28），选择一张或多张图片，点击“打开”按钮，导入照片。

图 3-28　照片选择

5）导入照片时，系统将自动为照片命名，照片导入后可以单击“前一张”“后一张”按钮进行浏览，也可以单击“删除”按钮进行删除，如图 3-29 所示。

图 3-29　照片浏览、删除

6）关闭照片管理窗口，可以在数据列表中显示照片的缩略图（第一张图片），如图 3-30 所示。

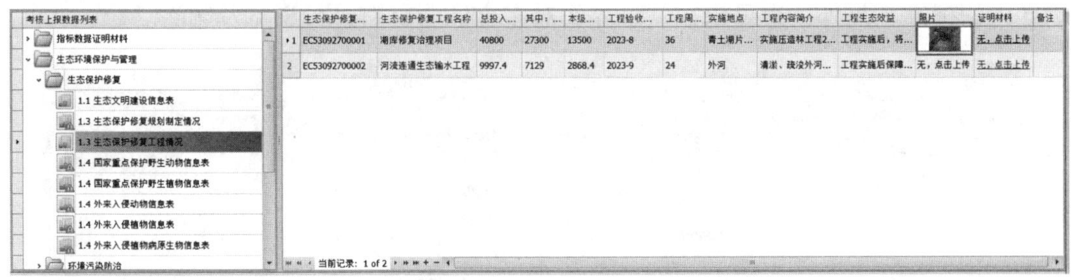

图 3-30　数据列表照片显示

（4）生态环境保护与管理相关附件导入

以生态保护修复工程情况为例，操作步骤如下：

1）在填报数据列表区展开“生态环境保护与管理”目录下的“生态保护修复”列表，点击“生态保护修复工程情况”节点，在界面右侧显示证明材料列表，如图 3-31 所示，点击红框位置，弹出证明材料管理界面，如图 3-32 所示。

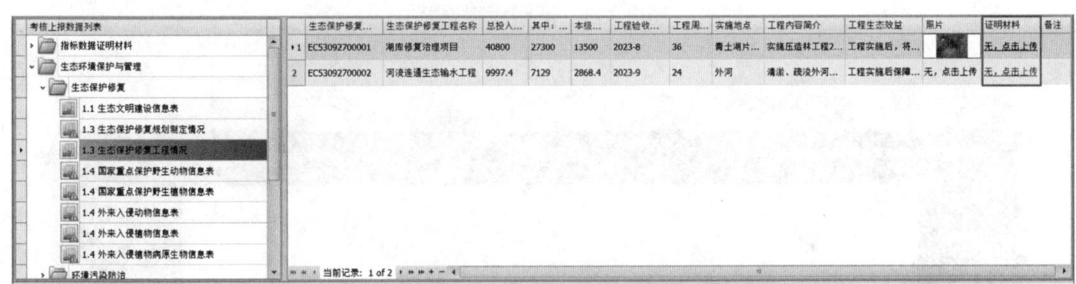

图 3-31　证明材料导入

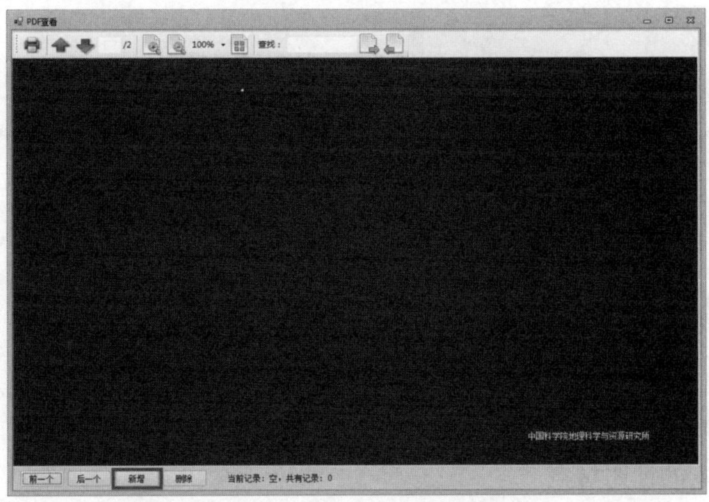

图 3-32　证明材料管理界面

2）点击图 3-32 红框位置的“新增”按钮，弹出如图 3-33 所示的界面，选择相应文件（一个或多个），并点击“打开”按钮，提示保存成功，如图 3-34 所示界面中显示导入的标准。另外，也可以在这个界面对多个证明材料进行浏览及删除。

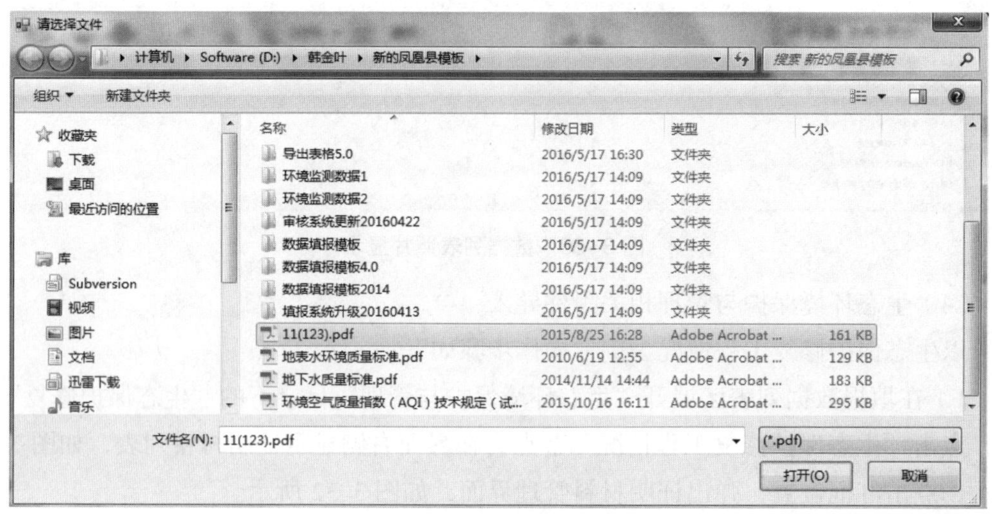

图 3-33　证明材料选择

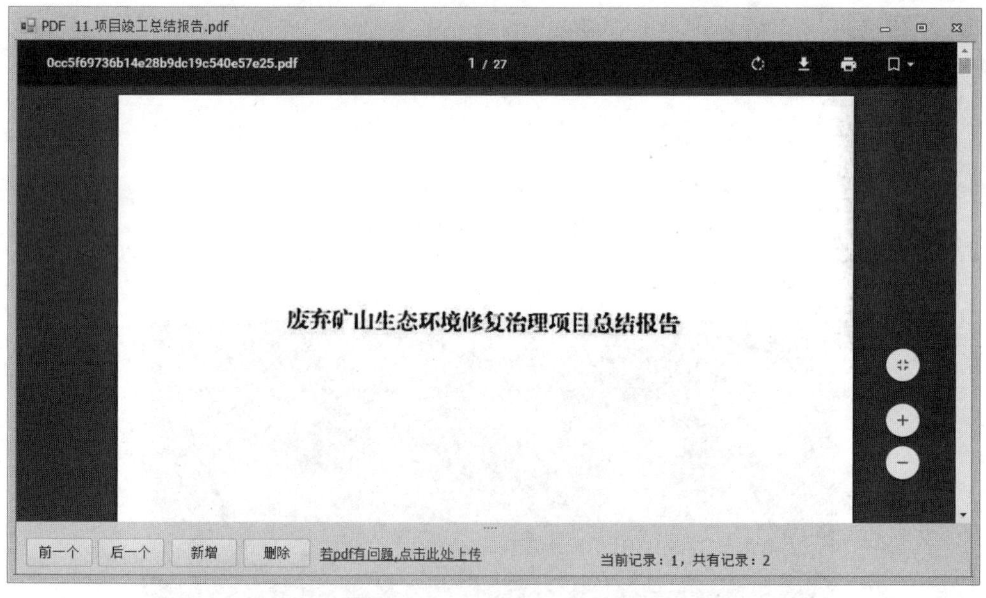

图 3-34　证明材料导入成功

3）关闭如图 3-34 所示界面，在如图 3-35 所示红框中显示标准名称，点击红框也可以查看已导入的证明材料。

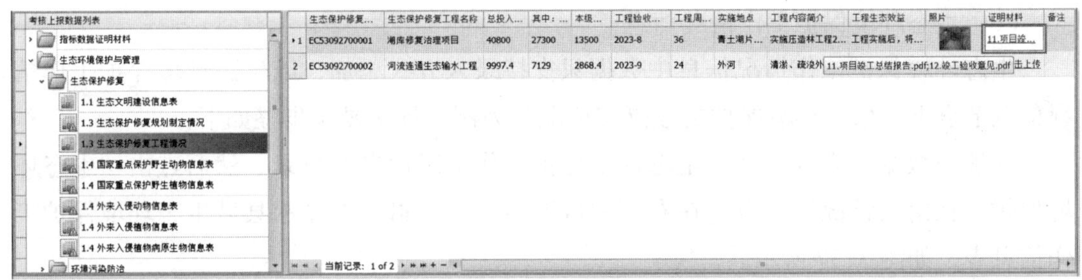

图 3-35　证明材料在列表的显示样式

（5）生态环境保护与管理信息录入

生态环境保护与管理中少部分数据（表 3-2）只支持录入方式添加，以“生态环境保护与管理”/“绿色低碳发展”下的“生态环境保护与治理支出”为例，具体操作步骤如下：

在填报数据列表区展开“生态环境保护与管理”目录下的“绿色低碳发展”目录，点击“生态环境保护与治理支出”节点，在右侧的数据显示及编辑区将显示生态环境保护与治理支出情况表，如图 3-36 所示。

图 3-36　县域生态环境保护与治理支出情况表

可以根据实际情况添加或修改各字段值，其中资金预算相关材料需导入相关文件。待所有数据填写完成后，点击右下角的“保存”按钮即可保存相关数据。

（6）生态环境保护工作情况信息

生态环境保护工作情况信息中数据只支持录入方式添加，以生态环境保护工作情况信息节点下“生态环境保护责任落实情况”为例，具体操作步骤如下：

在填报数据列表区展开“生态环境保护工作情况信息”目录，然后点击“生态环境保护责任落实情况”节点，在右侧的数据显示及编辑区将显示县域生态环境保护工作信息表，如图 3-37 所示。

图 3-37　县域生态环境保护工作信息表

可以根据实际情况添加或修改县域生态环境保护工作信息表的各字段值。待所有数据填写完成后，点击右下角的“保存”按钮即可保存相关数据。

（7）其他相关图档资料导入

其他相关图档资料的导入主要实现补充材料的导入。操作步骤如下。

1）右击填报数据列表区“其他相关图档资料”，弹出“批量导入文件”菜单，点击，如图 3-38 所示。

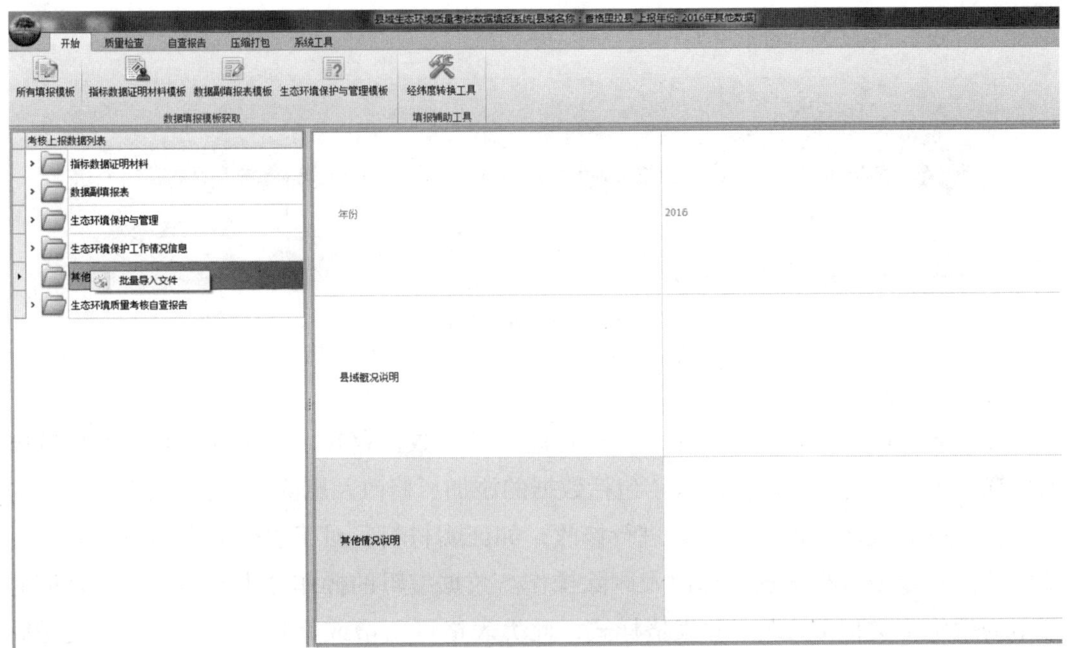

图 3-38　其他相关图档资料导入

2）在弹出的文件选择对话框中选择一个或多个文件，点击“打开”按钮，如图 3-39 所示。

图 3-39　文件选择对话框

3）在弹出的对话框中点击“是”按钮，完成文件导入，如图 3-40 所示。

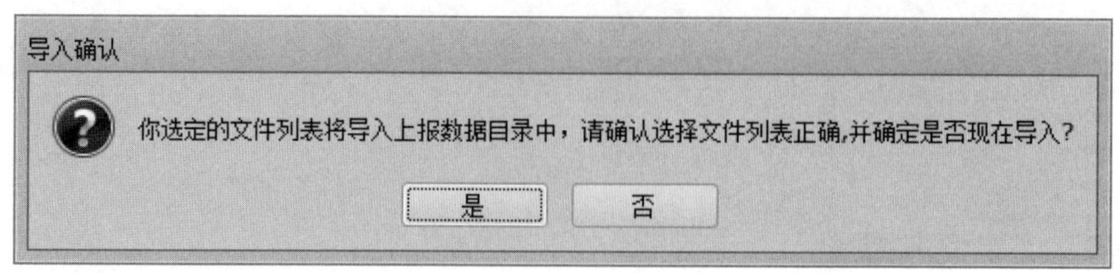

图 3-40　导入确认

（8）数据修改

数据导入或录入系统后，工作人员可能会发现数据存在填写错误或缺少部分数据的情况，则需要对数据进行修改（包括数据的添加、修改及删除）。对于只支持导入的数据，可以通过修改模板后导入进行修改，如证明材料。对于表格数据用户可以通过编辑功能对数据进行增加、修改及删除操作。数据编辑的操作分为两类：一类是横向表格的编辑，类似 Excel 中的表格样式，此类表格可新增或删除行记录；另一类是纵向表格的编辑，此类表格记录条数固定，只允许用户增加或修改各字段值，而不能添加新的记录。两类表格分别介绍如下：

1）横向表格：以“生态保护修复工程情况”的编辑为例进行说明，操作步骤如下。

在填报数据列表区展开“生态环境保护与管理”目录下的“生态保护修复”目录，点击“生态保护修复工程情况”节点，在右侧的数据显示及编辑区将显示生态保护修复工程情况（图 3-41），通过表格左下方的按钮，用户可以实现数据的录入、删除及编辑操作，分别介绍如下。

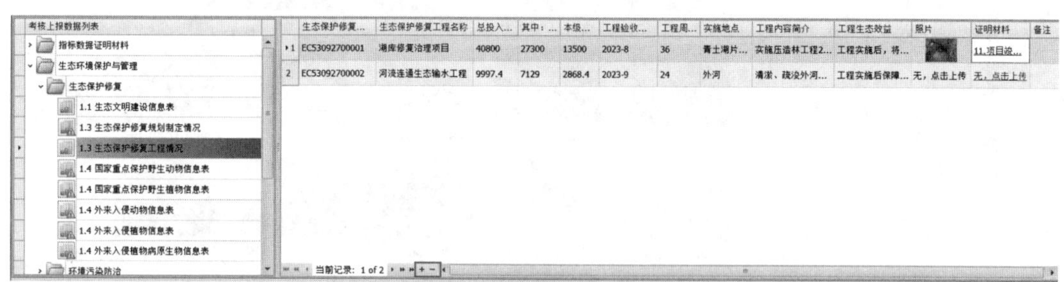

图 3-41　横向表格（可增减行）

①数据增加操作。

a. 点击表格左下方的“ + ”按钮，弹出数据增加界面，可实现数据的增加操作，如图 3-42 所示。

数据修改

生态保护修复工程代码	EC53092700003
生态保护修复工程名称	
总投入（万元）	
其中：上级资金投入...	
本级资金投入（万元）	
工程验收时间（年月）	
工程周期（月）	
实施地点	
工程内容简介	
工程生态效益	
照片	无，点击上传
证明材料	无，点击上传
备注	

保存　取消

图 3-42　数据增加对话框

b. 在数据增加窗口中依次输入各数据项，点击“保存”按钮，弹出新增成功提示框，如图 3-43 所示。

图 3-43　新增成功提示框

c. 点击新增成功提示框中的“确定”按钮，则该记录将增加到数据显示区的表中。

②数据删除操作。

a. 在数据显示区中点击选中表格中的一行数据，点击表格左下方的“—”按钮，弹出数据删除确认对话框，如图 3-44 所示。

b. 若想要删除选中的数据，点击“是”按钮，该数据将被删除，并弹出删除成功提示框，如图 3-45 所示；若点击“否”按钮，将取消删除操作。

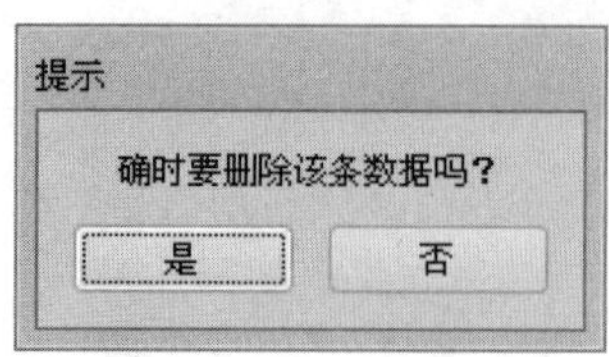

图 3-44　数据删除确认框

图 3-45　数据删除成功提示框

③数据修改操作。

a. 在数据显示区中点击选中表格中的一行数据的序号，单击该行数据，如图 3-46 所示，弹出数据修改对话框，如图 3-47 所示。

图 3-46　数据显示区

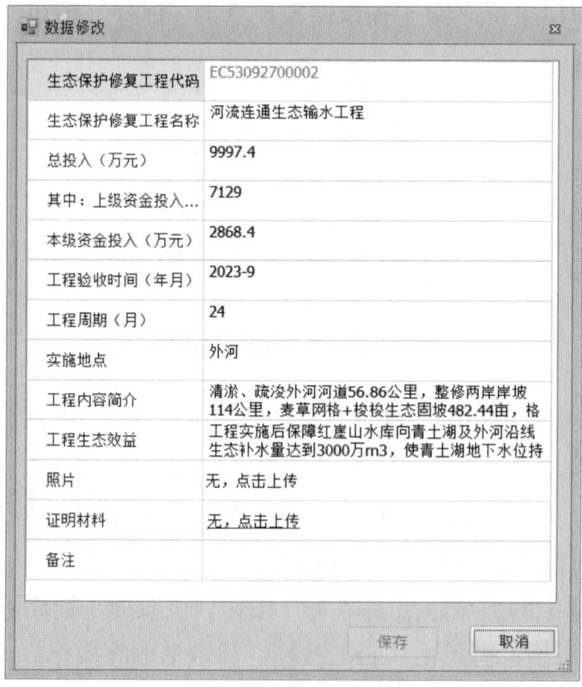

图 3-47　数据修改对话框

b. 在数据修改窗口中修改各数据项，点击“保存”按钮，弹出修改成功提示框，如图 3-48 所示。

图 3-48　数据修改成功提示框

c. 点击新增成功提示框中的“确定”按钮，则修改后的记录将显示在数据显示区的表中。

2）纵向表格：以“生态环境保护与管理”下的“绿色低碳发展”下的“生态环境保护与治理支出”为例，操作步骤如下。

在填报数据列表区展开“生态环境保护与管理”目录，然后展开“绿色低碳发展”目录，点击“生态环境保护与治理支出”节点，在右侧的数据显示及编辑区将显示生态环境保护与治理支出情况表，如图 3-49 所示。

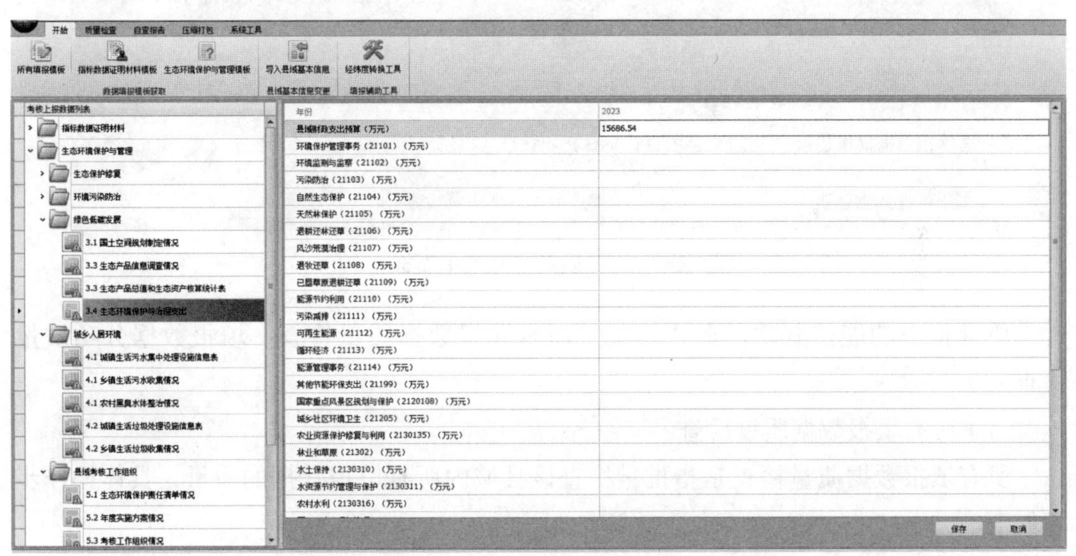

图 3-49　县域生态环境保护与治理支出情况表

可以根据实际情况添加或修改各字段值，其中资金预算相关材料需导入相关文件。待所有数据填写完成后，点击右下角的“保存”按钮即可保存相关数据。

【注意】数据的导入和编辑都是通过目录树来完成的。建议用户系统提供导入功能的数据都采用导入的方式录入数据。在导入 Word 格式的数据前，确认已关闭计算机上所有的 Word 程序，否则在导入时系统会提示用户关闭 Word 程序，如图 3-50 所示。

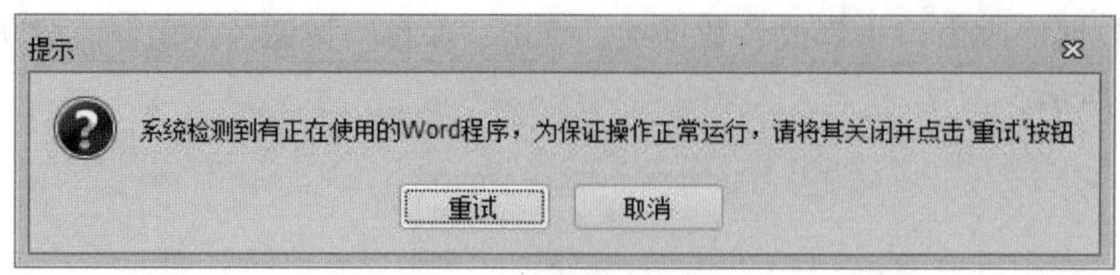

图 3-50　Word 未关闭提示框

若出现此提示框，请关闭所有 Word 应用程序，并返回此窗口点击“重试”按钮即可。

2.5　数据质量检查

在县域填报数据录入系统后，即可进行数据质量检查。数据质量检查主要是完成入库数据的质量检查，包括各类数据是否入库、数据项是否填写完整等。数据质量检查操作主要是通过主界面的质量检查菜单展开，其布局如图 3-51 所示，检查完成后将给出检查记录，用户可根据检查记录修改数据。

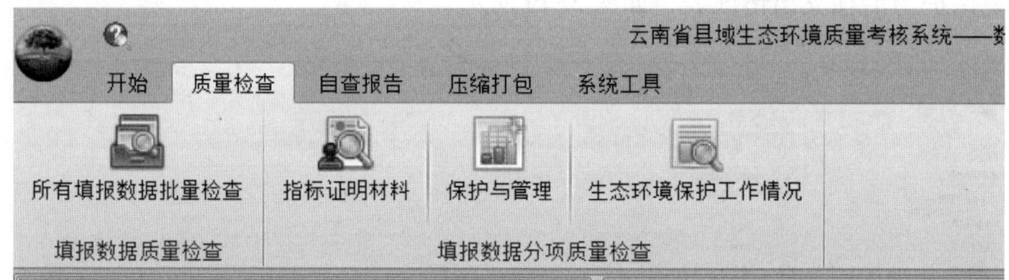

图 3-51　质量检查菜单面板

质量检查功能按其功用分为两类：所有填报数据质量检查、填报数据分项质量检查。

（1）所有填报数据质量检查

所有填报数据质量检查是指批量检查该县域内所有填报数据的质量，具体操作步骤如下。

1）点击“质量检查”菜单下“填报数据质量检查”栏中的“所有填报数据批量检查”按钮，弹出执行进度对话框，如图 3-52 所示。

2）系统将依次检查生态环境各指标证明材料是否完整、生态环境保护与管理数据及证明材料、生态环境保护工作情况信息等填报内容，在检查过程中，将通过日志的方式动态显示检查提示和结果，如图 3-52 所示。

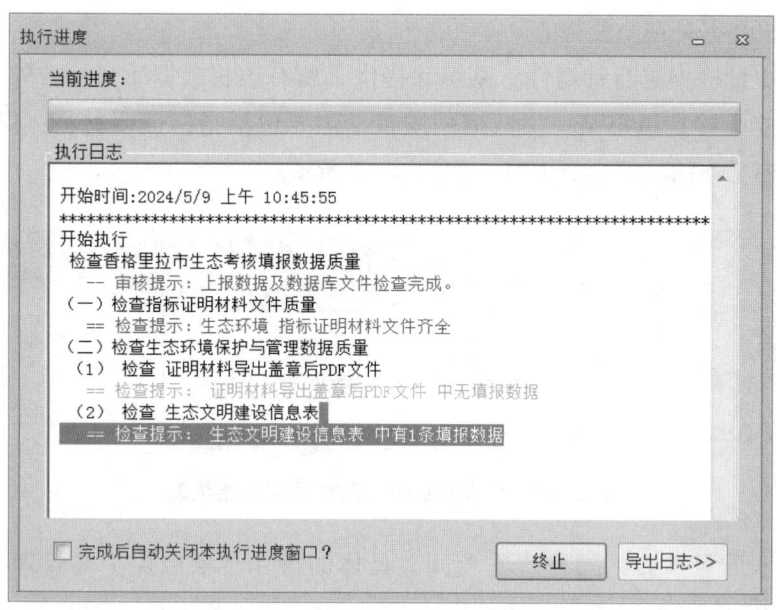

图 3-52　质量检查进度及日志提示框

3）数据质量检查操作执行完成后，点击执行进度对话框的“关闭”按钮，关闭当前对话框；点击“导出日志”按钮，以文本文档的形式导出质量检查执行日志，导出的日志如图 3-53 所示。

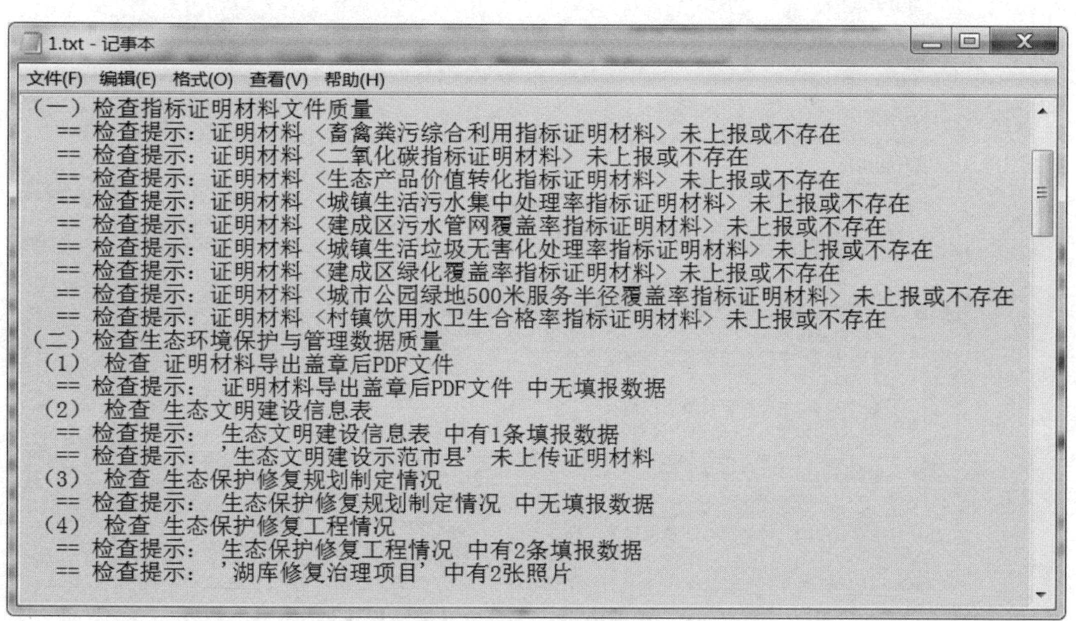

图 3-53　执行日志文本框

（2）填报数据分项质量检查

为了使质量检查更有针对性，系统除提供了所有填报数据质量检查外，还提供了分项检查功能，检查填报某一类数据的质量，主要包括指标证明材料、保护与管理、生态环境保护工作情况等检查内容，如图 3-54 所示。

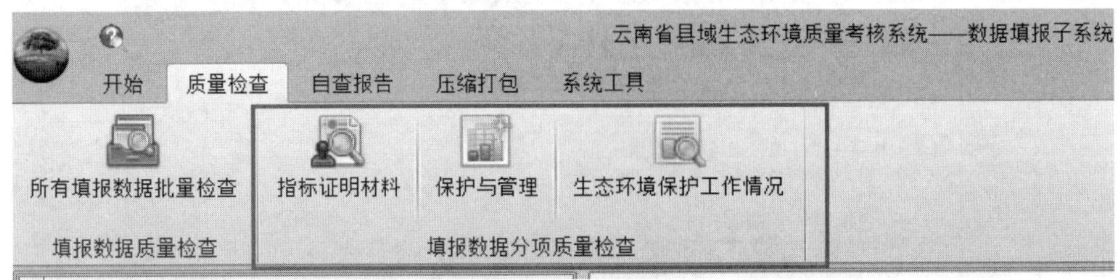

图 3-54　填报数据分项质量检查功能菜单

各项数据质量检查的操作步骤相同，具体的操作步骤以保护与管理数据的检查为例。

1）点击“质量检查”菜单下“填报数据分项质量检查”栏中的“保护与管理”按钮，弹出执行进度对话框，如图 3-55 所示。

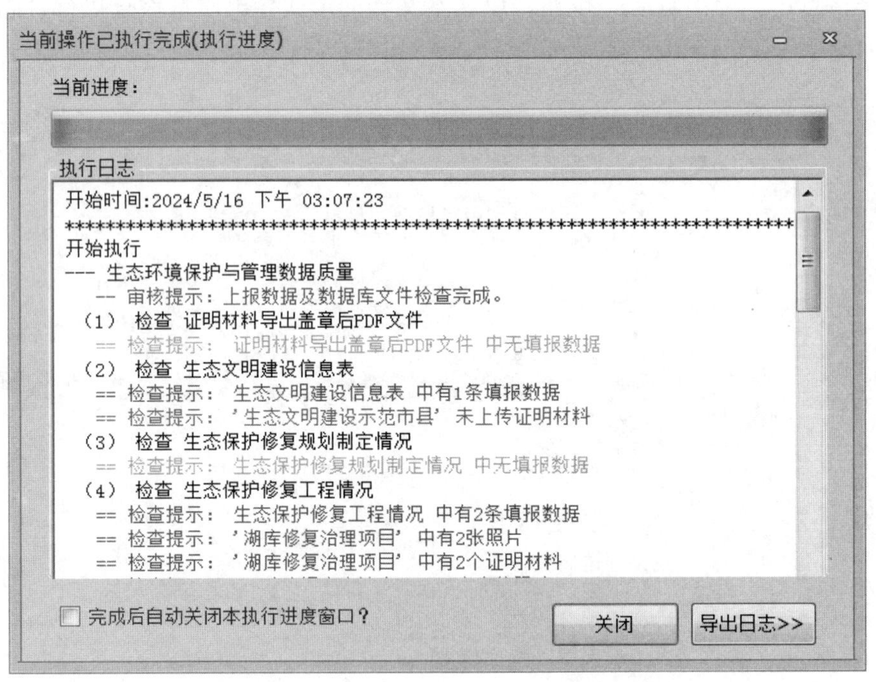

图 3-55　质量检查执行进度及日志提示框

2）系统将依次检查生态环境保护与管理中各项信息表是否存在数据、是否上传照片及证明材料等内容，在检查过程中，将通过日志的方式动态显示检查提示和结果，如图 3-55 所示。

3）数据质量检查操作执行完成后，点击执行进度对话框的“关闭”按钮，关闭当前对话框；点击“导出日志”按钮，以文本文档的形式导出质量检查执行日志。

【**注意**】数据检查发现的问题并非一定是错误，可根据实际情况判断是否修改。若数据检查存在错误，则需要重新进行数据的导入、修改操作，直至数据检查通过。

2.6　生成自查报告及附表

完成数据质量检查之后，系统可以为用户自动生成自查报告相关的“生态环境质量考核工作情况说明”。自查报告的生成有两种方式，一种是通过主界面菜单（图 3-56）生成，另一种是点击左侧上报数据列表生成（图 3-57）。

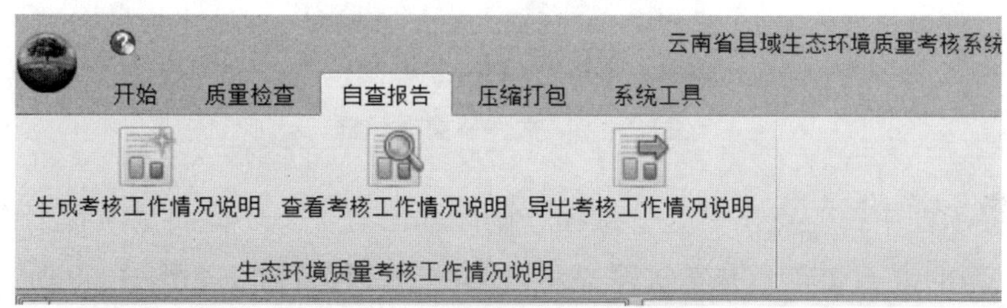

图 3-56　自查报告功能菜单

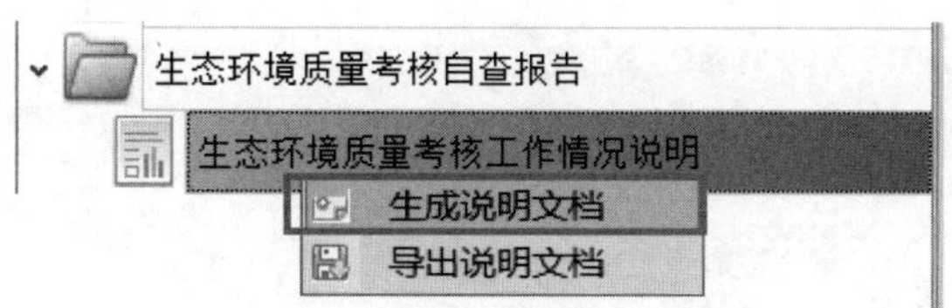

图 3-57　自查报告目录管理

本功能主要是生成生态环境质量考核工作情况说明文本。采用主界面菜单方式生成说明文本的具体操作步骤如下。

1）点击“自查报告”菜单下“生态环境质量考核工作情况说明”栏中的“生成考核工作情况说明”按钮（图 3-58），系统将开始自动生成生态环境质量考核工作情况说明文本。若说明文本以前已生成，则弹出如图 3-59 所示的提示框，提示用户是否重新生成并替换。

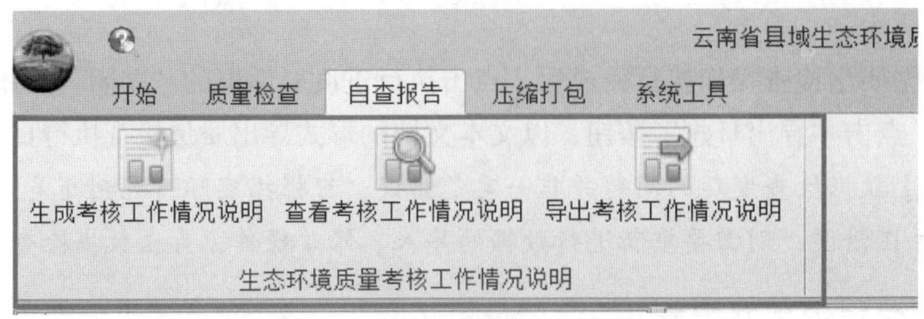

图 3-58　说明文本工具菜单项

图 3-59　文件替换提示框

2）在提示框中，若点击“是”按钮，则删除已有生态环境质量考核工作情况说明文本，生成新的说明文本，并在进度显示框内输出过程日志，如图 3-60 所示。在生成过程中，可点击“终止”按钮随时终止生成过程，也可勾选“完成后自动关闭本执行进度窗口？”复选框，生成结束后自动关闭该执行进度框。

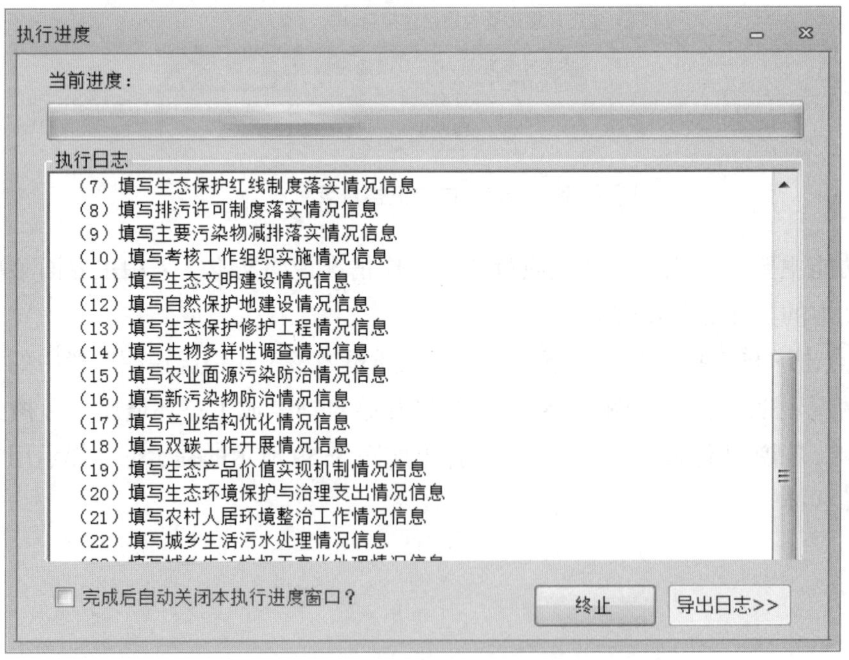

图 3-60　说明文本执行进度及日志提示框

3）生成生态环境保护工作情况说明执行过程结束之后，系统会在数据显示窗口自动显示环境保护情况说明文本。在如图 3-61 所示的执行结果框中，可单击“导出日志”按钮，以文本文件的形式导出执行日志。

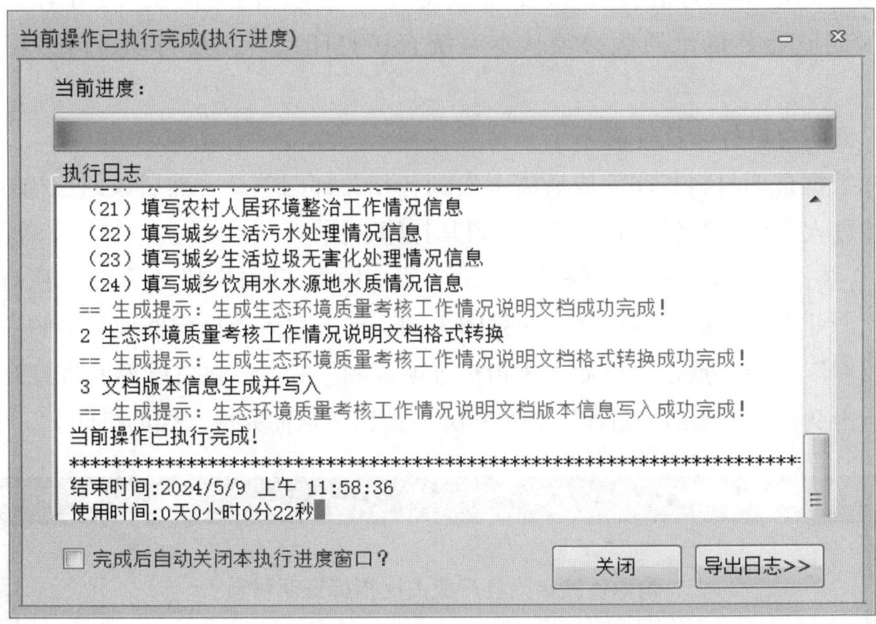

图 3-61　生成生态环境保护工作情况说明执行结果框

采用界面左侧上报数据列表的右键菜单生成生态环境质量考核工作情况说明文本的具体操作步骤如下。

1）在填报数据列表区展开“生态环境质量考核自查报告”目录，右击“生态环境质量考核工作情况说明”，弹出如图 3-62 所示的右键功能菜单。

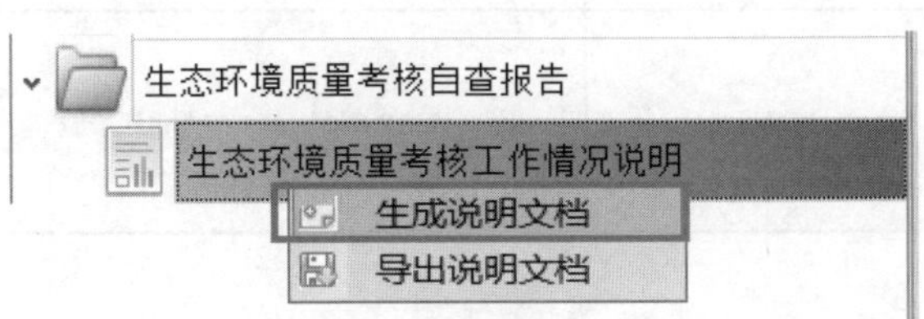

图 3-62　生态环境质量考核工作情况生成右键菜单

2）在弹出的功能菜单中，点击“生成说明文档”菜单项，系统将开始自动生成工作情况说明文本。剩余操作过程同采用主界面菜单方式生成生态环境质量考核工作情况说明文本操作方法一致。

【注意】若生成的自查报告及附表文档不全，则需要重新进行数据的导入及修改操作，重新生成自查报告，直到所有数据文档齐全无误为止。

2.7 证明材料 / 自查报告打印（盖章）

通过上面几步的操作，已经生成了上报打包文件的电子版，为了保证证明材料及自查报告的电子版与纸质版一致，系统对导入或生成的文档加入了水印，因此证明材料及自查报告的纸质版必须从本系统直接打印或导出后打印，再去相关部门盖章。

（1）证明材料打印及盖章

指标数据证明材料打印完成后需下发到各相关部门盖章，然后收回扫描成 pdf 文件后上传进入系统中保存。下面详细介绍其打印方法。

1）直接打印：需要打印左侧目录树的“指标数据证明材料”目录下的所有证明材料。以“产业占比指标证明材料”的打印为例，点击左侧填报数据列表中的“指标数据证明材料”目录，点击“产业占比指标证明材料”节点，在右侧界面将打开该证明材料，点击文档右上角的“打印”（图 3-63）按钮，从而完成文档的打印。

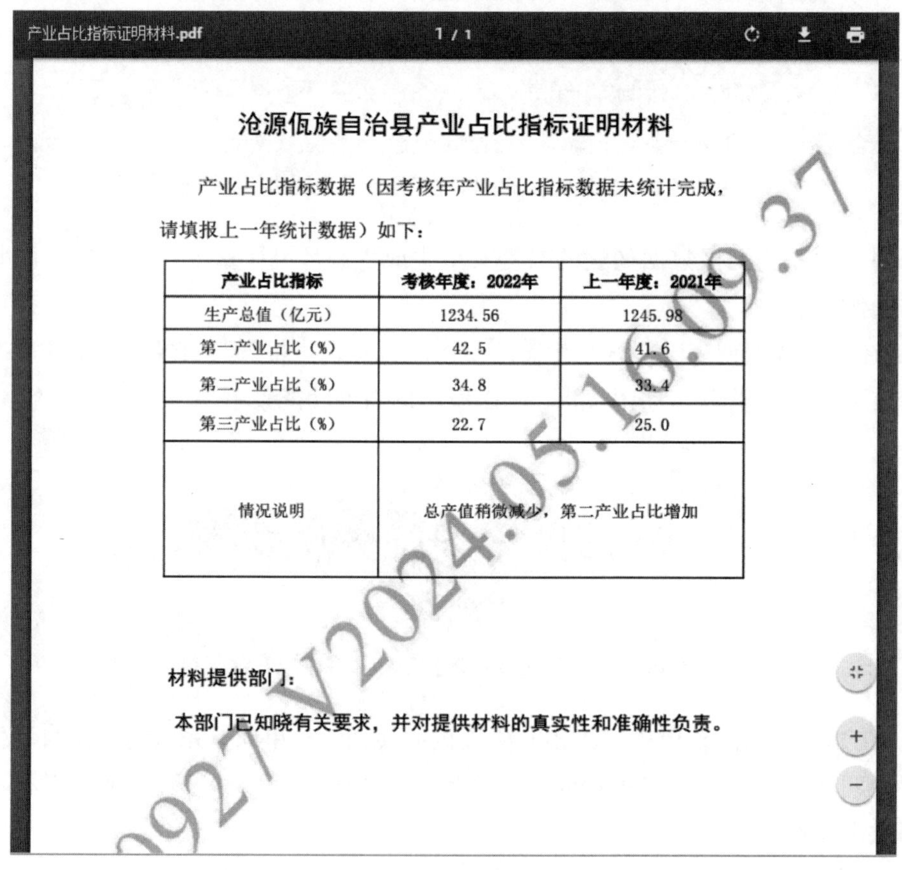

沧源佤族自治县产业占比指标证明材料

产业占比指标数据（因考核年产业占比指标数据未统计完成，请填报上一年统计数据）如下：

产业占比指标	考核年度：2022年	上一年度：2021年
生产总值（亿元）	1234.56	1245.98
第一产业占比（%）	42.5	41.6
第二产业占比（%）	34.8	33.4
第三产业占比（%）	22.7	25.0
情况说明	总产值稍微减少，第二产业占比增加	

材料提供部门：

本部门已知晓有关要求，并对提供材料的真实性和准确性负责。

图 3-63 证明材料直接打印

2）导出打印：另外也可以导出左侧目录树的“指标数据证明材料”目录下的所有证明材料进行打印。以“产业占比指标证明材料”的导出为例，点击目录树的“指标数据证明材料”，再右击“产业占比指标证明材料”节点，在弹出的菜单中点击“导出证明材料”（图 3-64），选择保存路径，导出该证明材料，之后可以通过 pdf 阅读软件打开并进行打印。

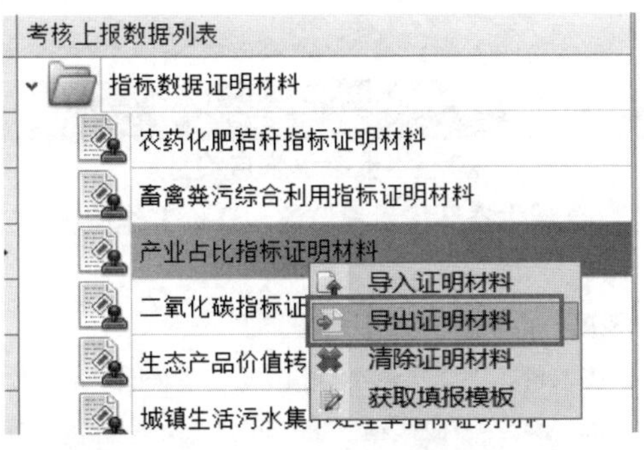

图 3-64　导出证明材料右键菜单

3）扫描上传：证明材料打印水印文件后，各部门进行盖章，盖章后扫描成 pdf 文件上传到系统（图 3-65）。

图 3-65　证明材料 pdf 文件上传

（2）自查报告打印及盖章

自查报告打印完成后需要加盖县人民政府章，然后收回。下面详细介绍其打印方法。

1）直接打印：需要打印左侧目录树的“生态环境质量考核自查报告”目录下的自查报告。以“生态环境质量考核工作情况说明”的打印为例，点击左侧填报数据列表区的“生态环境质量考核自查报告”目录下的“生态环境质量考核工作情况说明”，在右侧界面将打开该报告，点击文档右上角的“打印”按钮完成文档的打印，如图 3-66 所示。

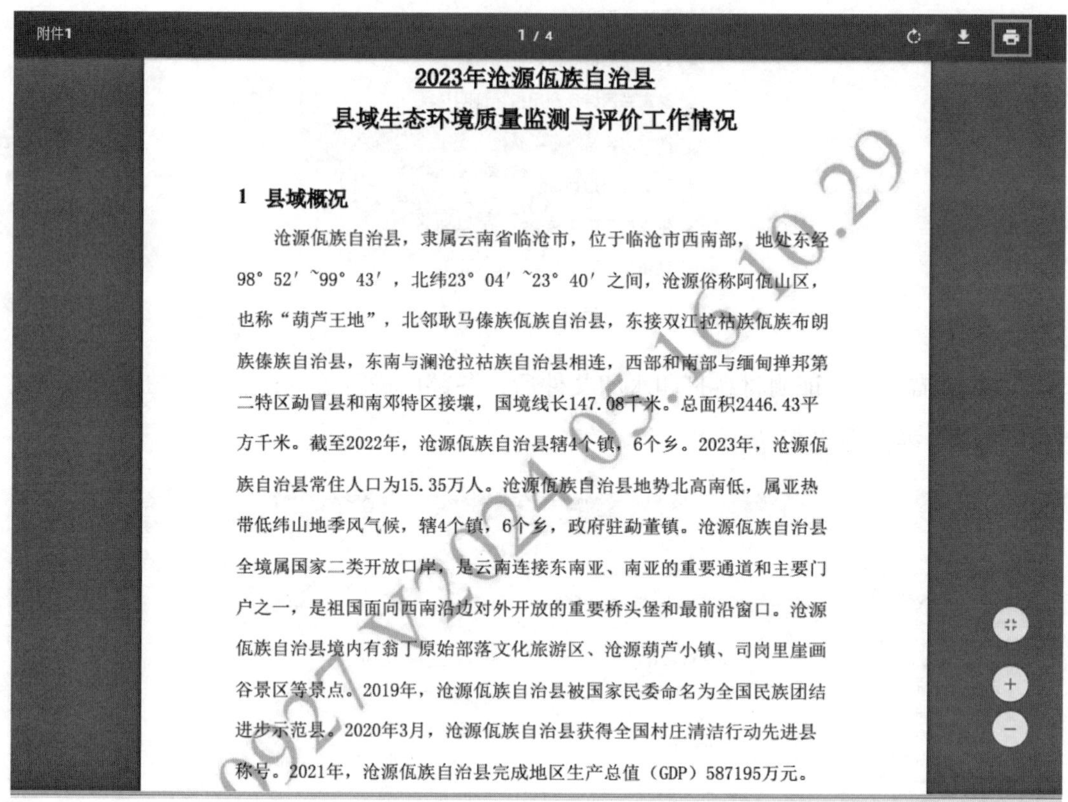

2023年沧源佤族自治县

县域生态环境质量监测与评价工作情况

1 县域概况

沧源佤族自治县，隶属云南省临沧市，位于临沧市西南部，地处东经98° 52′ ~99° 43′，北纬23° 04′ ~23° 40′ 之间，沧源俗称阿佤山区，也称“葫芦王地”，北邻耿马傣族佤族自治县，东接双江拉祜族佤族布朗族傣族自治县，东南与澜沧拉祜族自治县相连，西部和南部与缅甸掸邦第二特区勐冒县和南邓特区接壤，国境线长147.08千米。总面积2446.43平方千米。截至2022年，沧源佤族自治县辖4个镇，6个乡。2023年，沧源佤族自治县常住人口为15.35万人。沧源佤族自治县地势北高南低，属亚热带低纬山地季风气候，辖4个镇，6个乡，政府驻勐董镇。沧源佤族自治县全境属国家二类开放口岸，是云南连接东南亚、南亚的重要通道和主要门户之一，是祖国面向西南沿边对外开放的重要桥头堡和最前沿窗口。沧源佤族自治县境内有翁丁原始部落文化旅游区、沧源葫芦小镇、司岗里崖画谷景区等景点。2019年，沧源佤族自治县被国家民委命名为全国民族团结进步示范县。2020年3月，沧源佤族自治县获得全国村庄清洁行动先进县称号。2021年，沧源佤族自治县完成地区生产总值（GDP）587195万元。

图 3-66　自查报告直接打印

2）导出打印：另外也可以导出左侧目录树的“生态环境质量考核自查报告”目录下的自查报告，之后再进行打印。以“生态环境质量考核工作情况说明”的导出为例，点击目录树的“生态环境质量考核自查报告”，再右击“生态环境质量考核工作情况说明”节点，在弹出的菜单中点击“导出说明文档”（图 3-67），选择保存路径，导出该报告，之后可以通过 pdf 阅读软件打开进行打印。

【注意】若系统所在计算机已连接打印机，推荐用户使用直接打印功能；若未连接打印机，则选择导出功能，将文件复制到可以打印的计算机进行打印。

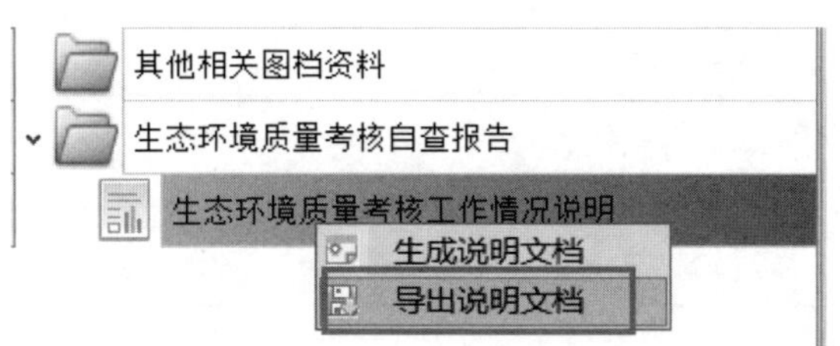

图 3-67　导出说明文档右键菜单

2.8　数据预检及加密打包

上报数据加密打包需要满足两个条件：一是县域所有填报数据上报且已导入系统内；二是自查报告已生成，若自查报告需要修改，则修改后的报告已更新至系统中。

上报数据加密打包一般包括两个步骤：上报数据打包前预查和上报数据加密打包。

（1）上报数据打包前预查

上报数据打包前预查是在数据打包上报前对各填报数据进行检查，主要检查上报数据文件目录、自查报告、数据库文件、生态环境质量考核数据指标的证明材料、生态环境保护与管理相关数据是否完整、齐全。具体操作步骤如下。

1）点击“压缩打包”菜单下“上报打包工具”栏中的“上报数据打包前预查”按钮，弹出上报数据打包前预查执行进度对话框，如图 3-68 所示。

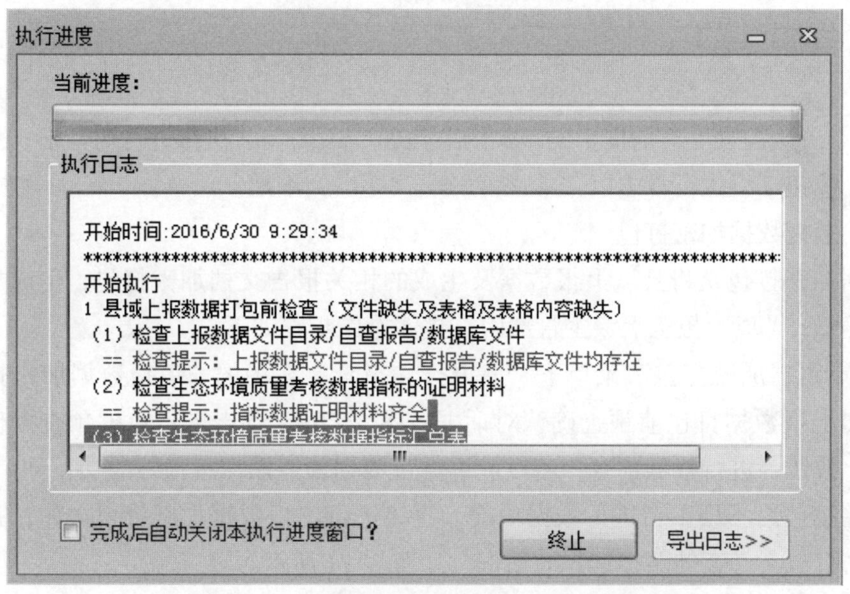

图 3-68　上报数据打包前预查执行进度提示框

2）县域上报数据打包前预查完成之后，可以在执行进度对话框中查看执行日志，如图 3-69 所示。

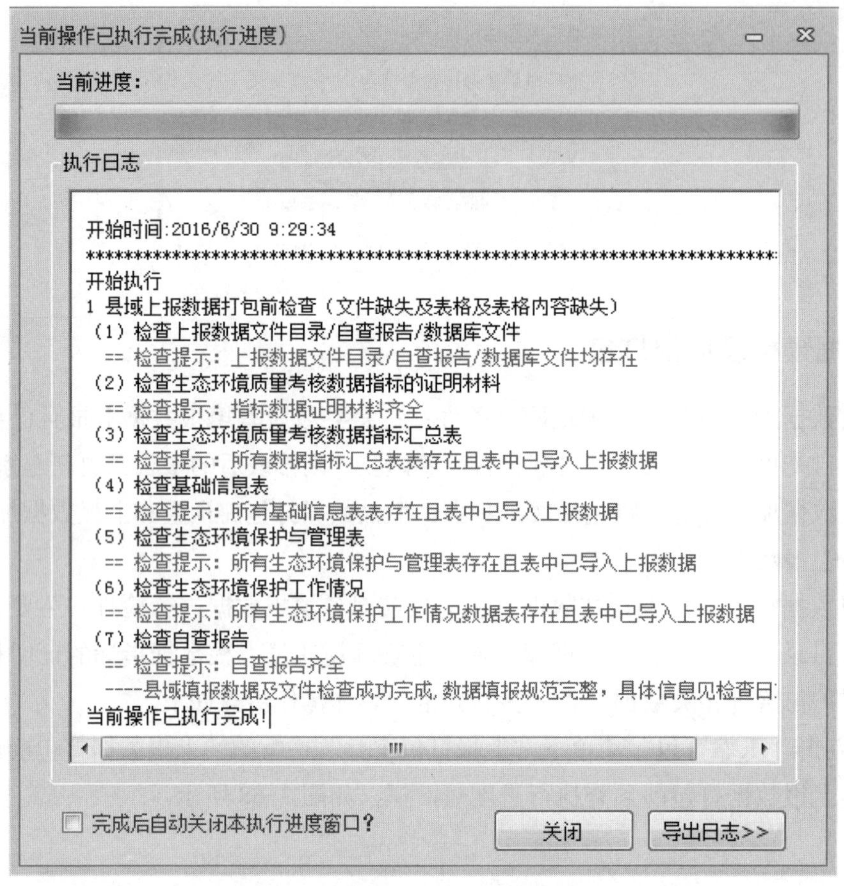

图 3-69　上报数据打包前预查结果框

3）点击执行进度对话框中的“关闭”按钮，关闭当前执行进行对话框；点击“导出日志”按钮，将执行日志以文本文件的形式导出到本地。

（2）上报数据加密打包

数据加密打包是将县域上报数据及生成的相关报告文档加密打包，生成加密压缩包文件（*.crf）以上报至上级主管部门。具体操作步骤如下。

1）点击“加密打包”菜单下“上报打包工具”栏中的“填报数据加密打包”按钮，弹出上报数据打包前预查确认对话框（图 3-70）。若未进行数据预查操作，则选择“是”按钮，进行数据预查；若以前进行过数据预查操作且预检成功，则单击“否”按钮，在打包前不用重新进行数据预检，直接进行填报数据加密打包操作，弹出填报数据加密打包文件存储路径选择对话框，如图 3-71 所示。

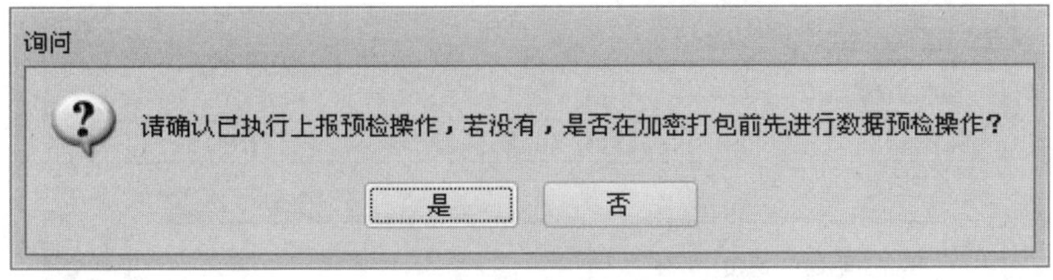

图 3-70　上报预检操作执行确认框

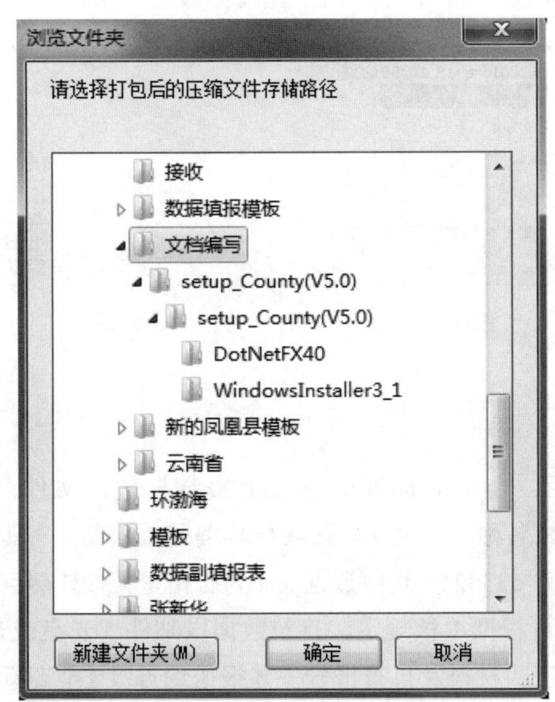

图 3-71　填报数据加密打包文件存储路径选择对话框

2）在文件存储路径选择对话框中选择打包文件的存储路径，并点击“确定”按钮，则进入数据加密打包执行进度对话框，如图 3-72 所示。

3）填报数据加密打包操作执行完成后，上报数据加密打包文件存储到用户选择的文件存储路径下。点击填报数据加密打包执行进度对话框中的“关闭”按钮，则关闭当前执行对话框；单击“导出日志”按钮，将数据加密打包执行日志以文本文件的形式导出到本地。

【注意】数据预查发现的问题并非一定是错误，可根据实际情况判断是否修改。若数据预查发现错误，则需要重新进行数据的导入、修改操作直到数据预查无误为止。

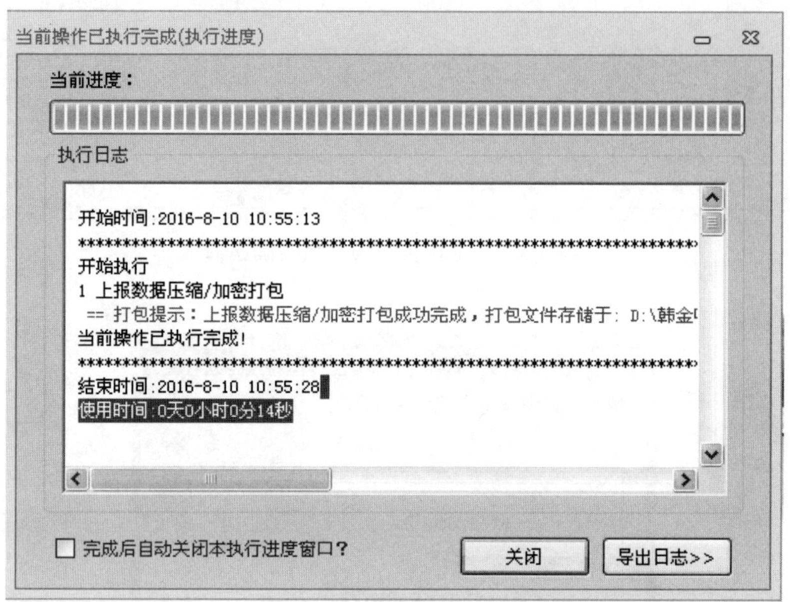

图 3-72 数据加密打包执行进度对话框

2.9 数据上报

数据加密打包后，会生成标准的县级上报数据包，文件名格式：云南省－年份（四位数字）－县域名称（中文）－县域行政编码（六位）－其他数据 .crf，如云南省 -2017- 香格里拉市 -533021- 其他数据 .crf 为香格里拉 2017 年考核上报数据。该数据包为加密文件包，可根据考核规定，打包数据以邮件、光盘或是移动硬盘的方式连同加盖各部门印章的证明材料及自查报告一并报送到省级主管部门。

【注意】请勿擅自更改上报数据包文件名，上报数据一定要保证正确且完整。

第4章
数据填报系统用户使用手册

1　引言

1.1　编写目的

本手册是“云南省县域生态环境质量监测评价与考核系统12.0——数据填报系统”（以下简称“填报系统”）的使用说明书，目标读者是系统的实际操作者（县级环境主管部门，负责县域生态环境质量考核数据上报审核，并编写自查报告的工作人员）。本手册描述了系统的基本功能、系统界面及各功能模块的具体操作，辅助使用人员从整体和具体功能上掌握系统的使用方法。

1.2　系统概述

“填报系统”主要通过县域生态环境质量考核数据的填报模板下发，数据编辑导入、数据质量检查、自查报告生成、数据打包等功能模块，以功能菜单和右键快捷菜单的方式实现县域填报数据的编辑导入、质量检查，以辅助县级环境主管部门生成符合国家要求的县域生态环境质量考核上报数据。

1.3　术语定义

【指标数据】

是指县域的农药、化肥、禽畜粪污、产业占比、二氧化碳、建成区绿化覆盖率等信息，另外还包括城镇生活污水数据等。

【自查报告】

是指生态环境质量考核工作情况说明信息。

【数据质量检查】

检查各类数据是否缺失、数据项是否填写等。

【数据填报模板】

是指规定格式的xlsx、docx附件，填写之后通过系统的导入功能实现入库。

2　系统运行环境

本系统运行的软硬件环境不得低于表 4-1 所示配置，软件环境的支撑控件和辅助软件为必选项，否则系统无法正常运行。

表 4-1　系统运行环境

系统运行环境	设备	指标详细信息
硬件环境	CPU	2.0 GHz 以上
	内存	1 G 以上
	可用硬盘空间	5 GB 以上
软件环境	操作系统	Windows XP/2003/7，支持 64 位操作系统
	支撑控件	Microsoft .NET Framework 4.0（自动安装）
	辅助软件	Microsoft Office 2007（需含 Excel、Word） Adobe Reader 7.0 以上

3　其他数据上报系统主界面说明

“填报系统”主界面采用经典的 Office 2010 界面风格，整个界面分为菜单区、数据列表区、数据显示区，如图 4-1 所示。

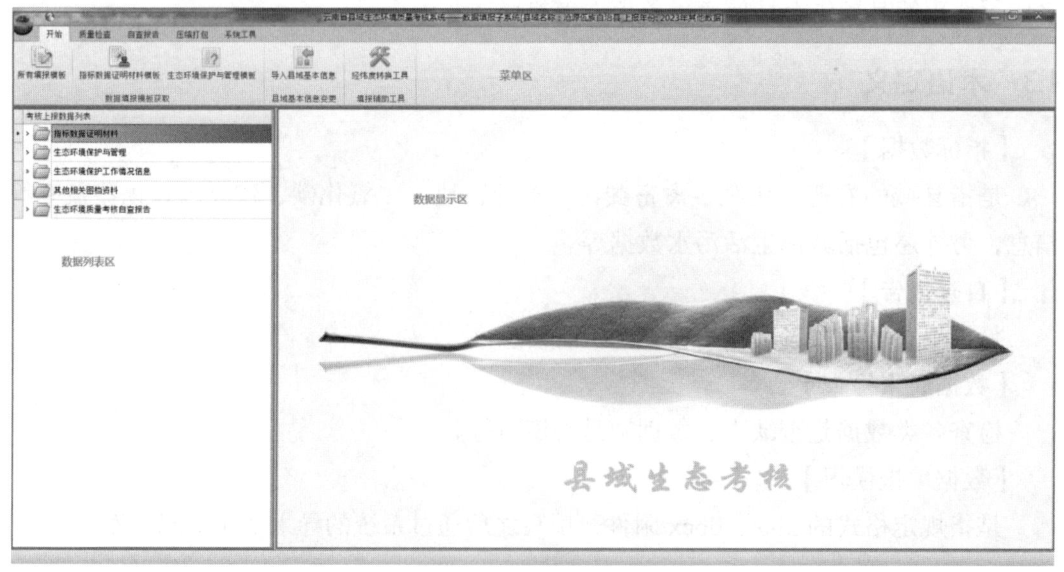

图 4-1　系统主界面

3.1 功能菜单区

功能菜单区位于系统主界面的上方，主要通过该功能菜单区的功能按钮来完成县域生态环境质量考核填报数据模板的获取、县域生态环境质量考核填报数据的质量检查、自查报告生成及数据加密打包等功能。本系统的功能按钮根据功能分类分布于五个菜单面板中，分别为开始、质量检查、自查报告、压缩打包及系统工具。系统功能与各菜单面板间的对应关系如表 4-2 所示。

表 4-2　系统功能与各菜单面板间的对应关系

序号	菜单名称	系统功能
1	开始	县域生态环境质量考核填报数据模板获取
2	质量检查	县域生态环境质量考核填报数据质量检查
3	自查报告	县域生态环境质量考核数据自查报告生成、查看及导出
4	压缩打包	县域上报数据预检、加密打包
5	系统工具	系统界面风格切换、数据备份、恢复

通过点击菜单面板上方的菜单项（图 4-2）进行菜单面板的切换。

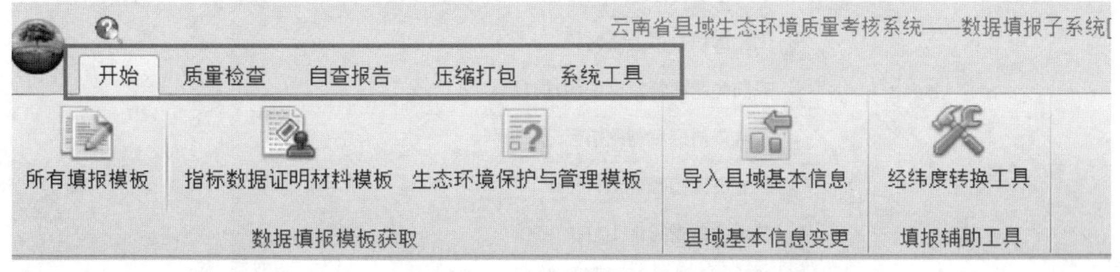

图 4-2　系统功能菜单切换区

菜单面板在系统运行过程中通常一直显示，但有时为了扩大数据显示区，可通过双击菜单面板上方的菜单项实现菜单面板的隐现，菜单面板隐藏后的界面如图 4-3 所示，用户可通过双击菜单面板上方的菜单项恢复其显示。

图 4-3　菜单面板隐藏后的功能菜单区

系统菜单位于功能菜单区左上角的系统图标处，通过点击图标弹出菜单（图 4-4）。该菜单中提供县域基本情况查看、系统帮助、系统的版本信息和退出系统功能。

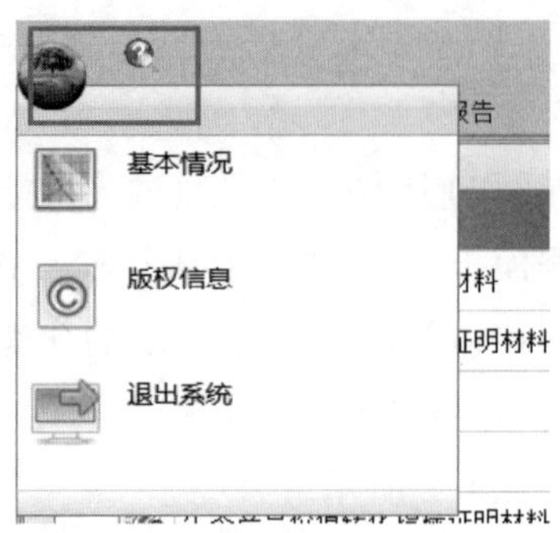

图 4-4　系统菜单

3.2　填报数据列表区

县域填报数据列表区位于系统主界面的左侧，通过目录树的方式，对各类型的上报数据进行组织。初始状态下，目录树中一级节点包括指标数据证明材料、生态环境保护与管理填报表、生态环境保护工作情况信息、其他相关图档资料和生态环境质量考核自查报告五部分，根据各部分包含的内容分为二级节点和三级节点，如图 4-5 所示。

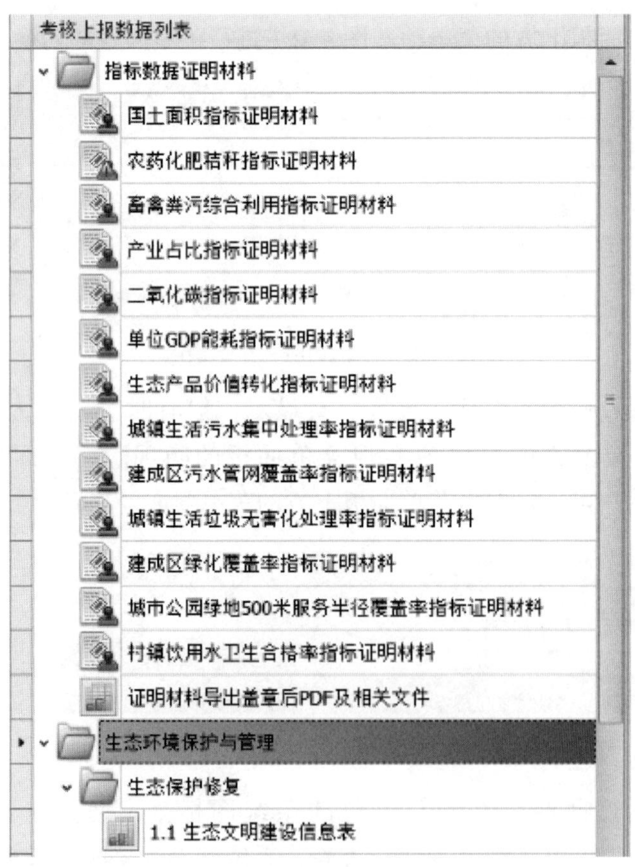

图 4-5　考核上报数据列表

系统将通过点击该目录树来实现考核上报数据的浏览，其操作方式与 Windows 的目录操作完全相同，只需逐级打开目录至末级节点，即为具体数据对应的文件或表格，点击即可在数据显示编辑区以文档或表格的方式显示相应数据。数据列表区中数据文件若不存在，其数据文件名称前面的图标与数据文件存在状况下的图标有所不同，如图 4-5 所示，图中农药化肥秸秆指标证明材料未导入。

3.3　数据显示编辑区

数据显示编辑区主要显示填报数据列表区所选中数据节点对应的文档或表格内容，以及系统生成的自查报告文本及报告附表。

不同数据内容，其显示样式各不相同，图 4-6 为文档类数据的显示样式，在文档类显示窗口，可实现文档的打印、换页和显示比例切换等操作。

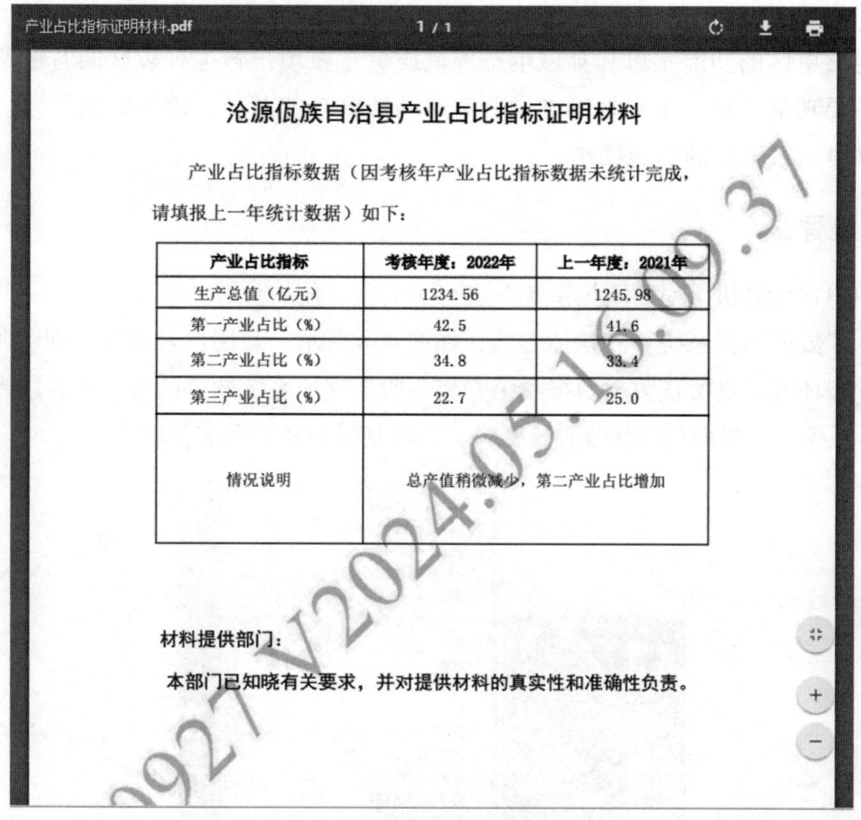

沧源佤族自治县产业占比指标证明材料

产业占比指标数据（因考核年产业占比指标数据未统计完成，请填报上一年统计数据）如下：

产业占比指标	考核年度：2022年	上一年度：2021年
生产总值（亿元）	1234.56	1245.98
第一产业占比（%）	42.5	41.6
第二产业占比（%）	34.8	33.4
第三产业占比（%）	22.7	25.0
情况说明	总产值稍微减少，第二产业占比增加	

材料提供部门：

本部门已知晓有关要求，并对提供材料的真实性和准确性负责。

图 4-6　文档类数据显示样式

图 4-7 为表格类数据的显示样式，在表格类显示窗口，可实现数据表的翻页，数据记录的增加、删除、修改等功能操作（通过表格左下方的功能区实现，如图 4-7 红框内所示）。

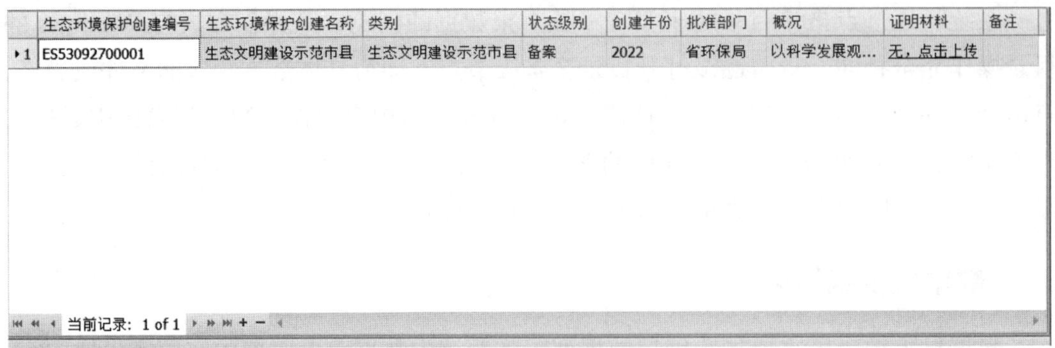

	生态环境保护创建编号	生态环境保护创建名称	类别	状态级别	创建年份	批准部门	概况	证明材料	备注
▸1	ES53092700001	生态文明建设示范市县	生态文明建设示范市县	备案	2022	省环保局	以科学发展观...	无，点击上传	

图 4–7　表格类数据显示样式

4　其他数据上报系统功能操作说明

功能菜单区的功能菜单和县域生态环境质量考核填报数据列表区的右键菜单是本系统的主要功能入口，本章将详细说明菜单功能区功能菜单、填报数据列表区右键菜单及数据显示编辑区的功能操作。

4.1　系统登录

若用户在计算机上对“填报系统”进行了安装，用户计算机系统桌面上、开始菜单中将产生“数据填报系统”的快捷方式，如图 4-8 所示。若用户未安装，则参照《云南省县域生态环境质量考核数据填报系统安装手册》完成系统软件的安装，并进入系统登录界面。系统登录界面包括修改登录密码、切换县域及登录系统三部分。

图 4–8　数据填报系统桌面及开始菜单快捷方式

4.1.1　修改登录密码

系统初始化时，将系统的登录密码设为县域的六位行政编码，如沧源佤族自治县的密码为 530927。为保证数据及系统安全，建议在第一次使用系统时修改登录密码。步骤如下。

1）在系统初始化验证成功后，会弹出登录框（以沧源佤族自治县为例），如图 4-9 所示。

图 4-9　系统登录界面

2）点击图 4-9 中系统登录界面的“修改密码”按钮，则弹出密码修改对话框（图 4-10），可以修改登录密码。

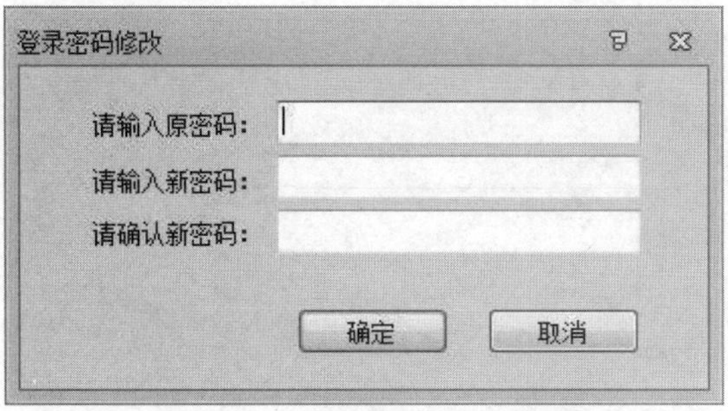

登录密码修改

请输入原密码：

请输入新密码：

请确认新密码：

确定　取消

图 4-10　登录密码修改对话框

在图 4-10 登录密码修改窗体的第一个框中输入原密码，第一次登录时的密码为县域代码，以后再修改时则为用户修改过的密码。在第二个框中输入新密码（密码建议由数字和字母组合而成），然后在第三个框中重新输入新密码，以确认新密码没有输错。

3）密码输入完成后，点击“确定”按钮，若原密码没有输错，且新密码与确认密码相同，则弹出修改密码成功提示框（图 4-11）；否则提示原密码错误或新密码与确认密码不匹配，这时用户需要重新进行密码修改。

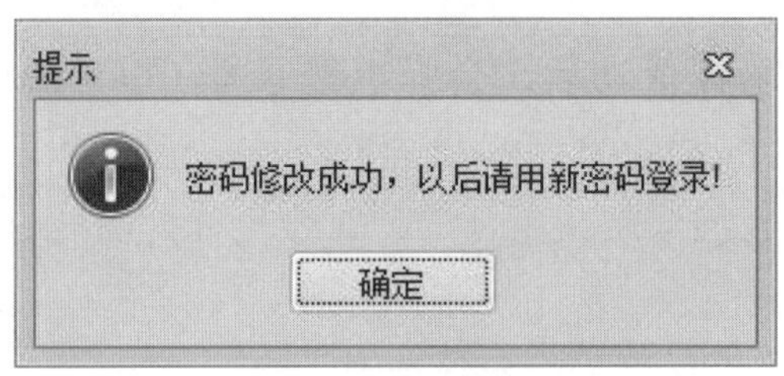

图 4-11 密码修改成功提示框

【**注意**】*修改密码为可选步骤，若所用计算机只能本人使用，可不用修改密码。*

4.1.2 切换县域

“切换县域”功能主要针对省级用户，目的是方便省级用户对各县进行技术支持工作，可以快速实现不同县域系统的切换。步骤如下：

1）点击登录窗体上的“切换县域”按钮，如图 4-12 所示。

图 4-12 县域切换

2）弹出县域注册码输入窗口，输入注册码后点击“确定”按钮，可以切换到其他县域，如图 4-13 所示。

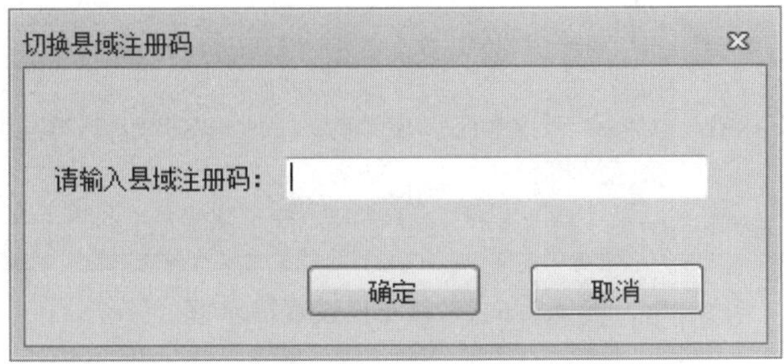

图 4-13　注册码输入

4.1.3　登录系统

系统登录的具体操作步骤如下。

1）在系统登录框（图 4-14）中，点击“登录”按钮则开始登录系统。

图 4-14　系统登录界面

2）系统第一次登录或初始化后，会在登录过程中提示用户数据库不存在，并引导用户输入考核年份，提示信息如图 4-15 所示。

点击“是”按钮，则生成上报目录，并进入系统主界面，系统登录完成（图 4-16）。

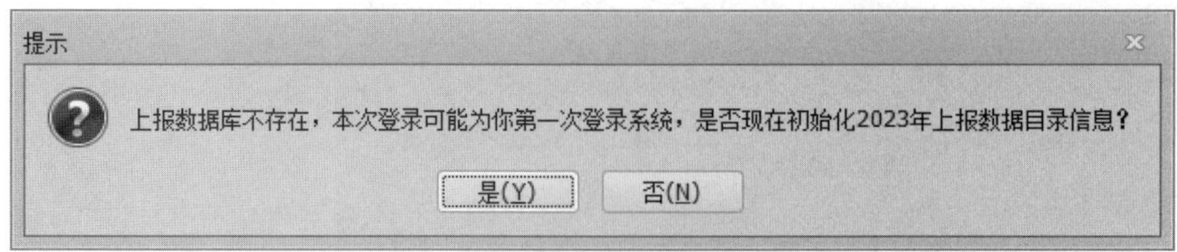

图 4-15　考核年份设置提示框

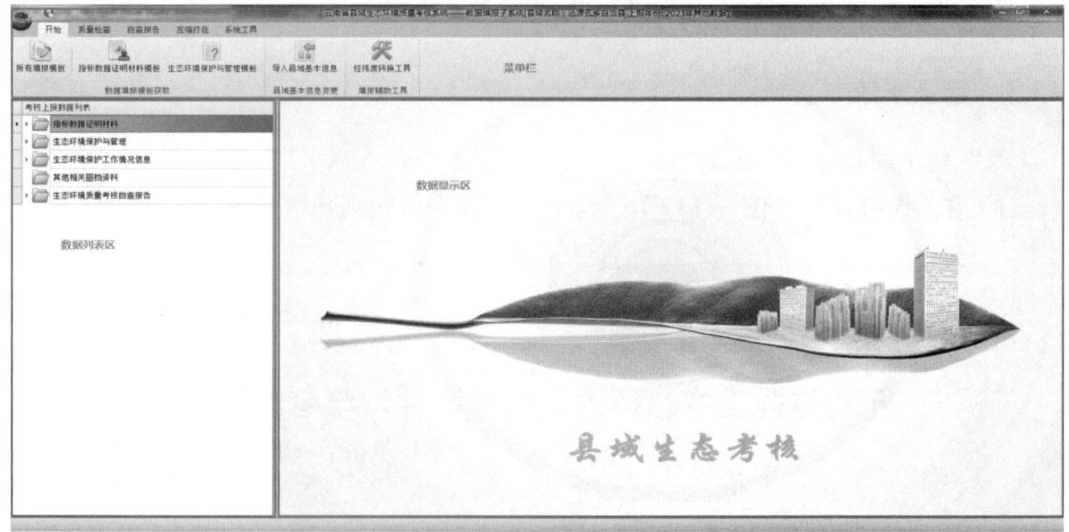

图 4-16　系统主界面

【**注意**】*若系统安装时已进行了系统初始化验证工作，则在运行时不会弹出验证相关界面。*

4.2　数据填报模板获取

数据填报模板获取是将需要整理导入的县域生态环境质量考核上报数据的填报模板保存至指定的目录下。数据填报模板在系统中有两种获取方式，一种是通过系统上方的功能菜单获取，包括所有填报模板获取、指标数据证明材料模板获取、生态环境保护与管理模板获取三种类型，这些功能菜单位于系统上方的开始菜单面板中，如图 4-17 所示；另一种是通过系统左侧数据列表区的右键菜单获取（图 4-18），此种获取方式比较有针对性，是针对单一上报数据进行的模板获取，用户可以根据自己的需要获取所需数据的模板。

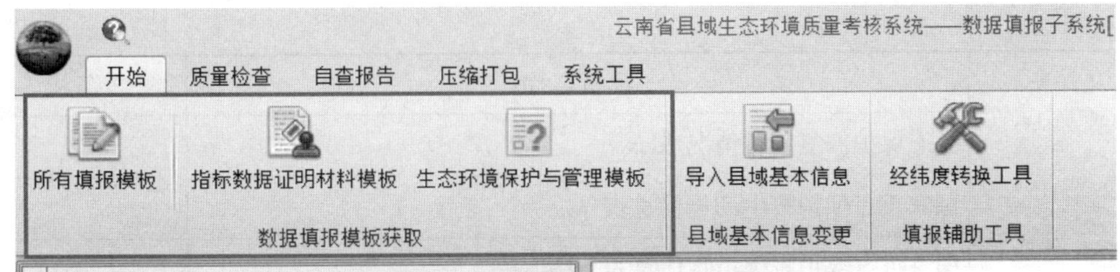

图 4–17　数据填报模板获取菜单

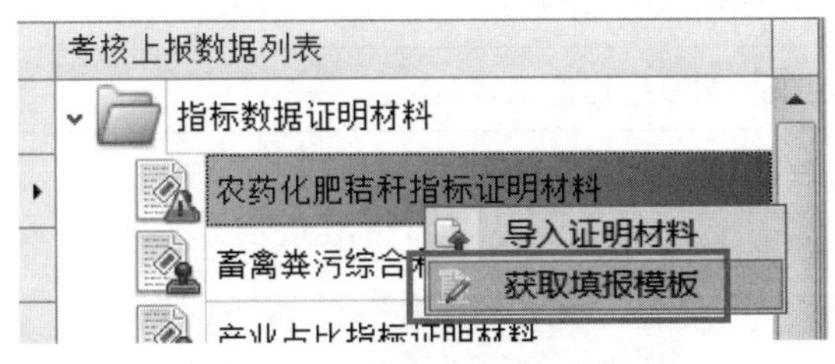

图 4–18　数据列表区右键菜单

表 4-3 为上报数据模板清单，用户可以根据需要获取所需的数据模板。

表 4–3　上报数据模板清单

文件夹	模板名称	备注
指标数据证明材料	国土面积指标证明材料 .docx	
	农药化肥秸秆指标证明材料 .docx	
	畜禽粪污综合利用指标证明材料 .docx	
	产业占比指标证明材料 .docx	
	二氧化碳指标证明材料 .docx	
	单位 GDP 能耗指标证明材料 .docx	
	生态产品价值转化指标证明材料 .docx	
	城镇生活污水集中处理率指标证明材料 .docx	
	建成区污水管网覆盖率指标证明材料 .docx	
	城镇生活垃圾无害化处理率指标证明材料 .docx	
	建成区绿化覆盖率指标证明材料 .docx	
	城市公园绿地 500 米服务半径覆盖率指标证明材料 .docx	
	村镇饮用水卫生合格率指标证明材料 .docx	

续表

文件夹	模板名称	备注
生态环境保护与管理	生态保护修复工程情况 .xlsx	
	国家重点保护野生动物信息表 .xlsx	
	国家重点保护野生植物信息表 .xlsx	
	外来入侵动物信息表 .xlsx	
	外来入侵植物信息表 .xlsx	
	外来入侵植物病原生物信息表 .xlsx	
	排污单位持证排污情况 .xlsx	
	农业面源污染监测点信息表 .xlsx	

4.2.1 功能菜单获取填报模板

系统上方的功能菜单中填报模板的获取主要包括所有填报模板、指标数据证明材料模板、生态环境保护与管理模板的获取三个子菜单项，各菜单项功能的操作步骤一致，这里以所有填报模板获取功能为例，具体操作步骤如下。

1）点击“开始”菜单下“数据填报模板获取”栏中“所有填报模板”按钮，如图 4-19 所示，系统将弹出如图 4-20 所示的模板保存路径选择对话框。

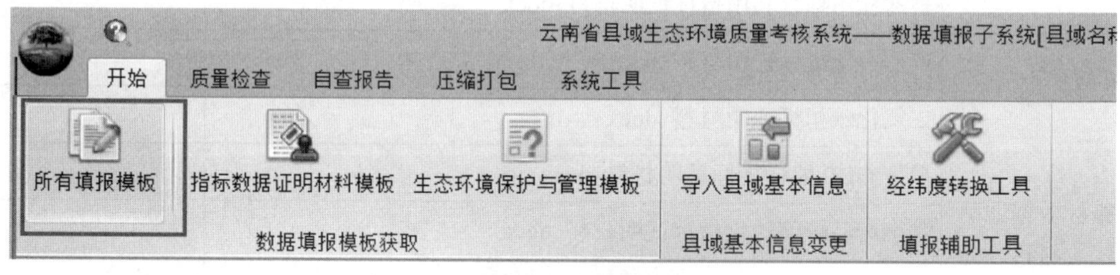

图 4-19　数据填报模板获取菜单

2）在模板保存路径选择对话框中，选取填报模板文件的保存路径，如图 4-20 所示，选择“模板”文件夹来存放导出的填报数据模板文件（若需要新建目录，可通过左下角的“新建文件夹”新建目录来保存）。

图 4-20　模板保存路径选择对话框

3）选择保存路径后，点击“确定”按钮，弹出模板导出执行进度框，如图 4-21 所示。在模板获取过程中，可点击“终止”按钮随时终止获取过程，也可勾选“完成后自动关闭本执行进度窗口？”复选框，在模板获取过程结束后自动关闭该执行进度框。在模板导出执行进度框中，执行日志显示了执行进度。导出过程执行完成后，点击模板导出执行进度框中的“导出日志”按钮，可将执行日志以文本文档的形式导出到本地。

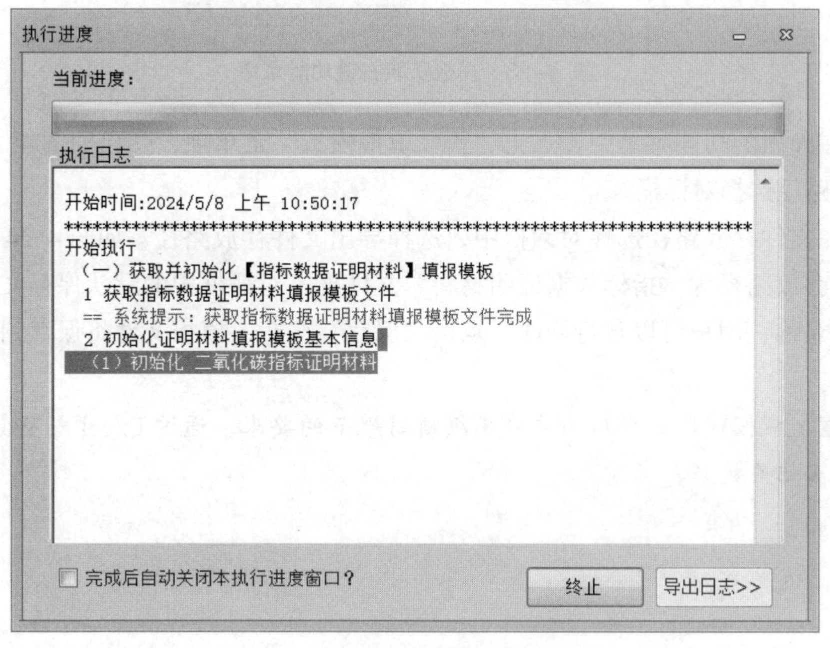

图 4-21　模板导出执行进度框

4）模板导出执行完成后，填报模板导出至指定的目录中，如图 4-22 所示。

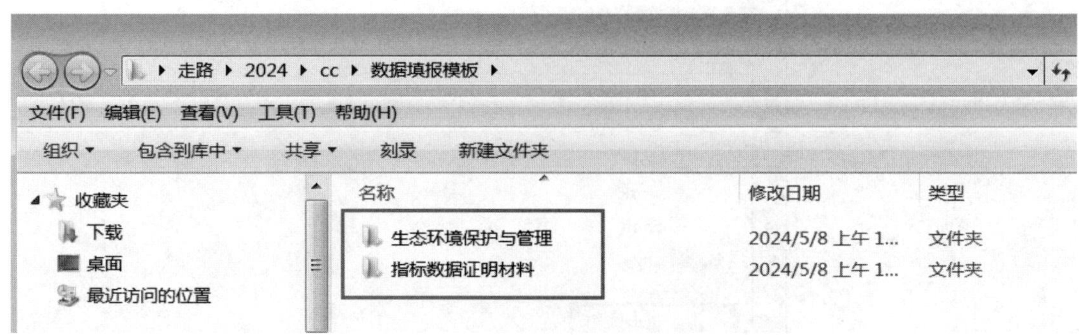

图 4-22　导出的所有填报模板文件

4.2.2　右键菜单获取填报模板

1）在填报数据列表区展开“指标数据证明材料”目录，并在需要导出数据的节点上右击，弹出右键功能菜单，如图 4-23 所示。

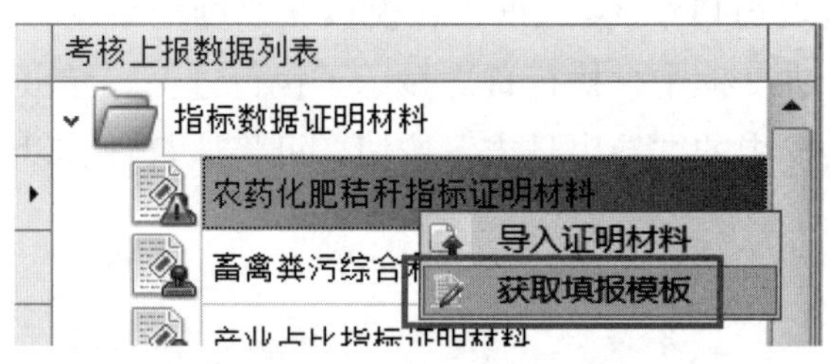

图 4-23　模板获取右键功能菜单

2）在弹出的功能菜单中，点击“获取填报模板”菜单项，弹出如图 4-24 所示的文件存放路径选择对话框。

3）在文件存放路径选择对话框中，选择导出文件存放路径，如图 4-24 所示，导出文件的存放路径为“指标数据证明材料”文件夹；对话框中的默认保存文件名为获取的数据名称，用户可以自行修改。点击“保存”按钮，模板文件将保存到用户选择的路径下。

【注意】模板获取完成后用户可根据填写规范的要求，通过 Excel 或 Word 软件在模板中输入相关数据。

图 4-24　模板文件存放路径选择对话框

4.3　数据导入与修改

数据导入与修改主要完成数据文件的导入和数据的录入工作。在所有数据模板获取并填写完成后，即可进行此项操作。目前，系统导入的文件类型主要有：指标数据证明材料、生态环境保护与管理表、生态环境保护工作情况信息、其他相关图档资料、生态环境质量考核自查报告等，各数据类别入库方式如表 4-4 所示，表中所有的数据类别及名称与系统填报数据列表区的目录树相对应。

表 4-4　数据录入方式

数据类别	数据名称	右键菜单导入	界面录入	推荐入库方式
指标数据证明材料	国土面积指标证明材料	支持	不支持	导入
	农药化肥秸秆指标证明材料	支持	不支持	导入
	畜禽粪污综合利用指标证明材料	支持	不支持	导入
	产业占比指标证明材料	支持	不支持	导入
	二氧化碳指标证明材料	支持	不支持	导入
	单位 GDP 能耗指标证明材料	支持	不支持	导入
	生态产品价值转化指标证明材料	支持	不支持	导入
	城镇生活污水集中处理率指标证明材料	支持	不支持	导入
	建成区污水管网覆盖率指标证明材料	支持	不支持	导入

续表

数据类别	数据名称	右键菜单导入	界面录入	推荐入库方式
指标数据证明材料	城镇生活垃圾无害化处理率指标证明材料	支持	不支持	导入
	建成区绿化覆盖率指标证明材料	支持	不支持	导入
	城市公园绿地 500 米服务半径覆盖率指标证明材料	支持	不支持	导入
	村镇饮用水卫生合格率指标证明材料	支持	不支持	导入
生态环境保护与管理 / 生态保护修复	生态文明建设信息表	不支持	支持	界面录入
	生态保护修复规划制定情况	不支持	支持	界面录入
	生态保护修复工程情况	支持	支持	导入
	国家重点保护野生动物信息表	支持	支持	导入
	国家重点保护野生植物信息表	支持	支持	导入
	外来入侵动物信息表	支持	支持	导入
	外来入侵植物信息表	支持	支持	导入
	外来入侵植物病原生物信息表	支持	支持	导入
生态环境保护与管理 / 环境污染防治	落实精准科学治污情况	不支持	支持	界面录入
	重点污染源执法监测情况	不支持	支持	界面录入
	排污单位持证排污情况	支持	支持	导入
	排污单位监管执法情况	不支持	支持	界面录入
	农业面源污染防治情况	不支持	支持	界面录入
	农业面源污染监测点信息表	支持	支持	导入
	新污染物防治情况	不支持	支持	界面录入
生态环境保护与管理 / 绿色低碳发展	国土空间规划制定情况	不支持	支持	界面录入
	生态产品信息调查情况	不支持	支持	界面录入
	生态产品总值和生态资产核算统计表	不支持	支持	界面录入
	生态环境保护与治理支出	不支持	支持	界面录入
生态环境保护与管理 / 绿美云南建设	城镇生活污水集中处理设施信息表	不支持	支持	界面录入
	乡镇生活污水收集情况	不支持	支持	界面录入
	农村黑臭水体整治情况	不支持	支持	界面录入
	城镇生活垃圾处理设施信息表	不支持	支持	界面录入
	乡镇生活垃圾收集情况	不支持	支持	界面录入

续表

数据类别	数据名称	右键菜单导入	界面录入	推荐入库方式
生态环境保护与管理/县域考核工作组织	生态环境保护责任清单情况	不支持	支持	界面录入
	年度实施方案情况	不支持	支持	界面录入
	考核工作组织情况	不支持	支持	界面录入
	考核工作经费保障	不支持	支持	界面录入
生态环境保护工作情况信息	生态环境保护责任落实情况	不支持	支持	界面录入
	生态保护修复成效情况	不支持	支持	界面录入
	环境污染防治情况	不支持	支持	界面录入
	绿色低碳发展情况	不支持	支持	界面录入
	城乡人居环境情况	不支持	支持	界面录入
	县域概况及其他情况说明	不支持	支持	界面录入
其他相关图档资料		支持	不支持	导入
生态环境质量考核自查报告	生态环境质量考核工作情况说明	不支持	不支持	软件生成

其中，“生态文明建设信息表”“乡镇生活污水收集情况”中的数据为系统自带数据，无须导入。

4.3.1　指标数据证明材料导入

指标数据证明材料主要包括农药化肥秸秆指标证明材料、畜禽粪污综合利用指标证明材料、产业占比指标证明材料、二氧化碳指标证明材料、生态产品价值转化指标证明材料、城镇生活污水集中处理率指标证明材料、建成区污水管网覆盖率指标证明材料、城镇生活垃圾无害化处理率指标证明材料、建成区绿化覆盖率指标证明材料、城市公园绿地 500 米服务半径覆盖率指标证明材料、村镇饮用水卫生合格率指标证明材料等。

以指标证明材料中的“农药化肥秸秆指标证明材料”的导入为例说明文件的导入过程。

1）在填报数据列表区展开“指标数据证明材料”目录，并在“农药化肥秸秆指标证明材料”节点上右击，弹出右键菜单，如图 4-25 所示。

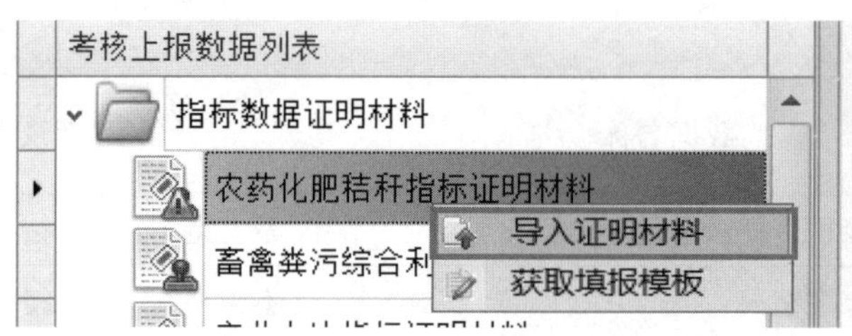

图 4-25　数据导入右键菜单

2）在弹出的功能菜单中，点击“导入证明材料”菜单项，弹出如图 4-26 所示的文件选择对话框。若此时操作系统中同时打开了 Word 文件，则会弹出 Word 文件正在运行提示框，如图 4-27 所示，此时需要关闭系统中的 Word 文件，然后点击提示框中的“重试”按钮继续导入文件，点击“取消”按钮，取消文件导入操作。

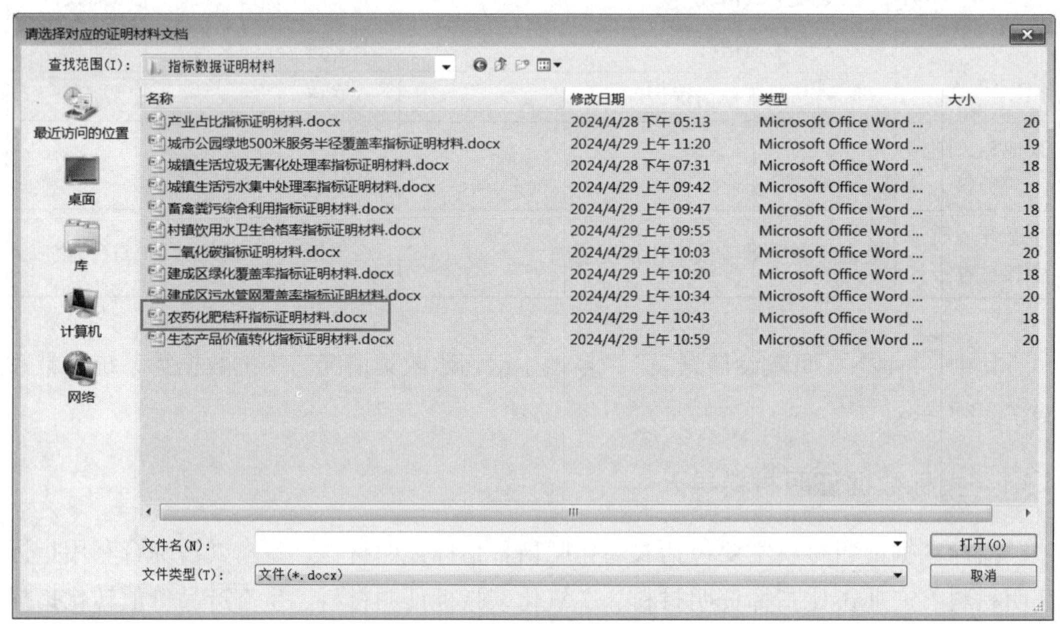

图 4-26　文件选择对话框

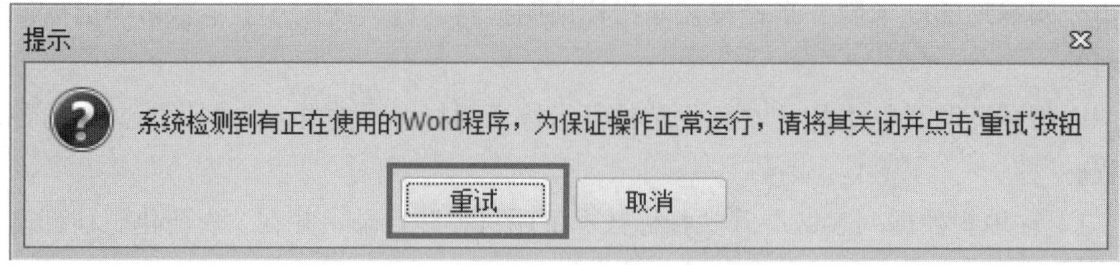

图 4-27　Word 文件运行提示框

3）在文件选择对话框中选择农药化肥秸秆指标证明材料文件，并点击“打开”按钮。若该数据以前已经导入，则弹出如图 4-28 所示的提示框，提示用户是否重新导入并替换已有文档。

图 4-28　文件替换确认框

4）点击图 4-28 提示框中的“是”按钮，系统自动导入文件，并弹出导入执行进度提示框，如图 4-29 所示。在导入过程中，可点击“终止”按钮随时终止导入过程，也可勾选“完成后自动关闭本执行进度窗口？”复选框，导入结束后自动关闭该执行进度框。

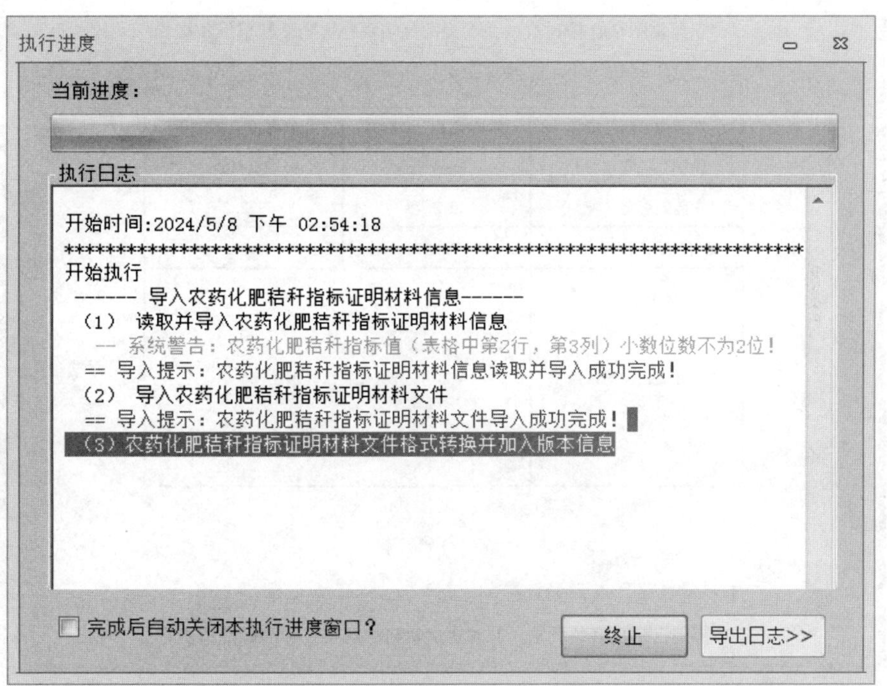

图 4-29　文件导入执行进度提示框

5）导入完成后，导入执行进度框变成如图 4-30 所示的形式，点击图 4-30 中的“导出日志”按钮，可将执行日志以文本文档的形式导出到本地。同时，在数据显示编辑区显示该文件，如图 4-31 所示。

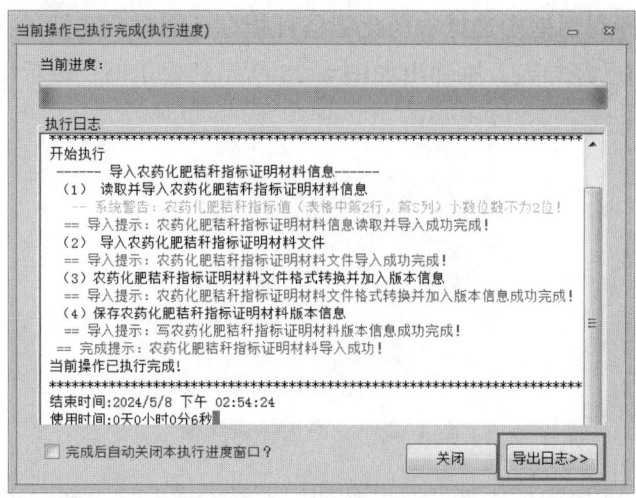

图 4-30　文件导入执行进度提示框

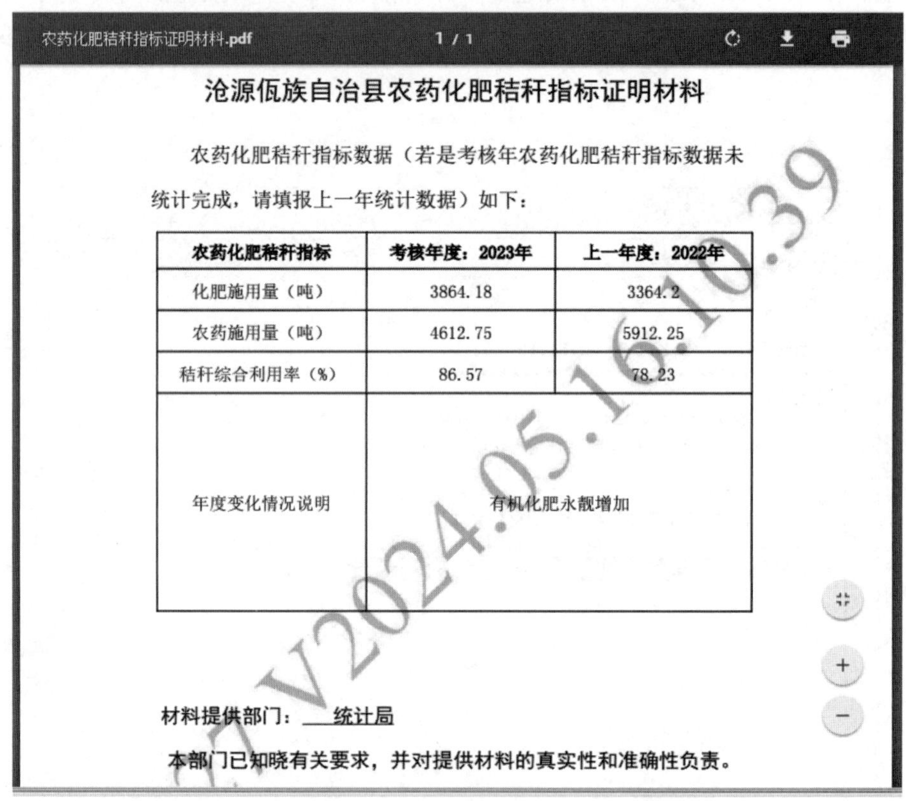
农药化肥秸秆指标证明材料.pdf　1 / 1

沧源佤族自治县农药化肥秸秆指标证明材料

农药化肥秸秆指标数据（若是考核年农药化肥秸秆指标数据未统计完成，请填报上一年统计数据）如下：

农药化肥秸秆指标	考核年度：2023年	上一年度：2022年
化肥施用量（吨）	3864.18	3364.2
农药施用量（吨）	4612.75	5912.25
秸秆综合利用率（%）	86.57	78.23
年度变化情况说明	有机化肥永靓增加	

材料提供部门：　统计局

本部门已知晓有关要求，并对提供材料的真实性和准确性负责。

图 4-31　文件显示窗

4.3.2　生态环境保护与管理信息导入

生态环境保护与管理包括生态保护修复、环境污染防治、绿色低碳发展、城乡人居环境及县域考核工作组织五部分内容（图 4-32）。生态环境保护与管理信息的大多数数据都支持导入（表 4-4），操作步骤如下。

图 4-32　生态环境保护与管理数据列表

以“生态保护修复工程情况”导入为例介绍如下：

1）在“生态环境保护与管理”中展开“生态保护修复”目录，右击“生态保护修复工程情况”节点。

2）在弹出的菜单上选择“导入表格数据”，如图 4-33 所示。

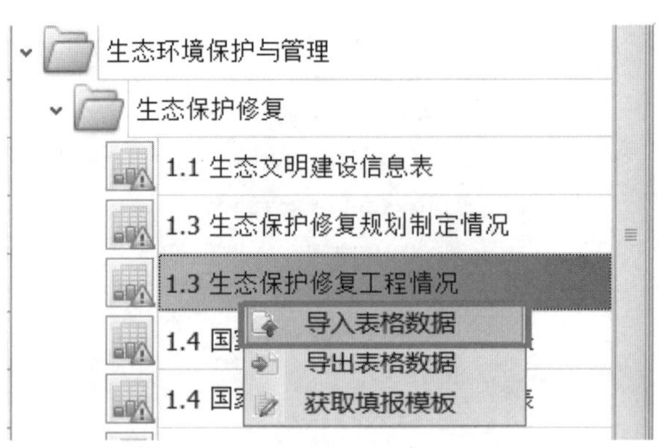

图 4-33　右键菜单

3）在弹出的窗口上选择对应文件，点击“打开”按钮，如图 4-34 所示。

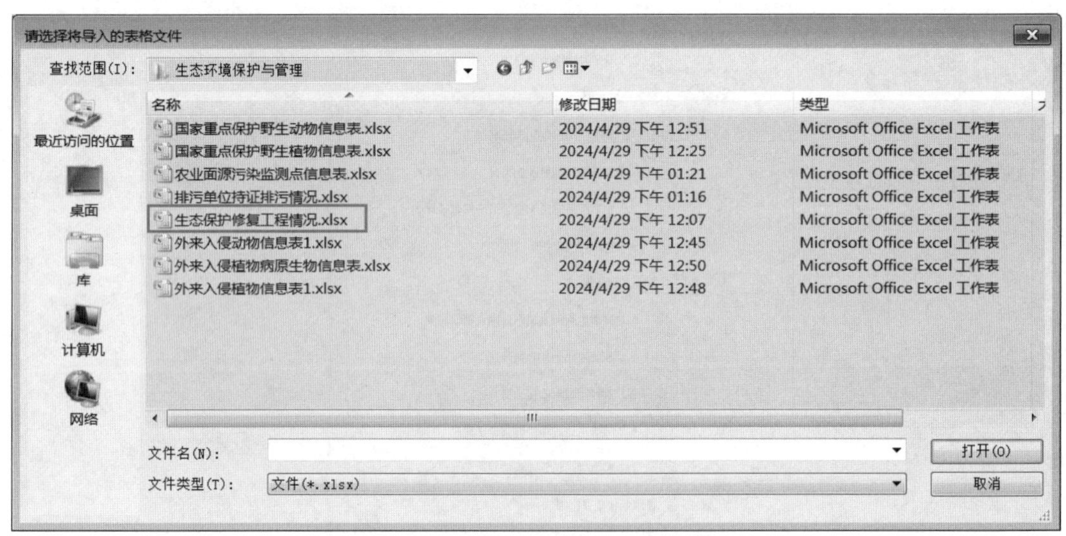

图 4-34　文件选择

4）弹出导入字段对应关系检查匹配对话框，匹配字段后进行导入，如图 4-35 所示。

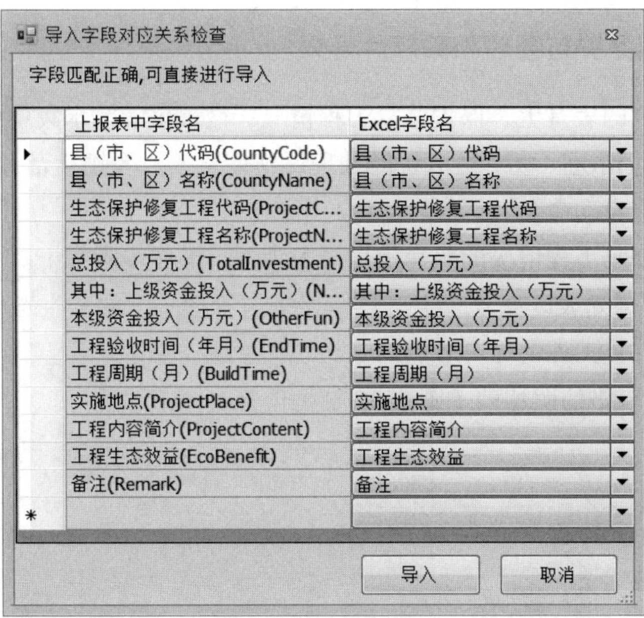

图 4–35　字段匹配

5）弹出导入进度对话框，导完后关闭进度对话框，表格中显示导入的数据，如图 4-36 所示。

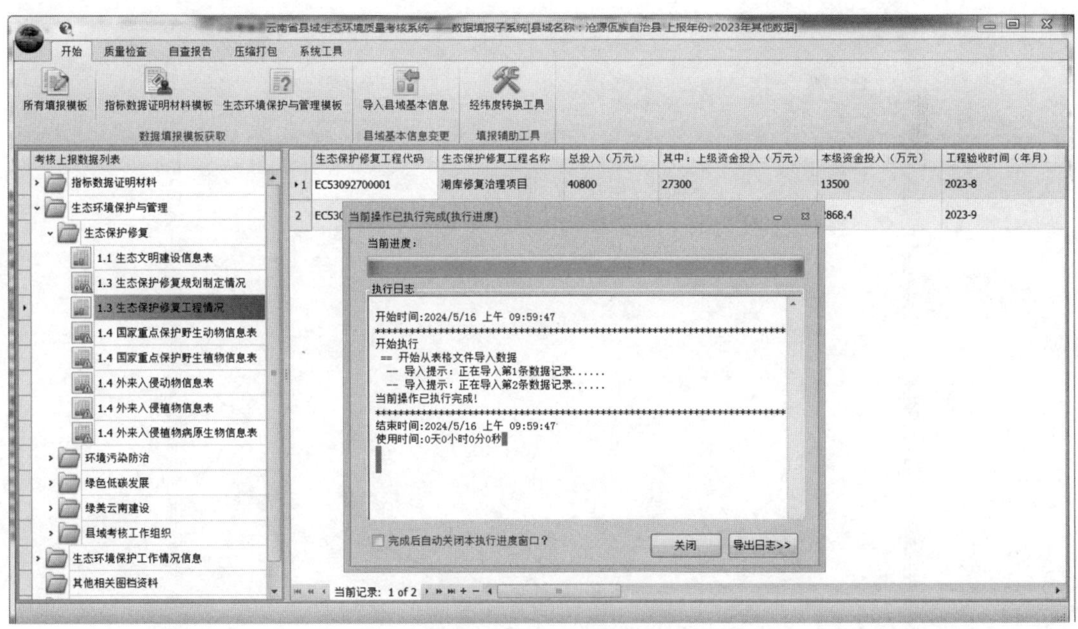

图 4–36　导入完成

4.3.3 生态环境保护与管理相关照片导入

需要导入照片的表有生态保护修复工程情况、城镇生活污水集中处理设施信息表、乡镇生活污水收集情况、城镇生活垃圾处理设施信息表、乡镇生活垃圾收集情况，照片在导入系统时将自动命名。

以生态保护修复工程情况的照片信息导入为例，操作步骤如下。

1）在填报数据列表区展开“生态环境保护与管理”下的“生态保护修复”列表，点击“生态保护修复工程情况”节点。

2）点击右侧表格的照片列（图 4-37 红框位置）。

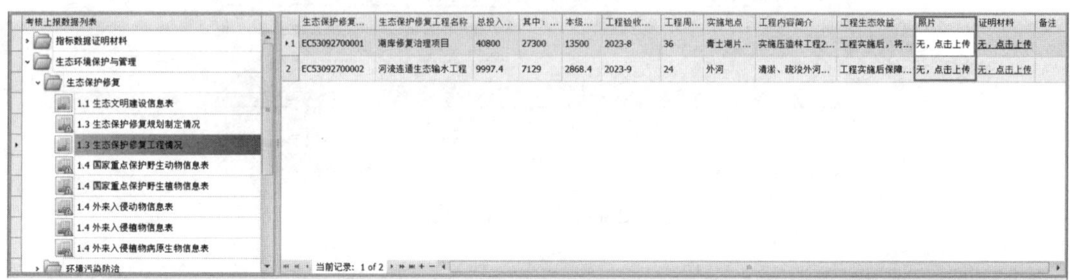

图 4-37　表格中照片列

3）弹出照片管理界面，如图 4-38 所示。

图 4-38　照片管理界面

4）点击图 4-38 红框中“新增”按钮，弹出选择照片界面（图 4-39），选择一张或多张图片，点击“打开”按钮，导入照片。

图 4-39　照片选择

5）导入照片时，系统将自动为照片命名，照片导入后可以点击“前一张”“后一张”按钮进行浏览，也可以点击“删除”按钮进行删除，如图 4-40 所示。

图 4-40　照片浏览、删除

6）关闭照片管理窗口，可以在数据列表中显示照片的缩略图（第一张图片），如图 4-41 所示。

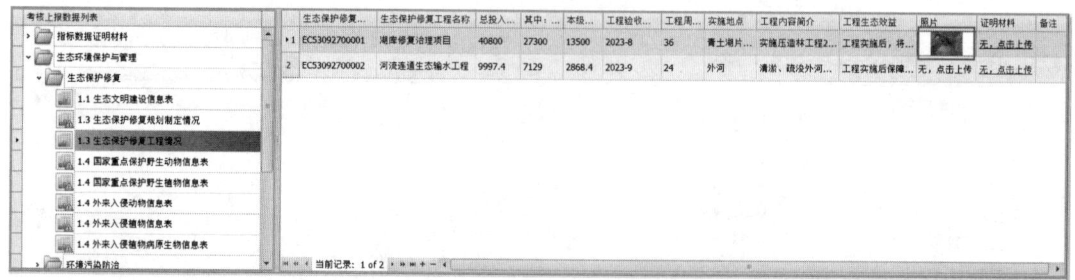

图 4-41　数据列表照片显示

4.3.4　生态环境保护与管理相关附件导入

以生态保护修复工程情况为例，操作步骤如下。

1）在填报数据列表区展开“生态环境保护与管理”目录下的“生态保护修复”列表，点击“生态保护修复工程情况”节点，在界面右侧显示证明材料列表，如图 4-42 所示，点击红框位置，弹出证明材料管理界面，如图 4-43 所示。

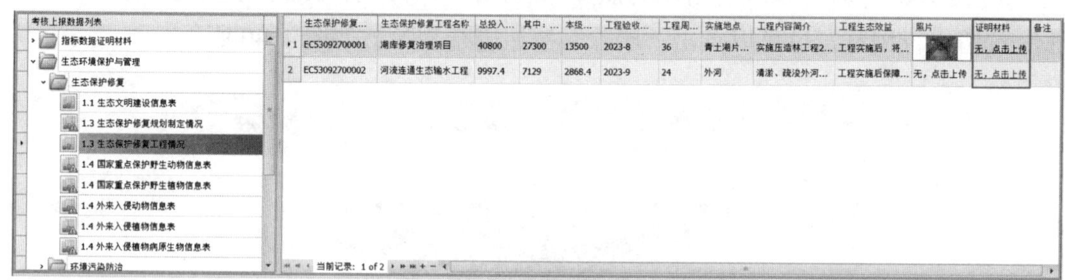

图 4-42　证明材料导入

2）点击图 4-43 红框位置的“新增”按钮，弹出如图 4-44 所示界面，选择相应文件（一个或多个），并点击“打开”按钮，提示保存成功，在如图 4-45 所示界面中显示导入的标准。另外，也可以在这个界面对多个证明材料进行浏览及删除。

图 4-43　证明材料管理界面

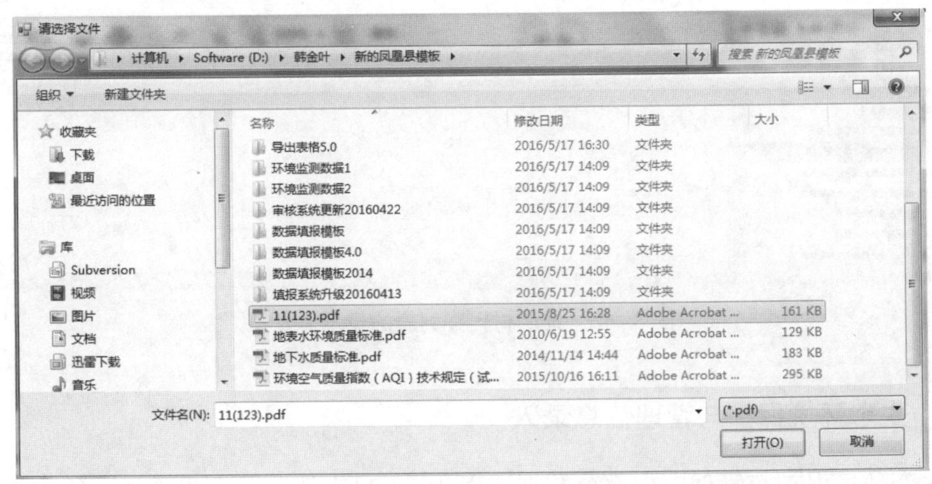

图 4-44　证明材料选择

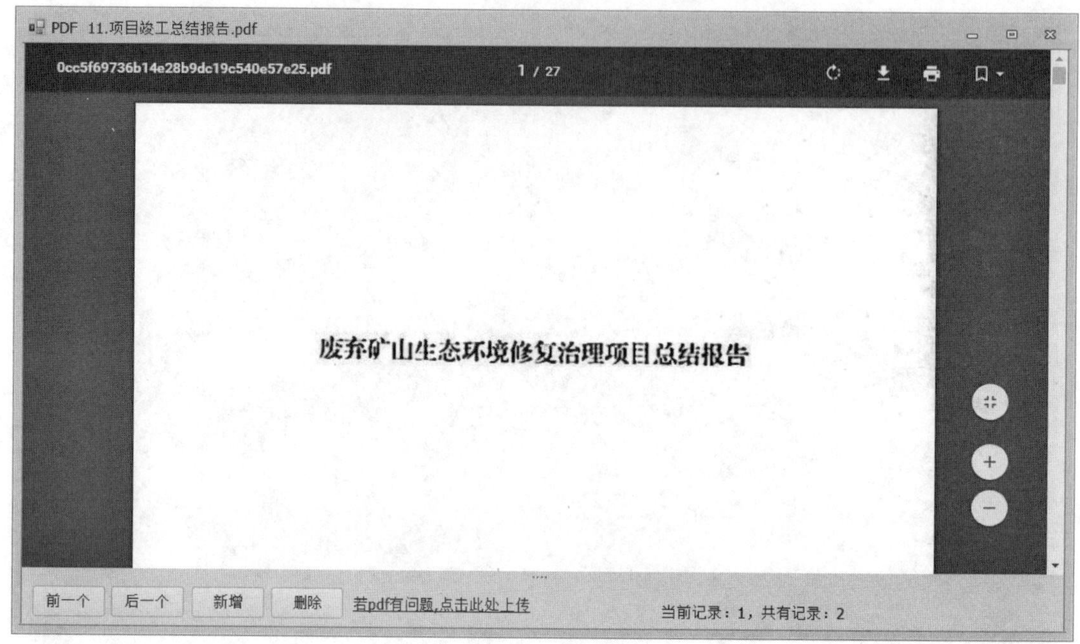

图 4-45　证明材料导入成功

3）关闭如图 4-45 所示界面，将在如图 4-46 所示红框中显示标准名称，点击红框也可以查看已导入的证明材料。

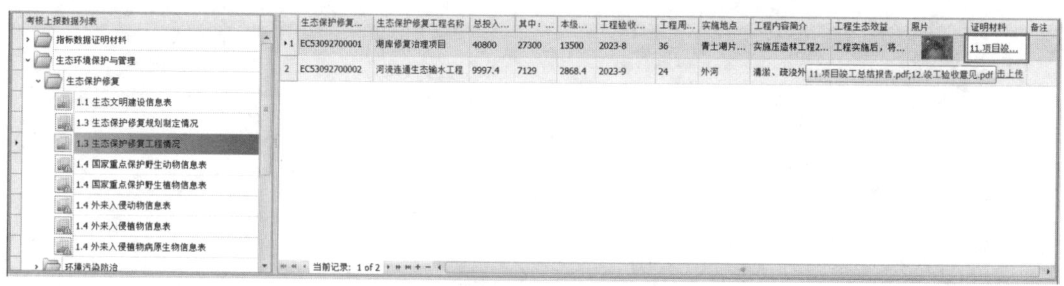

图 4-46　证明材料在列表的显示样式

4.3.5　生态环境保护与管理信息录入

生态环境保护与管理中少部分数据（表 4-3）只支持录入方式添加，各数据在生态环境保护与管理数据列表中的位置如图 4-32 所示。以“生态环境保护与治理支出”为例，具体操作步骤如下。

在填报数据列表区展开“生态环境保护与管理”目录下的“绿色低碳发展”列表，点击“生态环境保护与治理支出”节点，在右侧的数据显示及编辑区将显示生态环境保护与治理支出情况表，如图 4-47 所示。

图 4–47　县域生态环境保护与治理支出情况表

可以根据实际情况添加或修改各字段值，其中资金预算相关材料需导入相关文件。待所有数据填写完成后，点击右下角的“保存”按钮即可保存相关数据。

4.3.6　生态环境保护工作情况信息

生态环境保护中作情况信息中少部分数据（表 4–3）只支持录入方式添加，各数据在生态环境保护工作情况信息列表中的位置如图 4–32 所示。以“生态环境保护工作情况信息”节点下“生态环境保护责任落实情况”为例，具体操作步骤如下。

在填报数据列表区展开“生态环境保护工作情况信息”目录，然后点击“生态环境保护责任落实情况”节点，在右侧的数据显示及编辑区将显示县域生态环境保护工作信息表，如图 4–48 所示。

图 4-48　县域生态环境保护工作表

可以根据实际情况添加或修改县域生态环境保护工作信息表的各字段值。待所有数据填写完成后，点击右下角的“保存”按钮即可保存相关数据。

4.3.7　其他相关图档资料导入

其他相关图档资料的导入主要实现补充材料的导入。操作步骤如下。

1）右击填报数据列表区“其他相关图档资料”，弹出“批量导入文件”菜单，点击，如图 4-49 所示。

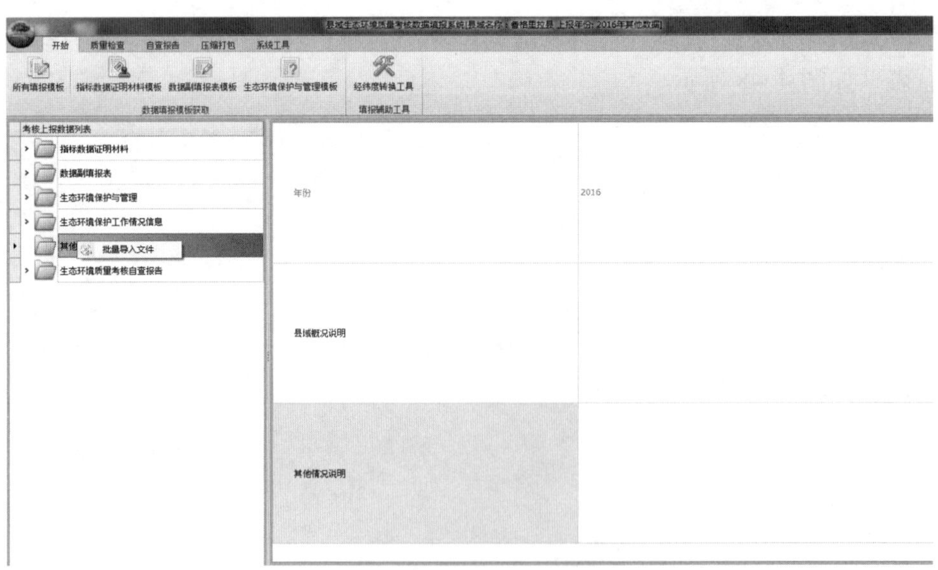

图 4-49　其他相关图档资料导入

2）在弹出的文件选择对话框中选择一个或多个文件，点击“打开”按钮，如图 4-50 所示。

图 4-50 文件选择对话框

3）在弹出的对话框中点击“是”按钮，完成文件导入，如图 4-51 所示。

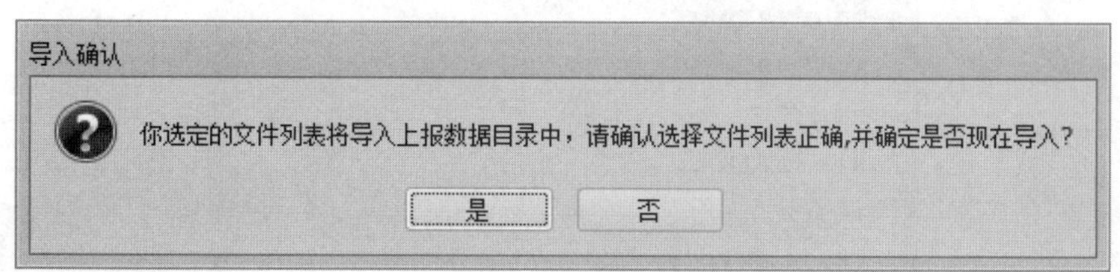

图 4-51 导入确认

4.3.8 数据修改

数据导入或录入系统后，工作人员可能会发现数据存在填写错误或缺少部分数据的情况，则需要对数据进行修改（包括数据的添加、修改及删除）。对于只支持导入的数据，可以通过修改模板后导入进行修改，如证明材料和监测数据。对于表格数据用户可以通过编辑功能对数据进行增加、修改及删除操作。数据编辑的操作分为两类：一类是横向表格的编辑，类似 Excel 中的表格样式，此类表格可新增或删除行记录；

另一类是纵向表格的编辑，此类表格记录条数固定，只允许用户增加或修改各字段值，而不能添加新的记录。两类表格分别介绍如下。

（1）横向表格

以“生态保护修复工程情况”的编辑为例进行说明，操作步骤如下。

在填报数据列表区展开“生态环境保护与管理”目录下的“生态保护修复”列表，点击“生态保护修复工程情况”节点，在右侧的数据显示及编辑区将显示生态保护修复工程情况（图 4-52），通过表格左下方的按钮，用户可以实现数据的录入、删除及编辑操作，分别介绍如下。

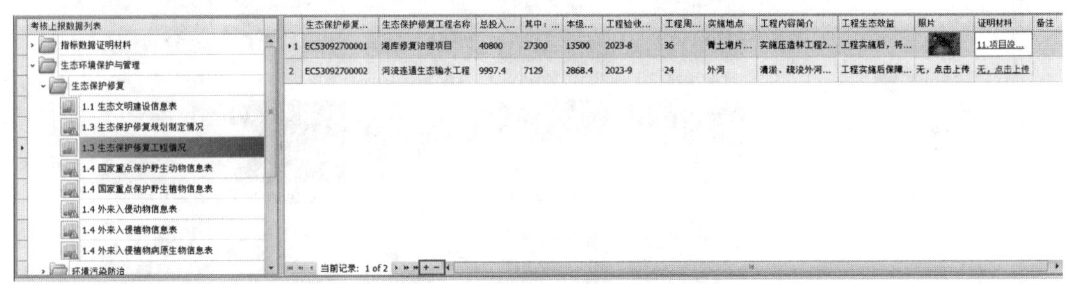

图 4-52　横向表格（可增减行）

1）数据增加操作。

①点击表格左下方的“ + ”按钮，弹出数据增加界面，可实现数据的增加操作，如图 4-53 所示。

数据修改

生态保护修复工程代码	EC53092700003
生态保护修复工程名称	
总投入（万元）	
其中：上级资金投入...	
本级资金投入（万元）	
工程验收时间（年月）	
工程周期（月）	
实施地点	
工程内容简介	
工程生态效益	
照片	无，点击上传
证明材料	无，点击上传
备注	

保存　取消

图 4-53　数据增加对话框

②在数据增加窗口中依次输入各数据项，点击“保存”按钮，弹出新增成功提示框，如图 4-54 所示。

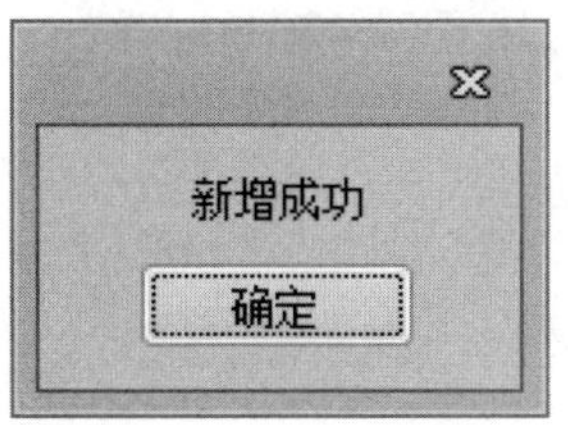

图 4-54　新增成功提示框

③点击新增成功提示框中的“确定”按钮，则该记录将增加到数据显示区的表中。

2）数据删除操作。

①在数据显示区中点击选中表格中的一行数据，点击表格左下方的“**−**”按钮，弹出数据删除确认对话框，如图 4-55 所示。

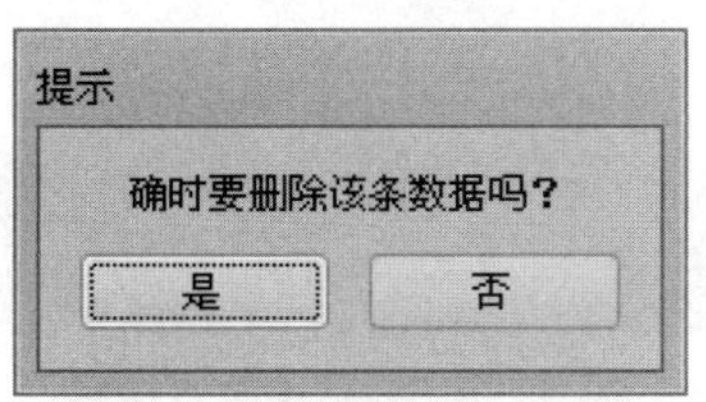

图 4-55　数据删除确认框

②若想要删除选中的数据，则点击“是”按钮，该数据将被删除，并弹出删除成功提示框，如图 4-56 所示；若点击“否”按钮，将取消删除操作。

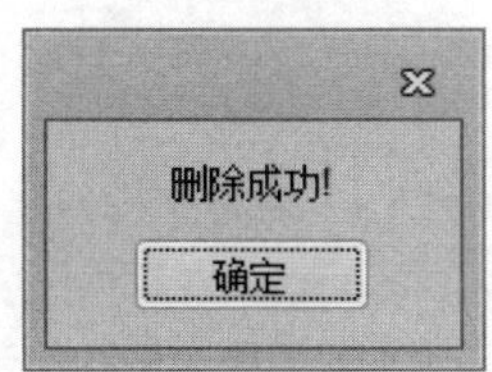

图 4-56　数据删除成功提示框

3）数据修改操作。

①在数据显示区中点击选中表格中的一行数据的序号，单击该行数据，如图 4-57 所示，弹出数据修改窗口，如图 4-58 所示。

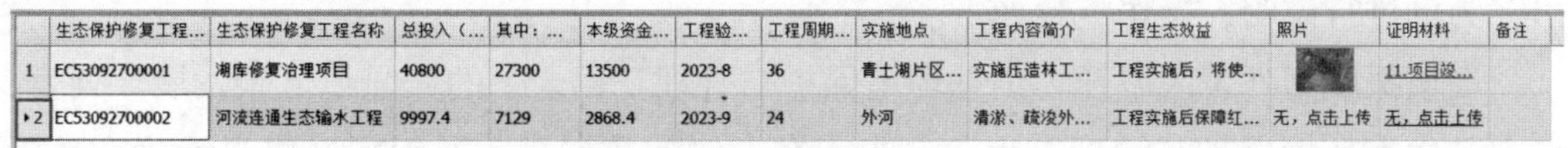

	生态保护修复工程...	生态保护修复工程名称	总投入（...	其中：...	本级资金...	工程验...	工程周期...	实施地点	工程内容简介	工程生态效益	照片	证明材料	备注
1	EC53092700001	湖库修复治理项目	40800	27300	13500	2023-8	36	青土湖片区...	实施压造林工...	工程实施后，将使...		11.项目竣...	
2	EC53092700002	河流连通生态输水工程	9997.4	7129	2868.4	2023-9	24	外河	清淤、疏浚外...	工程实施后保障红...	无，点击上传	无，点击上传	

图 4-57　数据显示区

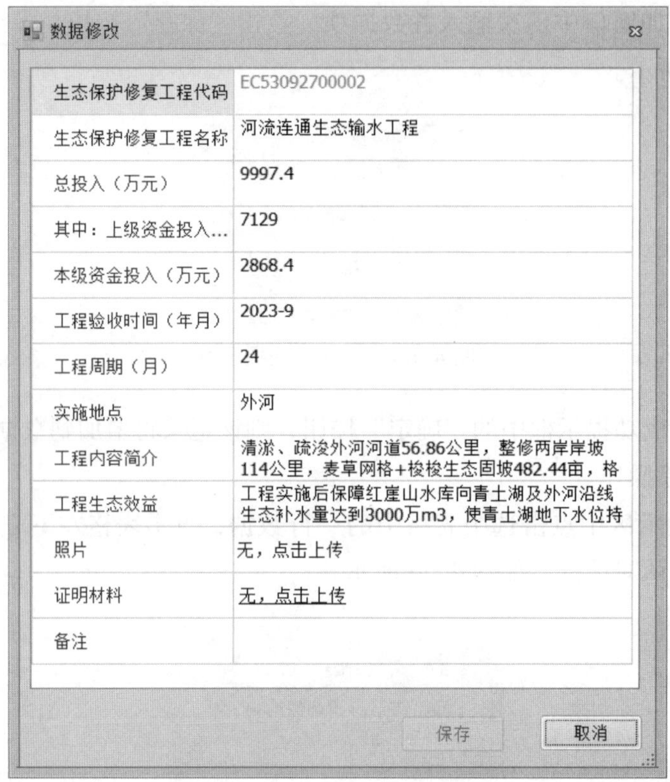

图 4-58　数据修改对话框

②在数据修改窗口中修改各数据项，点击“保存”按钮，弹出修改成功提示框，如图 4-59 所示。

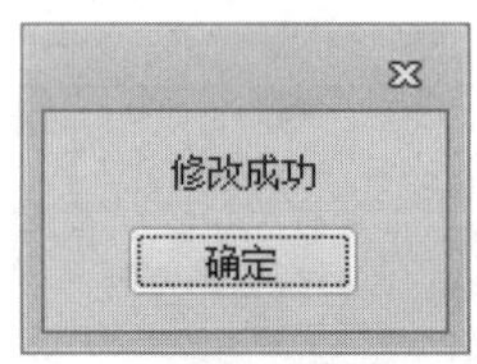

图 4-59　数据修改成功提示框

③点击新增成功提示框中的“确定”按钮，则修改后的记录将显示在数据显示区的表中。

（2）纵向表格

以“生态环境保护与管理”下的“绿色低碳发展”下的“生态环境保护与治理支出”为例进行说明，操作步骤如下。

在填报数据列表区展开“生态环境保护与管理”目录下的“绿色低碳发展”列表，点击“生态环境保护与治理支出”节点，在右侧的数据显示及编辑区将显示生态环境保护与治理支出情况表，如图 4-60 所示。

图 4-60　县域生态环境保护与治理支出情况表

可以根据实际情况添加或修改各字段值，其中资金预算相关材料需导入相关文件。待所有数据填写完成后，点击右下角的“保存”按钮即可保存相关数据。

【**注意**】数据的导入和编辑都是通过目录树来完成的。建议用户系统提供导入功能的数据都采用导入的方式录入数据。在导入 Word 格式的数据前，确认已关闭计算机上所有的 Word 程序，否则在导入时系统会弹出提示框，提示用户关闭 Word 程序，如图 4-61 所示。

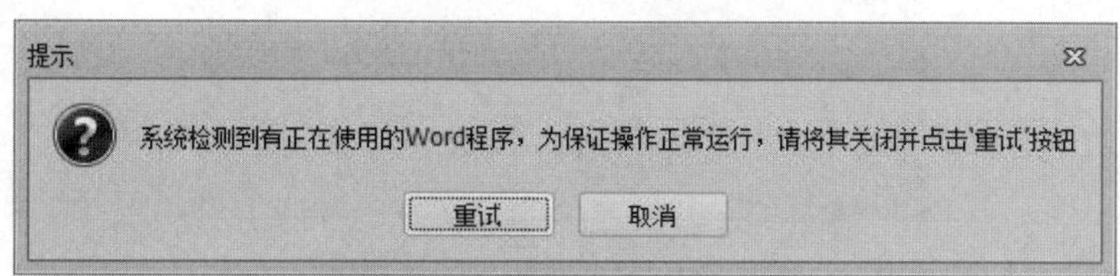

图 4-61　Word 未关闭提示框

若出现此提示框，请关闭所有 Word 应用程序，并返回此窗口点击“重试”按钮即可。

4.3.9　数据清除

数据清除是将用户导入或录入系统中的数据删除，所有通过数据列表目录树右键菜单导入的材料都可通过右键菜单进行数据清除操作。以“农业面源污染监测点信息表”数据的清除为例，操作步骤如下。

1）点击上报数据列表中的“生态环境保护与管理”项下的“环境污染防治”，展开其目录，右击“农业面源污染监测点信息表”，弹出右键菜单，如图 4-62 所示。

图 4-62　清除已有数据右键菜单

2）点击右键弹出菜单中的“清除已有数据”，弹出清除提示对话框，如图 4-63 所示。

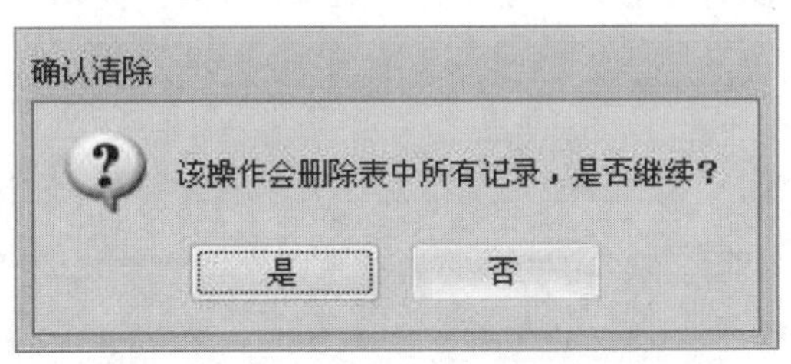

图 4-63　记录是否删除确认框

3）在清除提示对话框中，点击“是”按钮，系统将删除该数据；点击“否”按钮，将取消删除操作。

4.3.10　经纬度转换

在数据录入或编辑过程中，需要输入经纬度数据。由于系统中要求录入的经纬度数据以度分秒的形式表现（如图 4-64 中垃圾填埋场信息表中的经纬度信息，经度为 109°23′45″），而实际获取的数据有可能以度的形式表示（如 123.317 5°），需要将其转换为度分秒的形式再录入系统中。为方便用户操作，系统提供了经纬度转换工具。

图 4-64　污水集中处理设施信息表编辑窗

经纬度转换的具体操作步骤如下。

1）点击“开始”菜单下的“经纬度转换工具”按钮，弹出经纬度转换对话框，如图 4-65 所示。

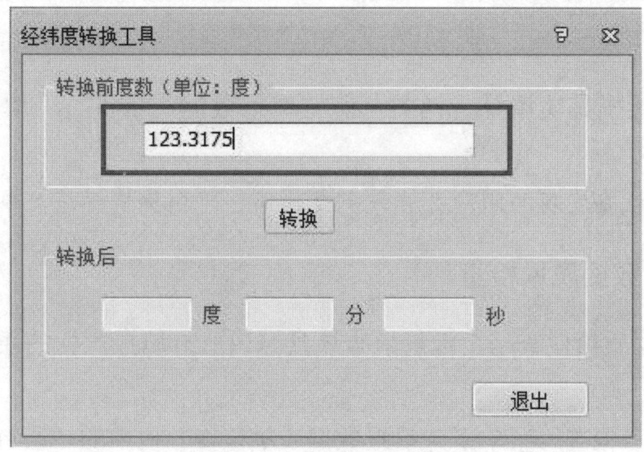

图 4-65　经纬度转换对话框

2）在经纬度转换对话框中输入转换前度数，如图 4-65 红框中所示，点击“转换”按钮，显示如图 4-66 所示转换结果。

图 4-66　经纬度转换对话框

4.4　数据质量检查

在部分县域或所有县域填报数据上报并导入系统后，即可进行数据质量检查。数据质量检查主要是完成入库数据的质量检查，包括各类数据是否入库、数据项是否填写完整等。数据质量检查操作主要通过主界面的质量检查菜单展开，其布局如图 4-67 所示，检查完成后将给出检查记录，用户可根据检查记录修改数据。

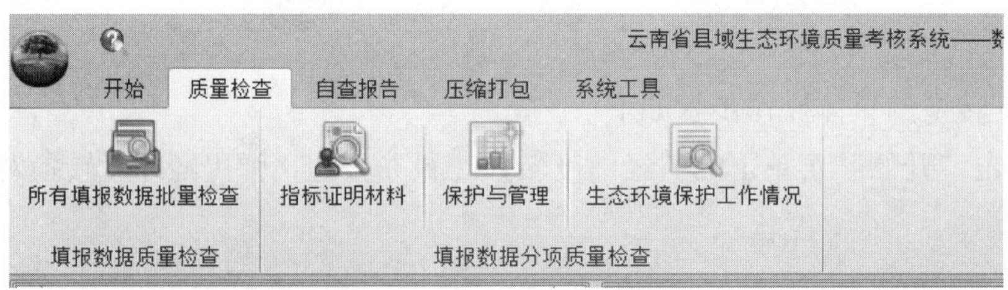

图 4-67　质量检查菜单面板

质量检查功能按其功用分为两类：所有填报数据质量检查、填报数据分项质量检查。

【**注意**】数据检查发现的问题并非一定是错误，可根据实际情况判断是否修改。

4.4.1　所有填报数据质量检查

所有填报数据质量检查是指批量检查该县域内所有填报数据的质量，具体操作步骤如下。

1）点击“质量检查”菜单下“填报数据质量检查”栏中的“所有填报数据批量检查”按钮，弹出执行进度对话框，如图 4-68 所示。

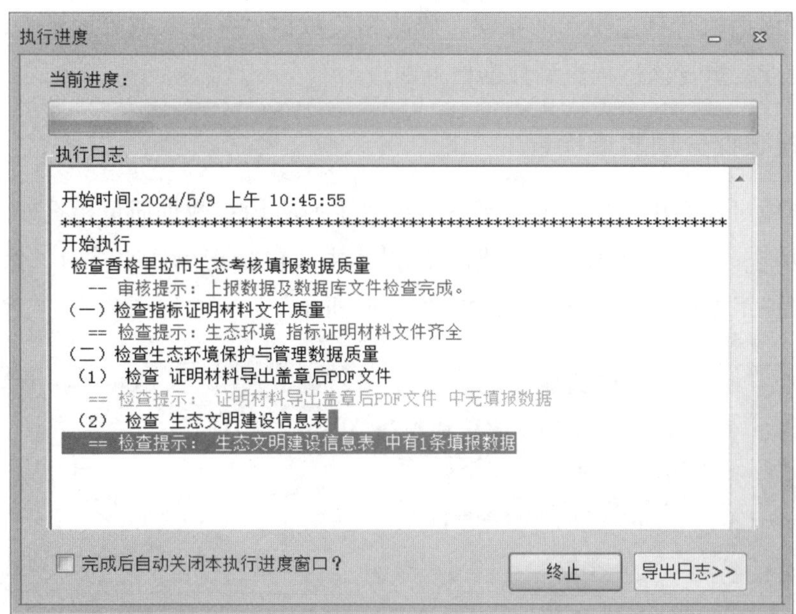

图 4-68　质量检查进度及日志提示框

2）系统将依次检查生态环境各指标证明材料是否完整、生态环境保护与管理数据及证明材料、生态环境保护工作情况信息等填报内容，在检查过程中，将通过日志的方式动态显示检查提示和结果，如图 4-68 所示。

3）数据质量检查操作执行完成后，点击执行进度对话框的“关闭”按钮，关闭当前对话框；点击“导出日志”按钮，以文本文档的形式导出质量检查执行日志，导出的日志如图 4-69 所示。

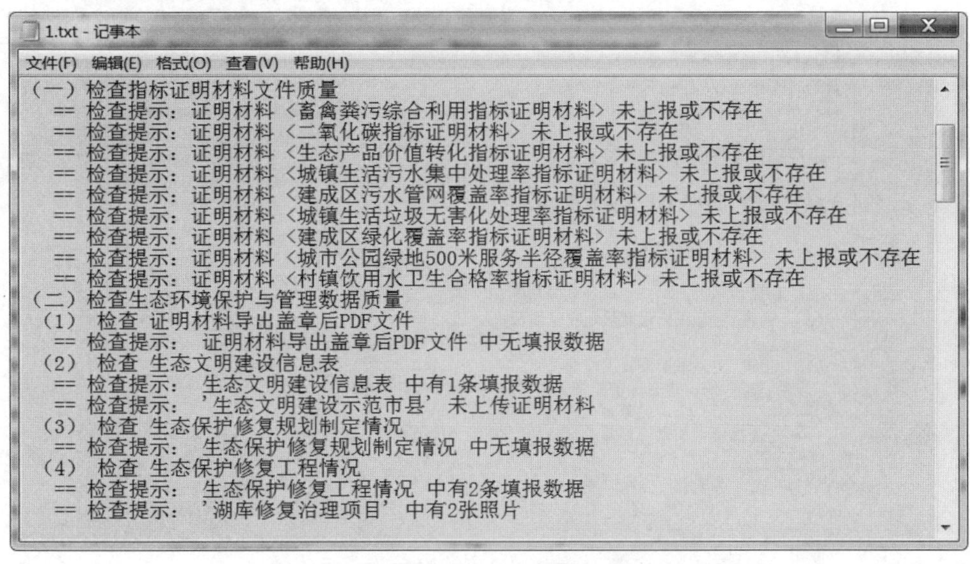

图 4-69　执行日志文本框

用户可根据执行日志提示的错误，修改相关数据，并导入或界面录入，完成后再进行数据检查，重复该过程直到数据检查通过。

4.4.2　填报数据分项质量检查

为了使质量检查更有针对性，系统除提供了所有填报数据质量检查外，还提供了分项检查功能，检查填报某一类数据的质量，主要包括指标证明材料、保护与管理、生态环境保护工作情况等检查内容，如图 4-70 所示。

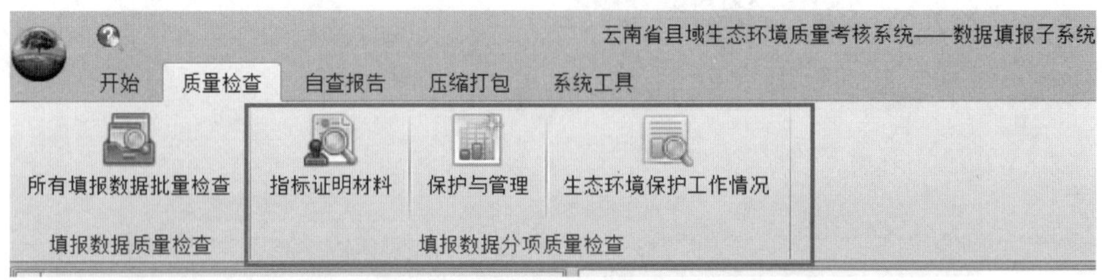

图 4-70　填报数据分项质量检查功能菜单

各项数据质量检查的操作步骤相同，具体的操作步骤以保护与管理数据的检查为例。

1）点击“质量检查”菜单下“填报数据分项质量检查”栏中的“保护与管理”按钮，弹出执行进度对话框，如图 4-71 所示。

图 4-71　质量检查执行进度及日志提示框

2）系统将依次检查生态环境保护与管理中各项信息表是否存在数据、是否上传照片及证明材料等内容，在检查过程中，将通过日志的方式动态显示检查提示和结果，如图 4-71 所示。

3）数据质量检查操作执行完成后，点击执行进度对话框的“关闭”按钮，关闭当前对话框；点击“导出日志”按钮，以文本文档的形式导出质量检查执行日志。

用户可根据执行日志提示的错误，修改相关数据，并导入或界面录入，完成后再进行数据检查，重复该过程直到数据检查通过。

4.5　自查报告

完成数据质量检查后，系统可以为用户自动生成自查报告相关的“生态环境质量考核工作情况说明”。自查报告的生成有两种方式，一种是通过主界面菜单（图 4-72）生成，另一种是点击左侧目录树（图 4-73）生成。

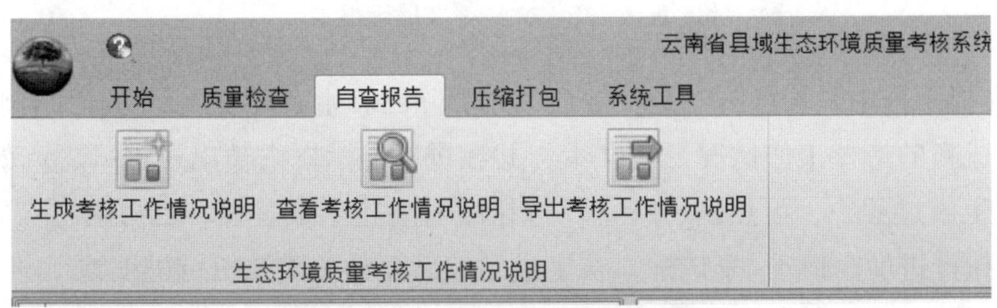

图 4-72　自查报告功能菜单

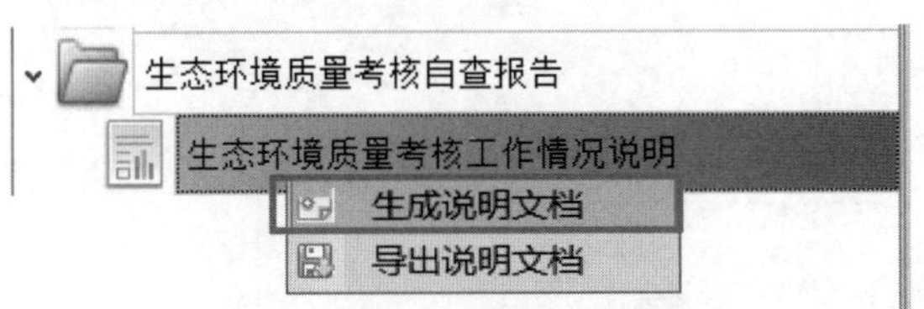

图 4-73　自查报告目录管理

本功能主要是生成生态环境质量考核工作情况说明文本。采用主界面菜单方式生成考核工作情况说明文本具体操作步骤如下。

1）点击“自查报告”菜单下“生态环境质量考核工作情况说明”栏中的“生成考核工作情况说明”按钮（图 4-74），系统将开始自动生成生态环境质量考核工作情况说明文本。若工作情况说明文本以前已生成，则弹出如图 4-75 所示的提示框，提示用户是否重新生成并替换。

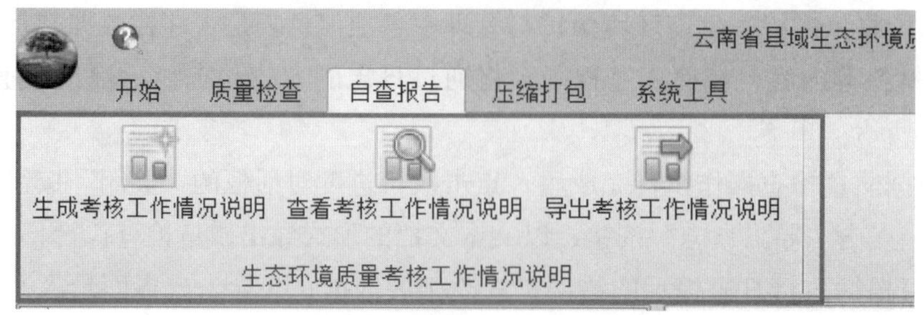

图 4-74　说明文本工具菜单项

图 4-75　文件替换提示框

2）在提示框中，若点击“是”按钮，则删除已有生态环境质量考核工作情况说明文本，生成新的考核工作情况说明文本，并在进度显示框内输出过程日志，如图 4-76 所示。在生成过程中，可点击“终止”按钮随时终止生成过程，也可勾选“完成后自动关闭本执行进度窗口？”复选框，在生成结束后自动关闭该执行进度框。

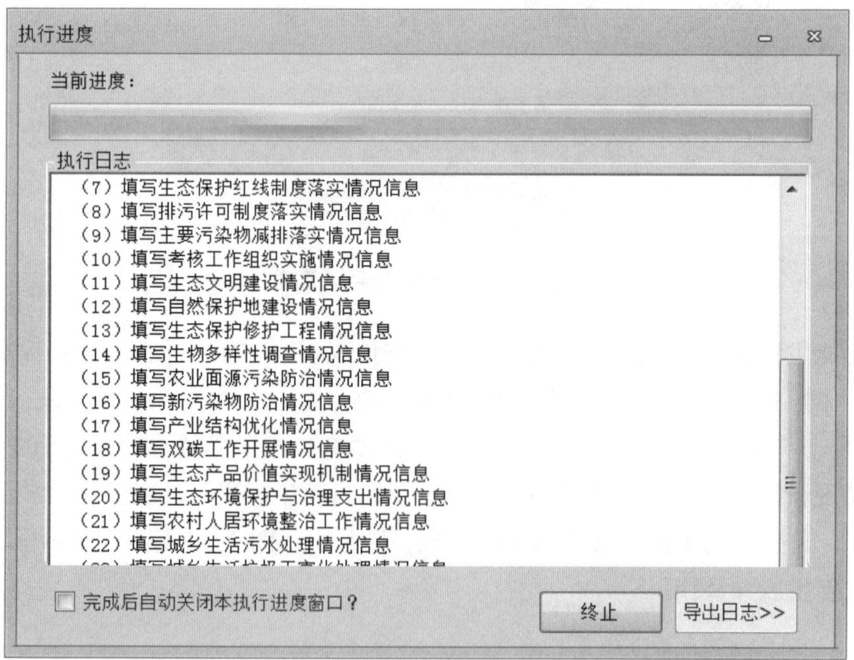

图 4-76　生态环境保护工作情况说明文本执行进度及日志提示框

3）生成生态环境考核工作情况说明文本执行过程结束之后，系统会在数据显示窗口自动显示考核工作情况说明文本。在如图 4-77 所示的执行结果框中，可点击“导出日志”按钮，以文本文件的形式导出执行日志。

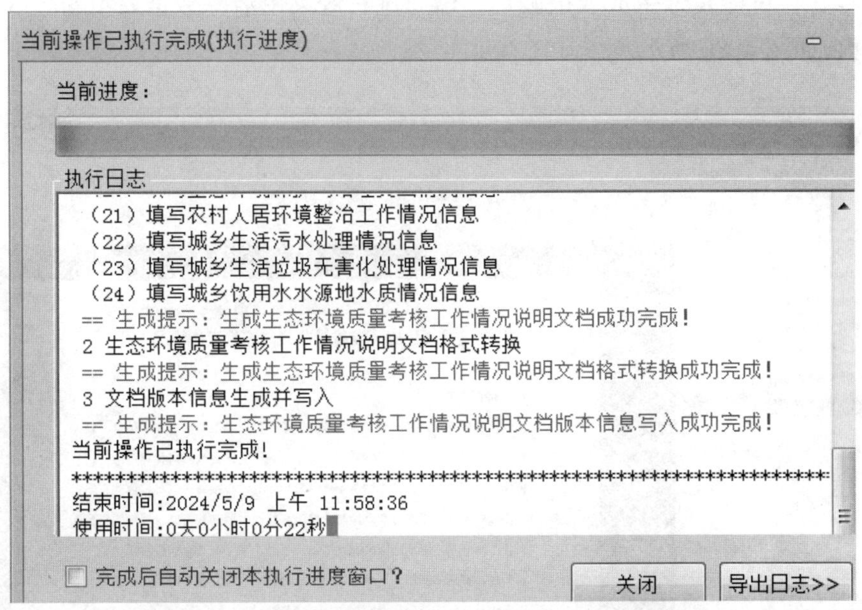

图 4-77　生成生态环境保护工作情况说明执行结果框

采用界面左侧上报数据列表的右键菜单生成生态环境质量考核工作情况说明文本的具体操作步骤如下。

1）在填报数据列表区展开“生态环境质量考核自查报告”目录，右击“生态环境质量考核工作情况说明”，则弹出如图 4-78 所示的右键功能菜单。

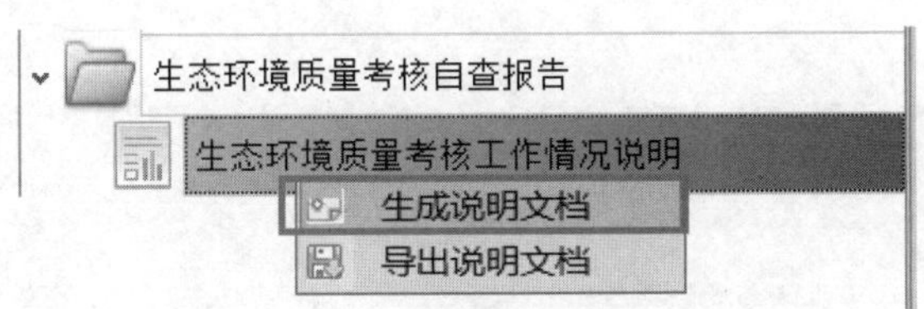

图 4-78　保护工作情况汇总表生成右键菜单

2）在弹出的功能菜单中，点击“生成说明文档”菜单项，系统将开始自动生成工作情况说明文本，剩余操作过程同采用主界面菜单方式生成指标比较情况说明文本操作方法一致。

（1）查看考核工作情况说明文本

本功能主要是查看已生成的生态环境保护工作情况说明文本。具体操作步骤为：点击“自查报告”菜单下“生态环境质量考核工作情况说明”栏中的“查看考核工作情况说明”按钮，或者在“填报数据列表区”展开“生态环境质量考核自查报告”目录，点击“生态环境质量考核工作情况说明”；若保护工作情况说明文本已生成，则在系统的数据显示区内直接显示保护工作情况说明文本（图 4-79）。否则系统将提示“文件不存在，可能是未生成或被破坏，请通过右键菜单清除数据后重新导入后再试”的提示框，如图 4-80 所示。

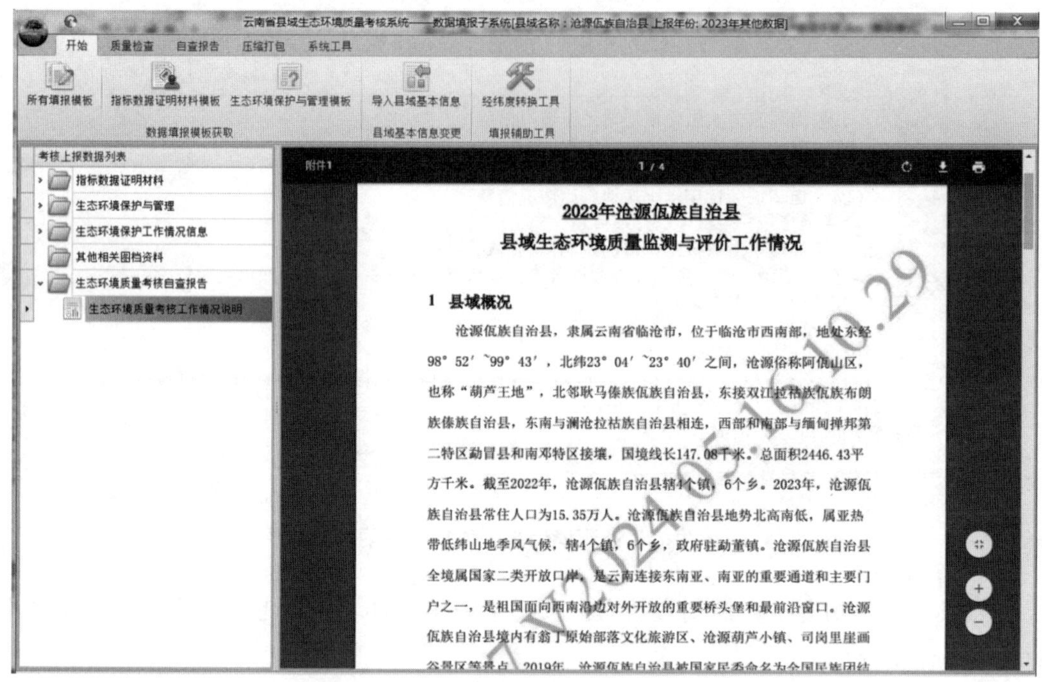

图 4-79　保护工作情况说明文本查看窗体

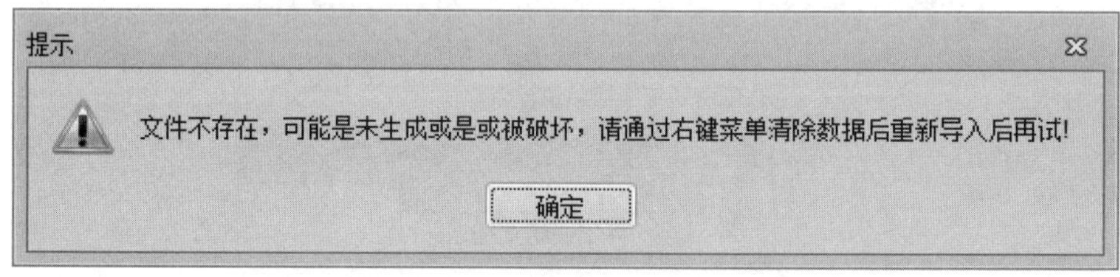

图 4-80　文件不存在或被破坏提示框

（2）导出考核工作说明文本

本功能主要是将系统生成的生态环境质量考核工作情况说明文本导出为 pdf 文档，以方便用户打印盖章。采用主界面菜单方式导出考核工作说明文本的具体操作步骤如下。

1）点击“自查报告”菜单下“生态环境质量考核工作情况说明”栏中的“导出考核工作情况说明”按钮，弹出文件保存对话框，提示用户选择并输入报告文本保存路径及文件名，如图 4-81 所示为选择了目录并输入文件名的对话框示例。

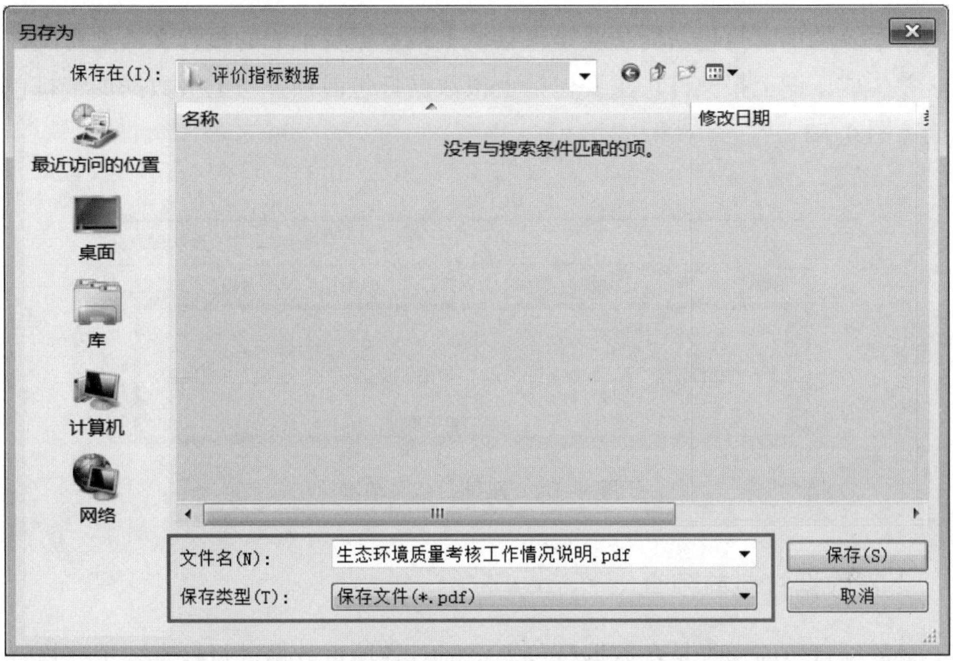

图 4-81　保护工作情况说明文本导出路径选择对话框

2）选择保存目录并输入文件名后，点击“保存”按钮，则将当前系统内的生态环境质量考核工作情况说明文本导出到用户指定的位置。

采用界面左侧上报数据列表的右键菜单导出考核工作情况说明文本的具体操作步骤如下。

1）在填报数据列表区展开“生态环境质量考核自查报告”目录，右击“生态环境质量考核工作情况说明”，弹出如图 4-82 所示的右键功能菜单。

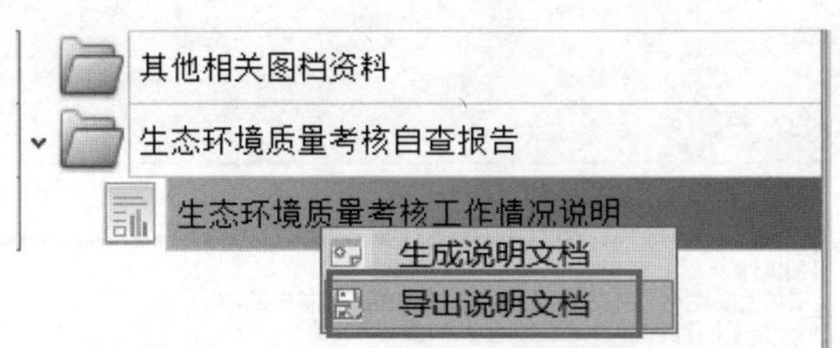

图 4-82　指标汇总表生成右键菜单

2）在弹出的功能菜单中，点击“导出说明文档”菜单项，系统将弹出文件保存对话框。剩余操作过程同采用主界面菜单方式导出指标比较情况说明文本操作方法一致。

4.6 压缩打包

填报系统的加密打包功能主要是将县域上报数据及生成的报告文档进行文件缺失检查，并生成压缩上报文件，主要包括上报数据打包前预查与上报数据加密打包两个子功能（图 4-83）。

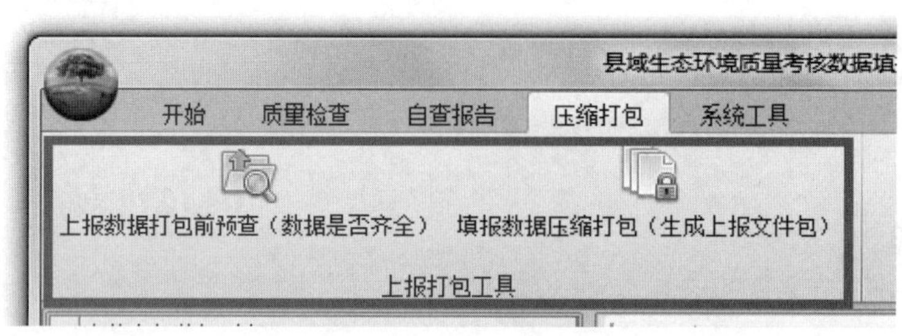

图 4-83 压缩打包菜单项

4.6.1 上报数据打包前预查

上报数据打包前预查是在数据打包上报前对各填报数据进行检查，主要检查上报数据文件目录、自查报告、数据库文件、生态环境质量考核数据指标的证明材料、生态环境保护与管理相关数据是否完整、齐全。具体操作步骤如下。

1）点击“压缩打包”菜单下“上报打包工具”栏中的“上报数据打包前预查”按钮，弹出数据打包前预查执行进度对话框，如图 4-84 所示。在检查过程中，可点击“终止”按钮随时终止检查过程，也可勾选“完成后自动关闭本执行进度窗口？”复选框，完成检查后自动关闭该执行进度框。

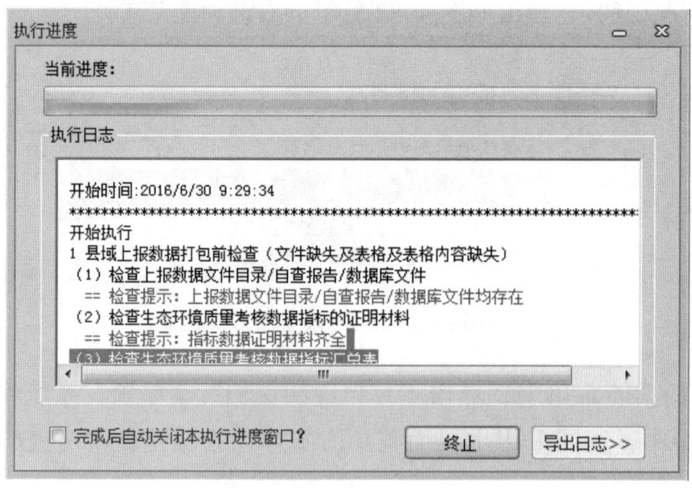

图 4-84 上报数据打包前预查进度提示框

2）县域上报数据打包前预查完成之后，可以在执行进度对话框中查看执行日志，如图 4-85 所示。

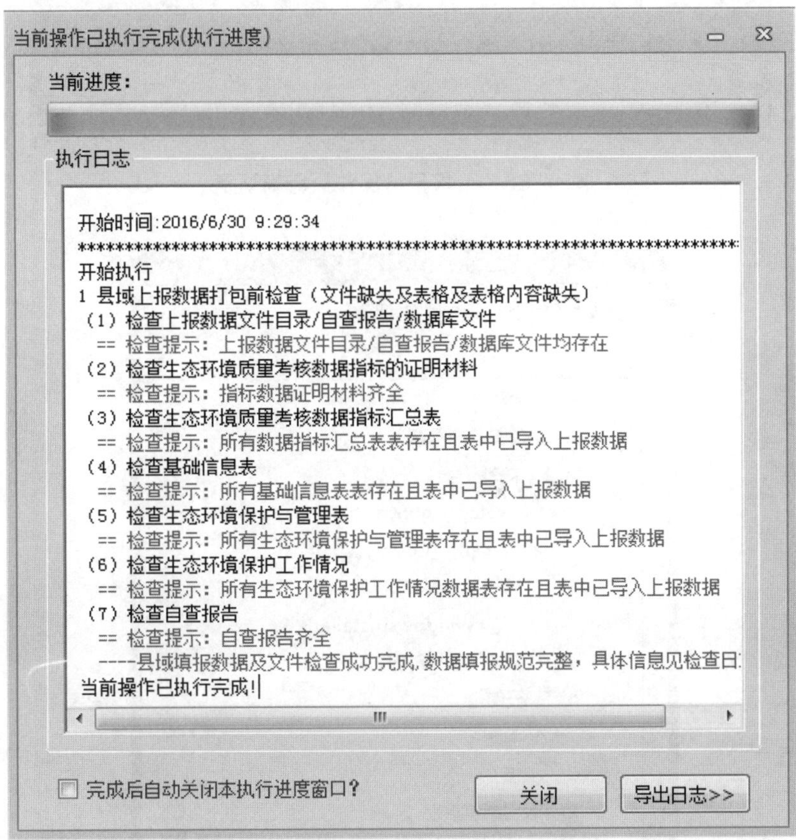

图 4-85　上报数据打包前预查结果框

3）点击执行进度对话框中的“关闭”按钮，关闭当前执行进行对话框；点击“导出日志”按钮，将执行日志以文本文件的形式导出到本地。

【注意】数据预查发现的问题并非一定是错误，可根据实际情况判断是否修改。若数据预查发现错误，则需要重新进行数据的导入、修改操作直到数据预查无误为止。

4.6.2　上报数据加密打包

数据加密打包是将县域上报数据及生成的相关报告文档加密打包，生成加密压缩包文件（*.crf）以上报至上级主管部门。具体操作步骤如下。

1）点击“加密打包”菜单下“上报打包工具”栏中的“填报数据加密打包”按钮，弹出上报数据打包前预查确认对话框（图 4-86）。若未进行数据预查操作，则点击“是”按钮，进行数据预查；若以前进行过数据预查操作且预检成功，则点击“否”按钮，在打包前不用重新进行数据预检，直接进行填报数据加密打包操作，弹出填报数据加密打包文件存储路径选择对话框，如图 4-87 所示。

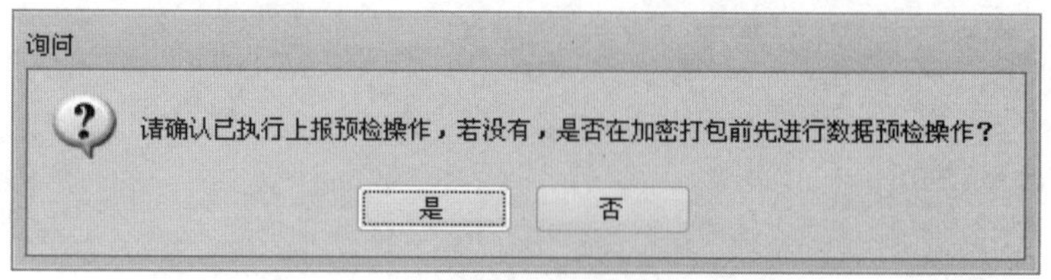

图 4-86　上报预检操作执行确认框

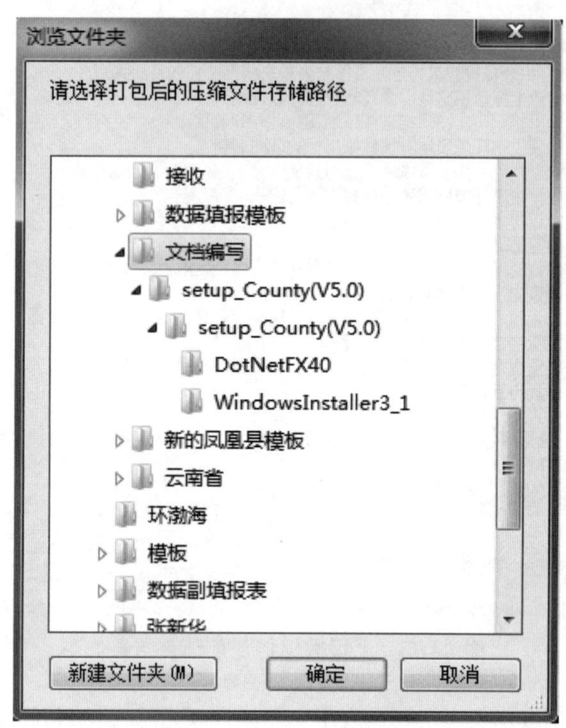

图 4-87　填报数据加密打包文件存储路径选择对话框

2）在文件存储路径选择对话框中选择打包文件的存储路径，并点击“确定”按钮，则进入数据加密打包执行进度对话框，如图 4-88 所示。

3）填报数据加密打包操作执行完成后，上报数据加密打包文件存储到用户选择的文件存储路径下。点击填报数据加密打包执行对话框中的“关闭”按钮，则关闭当前执行对话框；点击“导出日志”按钮，将数据加密打包执行日志以文本文件的形式导出到本地。

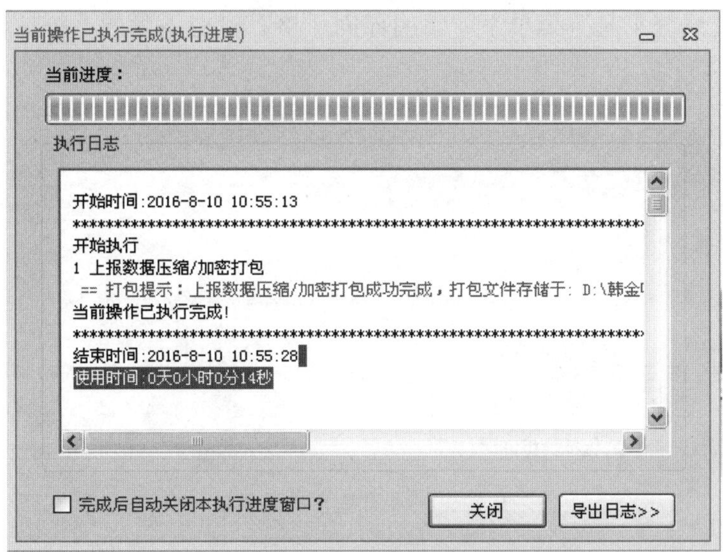

图 4-88　数据加密打包执行进度对话框

4.7　系统工具

系统工具菜单项提供了两类功能，一是切换系统界面风格；二是数据管理工具，如图 4-89 所示。切换系统界面风格可改变系统主界面的运行风格，包括颜色、界面样式等。数据管理工具可实现对当前系统中填报数据的备份和恢复。

图 4-89　系统工具菜单项

4.7.1　系统常用界面风格

系统默认的界面风格为 Office 2010 蓝色风格，用户可以根据自己的喜好切换不同风格的界面。系统提供了常用的两种界面风格（Office 2010 蓝色和 Office 2010 银色），若需要切换至该界面风格，直接点击“系统工具”菜单下“常用界面风格”栏内相应的界面风格按钮即可。另外，系统还提供了一些不常用的界面风格，其切换操作步骤如下。

1）点击“系统工具”菜单下“常用界面风格”栏右下角的下拉按钮（如图 4-90 红框内所示）。

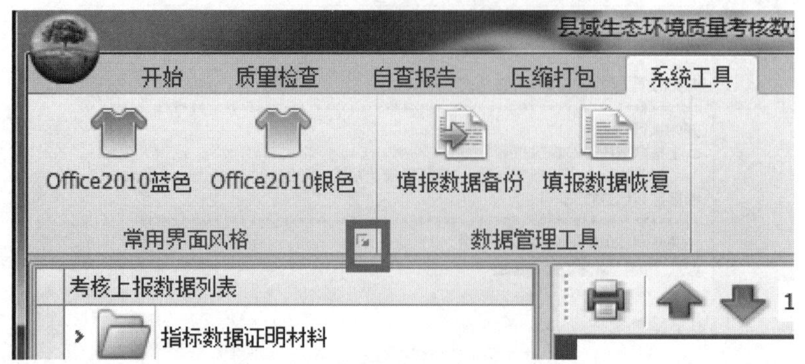

图 4-90　展开更多界面风格

2）系统将弹出所有可供使用的界面风格列表，如图 4-91 所示。

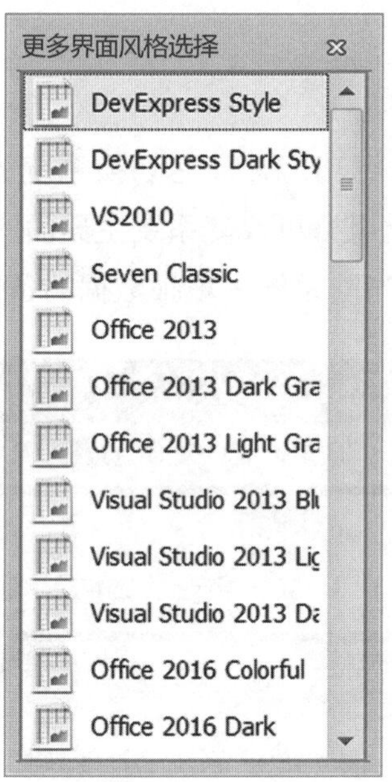

图 4-91　更多界面风格列表

3）在弹出的界面风格选择下拉框内，双击选中的列表项，则将系统主界面风格切换至该风格。图 4-92 为切换为“VS2010”风格后的系统主界面。

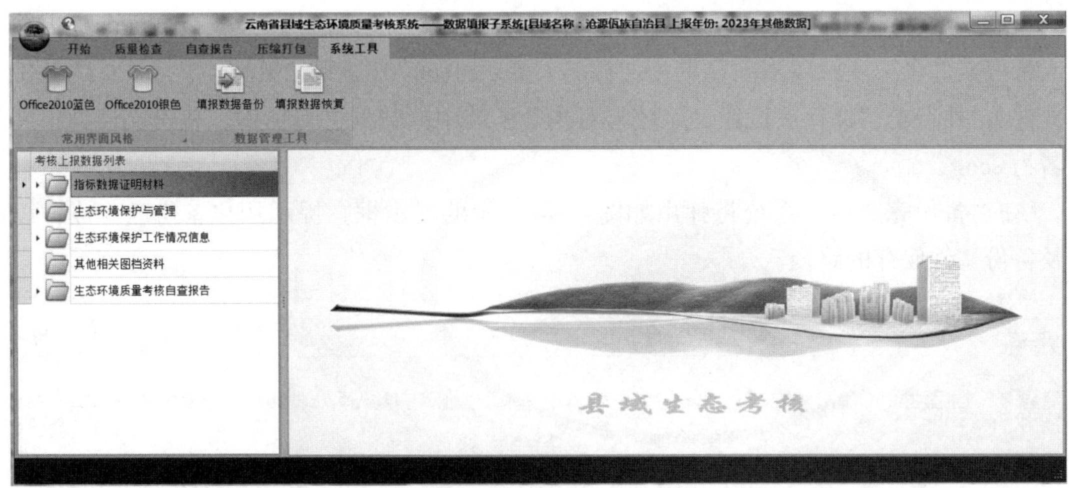

图 4-92　VS2010 风格样式

4.7.2　数据管理工具

数据管理工具主要是实现系统内已有县域上报数据的备份和恢复，以防操作系统崩溃时导致数据丢失。

（1）填报数据备份

建议用户每天完成数据导入或审核操作后，将数据进行备份。数据备份操作步骤如下。

1）点击“系统工具”菜单下“数据管理工具”栏内的“填报数据备份”按钮，系统将弹出如图 4-93 所示的文件保存路径选择对话框。

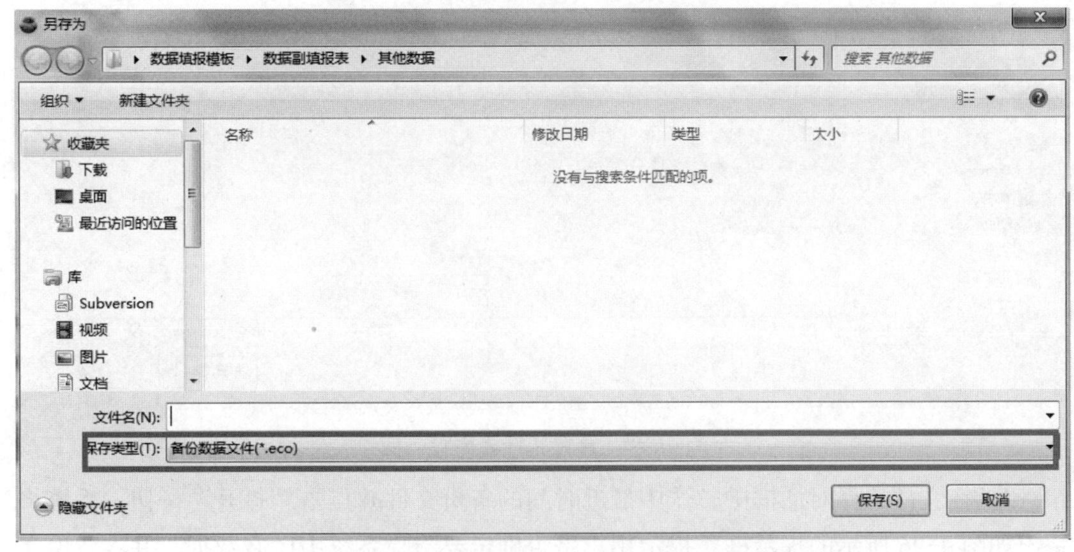

图 4-93　数据备份文件保存路径选择对话框

2）在文件保存路径选择对话框中，选中备份文件将存储的路径，在文件名框内输入备份文件名（建议以当前日期为文件名，如：20160701 表示 2016 年 7 月 1 日的备份文件），并点击“保存”按钮，系统将对当前系统中的数据进行备份，备份文件的扩展名为 eco。

3）备份完成后，系统将弹出如图 4-94 所示的提示框，提示用户备份已完成，以及备份文件保存的路径。

图 4-94　备份完成提示框

（2）填报数据恢复

当系统崩溃或无法登录时，可重新安装或对系统进行初始化操作后，将备份数据恢复至系统数据库中，数据恢复操作的步骤如下。

1）点击“系统工具”菜单下“数据管理工具”栏内的“填报数据恢复”按钮，系统将弹出如图 4-95 所示的文件选择对话框。

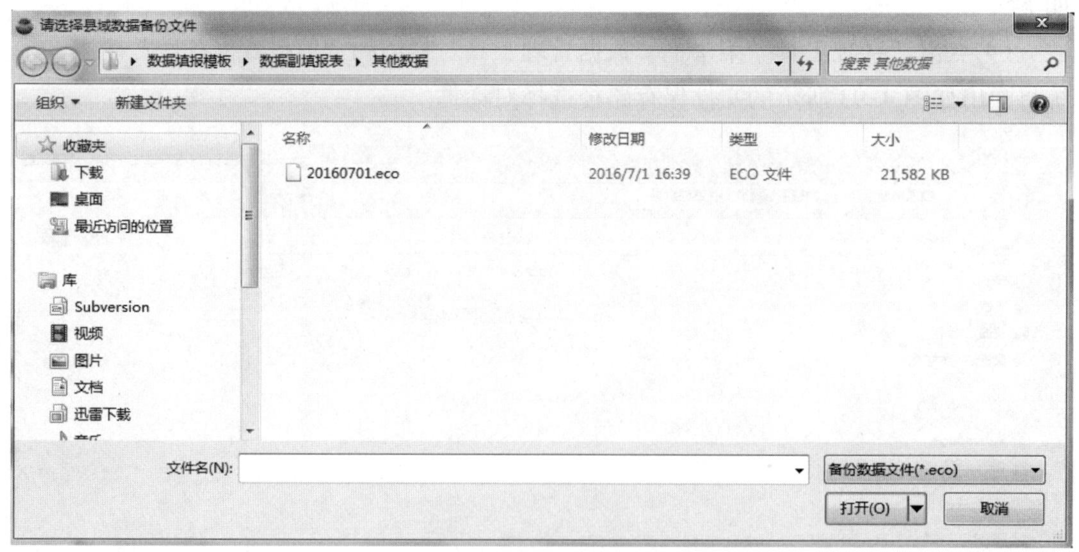

图 4-95　备份文件选择对话框

2）在文件选择对话框中，选中最近时间的备份文件并点击“打开”按钮，系统将弹出如图 4-96 所示的提示框，提示用户是否确定要清除系统中已有数据，并将备份文件中的数据恢复至系统中。

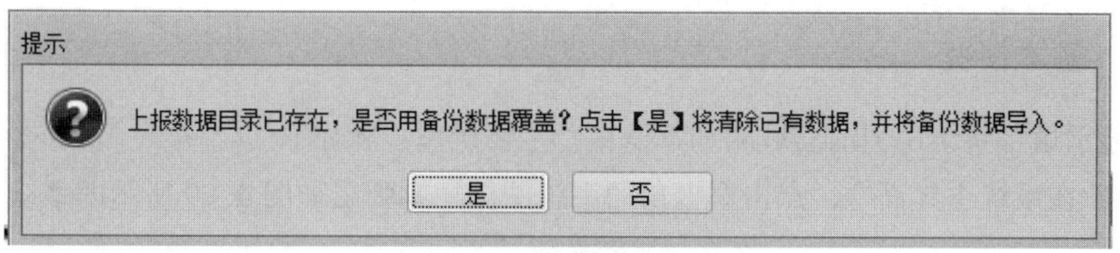

图 4-96　数据覆盖提示框

3）在提示框中，点击“是”按钮，将清除已有数据，并将备份数据导入系统中；点击“否”按钮，则退出恢复操作，系统将保留原有数据，并返回系统主界面。

4）数据恢复完成后，系统将弹出如图 4-97 所示的提示框，提示数据恢复完成，并可通过“数据上报列表”进行查看。

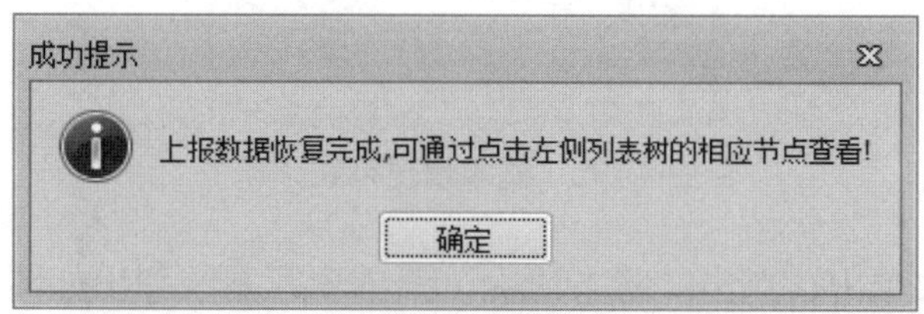

图 4-97　数据恢复完成提示框

4.8　系统菜单

系统菜单位于功能菜单区左上角的系统图标处，通过点击图标来弹出菜单，如图 4-98 所示。该菜单包括基本情况、帮助文档、版权信息和退出系统等。

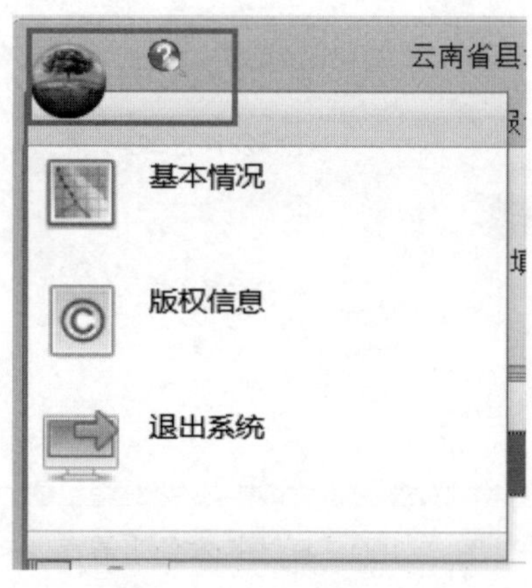

图 4-98　系统菜单

4.8.1 基本情况

显示填报系统中当前县域的基本信息，主要操作步骤如下。

1）在系统主界面中，点击左上角的系统图标，则弹出如图 4-99 所示的系统菜单。

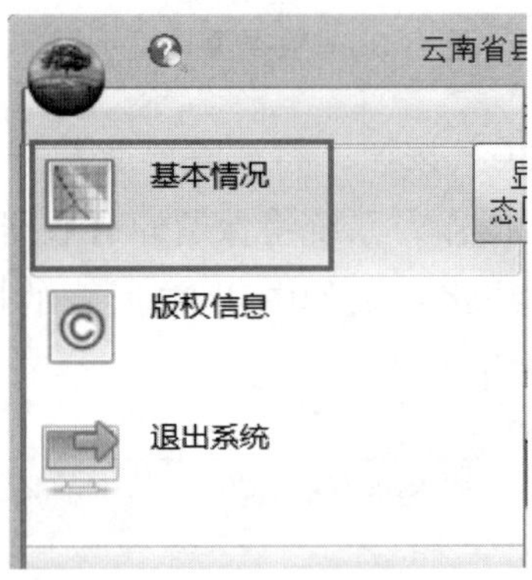

图 4-99 基本情况系统菜单

2）在弹出的菜单中，点击“基本情况”菜单项，系统弹出如图 4-100 所示的当前县域基本信息界面。

县域基本信息

县域名称	沧源佤族自治县
县域代码	530927
所在市域	临沧市
所在省	云南省
所在生态功能区	无
功能区类型	生物多样性维护
是否南水北调水源地	否

图 4-100 县域基本信息界面

4.8.2 帮助文档

该功能可打开并以主题的方式显示系统帮助文档，具体操作步骤如下。

1）在系统主界面中，左击左上角的系统图标，则弹出如图 4-101 所示的系统菜单。

图 4-101　帮助文档菜单项

2）在弹出的菜单中，点击“帮助文档”菜单项，系统弹出如图 4-102 所示的系统帮助文档。

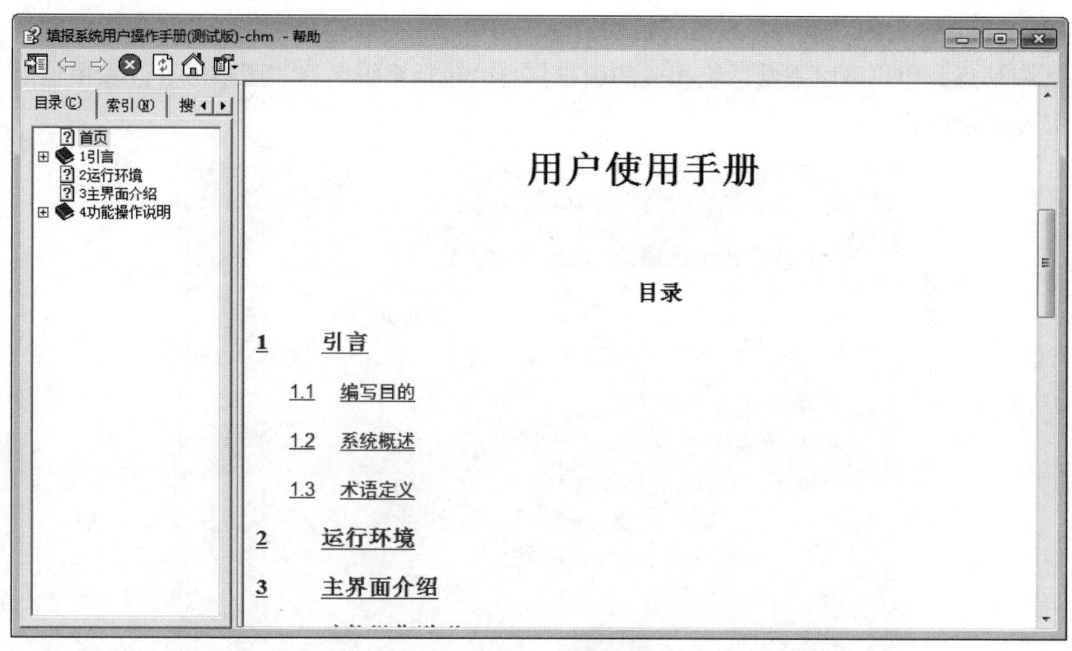

图 4-102　系统帮助界面

3）在帮助文档界面，用户可浏览系统帮助文档，并可通过主题查找以及关键字查找的方式快速定位至所关心的文档部分。

4.8.3 版权信息

该功能可显示系统版权及版本信息，操作步骤如下。

1）在系统主界面中，左击左上角的系统图标，则弹出如图 4-103 所示的系统菜单。

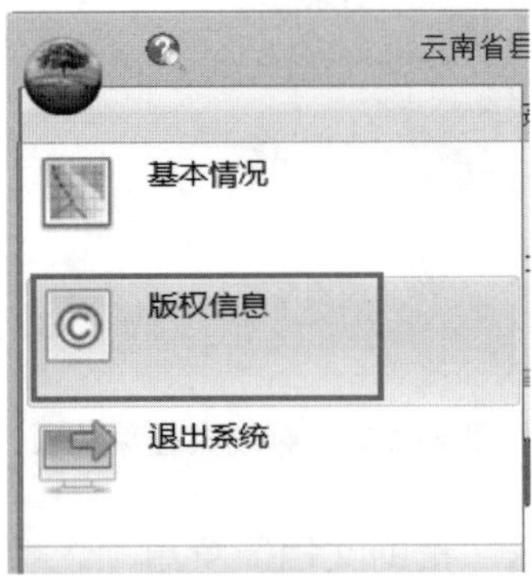

图 4-103　版权信息菜单项

2）在弹出的菜单中，点击“版权信息”菜单项，系统弹出如图 4-104 所示的系统版权信息，用户可以查看系统相关的版权信息，包括系统名称、版本号、开发单位以及使用单位等。

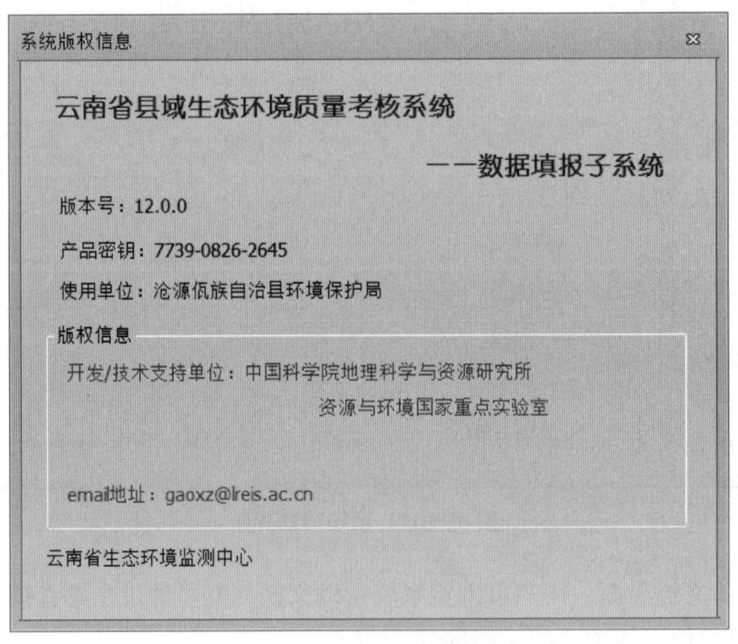

图 4-104　系统版权信息界面

4.8.4 退出系统

通过该菜单项可退出系统，也可点击系统主界面右上角的“关闭”按钮（图 4-105）退出系统。当系统中有正在运行的操作，如质量检查、数据审核等，则系统的关闭按钮不可用，只能通过本退出系统按钮来退出系统。

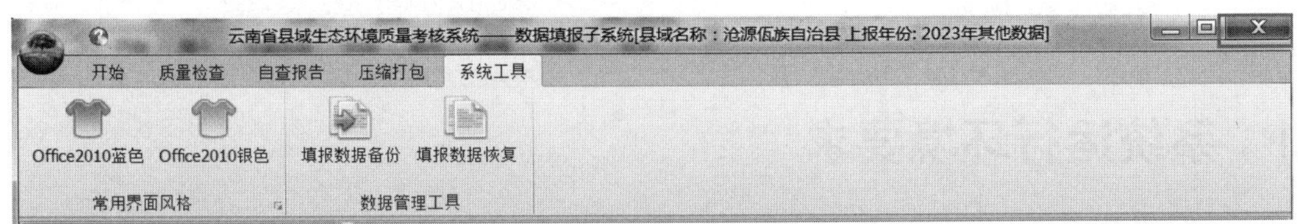

图 4-105 系统关闭按钮

退出系统功能操作步骤如下。

1）在系统主界面中，左击左上角的系统图标，则弹出如图 4-106 所示的系统菜单。

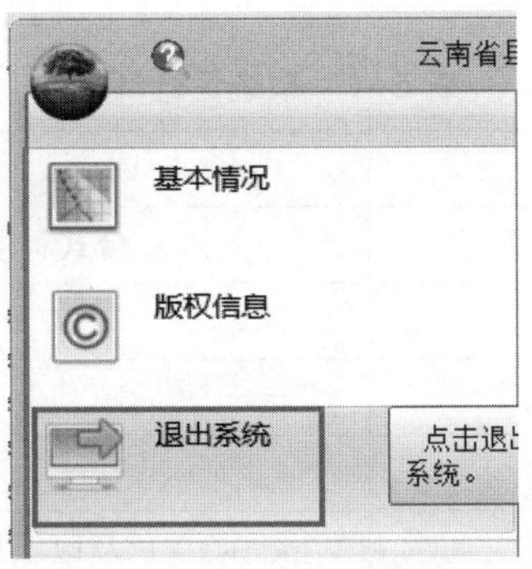

图 4-106 退出系统菜单项

2）在弹出的菜单中，点击“退出系统”菜单项，若当前系统中没有正在运行的操作，则系统直接退出。否则系统将弹出如图 4-107 所示的提示框，提示用户是否强制退出。

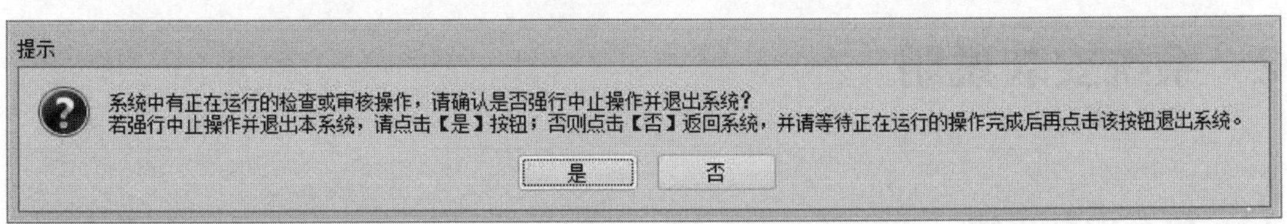

图 4-107 是否强制退出系统提示框

3）若要强制退出，点击“是”按钮，系统将强行关闭正在进行的操作，并退出系统；点击“否”按钮，则系统返回。

第 5 章
数据审核系统安装操作手册

1 系统运行环境要求

“云南省县域生态环境质量监测评价与考核系统 12.0——数据审核系统”（以下简称“审核系统”）为单机版软件系统，可运行于独立的台式计算机或笔记本上，运行期间不需要网络的支持。本软件系统运行的软硬件环境不得低于以下配置，软件环境的支撑和辅助软件为必选项，否则系统无法正常运行，如表 5-1 所示。

表 5–1　系统运行环境

系统运行环境	设备	指标详细信息
硬件环境	计算机	台式计算机 / 笔记本 / 工作站
	CPU	2.0 GHz 以上
	内存	1 G 以上
	可用硬盘空间	5 GB 以上
软件环境	操作系统	Windows XP 及以上版本，支持 32 位、64 位操作系统
	支撑控件	Microsoft .NET Framework 4.0（自动安装）
	辅助软件	Microsoft Office 2007 及以上（需含 Excel、Word）

2 系统安装说明

2.1 推荐安装步骤

（1）安装 Microsoft Office 2007 及以上，安装时 Word、Excel 为必选项，建议完全安装。

（2）安装“审核系统”软件，若以前没有安装 Microsoft .NET Framework 4.0，则在安装本软件前会自动运行 Microsoft .NET Framework 4.0 的安装。

（3）安装完成后会进行系统验证，需输入 14 位验证码（该验证码随软件下发），并完成安装。

2.2　安装操作说明

本操作说明将不对 Microsoft Office 安装进行详细说明，其安装方法请参见相关说明文档。“审核系统”的详细安装说明如下。

（1）双击运行安装包中的“县域生态环境质量考核数据审核系统 /setup.exe”，如图 5-1 所示，系统开始安装。

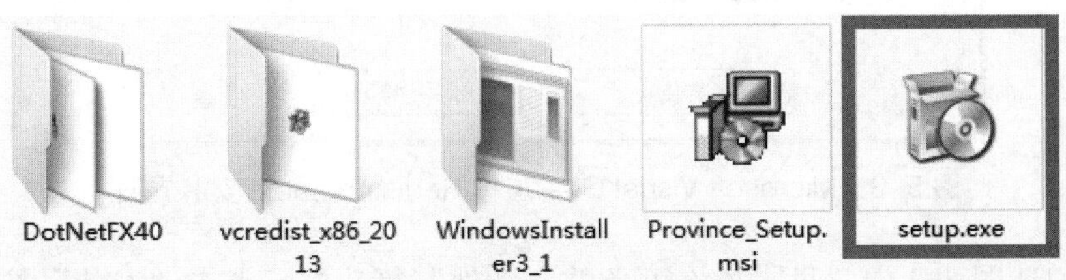

图 5-1　系统安装目录

（2）若计算机没有安装过 Microsoft .NET Framework 4.0，安装程序会自动弹出提示安装 Microsoft .NET Framework 4.0 界面，如图 5-2 所示，点击“接受”按钮。

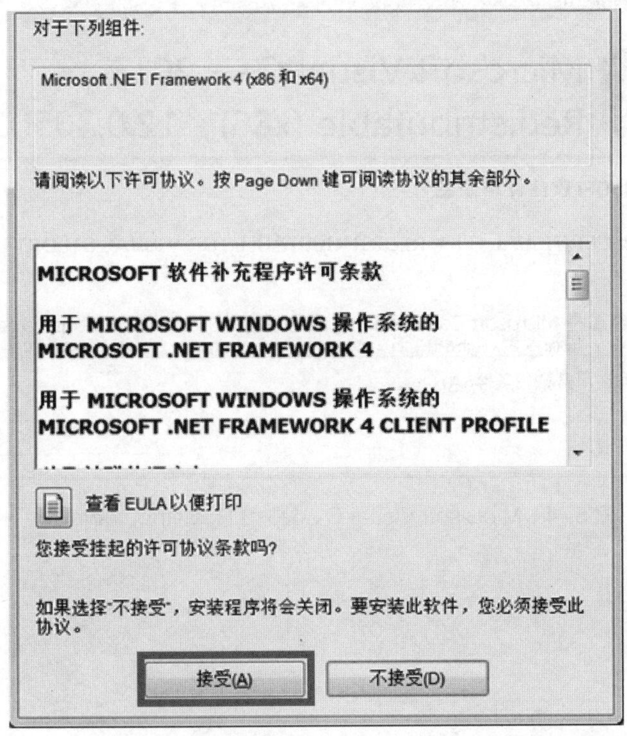

图 5-2　Microsoft .NET Framework 4.0 安装提示框

（3）如果未安装过 Microsoft Visual C++2013 Redistributable，安装程序会弹出确认安装界面，如图 5-3 所示，点击“安装”按钮。

图 5-3　Microsoft Visual C++2013 Redistributable 安装界面

（4）勾选图 5-4 中“我同意许可条款和条件”复选框，点击“安装”按钮，安装完成后，弹出图 5-5，点击“关闭”按钮。

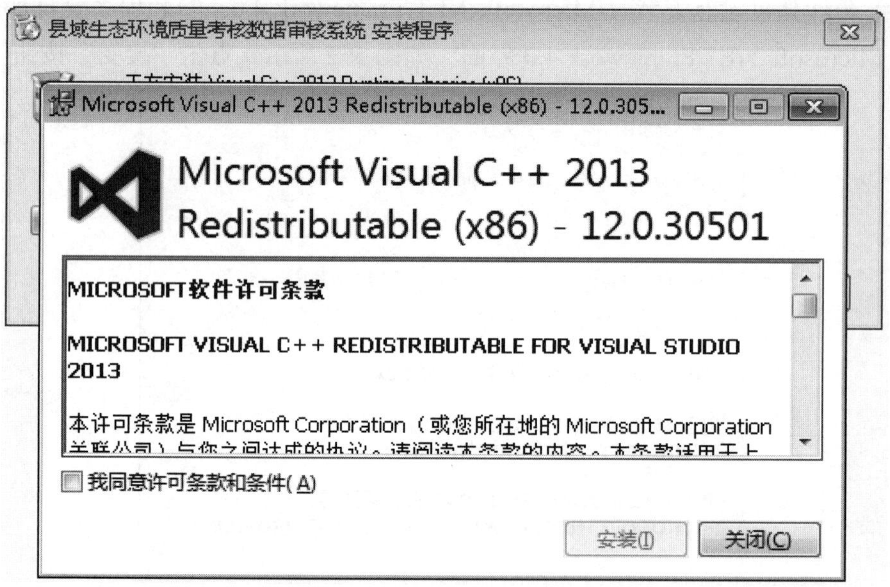

图 5-4　Microsoft Visual C++2013 Redistributable 许可

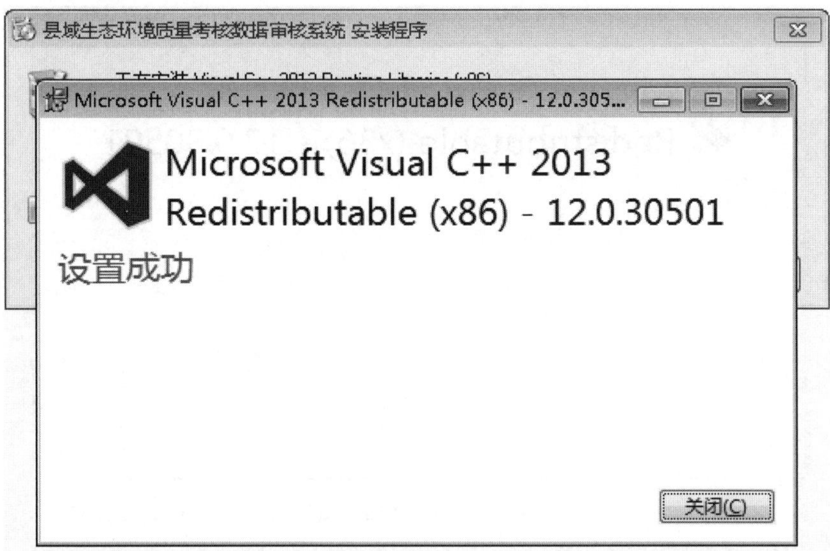

图 5-5　Microsoft Visual C++2013 Redistributable 安装完成

（5）若 Microsoft Visual C++2013 Redistributable 已安装过，弹出修复界面（图 5-6），点击“修复”按钮，安装完成后，弹出图 5-7 修复完成界面，点击“关闭”按钮。

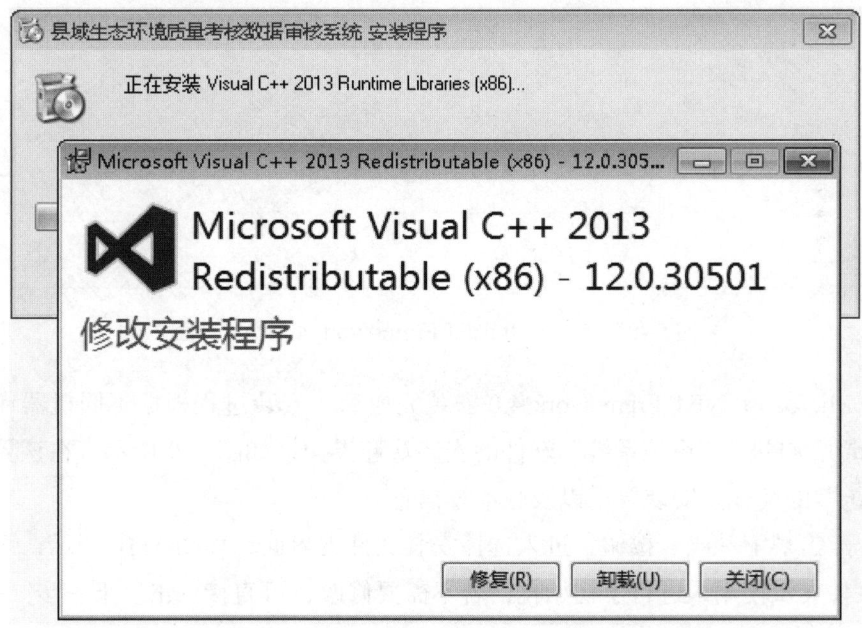

图 5-6　Microsoft Visual C++2013 Redistributable 修复

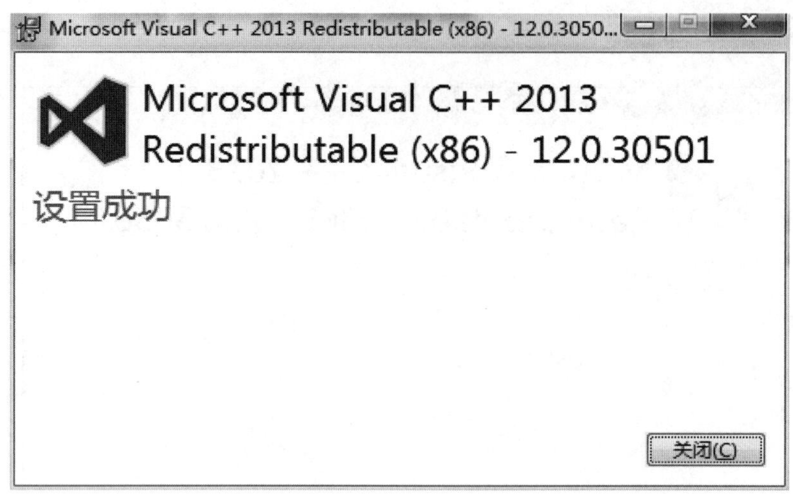

图 5-7　Microsoft Visual C++2013 Redistributable 修复完成界面

（6）若计算机没有安装过 Microsoft .NET Framework 4.0，将弹出 Microsoft .NET Framework 4.0 的安装界面，如图 5-8 所示。

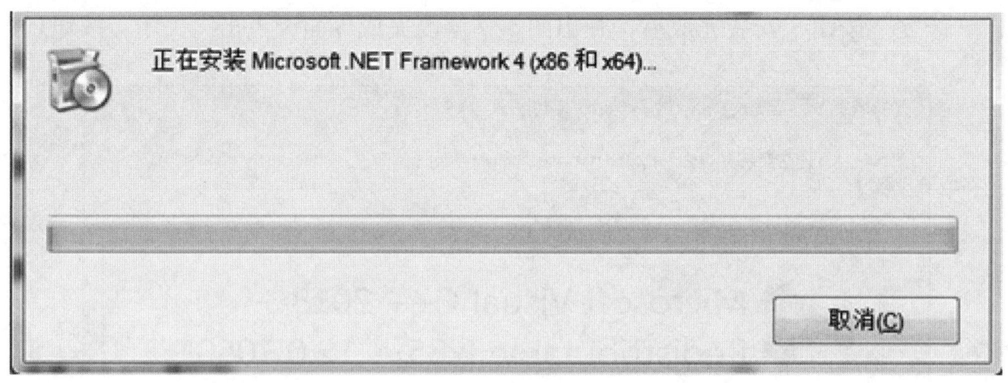

图 5-8　Microsoft .NET Framework 4.0 安装界面

（7）Microsoft .NET Framework 4.0 安装完成后（安装过程根据不同机器环境需要 3～10 min），将进入“审核系统”软件的安装欢迎界面，如图 5-9 所示。在该界面会有“审核系统”的简介、安装要求以及版本等信息。

（8）点击“下一步”按钮，进入选择安装文件夹界面，如图 5-10 所示，该界面已对安装文件夹及使用人进行了初始化，若不需要修改，可直接点击“下一步”按钮。

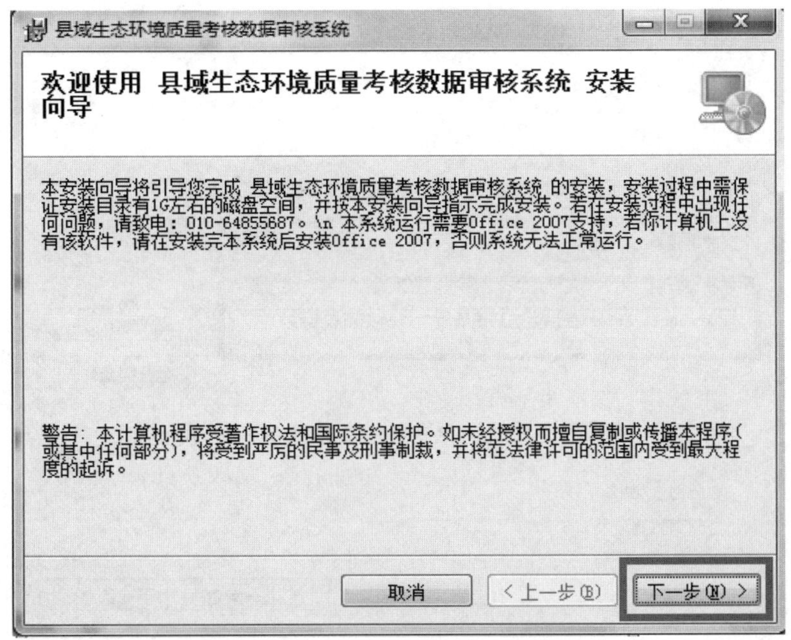

图 5-9　“审核系统”安装欢迎界面

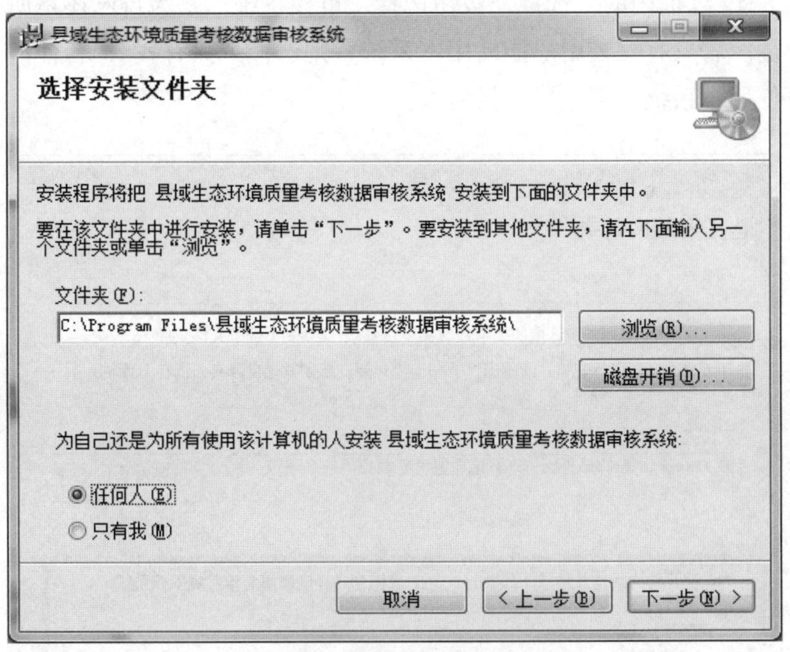

图 5-10　选择安装文件夹界面

在选择安装文件夹界面，可以根据磁盘空间决定程序安装的文件夹，可采用默认的文件夹（Program Files 文件夹下），或直接在文件夹框中（图 5-11 红框内）输入程序将安装到的文件夹，或点击“浏览”按钮修改安装目标文件夹。

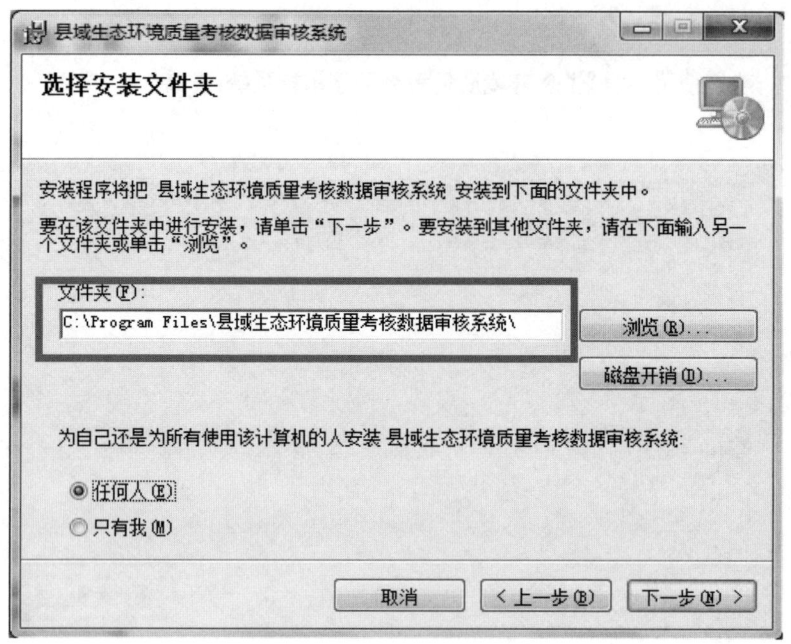

图 5-11　选择安装文件夹界面

通过图 5-12 红框内的“选择”按钮选择“审核系统”是为自己还是所有使用本计算机的人使用。若只有安装用户能使用本系统，则选择“只有我”，若任何使用本计算机的人都可使用本系统，则选择“任何人”。

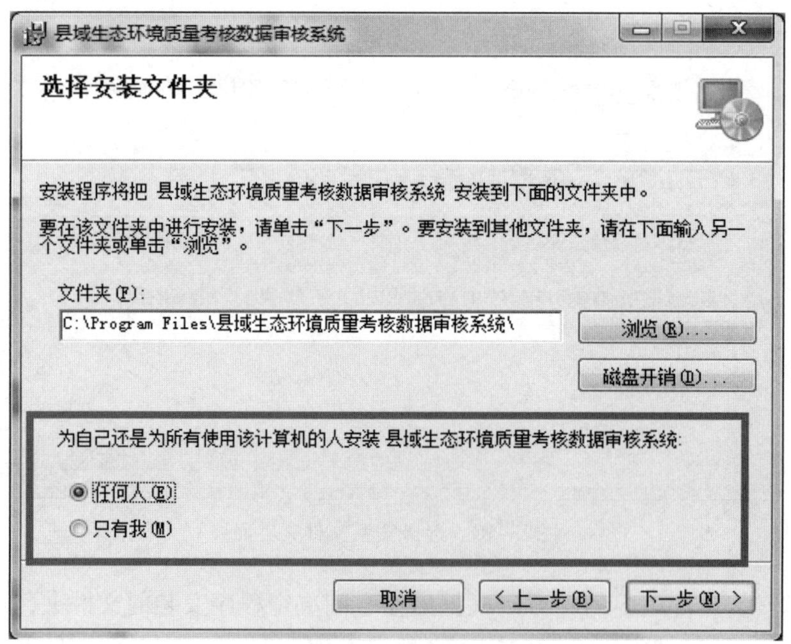

图 5-12　选择安装文件夹界面

（9）在设置好安装文件夹和使用人后，点击“下一步”按钮，进入系统确认安装界面，如图 5-13 所示。

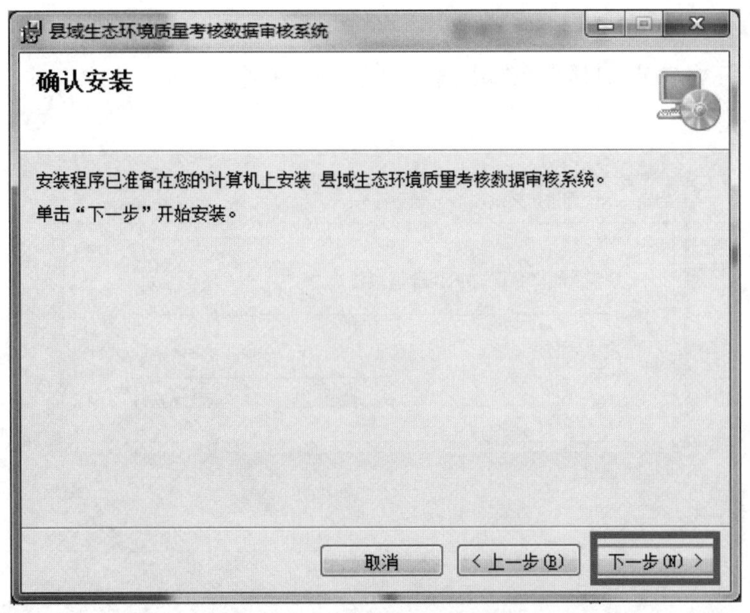

图 5-13　系统确认安装界面

（10）若确认安装，点击“下一步”按钮进入系统安装进度界面，如图 5-14 所示；若需要修改安装设置，点击“上一步”按钮，返回上一步进行安装文件夹等的修改；若想取消本次安装，点击“取消”按钮，将退出安装，并提示安装未完成。

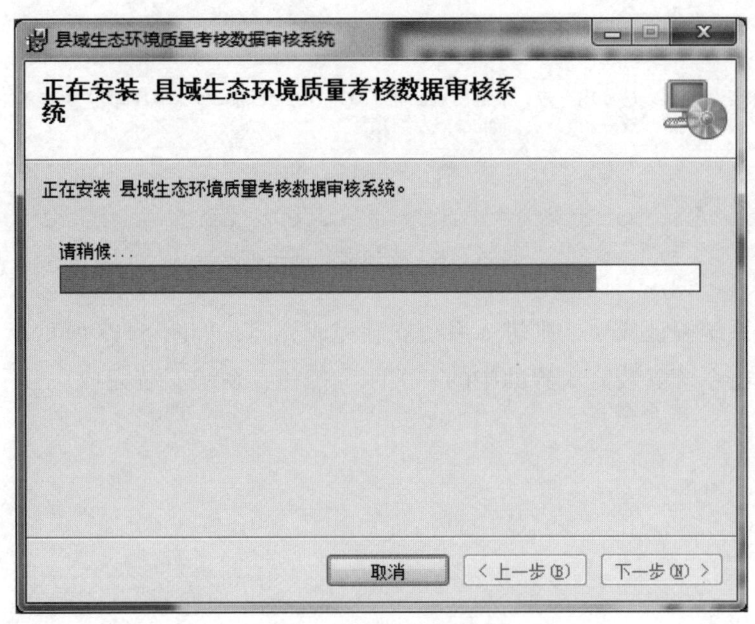

图 5-14　系统安装进度界面

（11）耐心等待系统安装，该过程根据不同性能的机器需要 1～3 min。安装完成后，将弹出如图 5-15 所示的“审核系统”验证界面。

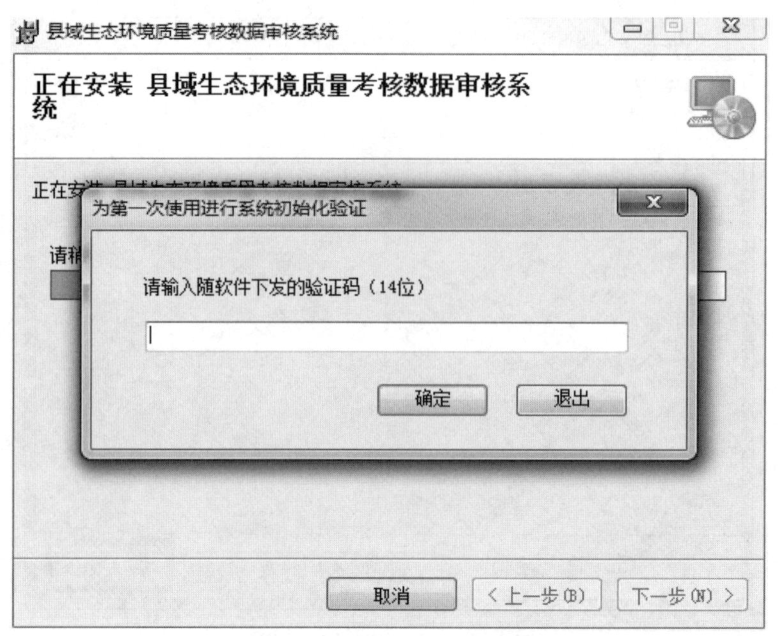

图 5-15 “审核系统”验证界面

（12）输入软件的验证码，验证码为 14 位（以昆明市为例，验证码为：0011-2119-1938），点击“确定”按钮，界面如图 5-16 所示。

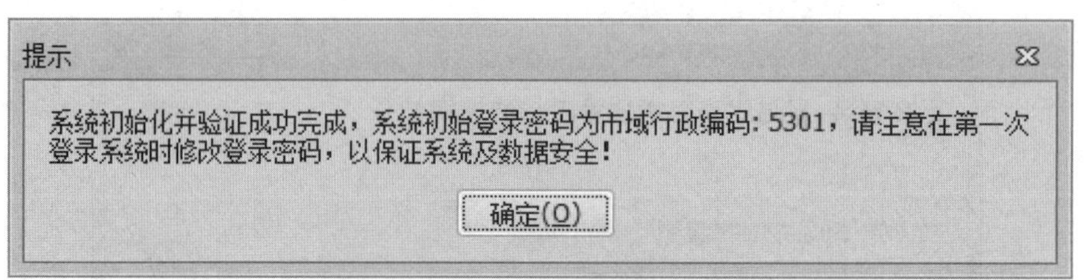

图 5-16 验证成功提示框

（13）若系统验证成功，则进入系统安装完成界面，如图 5-17 所示。

（14）点击系统安装完成界面中的“关闭”按钮，系统安装完成。

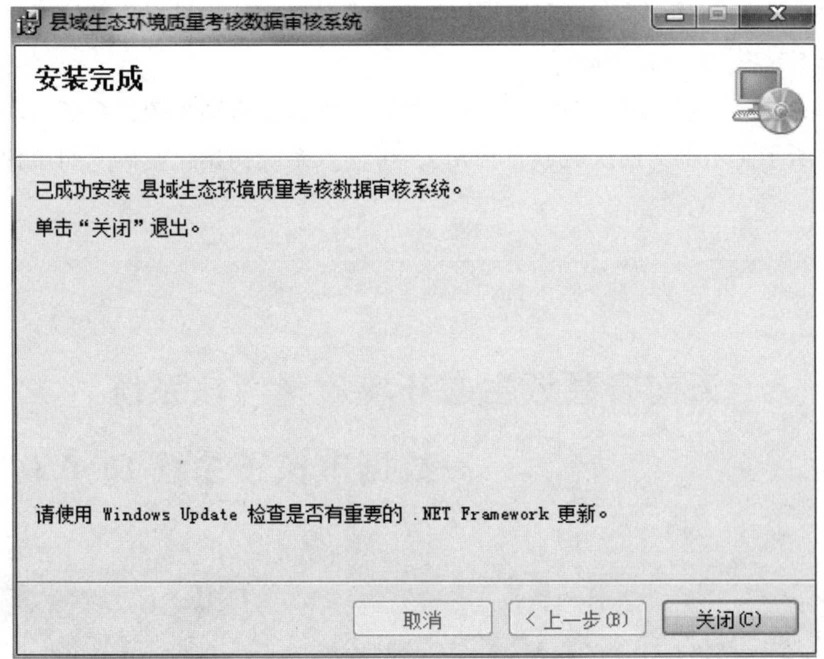

图 5-17　系统安装完成界面

3　系统启动运行

用户在计算机上对“审核系统”进行安装后，用户计算机系统桌面上、开始菜单中会出现“数据审核系统”的快捷方式，如图 5-18 所示。

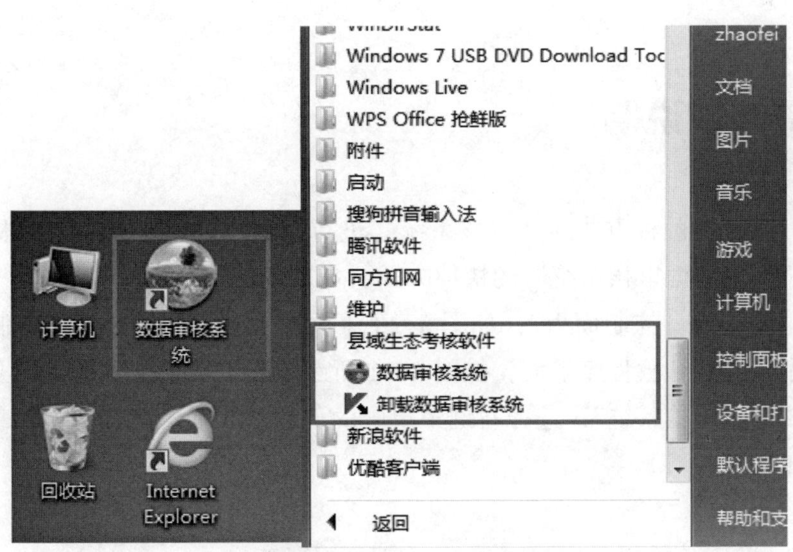

图 5-18　“数据审核系统”桌面及开始菜单快捷方式

双击桌面上的“数据审核系统”快捷方式或者点击计算机操作系统开始菜单中的“数据审核系统”，系统开始运行。

若在系统安装过程中已成功进行软件验证，则直接启动系统，系统启动后的界面如图 5-19 所示（示例为迪庆藏族自治州），可输入系统初始化密码［州市代码］进入系统。

图 5-19　系统登录界面

4　系统卸载说明

用户可以通过两种方式对“审核系统”进行卸载，一种是通过计算机系统开始菜单中的“卸载数据审核系统”的快捷方式，如图 5-20 红框中所示；另一种是通过点击开始菜单中的“控制面板”，如图 5-20 蓝框中所示，然后选择“控制面板”中的卸载程序，打开卸载程序界面，如图 5-21 所示，右击图中红框中的“县域生态环境质量考核数据审核系统”，选择右键菜单中的“卸载”项，打开软件卸载进度执行框，完成卸载。

图 5-20　“审核系统”卸载菜单

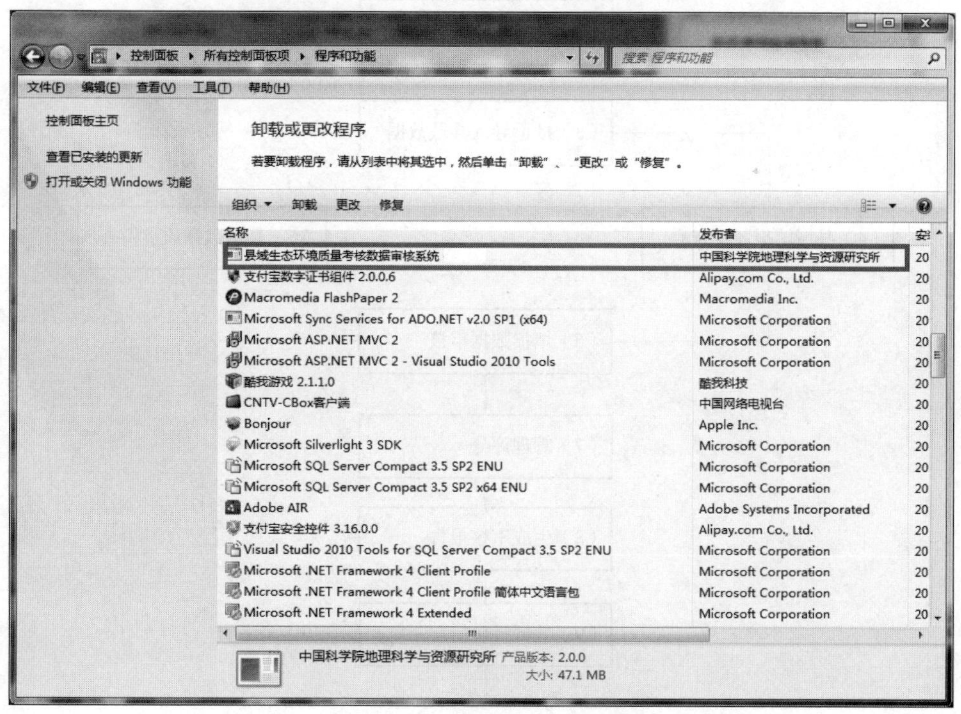

图 5-21　控制面板卸载界面

第6章
数据审核系统推荐使用流程

1 推荐使用流程

本系统实现从县域其他数据导入审核报告生成并上报国家主管部门的整个过程，一般需要经过数据整理、系统初始化、数据导入、数据审核、管理评分、报告生成、数据打包、数据上报等步骤，在实际操作过程中根据县域数据情况及审核要求，可进行县域数据查看、质量检查操作。具体流程如图6-1所示。

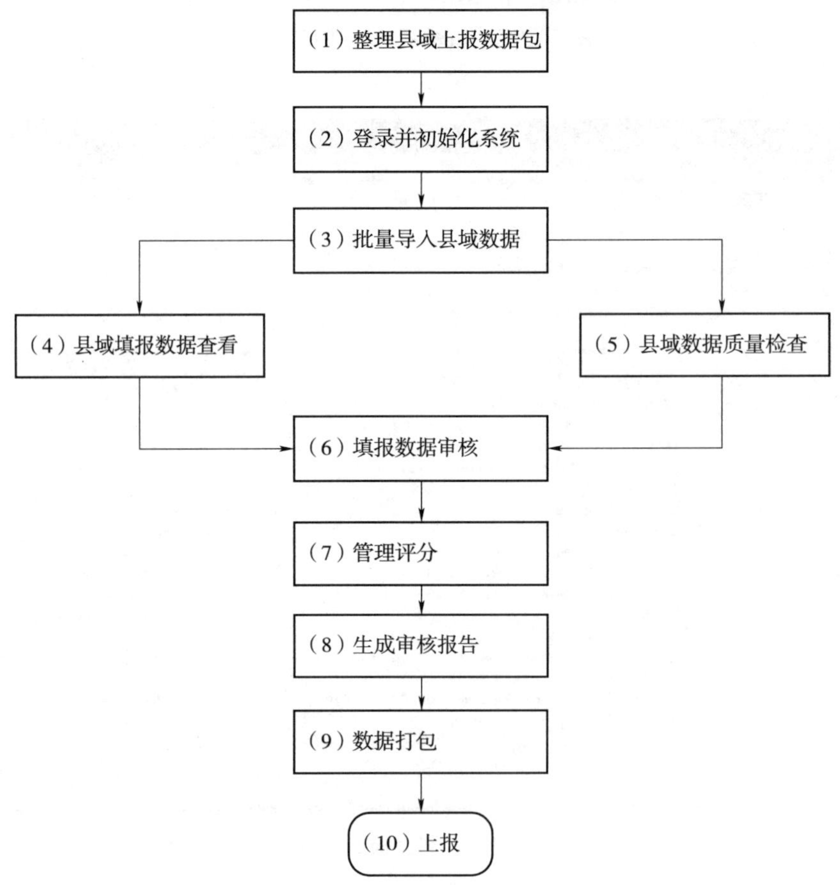

图6-1　数据审核系统推荐使用流程

整个流程共10步，其中（4）、（5）为可选步骤，需根据实际数据情况由用户选择是否执行该步操作；（2）、（3）、（6）、（7）、（8）、（9）为必选步骤，必须经过这几步操作才能实现数据审核及数据上报；（1）、（10）为人工操作步骤，不在本系统中完成。

2　审核流程操作说明

2.1　整理县域上报数据

各考核县域填报数据以数据包的方式通过光盘、U盘或移动硬盘等存储介质报送至主管单位。本步骤需将所有考核县域上报的数据包拷贝至同一个文夹下，如图6-2所示。

云南省-2023-盘龙区-530103-其他数据.crf	2024-5-6 9:30	CRF 文件
云南省-2023-五华区-530102-其他数据.crf	2024-5-6 9:30	CRF 文件

图6-2　上报数据整理

为保证数据安全，上报数据包为加密压缩包，由“县域生态环境质量考核数据填报系统”打包生成（文件名格式为：考核年份-县域名称-县域代码-其他数据.crf，其中考核年份为4位数字，县域名称为填报县域全名，县域代码为6位县域行政代码，扩展名为CRF，意义为：County Report File）。

本步骤需在系统外由人工完成，系统中没有相关功能及工具。

【注意】为保证系统正确导入各县域填报数据，上报数据文件夹中尽量只存储各考核县域上报数据包文件，且上报数据包文件命名正确。

2.2　系统初始化及登录

县域数据整理至同一个目录后，可以启动本系统（若计算机已安装本系统，则系统桌面上会有“数据审核系统”快捷方式。若还没有安装审核系统，可参照《云南省县域生态环境质量监测评价与考核系统——数据审核系统安装手册》完成系统软件安装），并进入系统初始化及登录界面工作。具体步骤如下：

在系统登录界面，选择数据类型，输入密码（系统的默认登录密码为州市的4位行政编码，如昆明市为5301），单击“登录”按钮即可登录系统，如图6-3所示。

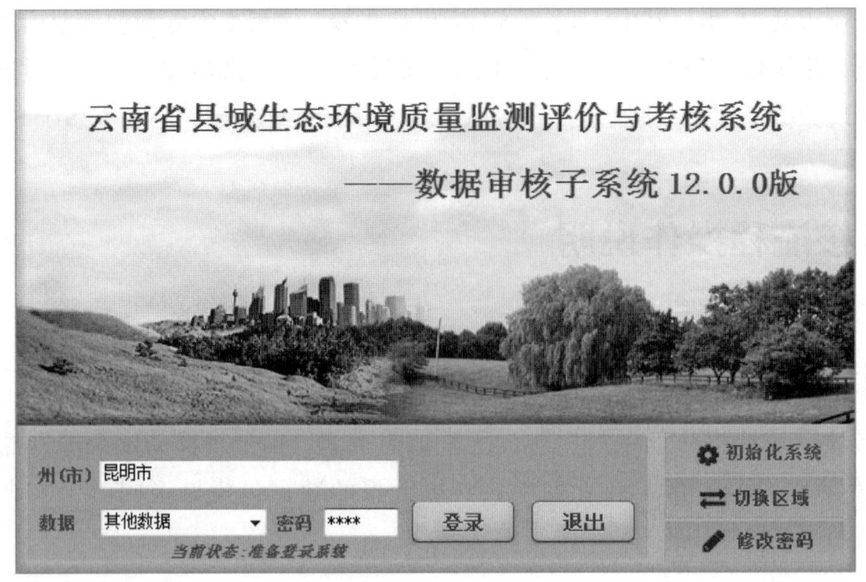

图 6-3 系统登录界面

系统第一次登录或初始化后，会在登录过程中提示用户数据库不存在，并引导用户输入考核年份，提示信息如图 6-4 所示。

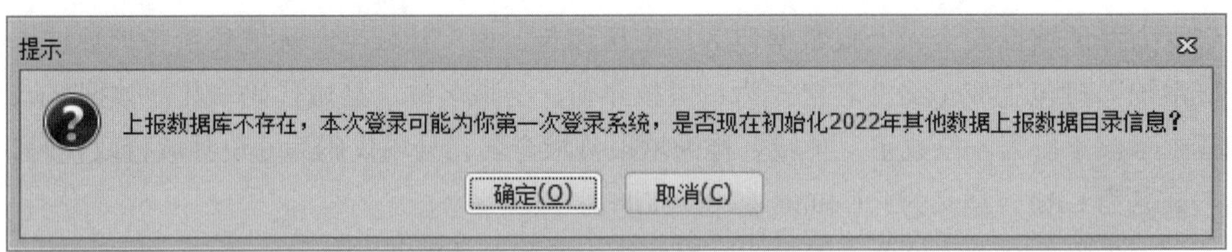

图 6-4 生成上报数据库提示框

点击“确定”按钮，则生成上报数据库并且继续登录系统。点击“取消”按钮，可退出登录。

【注意】可单击“初始化系统”按钮，重新初始化上报数据库（原有上报数据库将被覆盖）。

2.3 上报数据导入

系统成功登录后，可进行县域上报数据导入操作，将各县域上报的数据包导入数据库中。县域上报数据导入根据目前县域上报数据的状态，有两种导入模式，一种是单县域导入，若上报县域较少，可将各县域上报数据包逐一导入；另一种是县域数据批量导入，若所有县域已上报数据或已上报数据的县域较多，且上报数据已组织到一个目录中，可将县域数据批量导入。这两种导入模式都可完成县域上报数据的导入，用户可根据实际情况进行选择。

数据导入功能主要是通过系统功能菜单区的“开始”菜单项来完成。

（1）工作组织情况

1）点击“开始”菜单下“州、市工作组织情况”按钮，如图 6-5 所示。

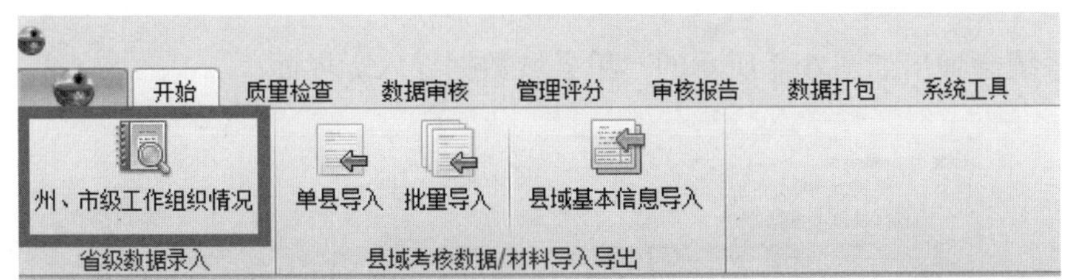

图 6-5　工作组织情况

2）系统将弹出“工作组织”界面，填写自查组织情况，点击“保存”按钮，则出现如图 6-6 所示的对话框，点击“清空”按钮，则清空表格内容，点击“退出”按钮，则退出自查工作组织情况填报表。

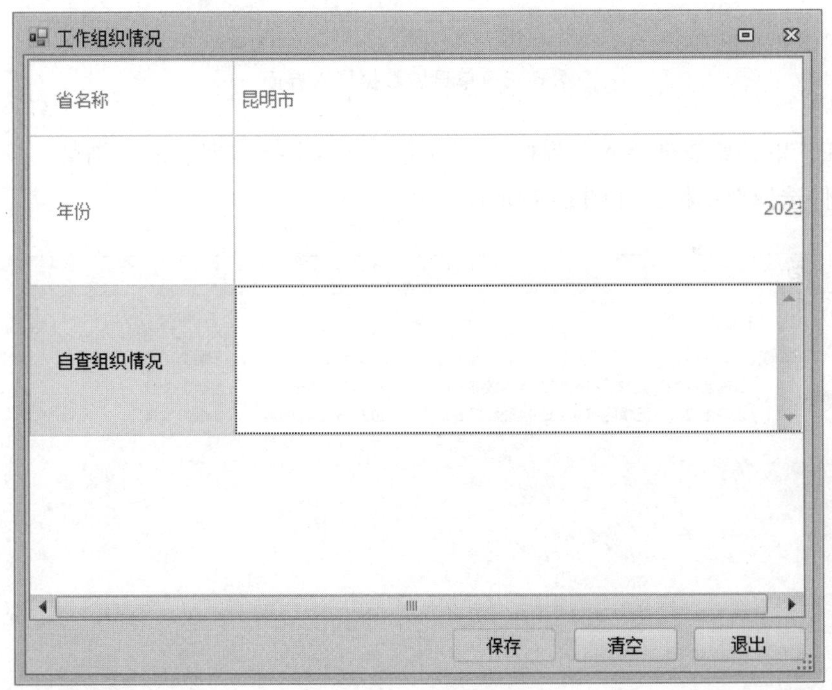

图 6-6　工作组织

（2）单县域数据导入

1）点击“开始”菜单下“单县域考核数据导入”按钮，如图 6-7 所示（当鼠标放在该按钮上会提示该按钮功能的说明）。

图 6–7　单县域功能按钮

2）系统会弹出如图 6–8 所示的“单县域数据导入”界面。

图 6–8　单县域数据导入界面

3）在“单县域数据导入”界面，点击选择县域上报数据包的“浏览”按钮，弹出数据包文件选择对话框，如图 6–9 所示。

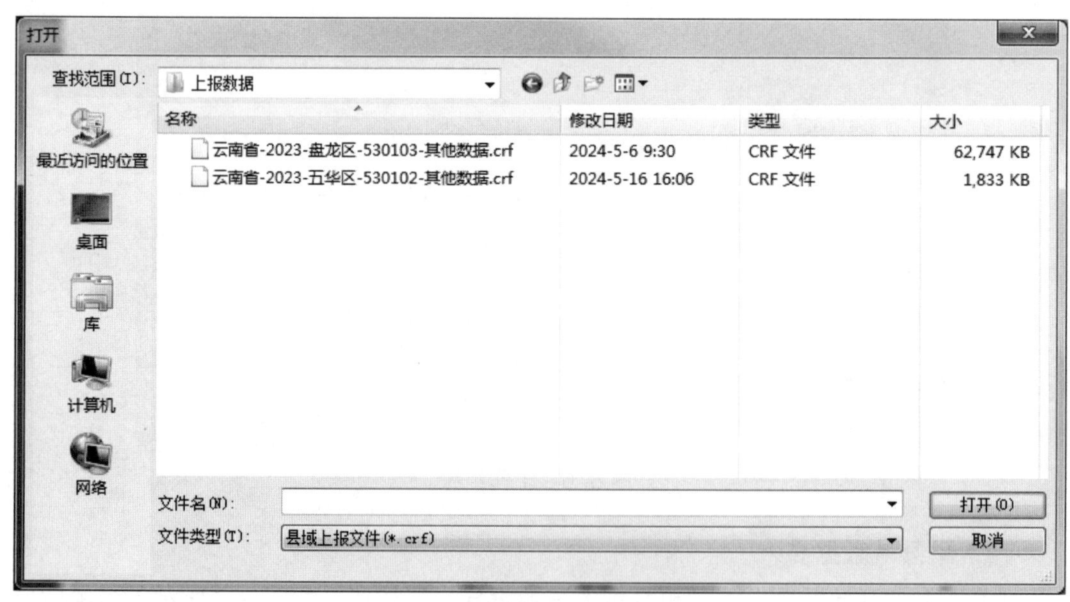

图 6–9　选择县域上报文件对话框

4）在文件选择对话框中，选中需要导入的县域上报文件包，文件名格式为：云南省－年份（4位）－县名称－县代码（6位数字）－其他数据.crf，点击“打开”按钮，该文件将选择至县域上报数据包下的文本框内，同时系统将根据文件名，在上报数据信息中显示该数据包的上报县域所在市及县域名称，如图6-10所示。

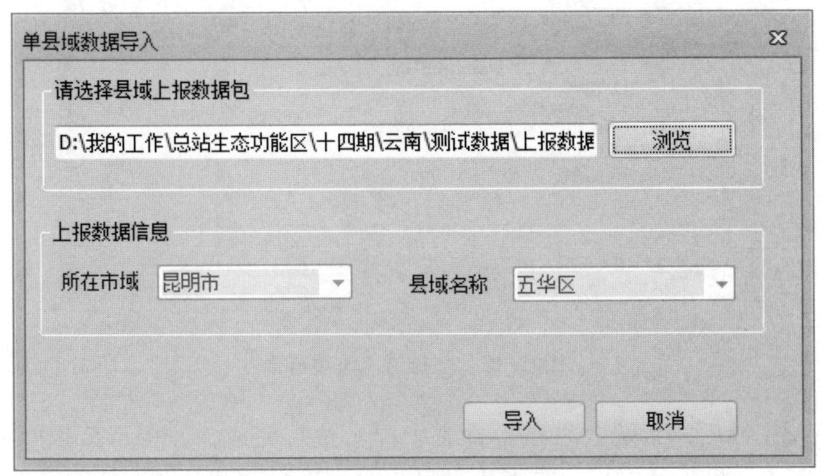

图6-10　选择完成界面

5）在“单县域数据导入”界面，点击“导入”按钮，若该县域数据以前已导入，则弹出如图6-11所示的提示框，提示用户是否重新导入。

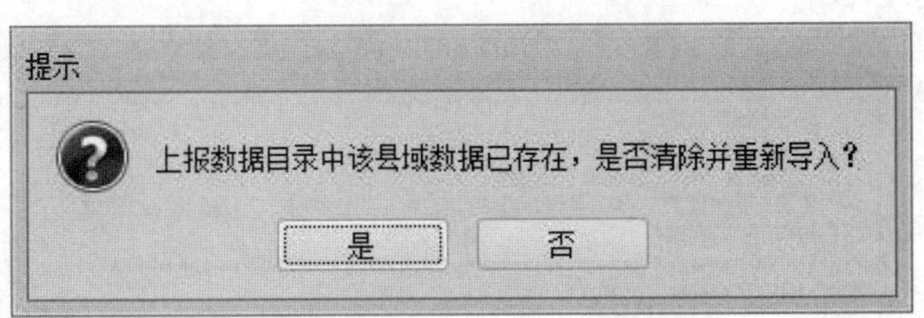

图6-11　是否重新导入提示

6）在提示框中，点击“是”按钮，弹出数据导入进度界面，如图6-12所示，在导入过程中，将显示导入步骤、进度以及导入状态日志。在导入过程中，可随时点击“终止”按钮终止导入，也可勾选“完成后自动关闭本执行进度窗口？”复选框，导入完成后自动关闭该导入进度框。

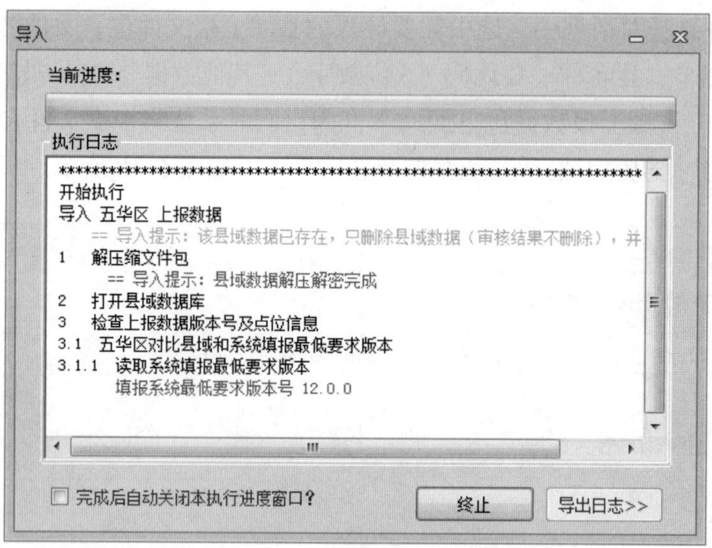

图 6-12　数据导入进度界面

7）导入完成后，系统会在执行日志中提示执行完成，并提示所用时间等信息，如图 6-13 所示。导入结束后，可单击“导出日志”按钮将执行日志导出为文本文件（*.txt），以进一步分析。

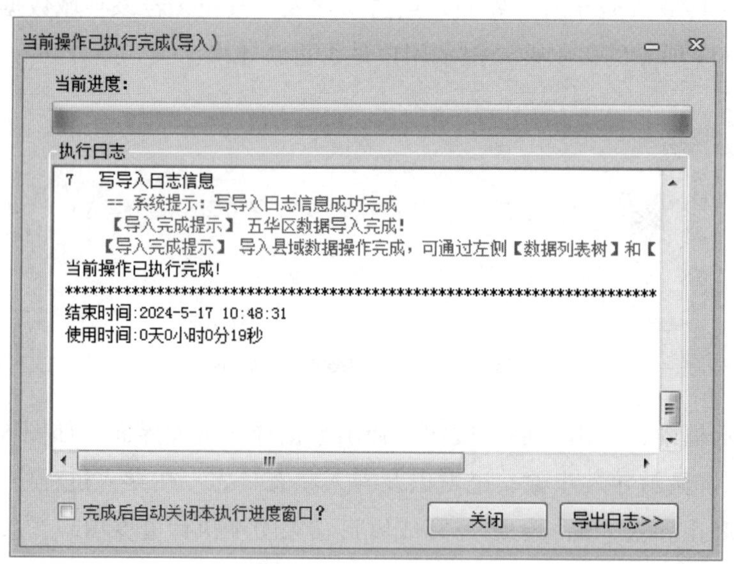

图 6-13　导入完成

8）导入完成后，左侧数据目录区对应的县节点下将加入该县导入的数据目录列表，可通过点击相应的文件或表节点查看该县域的填报数据，具体可参见 2.4 节。

（3）多县域数据批量导入

1）点击“开始”菜单下“县域考核数据批量导入”按钮，如图 6-14 所示（当鼠标放在该按钮上会提示该按钮功能的说明）。

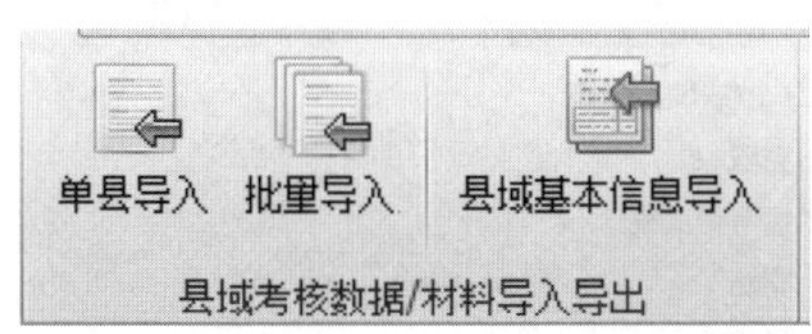

图 6-14　多县域批量导入功能按钮

2）系统将弹出如图 6-15 所示的“县域上报数据批量导入”界面。

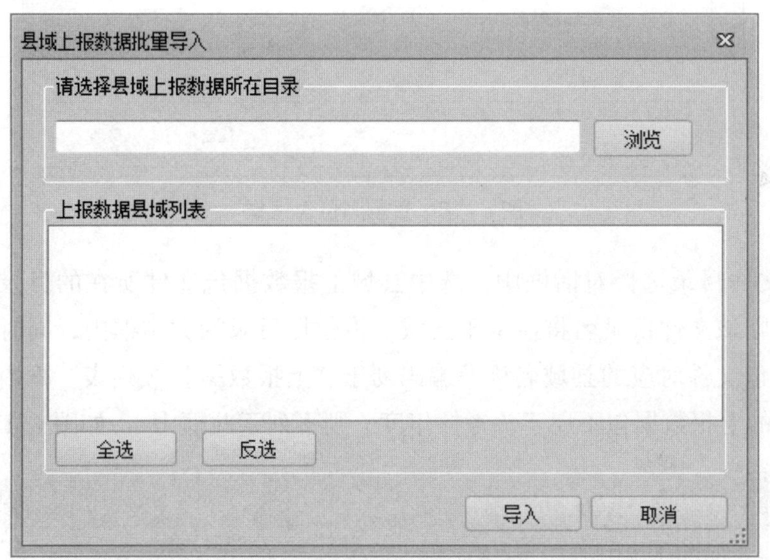

图 6-15　县域上报数据批量导入界面

3）在“县域上报数据批量导入”界面，点击选择县域上报数据所在目录下的“浏览”按钮，弹出文件目录选择对话框，如图 6-16 所示。

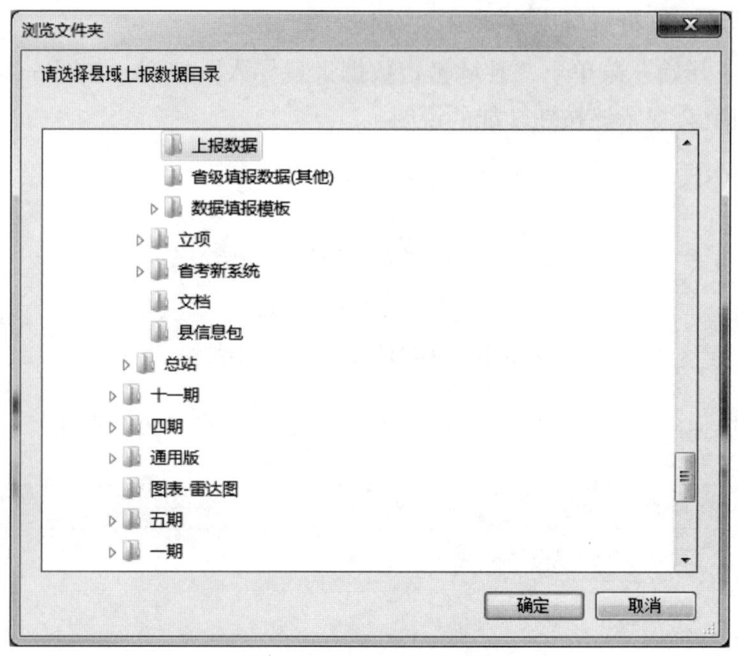

图 6-16　目录浏览对话框

4）在文件目录选择对话框中，选中县域上报数据包文件所在的目录，点击“确定”按钮，则该文件目录名将显示于县域上报数据目录的文本框内，同时将该目录所有上报数据包文件对应的县域名称及编码列于“上报数据县域列表”框内（注意：若目录内包含的上报数据包不属于该考核年度，则不列于此框中），如图 6-17 所示。

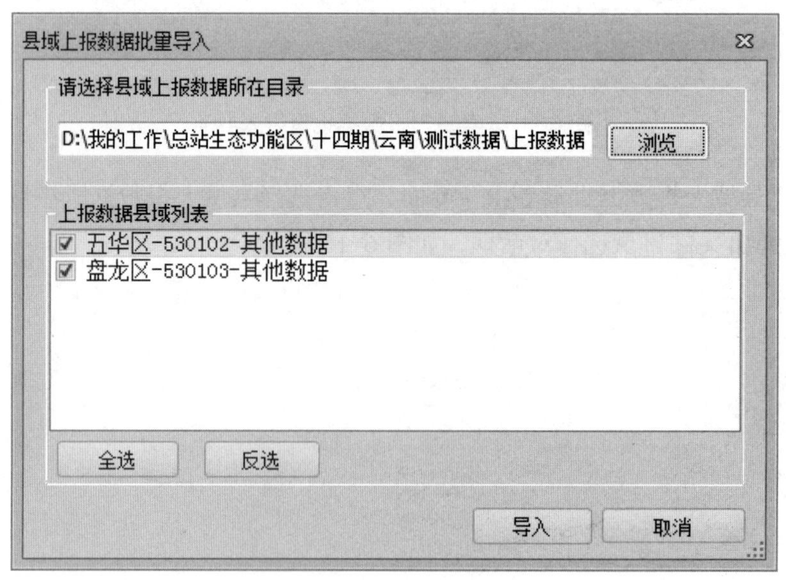

图 6-17　选择导入县域列表

5）在“县域上报数据批量导入”界面的上报数据县域列表中，通过各县域名称前面的复选框来选择是否导入该县域数据，若导入，则选中，否则不选中（默认为全选中，即全部导入）。选择需导入县域列表时，可通过“全选”“反选”按钮来辅助选择。点击“全选”可选中所有县域，点击“反选”可将已选中的县域变为不选中，未选中的县域改为已选中。

6）在“县域上报数据批量导入”界面选择导入数据县域后，点击“导入”按钮，若所选县域列表中有些县域以前已导入过数据，则弹出“是否覆盖已有县域数据”提示框，并将已存数据的县域名称列于列表框中，如图6-18所示。若没有已导入过数据的县域，则跳过此界面，直接进入数据导入进度界面。

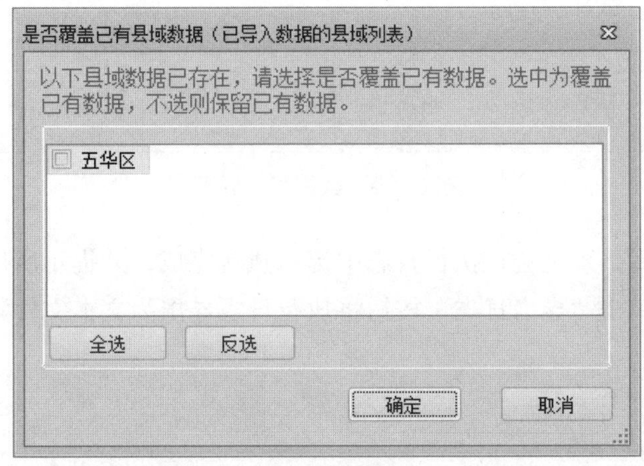

图6-18　是否覆盖已有县域数据界面

7）在“是否覆盖已有县域数据”界面，若要覆盖已有数据，则选中该县域前的复选框，否则不选中（默认为未选中，即不覆盖）。在该界面，若需要确认是否覆盖的县域较多，可通过“全选”和“反选”按钮来快速选取。

8）在“是否覆盖已有县域数据”界面，设定要覆盖的县域列表后，点击“导入”按钮，则按顺序导入已选中的县域上报数据，并弹出数据导入进度界面，如图6-19所示，在导入过程中，将提示导入进度及执行日志，可点击“终止”按钮随时终止导入，也可勾选“完成后自动关闭本执行进度窗口？”复选框，导入完成后自动关闭该导入进度框。

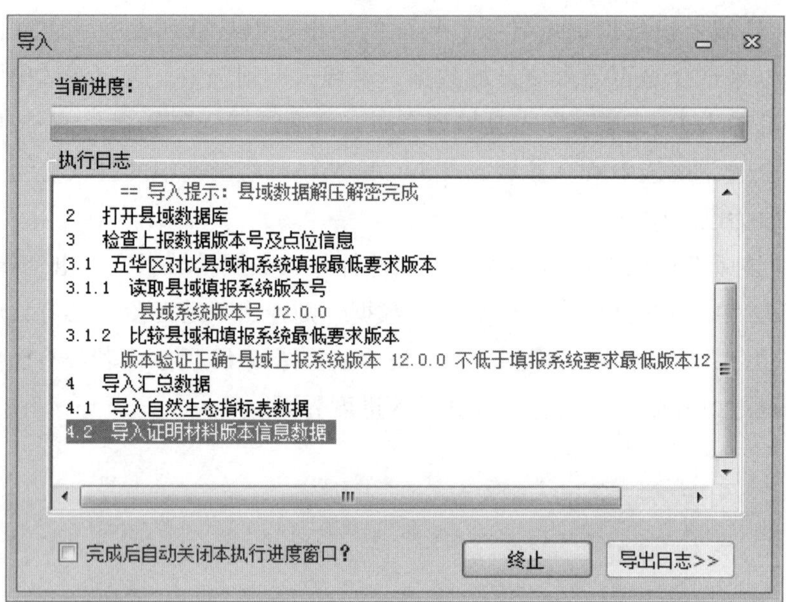

图 6-19 数据导入界面

9）导入完成后，系统会在执行日志中提示执行完成，并提示所用时间等信息，如图 6-20 所示。可单击“导出日志”按钮将执行日志导出为文本文件（*.txt）。

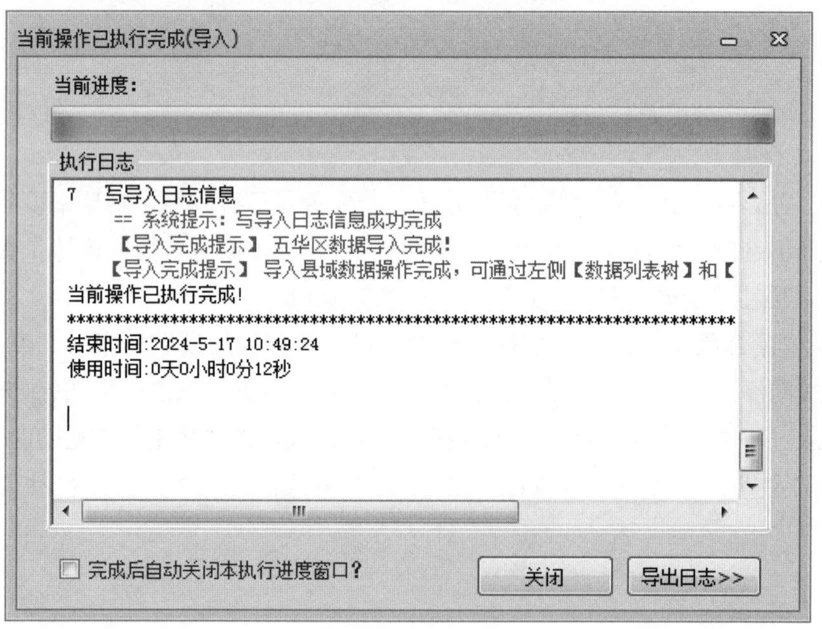

图 6-20 导入完成提示

10）导入完成后，在主界面左侧数据目录区对应的所有导入数据的县节点下将加入填报数据目录列表，可通过点击相应的文件或表节点查看该县域的填报数据。

（4）县域填报数据清除

已导入数据的县域可通过“县域填报数据列表区”县域节点的右键菜单清除其填报数据，包括原始填报数据、审核结果信息等。具体操作步骤如下。

1）右击需要清除数据的县域名称节点，弹出如图 6-21 所示的右键菜单。

图 6-21　清除上报数据菜单项

2）在弹出的右键菜单中，点击“清除上报数据”菜单项，系统会弹出如图 6-22 所示的确认清除提示框。

图 6-22　确认清除提示框

3）在确认清除提示框中，点击“是”按钮，清除所选县域数据；点击“否”按钮，则不清除并返回系统主界面。

【注意】在县域上报数据导入过程中，可同时进行其他操作，如数据查看。为保证数据导入准确且快速，建议在数据导入过程中不要进行其他相关操作。

2.4 数据查看

县域填报数据导入后，其原始数据以子库的方式保存，可通过左侧的数据列表树查看。左侧的数据目录树在系统初始化时，会显示州（市）内所有考核县域，如图 6-23 所示。

图 6-23　县域填报数据目录树

部分或全部县域数据导入后，可通过系统左侧的数据列表树查看各县域填报的数据。查看县域填报数据的具体操作步骤如下。

1）在左侧的数据列表树中，若县域数据已导入，则该县域节点下将会有子节点，如图 6-24 所示。

图 6-24　已导入上报数据的样式

2）点击需要查看填报数据的县域，该县域所有填报数据以分类目录的方式展示于县域节点下，如图 6-25 所示。填报数据一般包括“指标数据证明材料”“生态环境保护与管理”“生态环境保护工作情况信息”“其他相关图档资料”“生态环境质量考核自查报告”。

图 6-25　县域上报数据目录

3）点击需要查看的填报数据目录，该目录会自动展开，显示下一级目录或目录中的上报文件或表格，图 6-26 为展开“指标数据证明材料”节点后显示的证明材料列表。

图 6-26　指标数据证明材料列表

4）若查看的内容为文档，如证明材料，则在右侧的数据窗口显示证明材料全文，如图 6-27 所示。可通过数据窗口中相应的功能按钮实现文字的缩放、翻页及打印等功能。

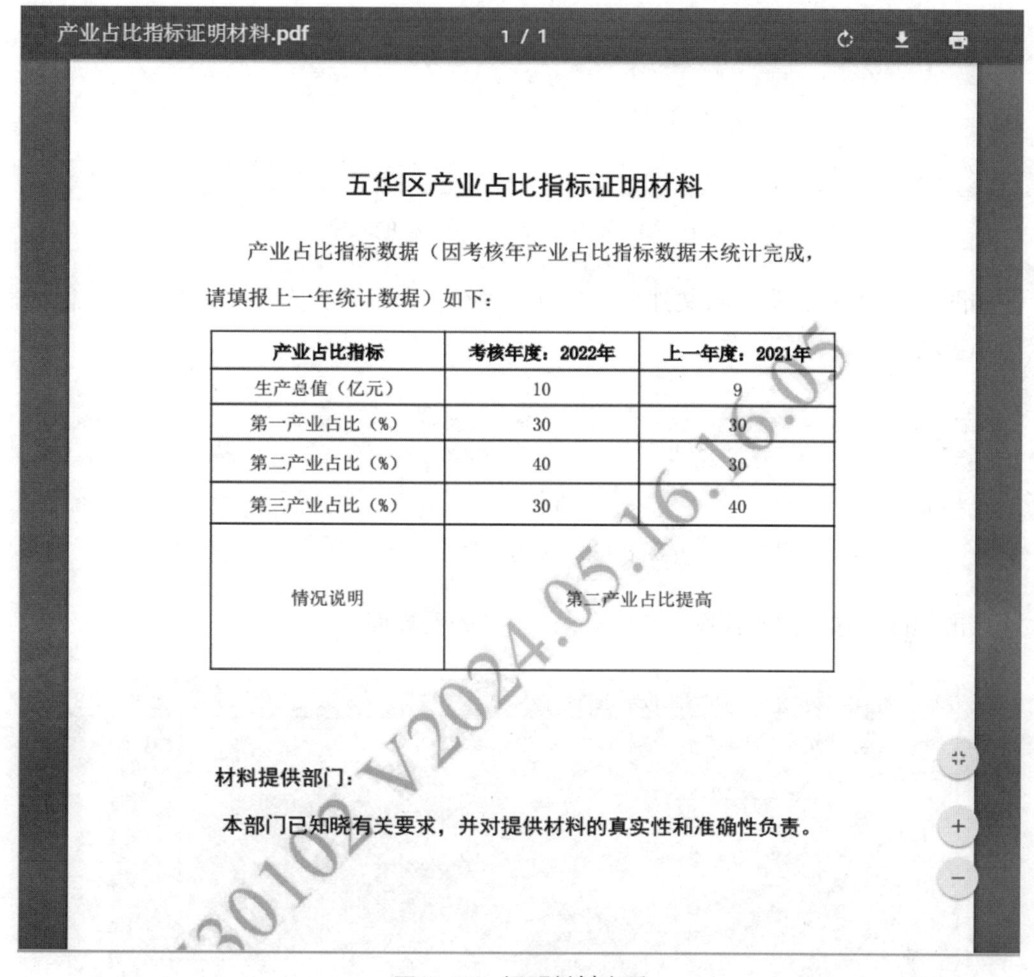

产业占比指标证明材料.pdf　1 / 1

五华区产业占比指标证明材料

产业占比指标数据（因考核年产业占比指标数据未统计完成，请填报上一年统计数据）如下：

产业占比指标	考核年度：2022年	上一年度：2021年
生产总值（亿元）	10	9
第一产业占比（%）	30	30
第二产业占比（%）	40	30
第三产业占比（%）	30	40
情况说明	第二产业占比提高	

材料提供部门：

本部门已知晓有关要求，并对提供材料的真实性和准确性负责。

图 6-27　证明材料查看

若要查看的内容为表格数据，如监测数据填报表，则在右侧数据窗口以表格的形式显示表格数据内容，如图 6-28 所示，可通过下方的功能按钮实现翻页、查看下一条记录和上一条记录等操作。

	县（市、区）代码	县（市、区）名称	生态环境保护创建编号	生态环境保护创建名称	创建年份	类别
▸1	530102	五华区	ES53010200001	文明示范县	2004	生态文明建设示范市县

当前记录：1 of 1

图 6-28　表格数据查看

对于有附件（如 pdf）或图片信息的节点数据，可以直接点击表格中的图片或 pdf 文件名称显示附件或图片，如图 6-29 所示。如果图片信息不存在则显示“无照片”“无文件”字样。

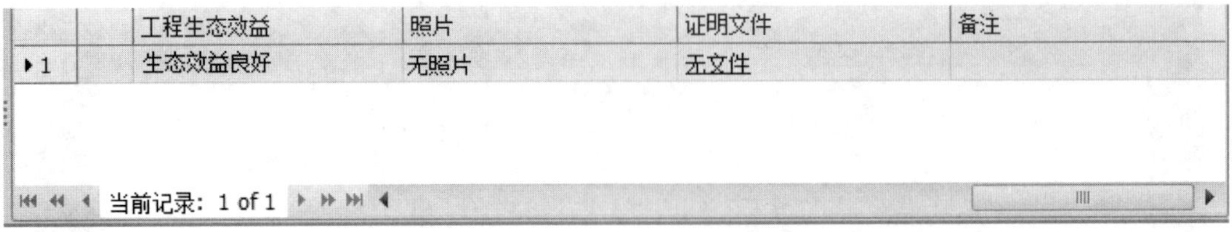

工程生态效益
照片
证明文件
备注
1
生态效益良好
无照片
无文件
当前记录：1 of 1

图 6-29　带有图片、证明材料的表格

如图 6-30 所示，附件项文件名称带有下划线，鼠标移到附件文件名称上，鼠标显示为小手状。

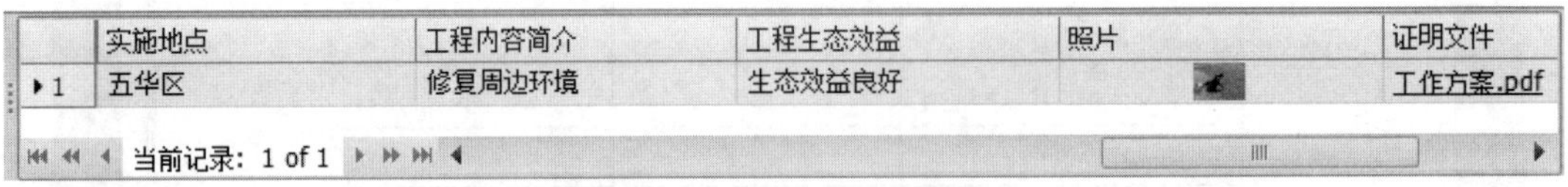

实施地点
工程内容简介
工程生态效益
照片
证明文件
1
五华区
修复周边环境
生态效益良好
工作方案.pdf
当前记录：1 of 1

图 6-30　带有附件的表格

点击附件名称，弹出如图 6-31 所示的附件查看界面。

PDF 国务院关于同意建立八仙山等国家级自然保护区的通知.pdf
1
/3
100%
查找：
国函〔1995〕108 号
国务院关于同意建立八仙山等
国家级自然保护区的通知
前一个
后一个
若pdf有问题,点击此处上传
当前记录：1，共有

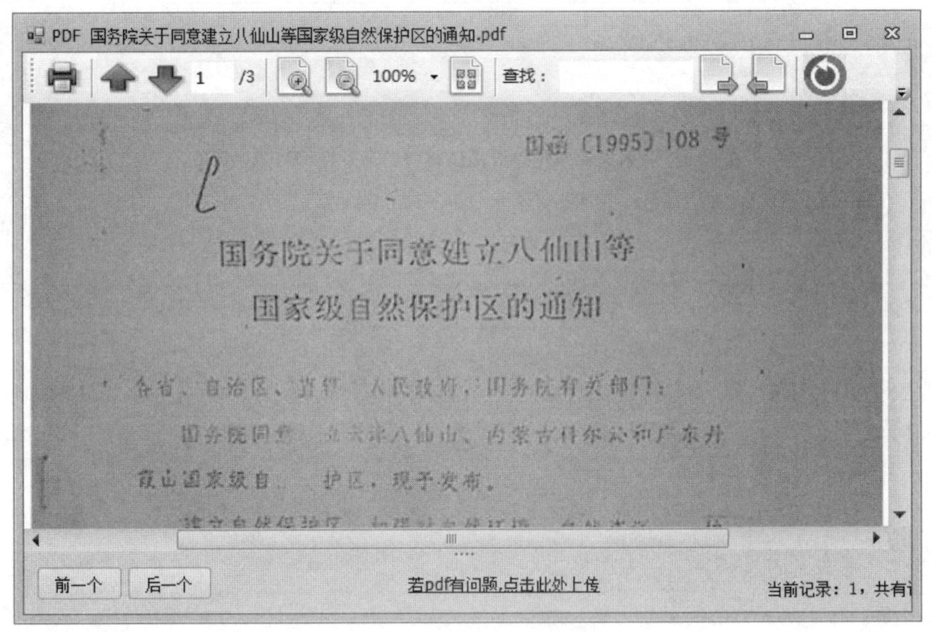

图 6-31　附件查看

点击表格中的图片，则弹出如图 6-32 所示的图片查看界面。

图 6-32　图片查看界面

【注意】在县域填报数据查看时，若数据对应节点前的图标右下方有红色感叹号，则表明该文件或数据表未填报，无法查看。

2.5　县域数据质量检查

在部分县域或所有县域填写数据上报并导入系统后，即可进行质量检查。质量检查主要是针对证明材料检查、环境保护与管理、生态环境保护工作，检查填写是否规范，以及各填报项数据是否齐全。

系统提供了针对单县域和多县域的批量检查功能，通过这两种检查模式，可实现各县域填报数据质量的必要检查。

（1）单县域数据质量检查

单县域数据质量检查一般在上报县域不多或个别县域数据更新的情况下使用（全部县域的检查可能需要较长时间）。其操作步骤如下。

1）点击“质量检查”菜单下“按县域检查”栏内的“单县域检查”按钮，如图 6-33 所示（当鼠标放在该按钮上会提示该按钮功能的说明）。

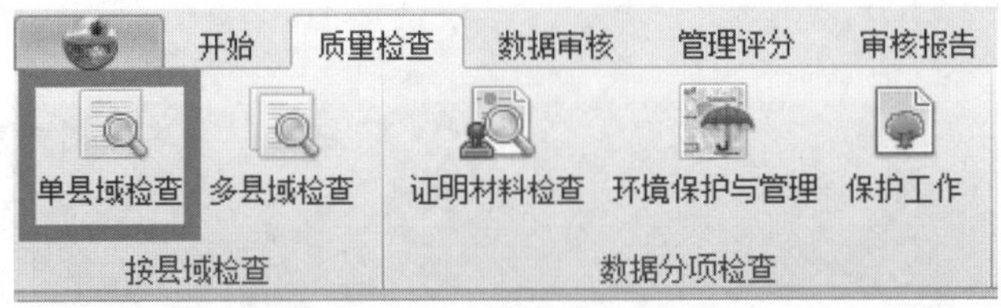

图 6-33　单县域检查功能按钮

2）系统会弹出如图 6-34 所示的县域选择及检查输出结果保存路径选择对话框。

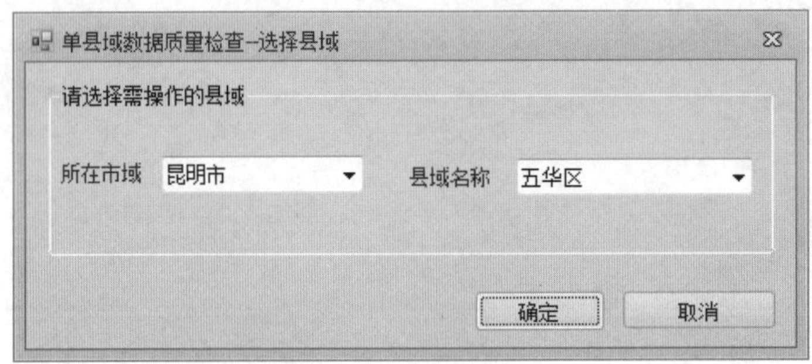

图 6-34　县域选择界面

3）选择县域名称后，点击“检查”按钮，开始进行县域数据质量检查，系统将弹出检查进度提示框，如图 6-35 所示。

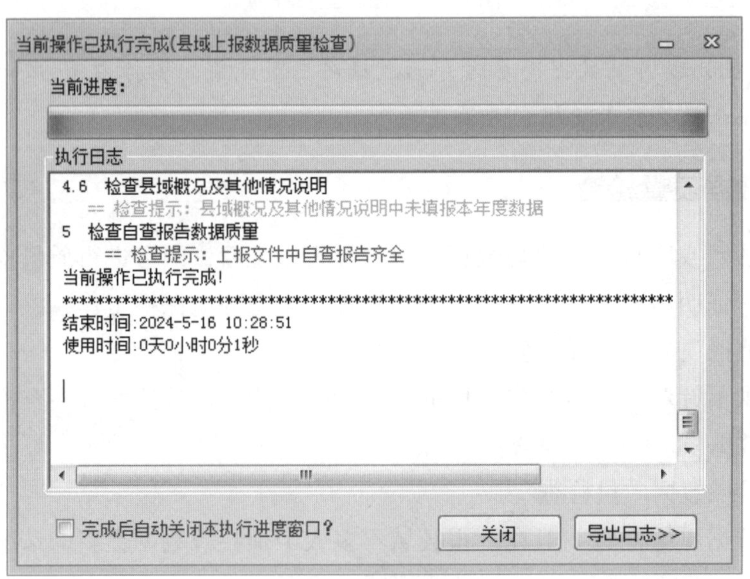

图 6-35　检查进度提示框

4）系统将依次检查县域填报的证明材料检查、环境保护与管理、保护工作等填报内容，在检查过程中，将通过日志的方式动态显示检查提示和结果（图 6-35）。

5）检查结束后，可单击“导出日志”按钮导出检查日志为文本文件。

（2）多县域数据质量检查

多县域数据质量检查一般在上报县域较多的情况下进行。其操作步骤如下。

1）点击“质量检查”菜单下“按县域检查”栏内的“多县域检查”按钮，如图 6-36 所示（当鼠标放在该按钮上会提示该按钮功能的说明）。

图 6-36　多县域检查功能按钮样式

2）系统会弹出如图 6-37 所示的县域选择及检查输出结果保存路径选择对话框，在该对话框中，县域列表框中将显示所有已上报并导入数据的县域名称。通过县域列表框各县域名称前的复选框选择需要审核的县域（默认为全选中）。若县域较多，可通过县域列表左下方的“全选”和“反选”按钮来辅助选择。

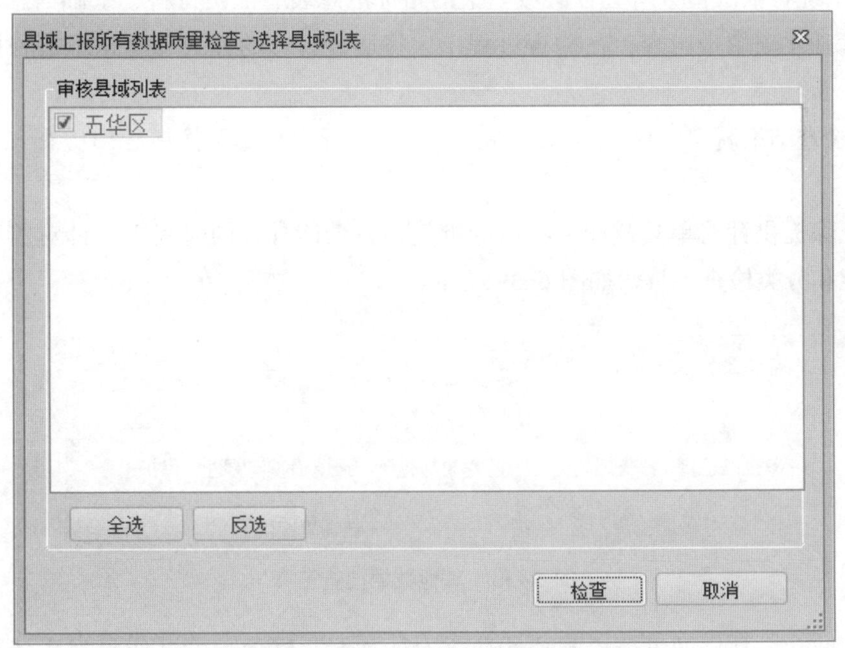

图 6-37　多县域选择界面

3）在县域选择框内，选择需检查县域列表后，点击“检查”按钮，开始进行县域数据质量检查，系统将弹出检查进度提示框，如图 6-38 所示。

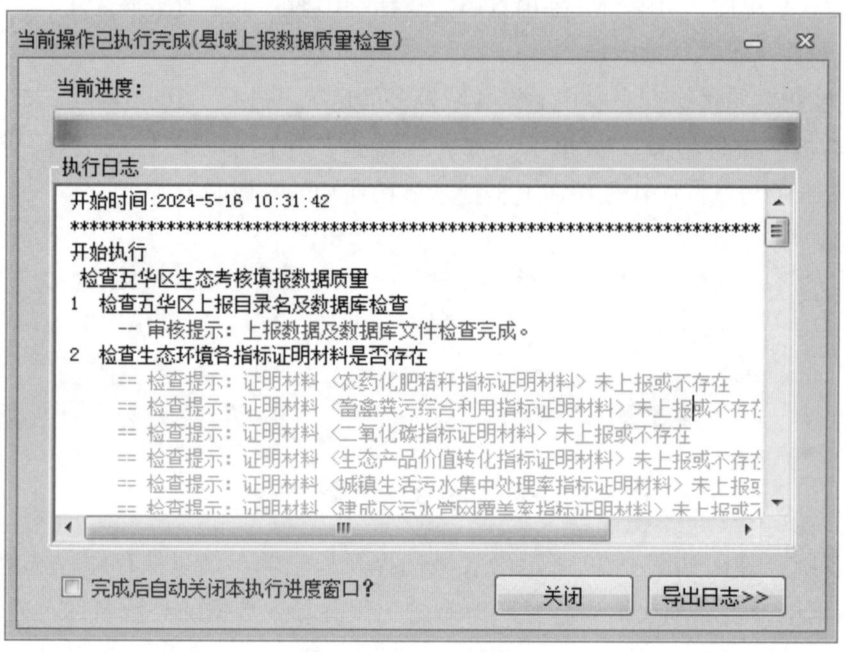

图 6-38　检查过程提示框

4）系统将依次检查所选各县域填报的指标汇总表、证明材料、基础信息表、环境保护与管理 4 项填报内容，在检查过程中，将通过日志的方式动态显示检查提示和结果（图 6-38）。

5）检查结束后，将提示检查结果，可单击“导出日志”按钮导出检查日志为文本文件。

系统除提供针对单县域和多县域的批量检查功能外，同时提供了针对监测数据的检查功能和分类检查工具，如图 6-39 所示。

图 6-39　其他数据检查工具

单县域和多县域的批量检查功能包含对所选各县域填报的证明材料、环境保护与管理、生态环境保护工作的检查，各分项数据检查及检查工具只是针对更具体的数据表和数据项进行更细致地检查。分项数据检查及检查工具不是本系统的必要操作步骤，因此在本流程中不作详述。

【注意】本步骤为可选步骤，只有对某县域或某些县域的上报数据质量存在疑问时，才使用本功能模块检查其监测数据的质量。

2.6　县域考核数据审核

在部分县域或所有县域数据上报并导入系统后，即可进行数据审核，主要审核县域填报数据的完整性，完整性主要包括数据表是否齐全、表中字段填写是否完整等。

通过系统针对单县域和多县域的批量审核功能以及证明材料一致性审核功能，可完成县域填报数据的审核工作。

（1）县域数据审核

县域数据审核包括单县审核和多县审核。以单县域审核为例，操作步骤如下。

1）单击“数据审核”菜单下“按县域审核”栏内的“单县域审核”按钮，如图 6-40 所示（当鼠标放在该按钮上会提示该按钮功能的说明）。

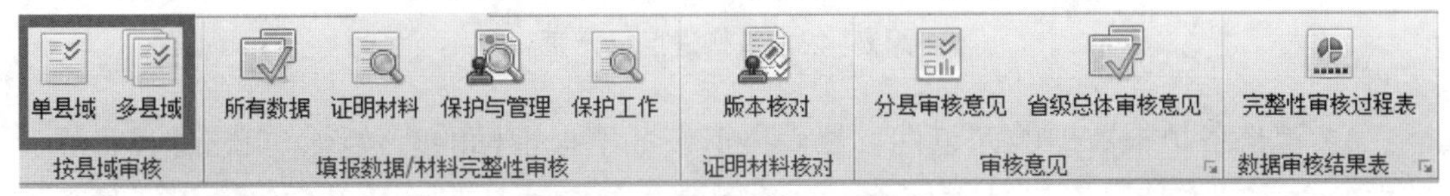

图 6-40　单县域审核功能按钮

2）系统会弹出县域选择对话框，如图 6-41 所示，在该对话框中通过下拉框先选择所在市域再选择县域名称。

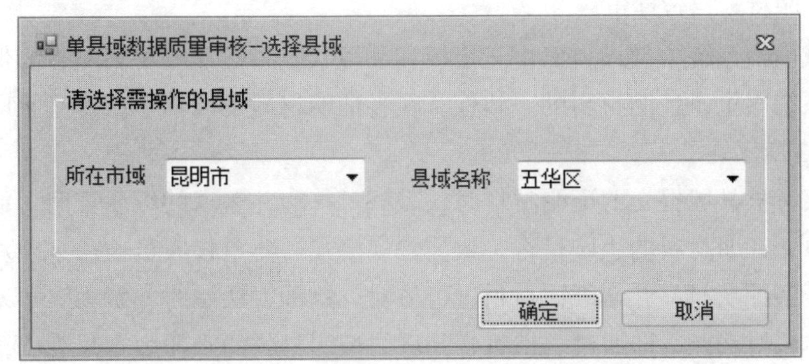

图 6-41　县域选择

3）在县域选择对话框内选中需审核县域后（确认该县域数据已导入），点击“审核”按钮，进入审核操作，并弹出审核进度提示框，如图 6-42 所示。

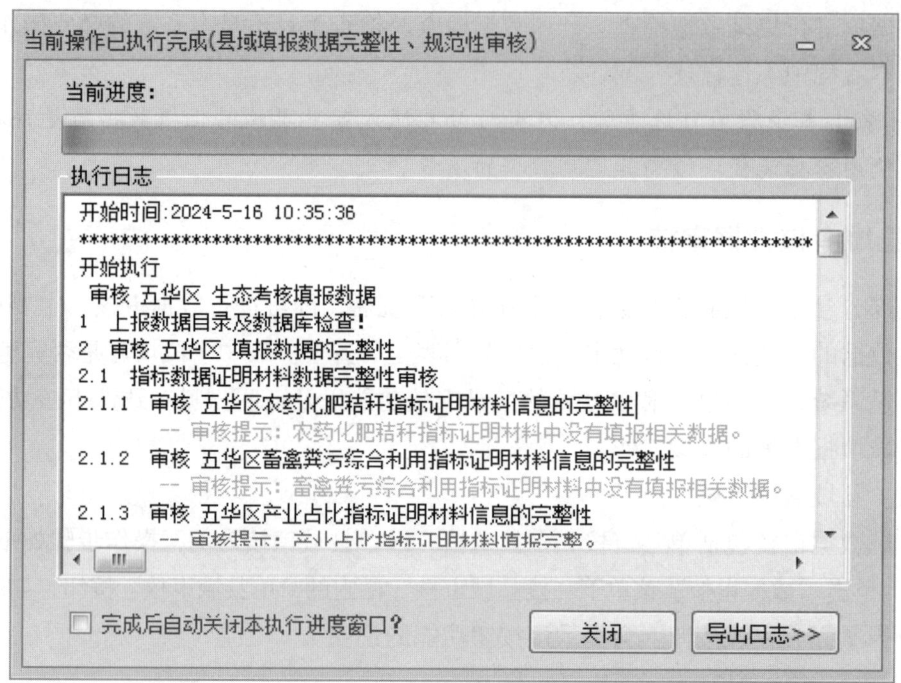

图 6-42 审核进度提示框

4）审核各填报数据的完整性，然后再审核各填报指标的有效性，审核过程将通过日志的方式动态地显示于日志框内，日志内容包括审核是否成功及审核结果（如数据是否完整、有效）。

5）审核结束后，审核进度提示框会给出相应提示，并可单击“导出日志”按钮将审核日志导出为文本文件。

（2）证明材料一致性审核

在县域填报系统中导入自然生态指标和环境状况指标证明材料时，为保证纸质证明材料与系统内电子证明材料的一致性，在各证明材料中添加了版本号水印，水印样式如图 6-43 所示。

在审核考核县域提交的证明材料时，需核对打印并盖章的纸质证明材料上的水印与系统内电子证明材料的水印是否一致。常规模式需要审核人员通过系统左侧数据列表树来打开各证明材料并与纸质材料进行核对，这种方法费时、费力。本系统提供了简便的版本核对功能，即通过表格将各县域内证明材料的水印版本号列出，审核人员只需核对该表格内的版本号与纸质材料的水印一致即可。操作步骤如下。

五华区产业占比指标证明材料

产业占比指标数据（因考核年产业占比指标数据未统计完成，请填报上一年统计数据）如下：

产业占比指标	考核年度：2022年	上一年度：2021年
生产总值（亿元）	10	9
第一产业占比（%）	30	30
第二产业占比（%）	40	30
第三产业占比（%）	30	40
情况说明	第二产业占比提高	

530102 V2024.05.16.16.05

材料提供部门：

本部门已知晓有关要求，并对提供材料的真实性和准确性负责。

（盖章）

年　　月　　日

图 6-43　水印样式

1）单击“数据审核”菜单下“证明材料核对”栏内的“证明材料版本核对”按钮，如图 6-44 所示（当鼠标放在该按钮上会提示该按钮功能的说明）。

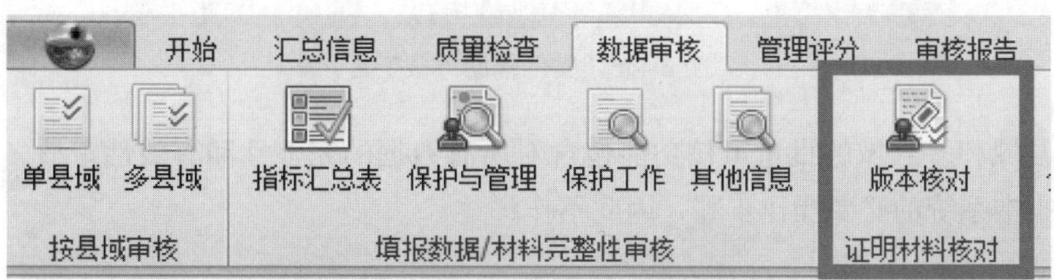

图 6-44　证明材料版本核对功能按钮

2）将弹出如图 6-45 所示的界面，显示各县域的证明材料版本号。

县域证明材料版本信息列表

五华区

	文档材料名称	文档材料版本号
1	产业占比指标证明材料	530102 V2024.05.15.17.05
2	生态环境质量考核工作情况说明	530102 V2024.05.15.17.06

当前记录 2 of 2

图 6-45　证明材料版本列表

3）在本信息界面中，可通过点击左侧县域名称列表中的县域名称来切换不同县域的文档材料的版本号。审核人员只需打开纸质自查报告证明材料部分，逐一核对版本号与水印是否一致即可。

系统除提供了针对单县域和多县域的批量审核功能、证明材料一致性审核功能外，同时提供了针对具体数据项的分类审核工具（完整性、规范性），如图 6-46 所示。

图 6-46　其他辅助审核工具

单县域和多县域的批量审核功能包含对所有数据的完整性和有效性审核，即分类审核不是本系统的必要操作步骤，因此不作详述。

（3）数据审核意见修改

点击“数据审核”菜单下“审核意见”栏中的“分县审核意见”，如图 6-47 所示，则弹出县级审核意见界面，点击各个县的按钮，可查看每个县的审核情况，如图 6-48 所示。

图 6-47　分县审核意见按钮

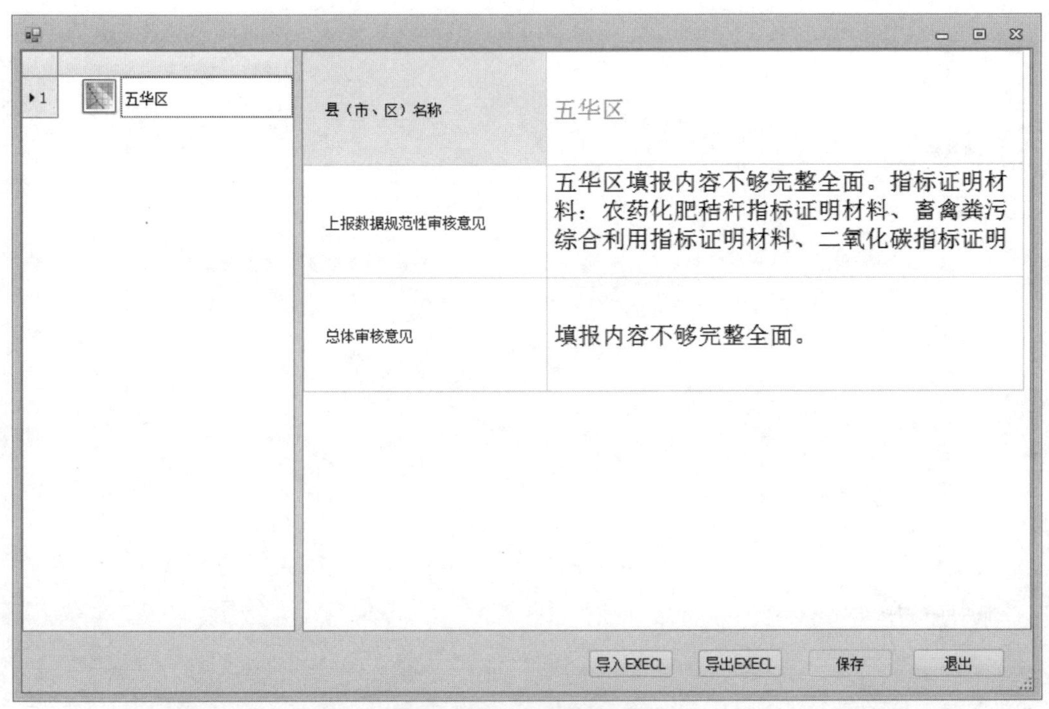

图 6-48　分县审核意见界面

在分县审核意见界面，可以对表格进行修改，如果修改表格，关闭表格时会弹出如图 6-49 所示对话框，如果保存修改则点击“是”按钮，反之单击“否”按钮。

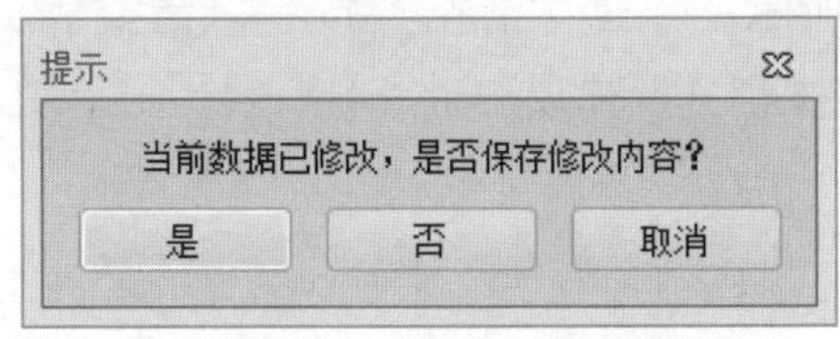

图 6-49　是否保存修改数据

点击“数据审核”菜单下的“数据审核结果表”栏中的“州、市总体审核意见”按钮（图 6-50），弹出省级审核意见及建议界面，如图 6-51 所示。

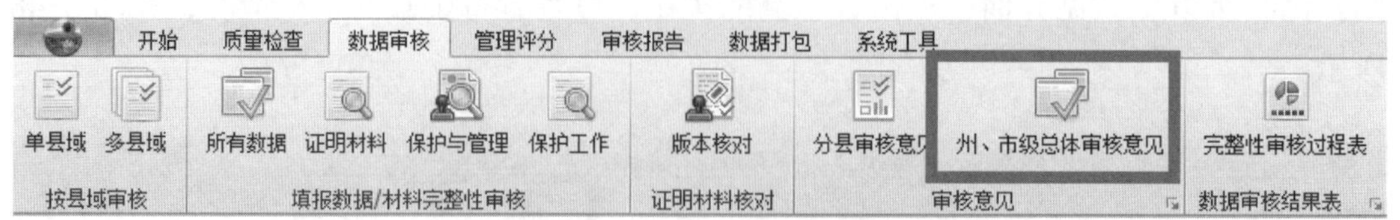

图 6-50　总体审核意见按钮

审核意见及建议

州、市名称	昆明市
年份	2
审核人姓名	
审核总体意见	
市级现场核查情况	
省现场核查建议	
下年转移支付资金建议	
其他需说明的特殊情况	

保存　清空　退出

图 6-51　审核意见及建议界面

在审核意见及建议界面，依次添加各项内容，然后点击“保存”按钮，弹出保存成功提示框，如图 6-52 所示；点击“清空”按钮，清空表格中所有内容；点击“退出”按钮，关闭该省级审核意见及建议界面。

图 6-52　保存成功提示框

（4）数据审核结果

利用数据审核结果表可对数据完整性审核过程表进行查看，其操作步骤如下。

单击“数据审核”菜单下的“数据审核结果表”栏中的“数据完整性审核过程表”，如图 6-53 所示。

图 6-53　数据完整性按钮

点击“数据完整性审核过程表”，则弹出数据完整性审核过程表表格，表中显示各审核并核准后的指标数据，同时显示各县域数据完整性审核结果。通过该表格可以检查是否所有县域都进行了填报的审核，以及审核结果如何，如图 6-54 所示。

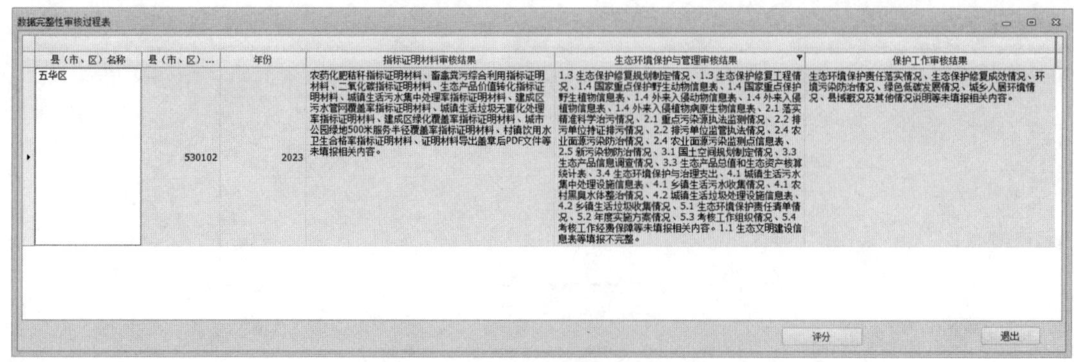

图 6-54　数据完整性审核过程表

2.7　管理评分

管理评分是对县域生态保护管理各方面进行量化评价，如图 6-55 所示。

图 6-55　管理评分

操作步骤如下：

1）单击“管理评分”菜单上的“管理评分”按钮。

2）点击“管理评分”，弹出管理打分界面，表中显示各县级，点击每个县级可查看该县级的情况，包括评分项目、评分项目描述、评分方法、评分依据、数据展示及评分说明，如图 6-56 所示。

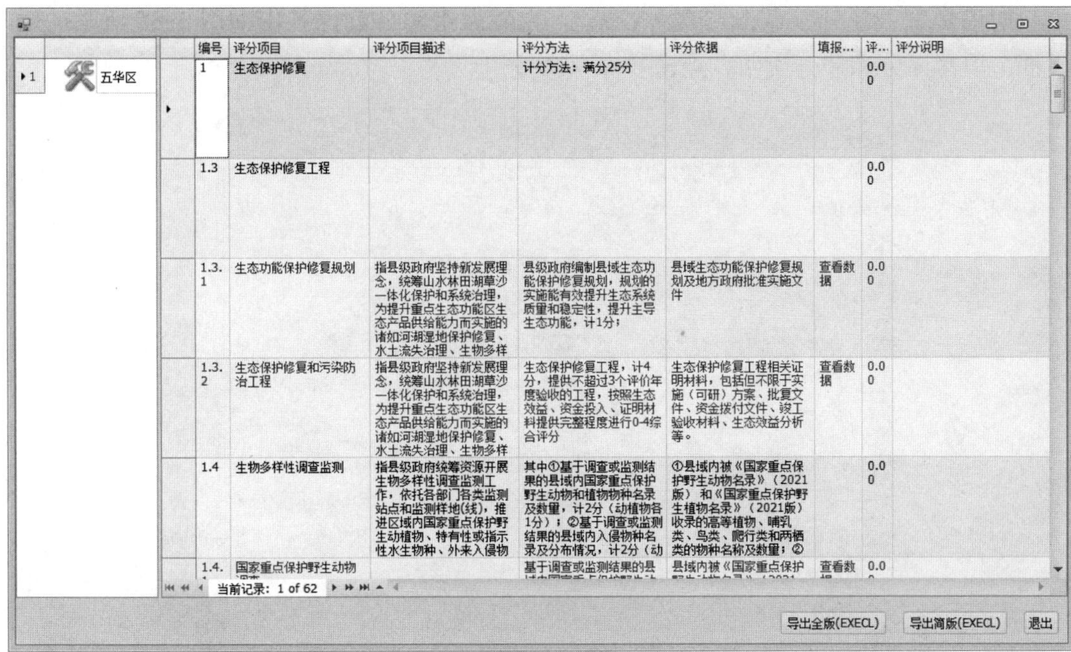

图 6-56　管理评分表

3）文字显示为绿色为自动打分项，蓝色是手工评分项，黑色是不可评分项。若为自动打分项，点击“查看数据”，将弹出自动评分对话框（图 6-57），进行认定和审核说明填写，之后点击自动评分。

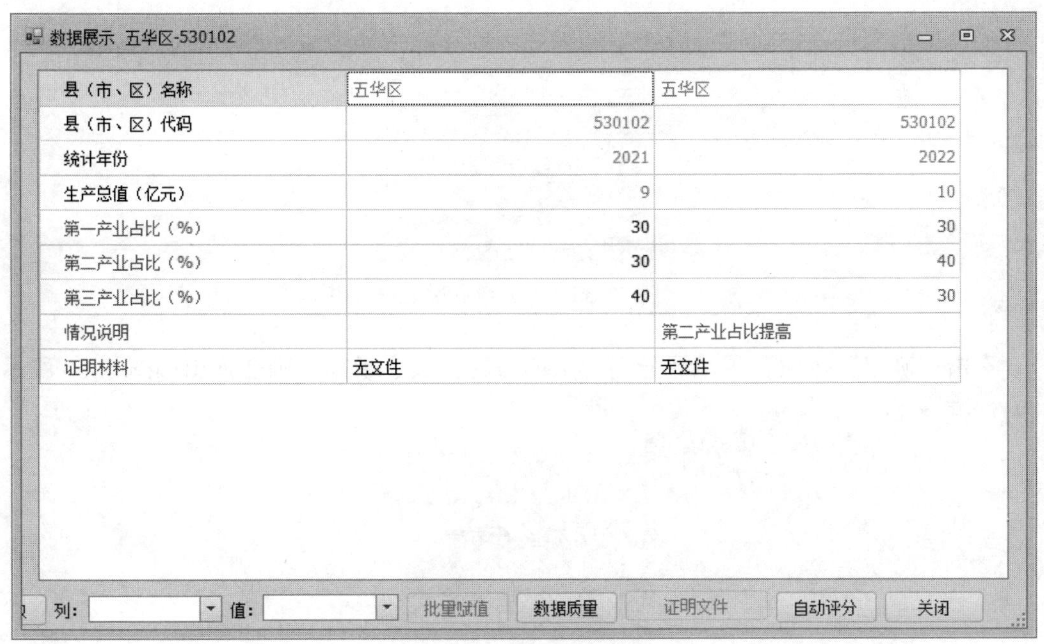

图 6-57　自动评分

如果是手工评分，点击“查看数据”，之后点击评分列，弹出如图 6-58 所示的对话框，填写评分和评分说明，点击“保存”按钮。

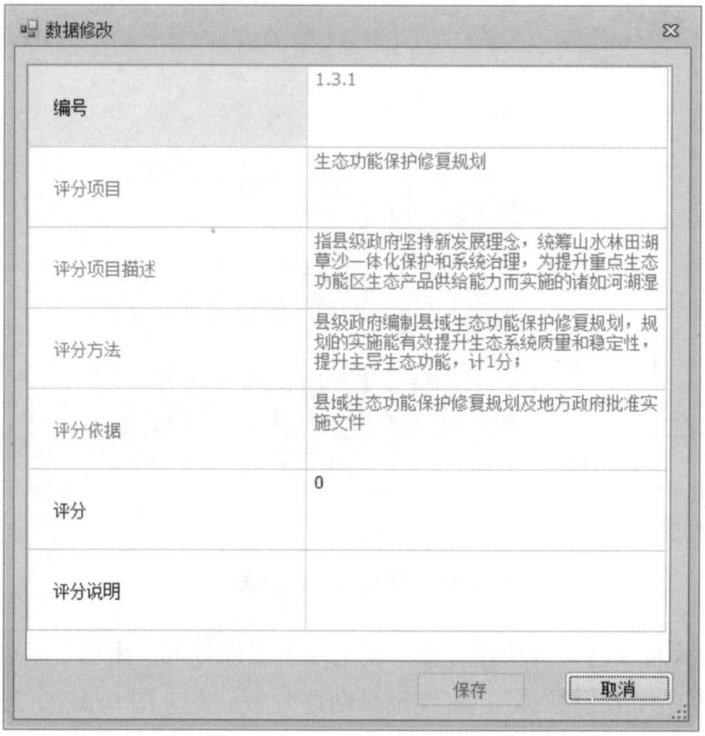
数据修改
编号
1.3.1
评分项目
生态功能保护修复规划
评分项目描述
指县级政府坚持新发展理念，统筹山水林田湖草沙一体化保护和系统治理，为提升重点生态功能区生态产品供给能力而实施的诸如河湖湿
评分方法
县级政府编制县域生态功能保护修复规划，规划的实施能有效提升生态系统质量和稳定性，提升主导生态功能，计1分；
评分依据
县域生态功能保护修复规划及地方政府批准实施文件
评分
0
评分说明
保存
取消

图 6-58　手工打分

如果填写的分数超过评分方法中的满分，则会弹出如图 6-59 所示的对话框。

评分不可大于规定的最大值！
确定

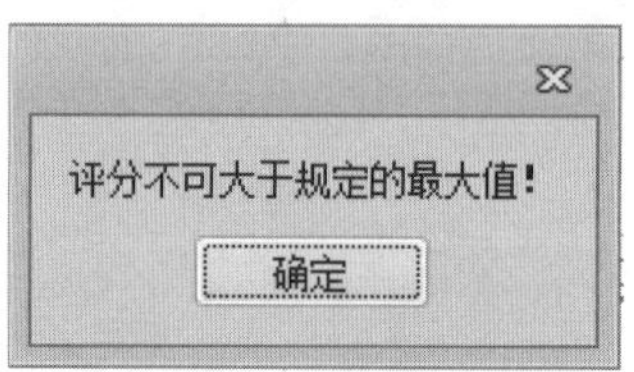

图 6-59　评分数据过大

点击“确定”按钮，重新评分，如果填写的分数小于零，则会弹出如图 6-60 所示的对话框。

评分不能小于零！
确定

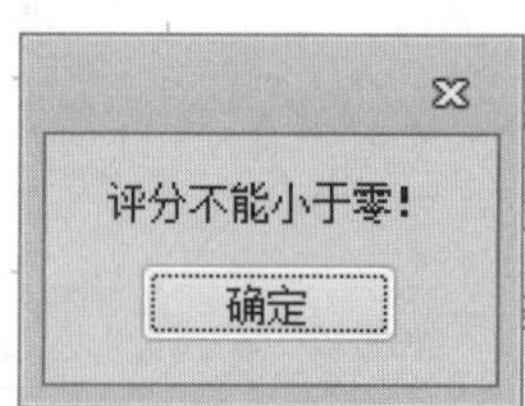

图 6-60　评分数据过小

点击“确定”按钮，重新评分，如果填写的分数满足条件，但是没有填写评分说明，则会弹出如图 6-61 所示的对话框。

图 6-61　无评分说明

点击“确定”按钮，重新填写，如果填写的分数满足条件，并且填写评分说明，则弹出如下对话框，点击“确定”按钮即可，如图 6-62 所示。

图 6-62　修改成功界面

2.8　审核报告生成

在生成审核报告前，需满足两个前提条件（若只是进行系统测试或系统试用则不受这两个条件限制）：

1）所有县域数据均上报，且已通过 2.3 节所示步骤导入数据库中；

2）已通过 2.6 节所示步骤进行了所有县域数据的审核。若县域数据有更新，更新后必须进行该县域的数据审核。

若是县域数据未上报并导入或没有进行审核操作，则仍可以生成审核报告及报告附表，但其包含的县域内容完整。

（1）审核报告及附表生成

通过数据审核情况查看的相关功能可以了解目前已上报并导入数据的县域，并可了解各县域数据审核情况（是否审核，结果如何）。若各县域均已导入数据并且进行了审核，则可生成审核报告，其操作步骤如下。

1）点击“审核报告”菜单下“审核报告工具”栏内的“生成报告”按钮，如图 6-63 所示（当鼠标放在该按钮上会提示该按钮功能的说明）。

图 6-63　生成报告及附表功能按钮

2）若审核报告文本以前已生成，则会弹出如图 6-64 所示的提示框，提示用户是否重新生成并替换。

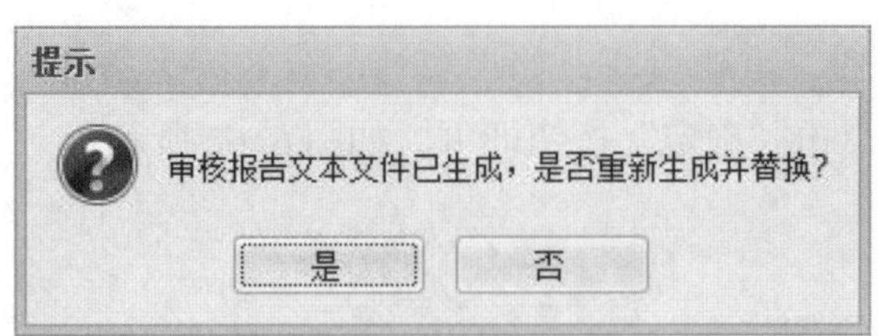

图 6-64　是否重新生成提示框

3）若点击“是”按钮，则删除已有审核报告，并生成新的审核报告，在进度显示框内输出执行日志，图 6-65 为生成一个县的审核报告的过程日志。

图 6-65　生成报告过程信息

4）若县域数据未导入或县域数据未审核，则在日志框内给出提示。

5）报告文本生成成功后，系统会在数据显示窗口自动显示审核报告文本，并在进度提示框中显示报告成功生成，如图 6–66 所示。在进度提示框中，可单击“导出日志”按钮导出执行日志为文本文件。

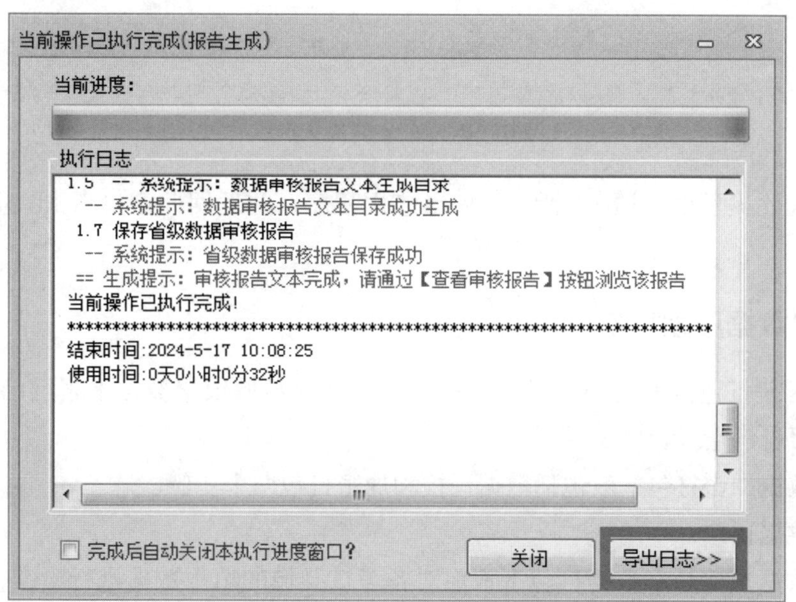

图 6–66 报告生成完成提示

（2）审核报告查看、导出及导入

审核报告文本生成后，可单击菜单“审核报告”下“审核报告工具”栏中的相关按钮（图 6–67）查看审核报告文本，可将审核报告文本导出为 Word 文件，以进行打印输出，并将修改后的报告导入系统中。

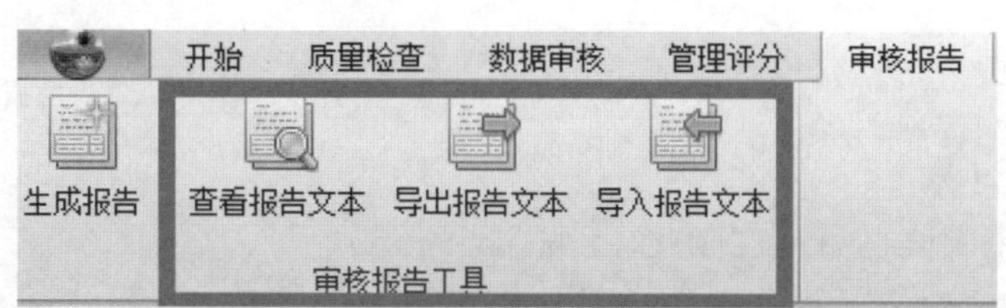

图 6–67 查看报告相关工具功能按钮

各功能按钮操作比较简单，点击按钮即可，具体操作说明在此不再详述。

【注意】审核报告生成前，需通过审核过程表中的相关按钮查看数据审核情况，以免生成的审核报告不完整。在导入报告前，确认已关闭计算机上所有的 Word 应用程序，否则在导入时系统会弹出以下提示框，提示用户关闭 Word 应用程序，如图 6–68 所示。

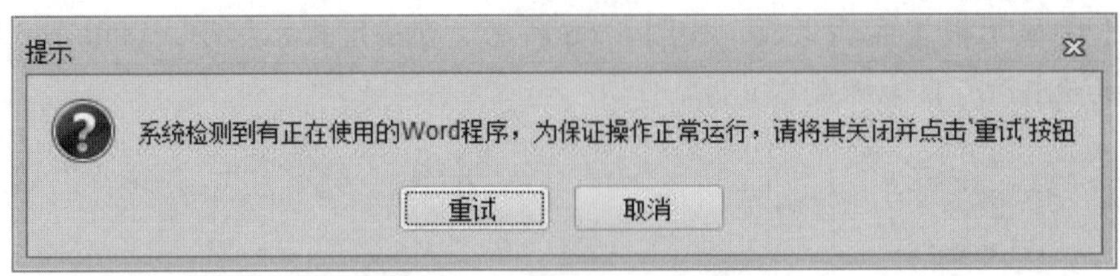

图 6-68　Word 未关闭提示

若出现此提示框，请关闭所有 Word 应用程序，并返回此窗口点击“重试”按钮即可。

2.9　上报数据压缩打包

数据压缩打包需满足两个条件：一是所有考核县域填报数据上报且已导入系统，二是审核报告已生成。

上报数据加密打包一般包括数据预检和加密打包两个步骤。

（1）数据预检

上报数据预检是在数据打包上报前对各考核县域的填报数据进行检查，一是检查县域是否完整（所有县域都已上报数据并导入系统）；二是检查各县域上报的数据是否缺少关键文件，如自查报告、数据库文件等。该步骤为可选步骤，建议在数据打包前进行该步操作，以防出现考核县域不完整或县域上报数据有严重缺失现象。具体操作步骤如下。

1）单击“数据打包”菜单下“数据预检（县域完整性）”按钮，如图 6-69 所示（当鼠标放在该按钮上会提示该按钮功能的说明）。

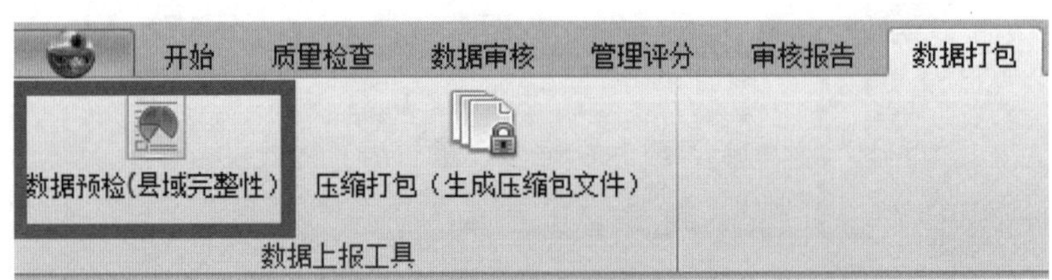

图 6-69　数据预检功能按钮

2）当前进行过数据预检操作且预检成功（县域完整且县域填报数据完整），则会弹出如图 6-70 所示的提示框，询问用户是否仍进行预检。点击“是”按钮，进入数据预检操作并弹出进度提示框。

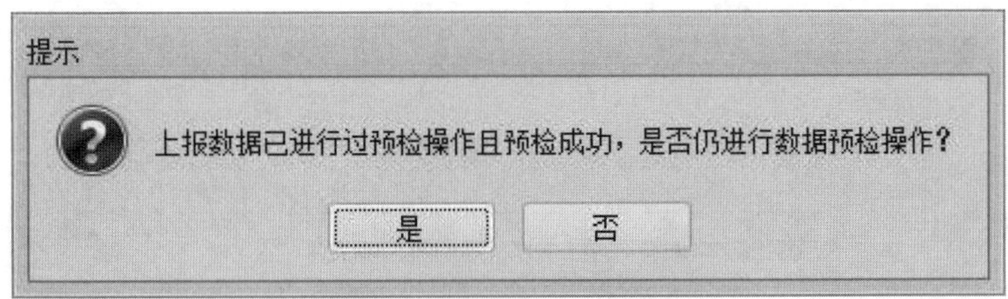

图 6-70　是否重新进行预检

3）当前没有进行过数据预检操作或进行过预检但预检不成功，则直接进入预检操作并弹出预检进度提示框，第一步是进行考核县域完整性检查（考核县域填报数据是否导入），如图 6-71 所示。

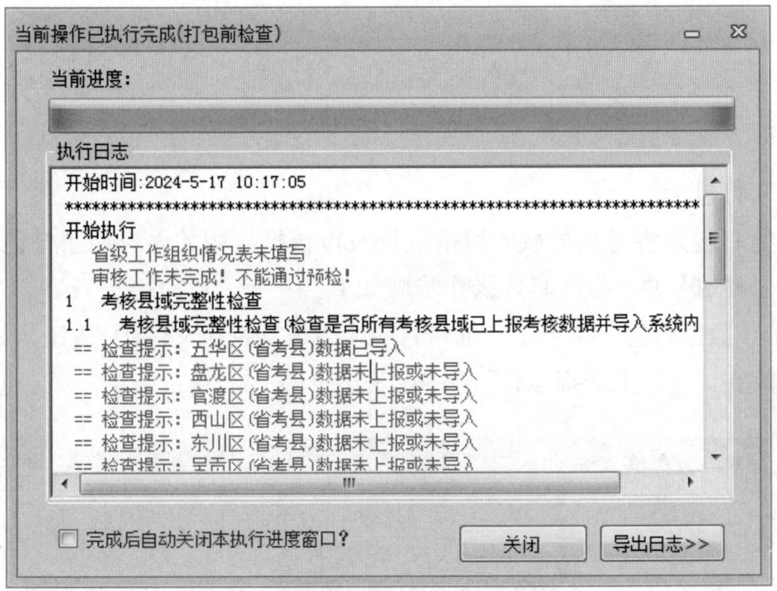

图 6-71　检查提示

4）预检成功后，会提示县域数据未导入的县域数量以及导入的数据是否完整，具体提示如图 6-72 所示。

5）预检完成后，可单击“导出日志”按钮将预检日志导出为文本。

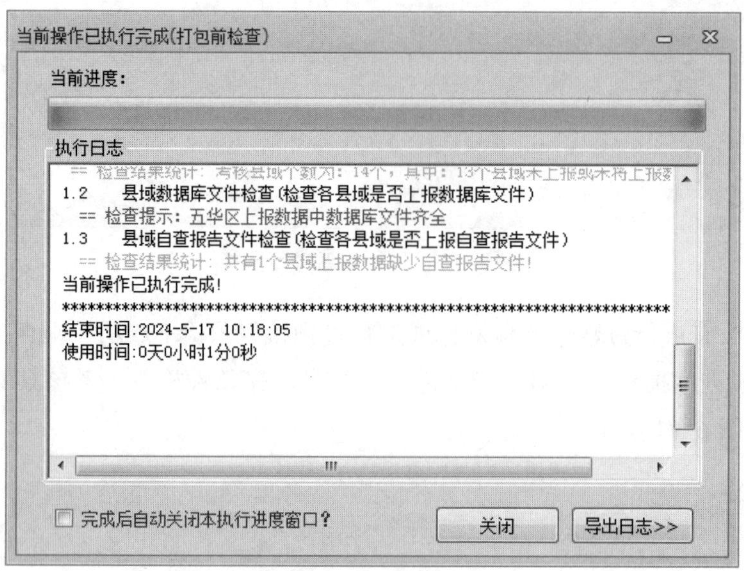

图 6-72　预检完成

（2）加密打包

数据加密打包是将考核县域的填报数据及审核报告相关内容加密打包，生成加密压缩包文件（*.prf）并上报。具体操作步骤如下：

1）单击“数据打包”菜单下“加密打包（生成加密包文件）”按钮，如图 6-73 所示（当鼠标放在该按钮上会提示该按钮功能的说明）。

图 6-73　加密打包功能按钮

2）若之前进行过数据预检操作且预检成功（县域完整且县域填报数据完整），则会弹出如图 6-74 所示的提示框，询问用户在打包前是否仍进行预检操作。点击“是”按钮，在打包前重新进行数据预检；点击“否”按钮，在打包前不进行数据预检。

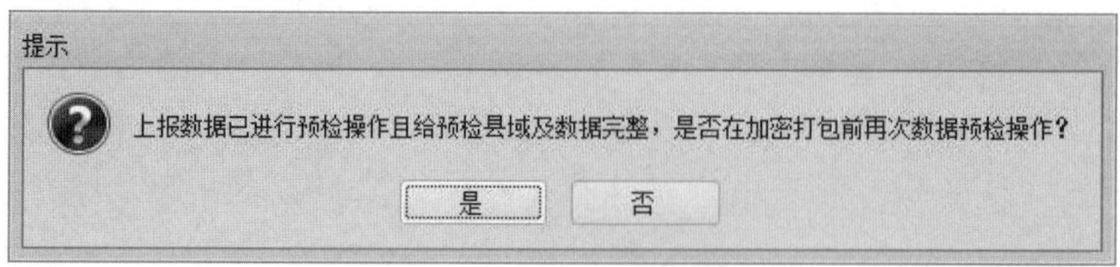

图 6-74　是否进行数据预检提示 1

3）若当前未进行过数据预检操作或预检不成功（县域不完整或县域填报数据不完整），则会弹出如图 6-75 所示的提示框，询问用户在打包前是否先进行预检操作。点击“是”按钮，在打包前先进行数据预检；点击“否”按钮，在打包前不进行数据预检。

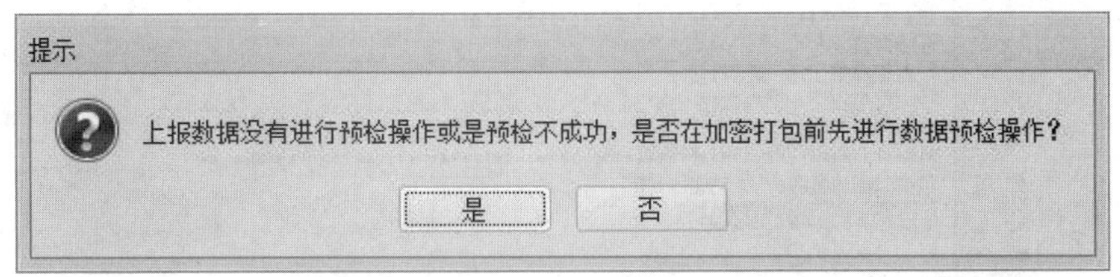

图 6-75　是否进行数据预检提示 2

4）在步骤 2）和步骤 3）中，无论点击“是”还是“否”按钮，都会弹出目录选择对话框，提示用户选择打包文件存储路径，如图 6-76 所示。

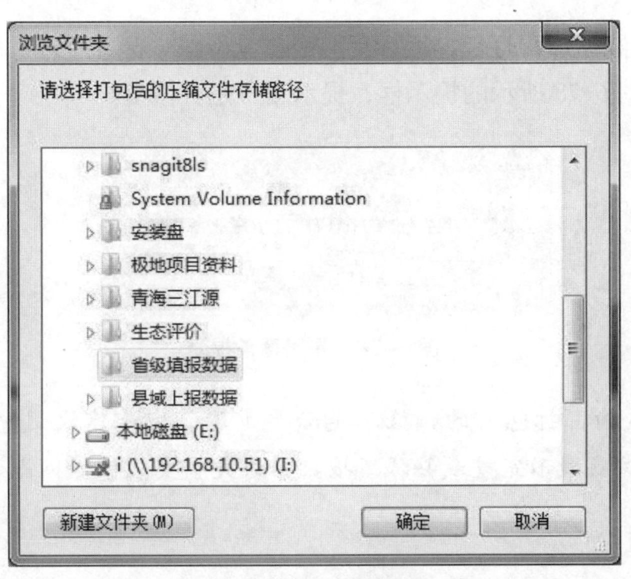

图 6-76　打包文件存储路径选择

5）在文件夹选择对话框中选择打包文件的存储路径，并点击“确定”按钮，则进入数据预检和打包进度提示框。若在步骤 2）和步骤 3）中选择“是”按钮，则先进行数据预检操作，并在执行日志中进行提示，如图 6-77 所示。

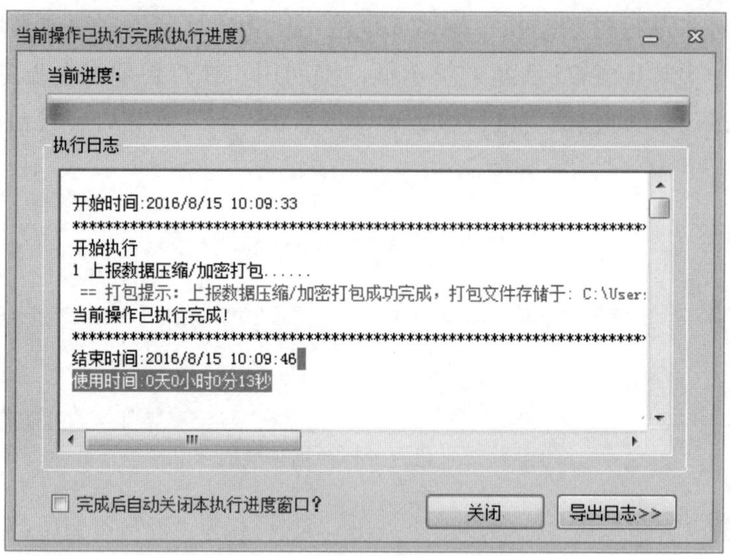

图 6-77　加密打包进度提示

6）直接进行数据加密打包，运行至加密打包步骤时，若所选目录中已存在打包文件，则会弹出如图 6-78 所示的提示框，提示用户是否覆盖。

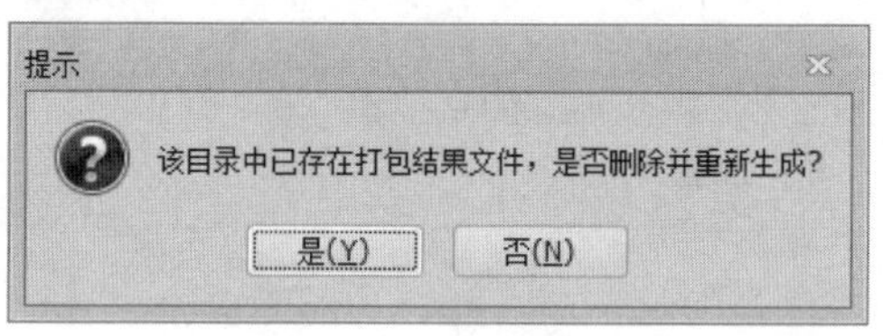

图 6-78　是否覆盖提示

【注意】虽然加密打包前的预检不是必要步骤，但是建议用户尽量选择进行预检，以免出现考核县域不完整或县域填报数据缺失重要文件等问题。

2.10　数据上报

数据加密打包后，会生成标准的上报数据包，文件名格式：年份（四位数字）-州市名称（中文）-州市代码（四位）.prf，如：2023-昆明市-5301-其他数据-省考县.prf 表示昆明市 2023 年其他数据考核上报数据。该数据包为加密文件包，可根据考核规定，通过邮件、光盘或移动硬盘报送至国家环境主管部门。

【注意】若在使用本系统时，部分考核县域数据未上报，可通过系统先完成 2.1～2.7 节所示步骤，然后在所有县域上报后，再针对新上报的县域重复上述步骤，最终和以前上报数据一起进行数据审核，生成审核报告后再打包上报至上级环境主管部门。

第7章
数据审核系统用户使用手册

1　引言

1.1　编写目的

本文档是“云南省县域生态环境质量监测评价与考核系统12.0——数据审核系统”（以下简称“审核系统”）的使用说明书，目标读者是最终用户——系统的实际操作者（州、市环保主管部门，负责县域生态环境质量考核数据审核，并编写审核报告的工作人员）。本文档描述了系统的运行环境、系统基本功能介绍、系统常规（推荐）操作流程以及各功能模块的具体操作指南，可辅助使用人员从整体和具体功能上掌握系统的运行操作。

1.2　系统概述

本审核系统主要面向数据审核人员，通过数据导入、质量检查、指标审核、报告生成及打包上报等功能模块，辅助用户完成考核县域填报数据的汇总、检查、审核、报告编写及数据上报等工作。

本软件系统设计和研发的依据如下：

（1）《云南省县域生态环境质量监测与评价办法》；

（2）《云南省县域生态环境质量监测与评价指标体系实施细则》；

（3）《国家重点生态功能区县域生态环境质量考核办法》；

（4）《国家重点生态功能区县域生态环境质量监测、评价与考核工作实施方案》；

（5）《国家重点生态功能区县域生态环境质量考核工作现场核查要点（试行）》；

（6）《国家重点生态功能区县域生态环境质量考核数据省级审核指南》；

（7）《“十四五”国家重点生态功能区县域生态环境质量监测与评价指标体系及实施细则》。

本软件系统包括五个功能模块：数据导入、数据质量检查、数据审核、审核报告生成、系统工具，以功能菜单和右键快捷菜单的方式实现县域填报数据的导入汇总、质量检查、数据审核，以辅助审核人员生成审核报告及相关附件，并最终上报国家环境主管部门。

本软件系统的主要特点如下：

（1）与“云南省县域生态环境质量监测评价与考核系统——数据填报系统”相衔接，可完整导入县域填报数据进行审核；

（2）简单易用，不需要计算机相关背景，通过简单培训即可使用本软件完成数据审核工作；

（3）运行环境要求低，只需要一台基本配置的计算机和常用办公软件，即可安装并使用本软件系统；

（4）将审核过程自动化，只需要通过推荐的业务流程，即可快速实现县域填报数据的审核，并输出标准的审核报告；

（5）填报数据安全可靠，上报数据采用了私有密钥加密方式，保证数据在上报过程中的安全。

1.3 术语定义

【县域填报数据】是指各考核县域通过“县域生态环境质量考核数据填报系统”填报的生态环境质量考核数据包，包括指标汇总数据、各指标证明材料、环境质量监测数据、监测点位 / 断面等辅助数据等。

【数据质量检查】是针对县域填报数据中的环境质量监测数据进行的空值、阈值、日期及单位检查，以保证监测数据符合监测和填报规范。

【数据完整性审核】针对县域所有填报数据的完整性审核，包括指标数据是否齐全、监测数据是否完整等审核。

【数据审核报告】根据省级审核报告模板生成的省级审核报告。

2 系统运行环境

本软件系统为单机版软件系统，可运行于独立的台式计算机或笔记本上，运行期间不需要网络的支持。本软件系统运行的软、硬件环境不得低于以下配置，软件环境的支撑和辅助软件为必选项，否则无法正常运行。

表 7–1 系统运行环境

系统运行环境	设备	指标详细信息
硬件环境	计算机	台式计算机 / 笔记本 / 工作站
	CPU	2.0 GHz 以上
	内存	1 G 以上
	可用硬盘空间	5 GB 以上

续表

系统运行环境	设备	指标详细信息
软件环境	操作系统	Windows XP 及以上版本，支持 32、64 位操作系统
	支撑控件	MicroSoft .NET Framework 4.0（自动安装）
	辅助软件	Microsoft Office 2007 及以上（需含 Excel、Word）

3 主界面说明

本系统主界面采用目前最流行的 Windows Ribbon 风格（类似 Word 2007），主界面分为三个区，分别为功能菜单区、县域填报数据目录区和数据显示区，如图 7-1 所示。

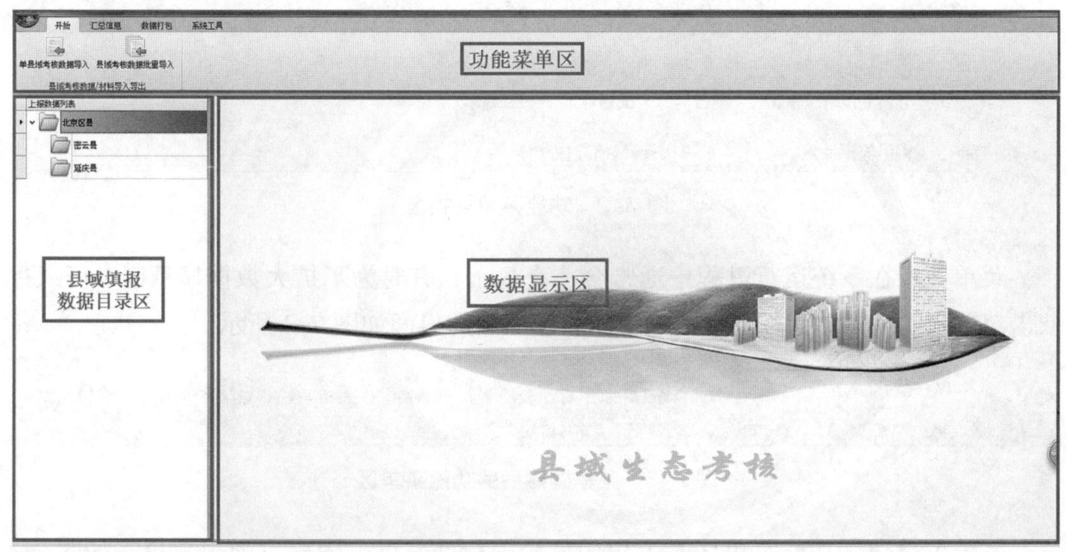

图 7-1 系统主界面

3.1 功能菜单区

系统功能菜单区位于系统主界面的上方，系统主要通过该功能菜单区的功能按钮实现县域填报数据导入 / 汇总、县域填报数据质量检查、县域填报数据审核、县域考核数据审核报告生成及数据打包上报等功能。本系统的功能按钮根据功能分类分布于七个菜单面板和一个系统菜单中，包括开始、汇总信息、质量检查、数据审核、管理评分、审核报告、数据打包及系统工具。系统功能与各菜单面板的对应关系如表 7-2 所示。

表 7–2　系统功能与各菜单面板的对应关系

序号	菜单名称	系统功能
1	开始	县域填报数据导入、县域基本信息包导入
2	质量检查	县域填报数据质量检查及检查工具
3	数据审核	县域填报数据审核及审核工具
4	管理评分	对县域的生态环境保护与管理情况进行评分
5	审核报告	县域考核数据审核报告生成及导入、导出
6	数据打包	上报数据预检、加密打包
7	系统工具	系统界面风格切换、数据备份及恢复

菜单面板通过点击其上方的菜单项切换，如图 7–2 所示。

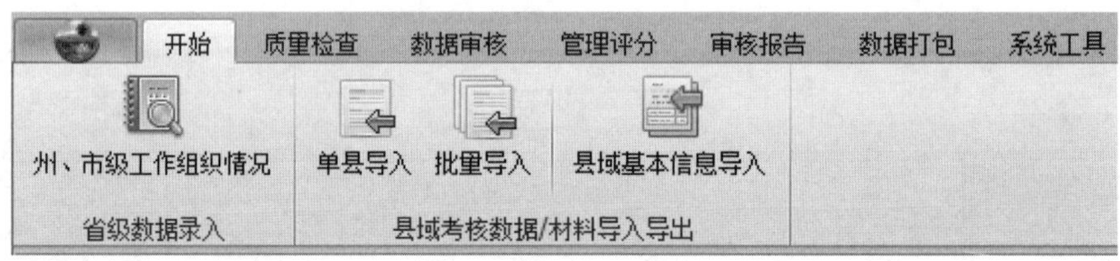

图 7–2　功能菜单切换区

菜单面板在系统运行过程中通常会一直显示，有时为了扩大数据显示区，可通过双击菜单项实现菜单面板隐藏，菜单面板隐藏后的界面如图 7–3 所示。

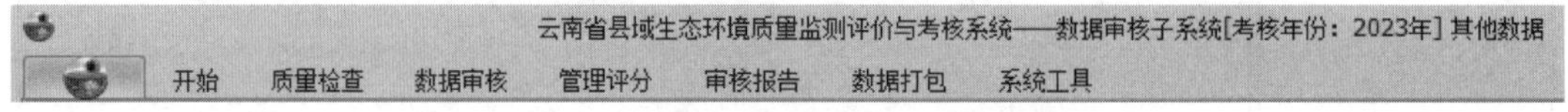

图 7–3　菜单隐藏后的功能菜单区

系统菜单位于功能菜单区左上角的系统图标处，点击图标可弹出菜单，如图 7–4 所示。该菜单可提供系统帮助、系统的版本信息功能。

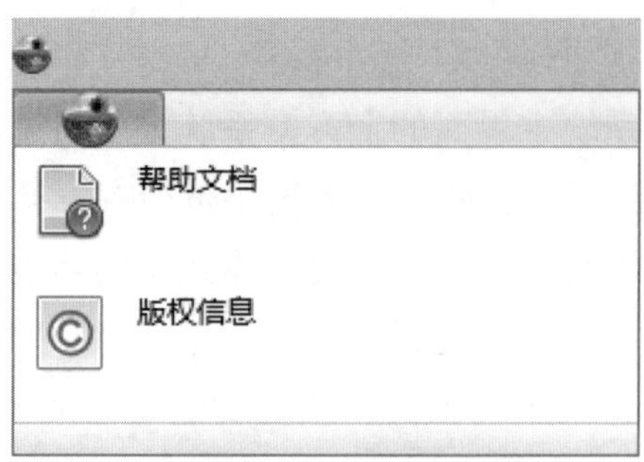

图 7–4　系统菜单

3.2　县域填报数据目录区

县域填报数据目录区位于系统主界面的左侧，以目录树的方式，按县→县域填报数目录的结构对各县域的填报数据进行组织。初始状态下，目录树中一级节点为各市域内的考核县域名称，二级节点为县域填报数据目录（图 7–5）。

图 7–5　县域填报数据目录

可通过点击该目录树实现县域填报数据的浏览，其操作方式与 Windows 的目录操作完全相同，只需逐级打开目录至末级节点，即为具体数据对应的文件或表格，点击即可在数据显示区以文档或表格的方式显示相应数据。

县域填报数据目录下为各填报数据，具体按照数据填报要求进行组织，图 7-6 为指标证明材料目录下的节点信息。

图 7-6　证明材料

县域填报数据目录区的县域名称节点有针对县域数据操作的右键功能菜单，可通过右击县域名称节点显示，右键菜单如图 7-7 所示，包括审核上报数据、导入上报数据、清除上报数据、清除审核结果、县域基本信息等菜单项。

图 7-7 显示的为已有数据导入县域的右键菜单，若所点击县域没有导入数据，则只显示导入上报数据和县域基本信息两个菜单项。

图 7–7　县域节点右键菜单

3.3　数据显示区

数据显示区主要显示填报数据目录区所选中数据节点对应的文档或表格内容，还显示系统生成的审核报告文本及报告附表。

不同数据内容，其显示样式各不相同，图 7–8 为文档类数据的显示样式，在文档类显示窗口，可实现文档的打印、换页和显示比例等操作。

五华区产业占比指标证明材料

产业占比指标数据（因考核年产业占比指标数据未统计完成，请填报上一年统计数据）如下：

产业占比指标	考核年度：2022年	上一年度：2021年
生产总值（亿元）	10	9
第一产业占比（%）	30	30
第二产业占比（%）	40	30
第三产业占比（%）	30	40
情况说明	第二产业占比提高	

材料提供部门：

本部门已知晓有关要求，并对提供材料的真实性和准确性负责。

图 7-8　文档类显示样式

图 7-9 为数据库表格类数据的显示样式，在表格类显示窗口，可实现数据表的排序（双击排序列即可）、翻页（通过表格下方的功能区，图 7-9 框内所示）等功能。

	实施地点	工程内容简介	工程生态效益	照片	证明文件
▸1	五华区	修复周边环境	生态效益良好		工作方案.pdf

当前记录：1 of 1

图 7-9　表格类显示样式

图 7-10 为照片显示样式。

图 7–10　照片显示样式

4　功能操作说明

功能菜单区的功能菜单和县域填报数据列表区的右键菜单是本系统的主要功能入口，本节将详细说明菜单功能区功能菜单和县域填报数据列表区右键菜单的功能操作。本节的功能操作说明将按系统功能菜单区的菜单面板来分类详述。

4.1　系统登录及初始化

若用户在计算机上对“审核系统”进行了安装，则用户计算机系统桌面上、计算机系统开始菜单中将出现“数据审核系统”的快捷方式，如图 7-11 所示。若用户未安装“审核系统”，则参照《云南省县域生态环境质量监测评价与考核系统——数据审核系统安装手册》完成系统软件的安装，并进入系统初始化及登录界面工作。系统运行及登录主要包括系统初始化验证、修改登录密码及登录系统三部分。

图 7-11 “数据审核系统”桌面及开始菜单快捷方式

4.1.1 修改登录密码

系统初始化时，将系统的登录密码设为州、市的四位行政编码，如昆明市为 5301。为保证数据及系统安全，建议在第一次使用系统时修改登录密码。操作步骤如下。

在系统初始化验证成功后，会弹出如图 7-12 所示的系统登录界面。

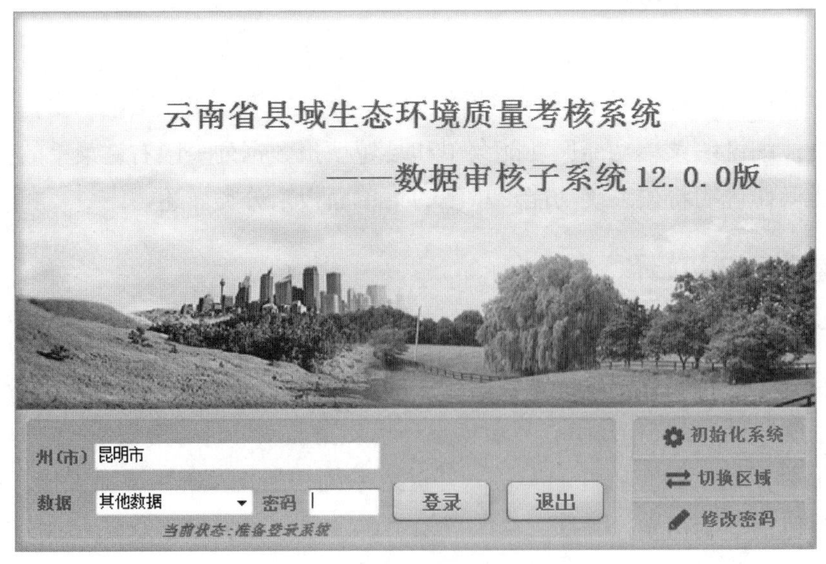

图 7-12 系统登录界面

点击“修改密码”按钮，则会弹出如图 7-13 所示的登录密码修改界面。

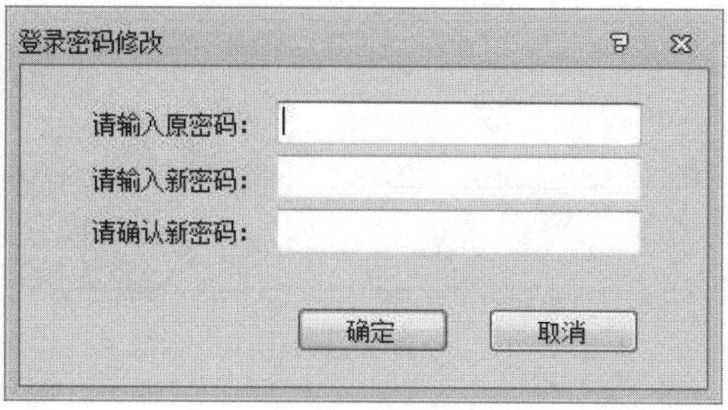

登录密码修改
请输入原密码：
请输入新密码：
请确认新密码：
确定　取消

图 7-13　登录密码修改界面

在第一个框中输入原密码，原密码为州市代码或用户修改过的密码。在第二个框中输入新密码（密码建议由数字和字母组合而成），然后在第三个框中再次输入新密码，以确认新密码输入正确。

输入完成后，点击“确定”按钮，若原密码没有输错，且新密码与确认密码相同，则弹出如图 7-14 所示的修改密码成功提示框；否则提示原密码错误或新密码与确认密码不匹配。

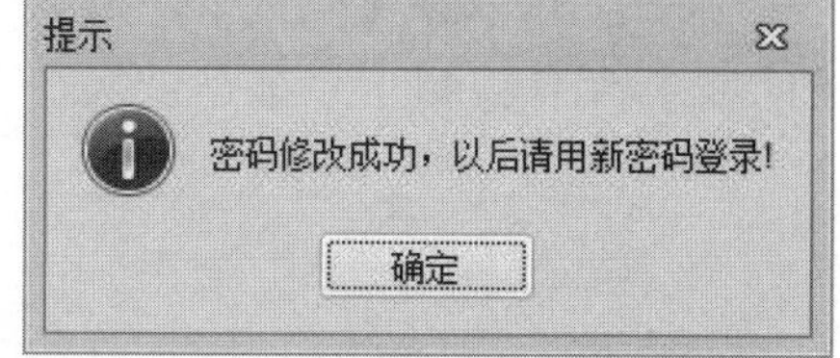

图 7-14　密码修改成功提示框

4.1.2　初始化上报数据库

在系统登录界面，输入密码后，点击“登录”按钮，即可登录系统，如图 7-15 所示。

图 7-15　系统登录界面

系统第一次登录或初始化后，会在登录过程中提示用户数据库不存在，并引导用户生成县级上报数据库，提示信息如图 7-16 所示。

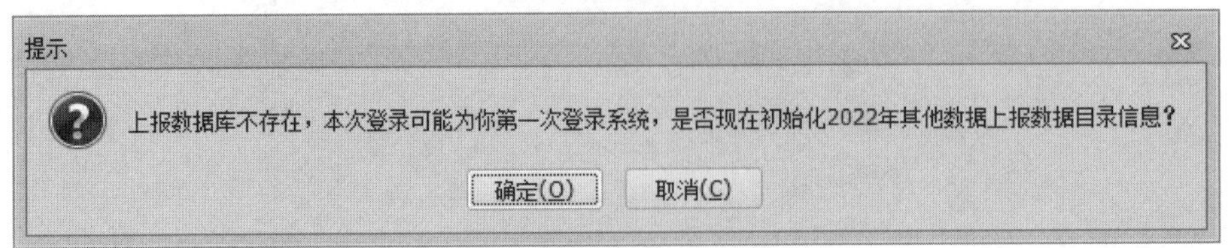

图 7–16　设置上报数据库提示框

点击“确定”按钮，则设置县级上报数据库并登录系统。点击“取消”按钮，则无法登录并退出登录过程。

4.1.3　登录系统

设置上报数据库成功后，系统将继续登录，登录界面如图 7-17 所示。通过红框内的状态提示信息提示系统登录状态。

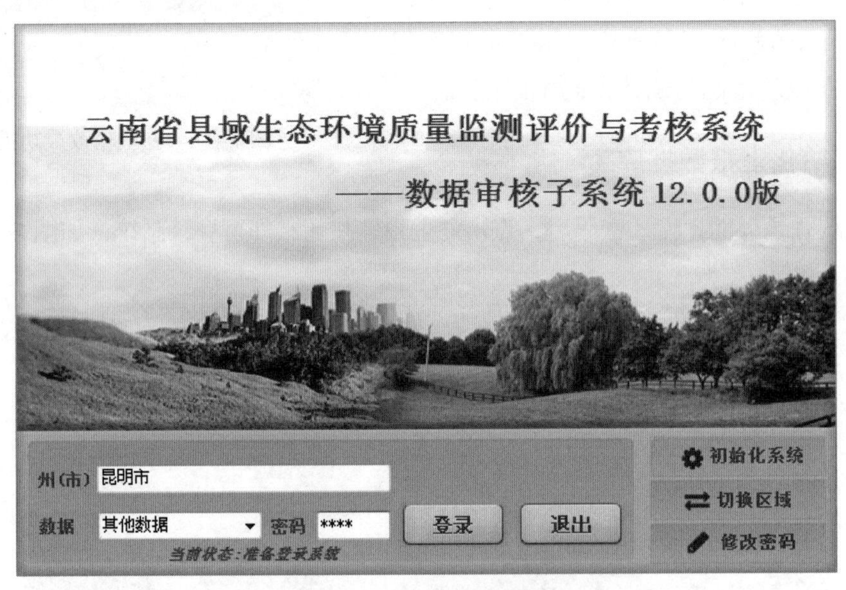

图 7–17　登录状态提示

登录成功后，进入系统主界面，系统初始化及登录完成。

4.2　开始菜单

开始菜单面板中的功能主要包括工作组织情况查看修改、县级数据包导入、县域基本信息导入及其他数据导入功能，如图 7-18 所示。

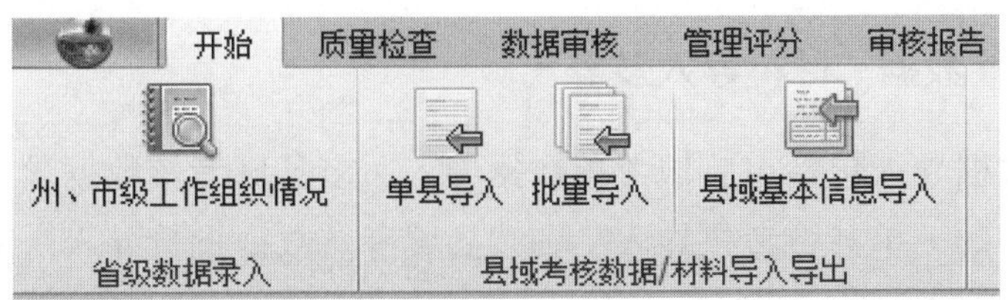

图 7–18　开始功能菜单面板

4.2.1　工作组织情况

工作组织情况是通过开始菜单下的工作组织情况按钮实现的，其作用是查看各县的数据是否符合要求，如图 7–19 所示。

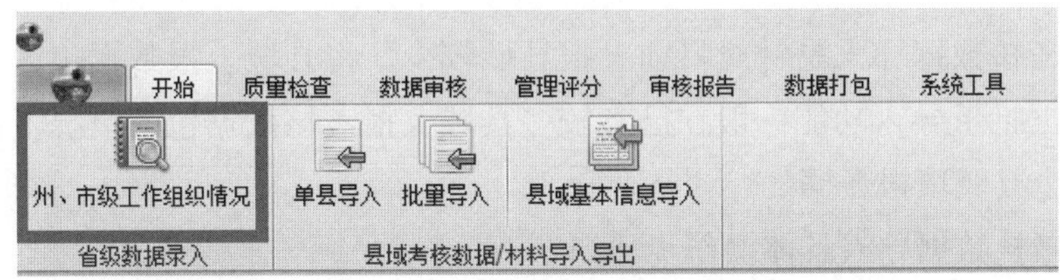

图 7–19　自查工作组织情况

单击开始菜单下的“州、市工作组织情况”按钮，弹出工作组织情况表，如图 7–20 所示，填写工作组织情况表，点击“保存”按钮，则修改成功；点击“清空”按钮，则清空工作组织填报表；点击“退出”按钮，则退出工作组织情况界面。

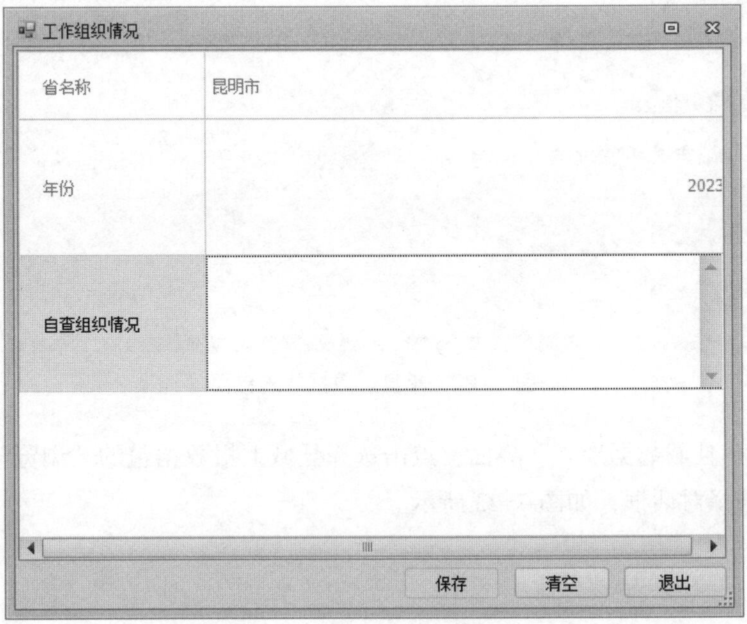

工作组织情况
省名称　昆明市
年份　2023
自查组织情况
保存　清空　退出

图 7–20　工作组织情况表

4.2.2 县域考核数据 / 材料导入及导出

县域考核数据导入包括单县域考核数据导入、多县域考核数据导入两种模式，通过系统主界面中的“单县域考核导入”和“县域考核数据批量导入”两个功能按钮实现，如图 7-21 所示。

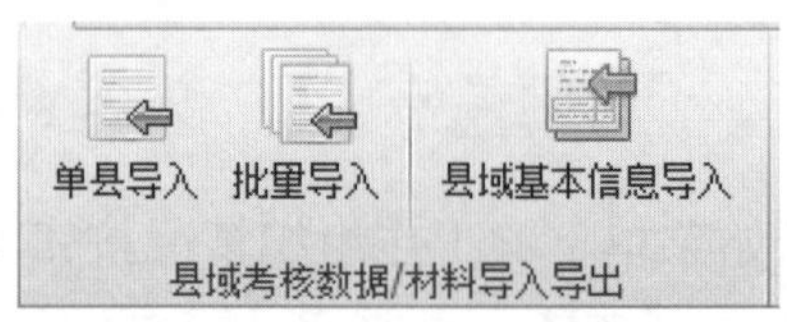

图 7-21　县域数据导入功能按钮

单县域考核数据导入是针对目前上报县域较少，将县域上报数据包逐一导入。多县域考核数据批量导入功能一般在已有较多县域上报考核数据包的情况下使用，可一次性导入多个县域填报数据。

单县域考核数据导入具体操作步骤如下。

1）点击“开始”菜单“县域考核数据 / 材料导入导出”栏内的“单县域考核数据导入”按钮，系统会弹出如图 7-22 所示的“单县域数据导入”界面。

图 7-22　单县域数据导入界面

2）在“单县域数据导入”界面，点击选择县域上报数据包的“浏览”按钮，弹出数据包文件选择对话框，如图 7-23 所示。

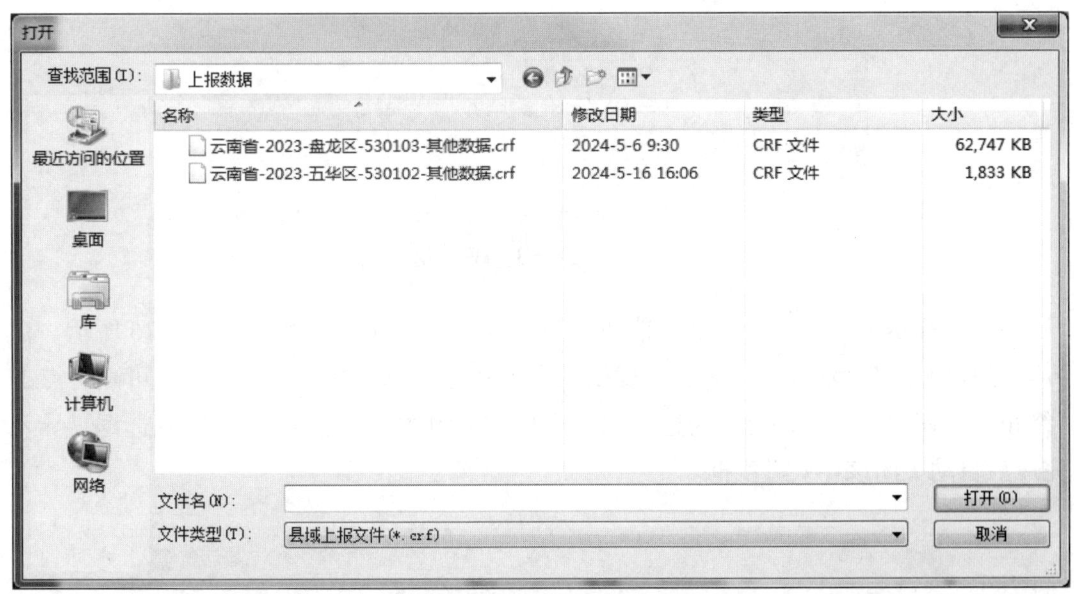

图 7-23　数据包选择对话框

3）在文件选择对话框中，选中需要导入的县域上报文件包，文件名格式为：云南省 - 年份（4 位数字）- 县名称 - 县代码（6 位数字）- 其他数据 .crf，点击“打开”按钮，该文件将选择至县域上报数据包下的文本框内，同时系统将根据文件名，在上报数据信息中显示该数据包的上报县域所在市及县域名称，如图 7-24 和图 7-25 所示。

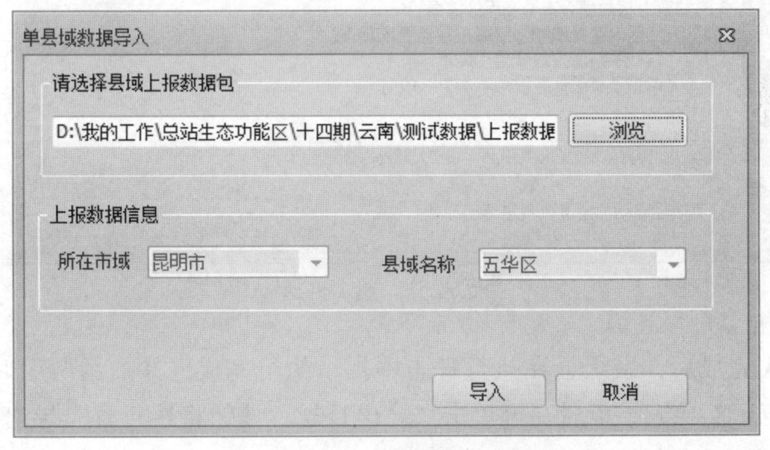

图 7-24　选择数据包后的界面

4）在“单县域数据导入”界面，点击“导入”按钮，若该县域数据以前已导入，则会弹出如图 7-25 所示的提示框，提示用户是否重新导入。

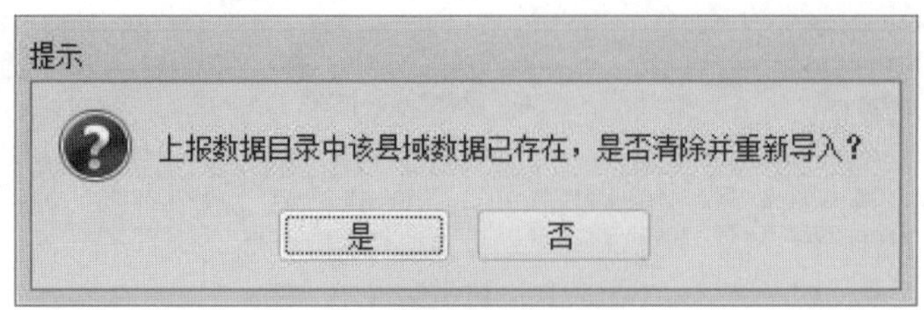

图 7-25　是否重新导入提示

5）在提示框中，点击“是”按钮，弹出数据导入进度界面，如图 7-26 所示，在导入过程中，将显示导入步骤、进度以及导入状态日志。在导入过程中，可随时点击“终止”按钮终止导入，也可勾选“完成后自动关闭本执行进度窗口？”复选框，导入完成后自动关闭该导入进度框。

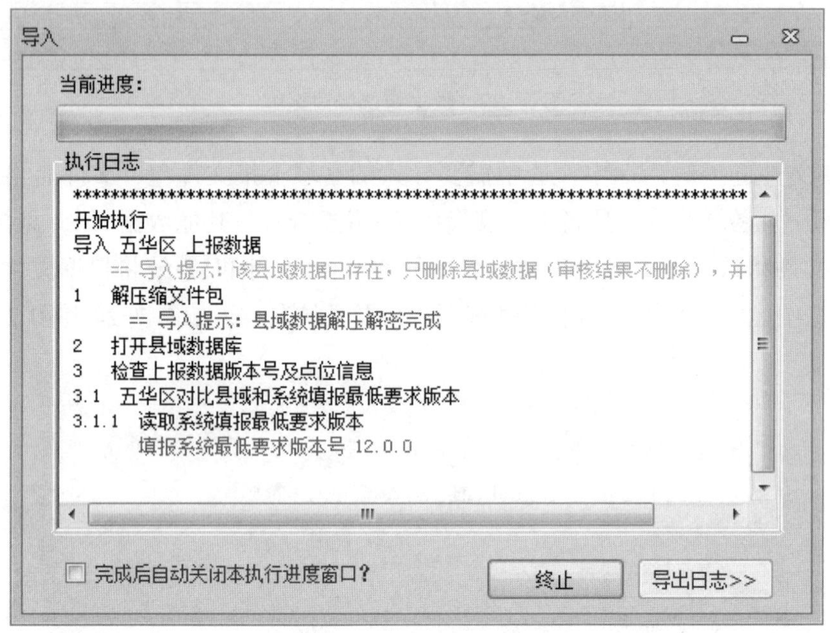

图 7-26　导入过程

6）导入完成后，系统会在执行日志中提示执行完成，并提示所用时间等信息，如图 7-27 所示。导入结束后，可单击“导出日志”按钮将执行日志导出为文本文件（*.txt），以进一步分析。

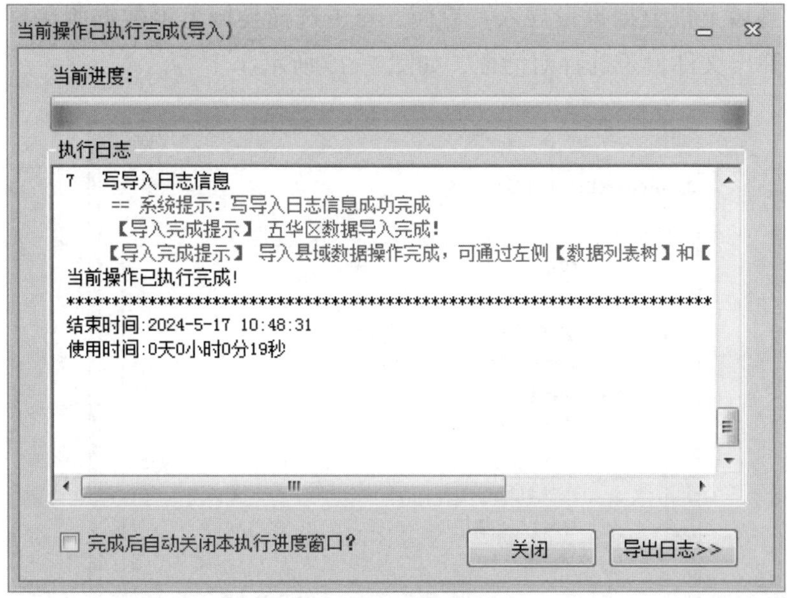

图 7-27　导入完成

7）导入完成后，在左侧数据目录树中对应的县节点下将加入该县导入的数据目录列表，可通过点击相应的文件或表节点查看该县域的填报数据。

多县域考核数据导入具体操作步骤如下：

①点击“开始”菜单“县域考核数据 / 材料导入”栏内“县域考核数据批量导入”按钮，系统会弹出如图 7-28 所示的“县域上报数据批量导入”界面。

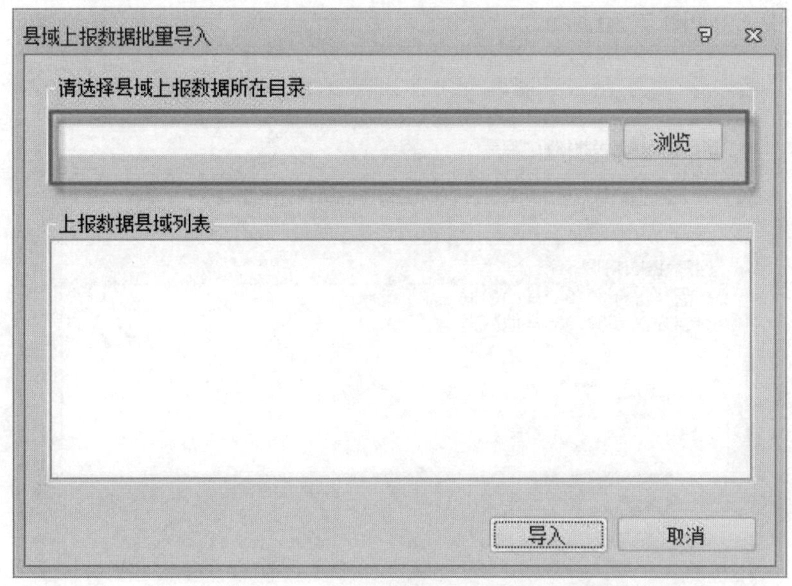

图 7-28　县域上报数据批量导入界面

②在“县域上报数据批量导入”界面，点击选择县域上报数据所在目录下的“浏览”按钮，弹出文件目录选择对话框，如图 7-29 所示。

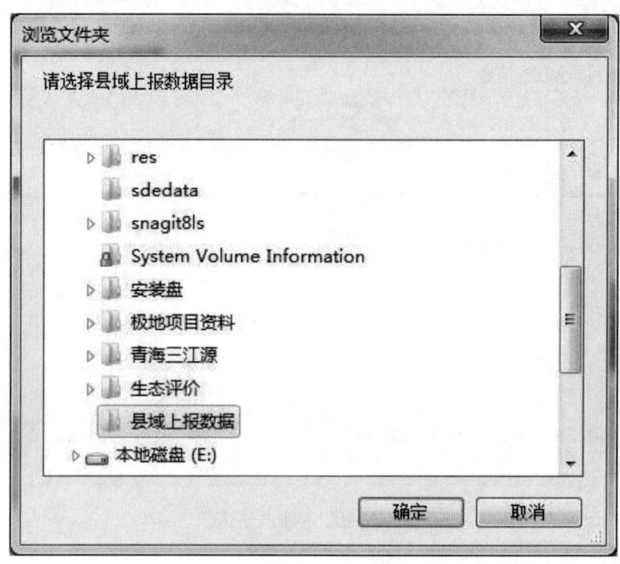

图 7-29　上报数据目录选择对话框

③在文件目录选择对话框中，选中县域上报数据包文件所在的目录（需将各县域上报数据包拷贝至该目录），点击“确定”按钮，则该文件目录名将显示于县域上报数据目录的文本框内，同时将该目录所有上报数据包文件对应的县域名称及编码列于“上报数据县域列表”框内（注意：若目录内包含的上报数据包不属于该考核年度，则不列于此框中），如图 7-30 所示。

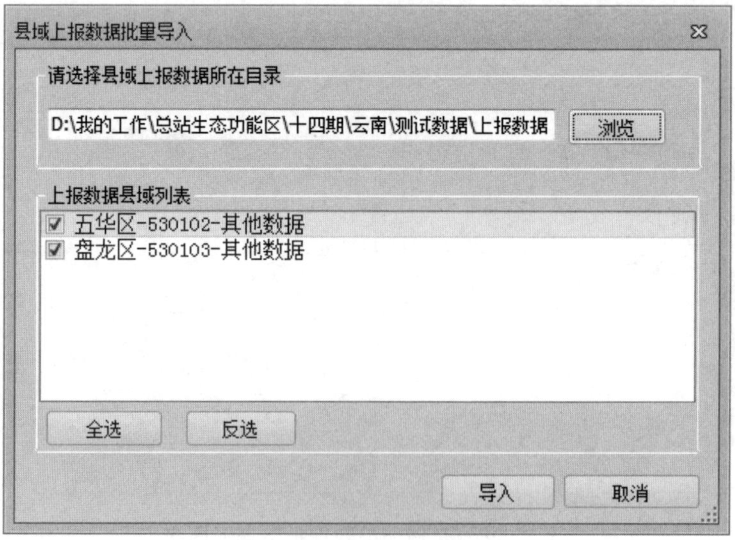

图 7-30　导入县域选择

④在“县域上报数据批量导入”界面的上报数据县域列表中，通过各县域名称前面的复选框来选择是否导入该县域数据，若导入，则选中，否则不选中（默认为全选中，即全部导入）。选择需要导入的县域列表时，可通过“全选”“反选”按钮来辅助选择。点击“全选”可选中所有县域，点击“反选”可将已选中的县域变为不选中，未选中的县域改为已选中。

⑤在“县域上报数据批量导入”界面选择导入数据县域后，点击“导入”按钮，若所选县域列表中有些县域以前已导入过数据，则弹出“是否覆盖已有县域数据”提示框，并将已存数据的县域名称列于列表框中，如图 7-31 所示。若没有已导入过数据的县域，则跳过此界面，直接进入数据导入进度界面。

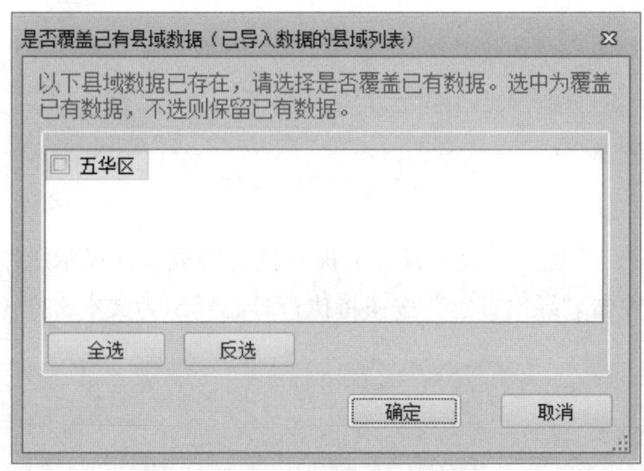

图 7-31　是否覆盖已有县域数据界面

⑥在“是否覆盖已有县域数据”界面，若要覆盖已有数据，则选中该县域前的复选框，否则不选中（默认为未选中，即不覆盖）。在该界面中，若需要确认是否覆盖的县域较多，可通过“全选”和“反选”按钮快速选取。

⑦在“是否覆盖已有县域数据”界面，设定要覆盖的县域列表后，点击“导入”按钮，则按顺序导入已选中的县域上报数据，并弹出数据导入进度界面，如图 7-32 所示，在导入过程中，将提示导入进度及执行日志。在导入过程中，可点击“终止”按钮随时终止导入，也可勾选“完成后自动关闭本执行进度窗口?”复选框，导入完成后自动关闭该导入进度框。

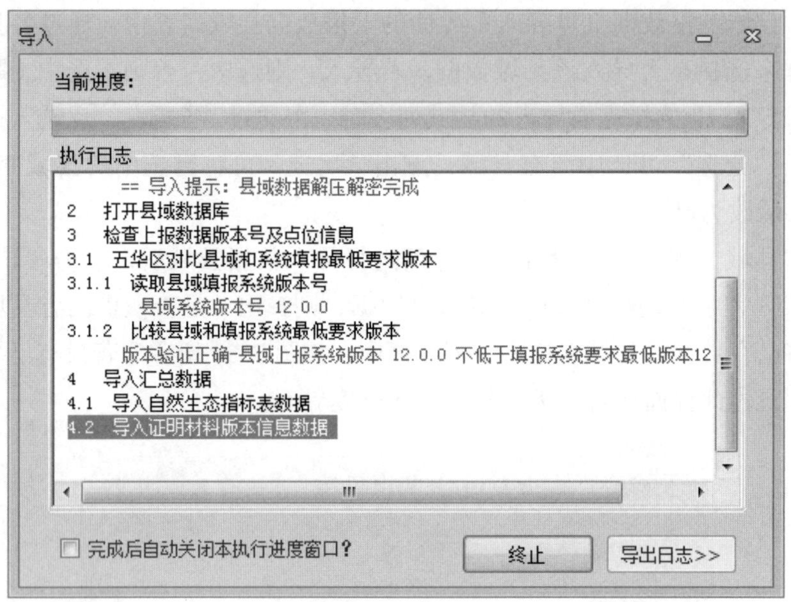

图 7-32　导入进度

⑧导入完成后，系统会在执行日志中提示执行完成，并提示所用时间等信息，如图 7-33 所示。可单击“导出日志”按钮将执行日志导出为文本文件（*.txt）。

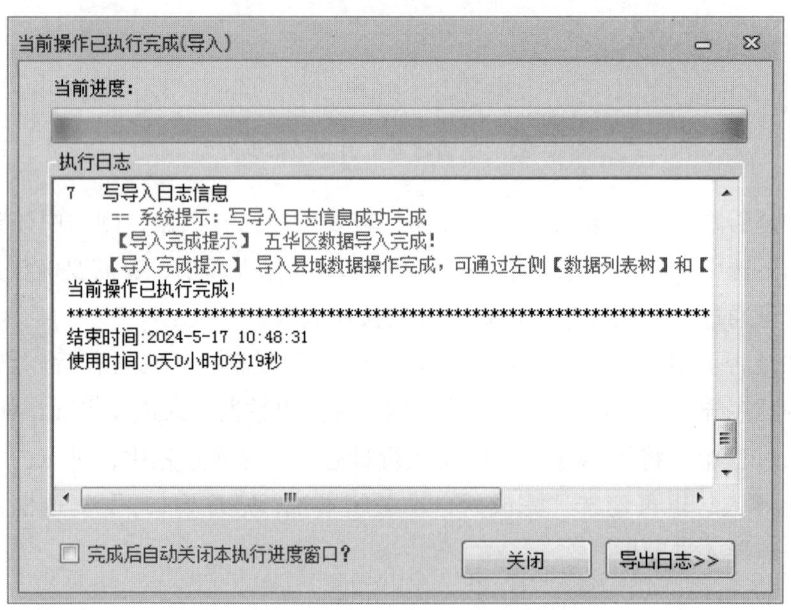

图 7-33　导入完成提示

⑨导入完成后，左侧数据目录树中对应的所有导入数据的县节点下将加入该县域上报数据目录列表，可通过点击相应的文件或表节点查看该县域的填报数据。

4.2.3　县域基本信息导入

县域基本信息导入能够实现自然保护地、村镇信息更新功能（图 7–34）。

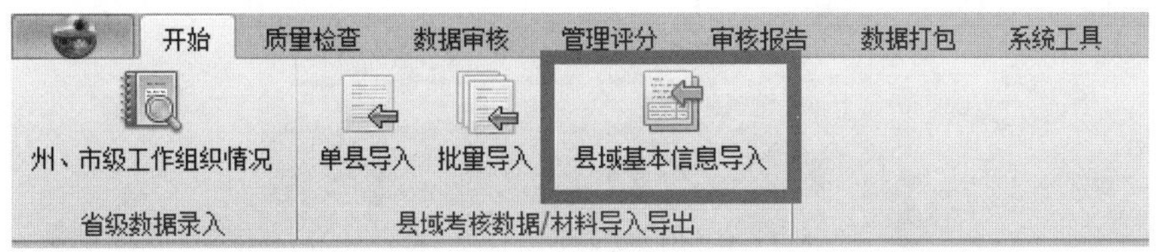

图 7–34　县域基本信息导入

点击“县域基本信息导入”按钮，弹出图 7–35 所示的窗口，选择导入文件，弹出图 7–36，选择要导入的县信息包，点击“打开”按钮，在图 7–35 中点击“导入”按钮，完成县信息导入。

图 7–35　导入县信息

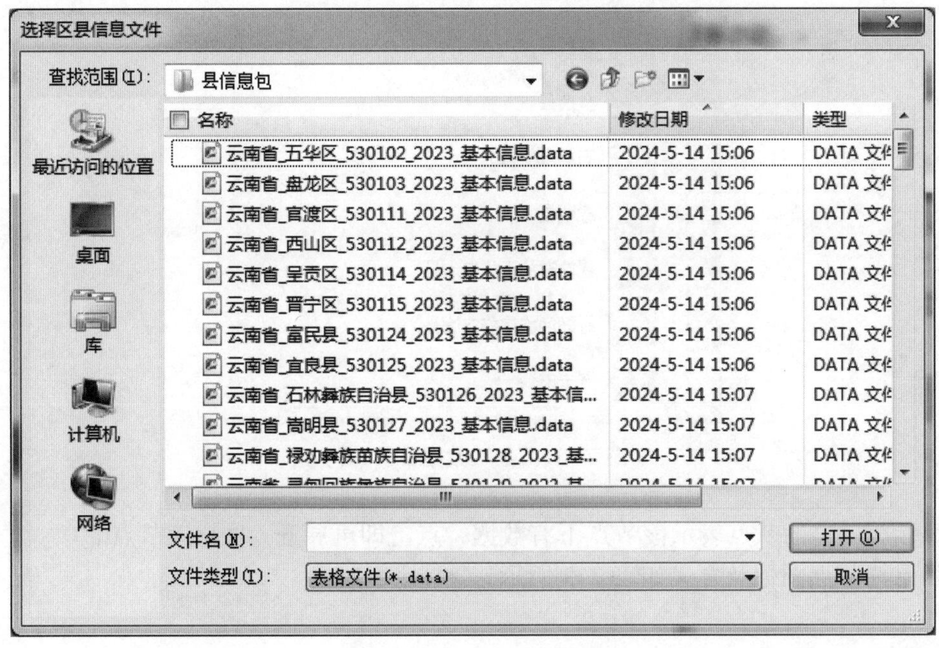

图 7–36　县信息包选择

4.2.4 县域数据目录

县域上报数据导入后，可以在左侧目录树进行查看。如图 7-37 所示，显示县域数据节点信息。

图 7-37　县域数据目录结构

显示为˅ 的节点表示该节点下有数据，点击即可展开 / 收起该节点。

目录树节点图标及含义如表 7-3 所示。

表 7-3　目录树节点图标及含义

图标	含义
	非空节点
	空节点
	证明材料
	证明材料不存在
	生态环境保护与管理
	生态环境保护工作
 PDF	PDF 文档
 JPEG	图像、照片
	自查报告文档

对于非文件夹节点，可以直接点击节点，并在右侧数据显示区显示数据。

4.2.5　县域数据浏览

如图 7-38 所示，为证明材料显示样式。

如图 7-39 所示，为填报数据显示样式。如果表格中有照片字段，则在表格中显示照片的缩略图，如果照片不存在，则显示“无图像”字样；如果表格中有文档相关字段，则在表格中显示为超级链接。

点击单元格中的缩略图，弹出如图 7-40 所示的图片查看界面。若有多张照片，可以点击“前一张”“后一张”导航浏览。

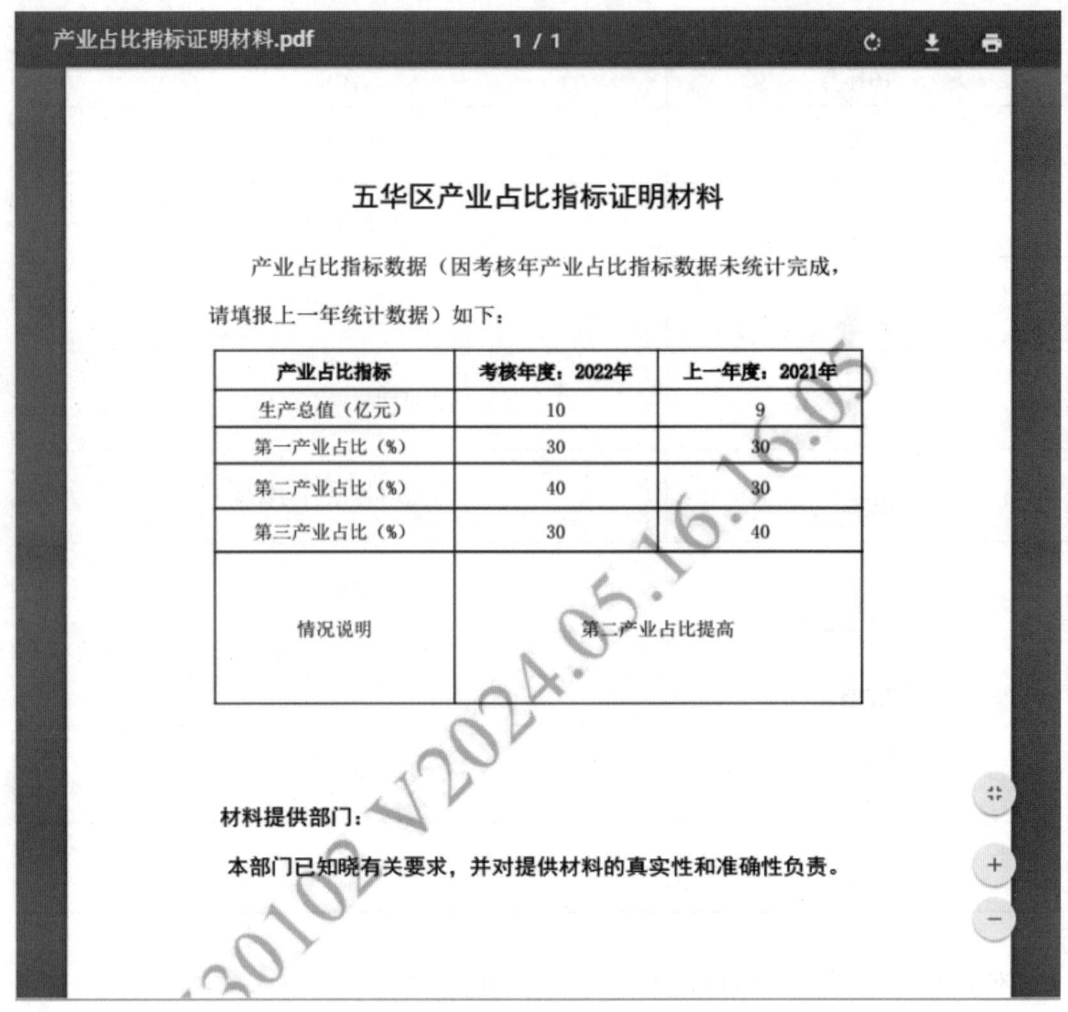

五华区产业占比指标证明材料

产业占比指标数据（因考核年产业占比指标数据未统计完成，请填报上一年统计数据）如下：

产业占比指标	考核年度：2022年	上一年度：2021年
生产总值（亿元）	10	9
第一产业占比（%）	30	30
第二产业占比（%）	40	30
第三产业占比（%）	30	40
情况说明	第二产业占比提高	

材料提供部门：

本部门已知晓有关要求，并对提供材料的真实性和准确性负责。

图 7-38　证明材料显示样式

	实施地点	工程内容简介	工程生态效益	照片	证明文件
1	五华区	修复周边环境	生态效益良好		工作方案.pdf

当前记录：1 of 1

图 7-39　横向表格数据

点击单元格中的超级链接，弹出如图 7-41 所示的附件查看界面。如有多个附件，可以点击“前一个”“后一个”导航查看。

如图 7-41 所示，为图档资料显示样式。

图 7-40　图片查看界面

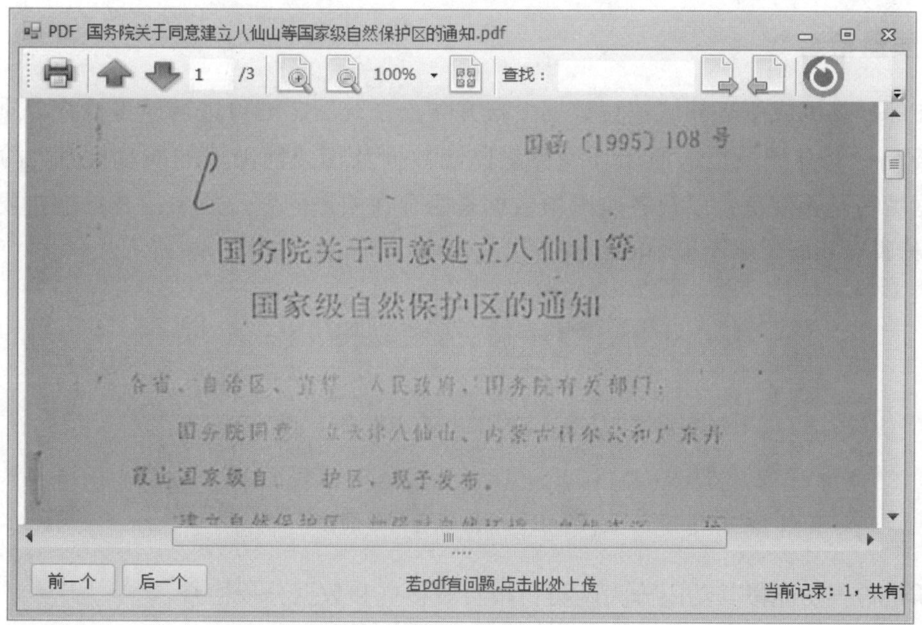

图 7-41　图档资料显示样式

如图 7-42 所示，为自查报告数据显示样式。

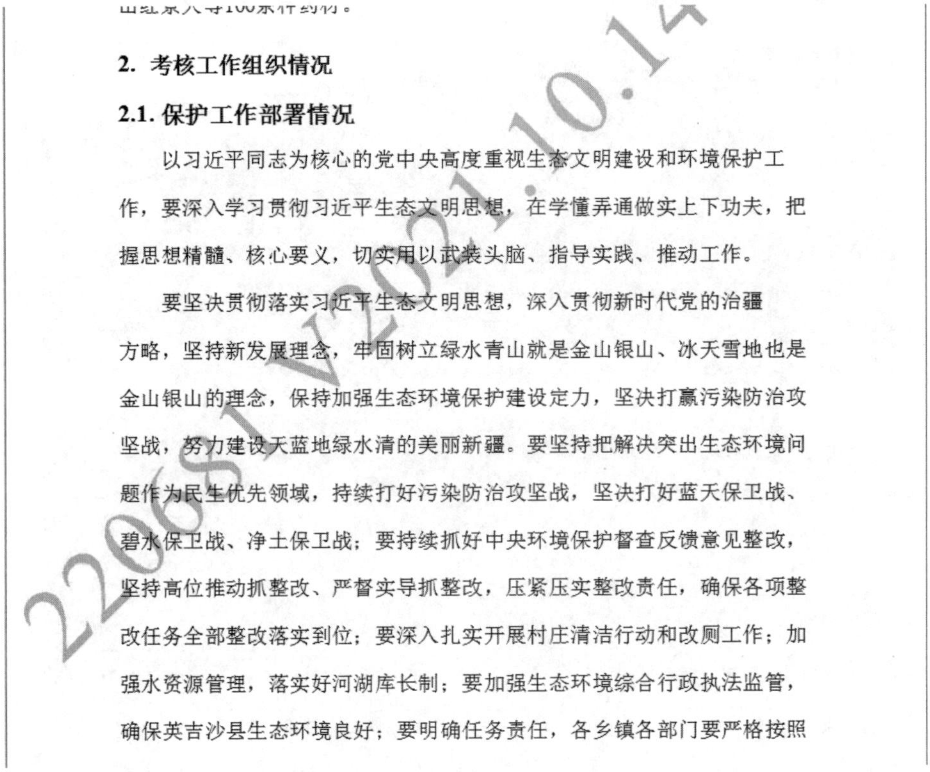

山红景天等100余种药材。

2. 考核工作组织情况

2.1. 保护工作部署情况

以习近平同志为核心的党中央高度重视生态文明建设和环境保护工作，要深入学习贯彻习近平生态文明思想，在学懂弄通做实上下功夫，把握思想精髓、核心要义，切实用以武装头脑、指导实践、推动工作。

要坚决贯彻落实习近平生态文明思想，深入贯彻新时代党的治疆方略，坚持新发展理念，牢固树立绿水青山就是金山银山、冰天雪地也是金山银山的理念，保持加强生态环境保护建设定力，坚决打赢污染防治攻坚战，努力建设天蓝地绿水清的美丽新疆。要坚持把解决突出生态环境问题作为民生优先领域，持续打好污染防治攻坚战，坚决打好蓝天保卫战、碧水保卫战、净土保卫战；要持续抓好中央环境保护督查反馈意见整改，坚持高位推动抓整改、严督实导抓整改，压紧压实整改责任，确保各项整改任务全部整改落实到位；要深入扎实开展村庄清洁行动和改厕工作；加强水资源管理，落实好河湖库长制；要加强生态环境综合行政执法监管，确保英吉沙县生态环境良好；要明确任务责任，各乡镇各部门要严格按照

图 7-42　自查报告显示样式

4.3　质量检查

在部分县域或所有县域填写数据上报并导入系统后，即可进行质量检查。质量检查主要是针对县域填报的原始环境质量监测数据及相关辅助表的质量检查，检查监测数据填写是否规范，以及各监测项数据是否存在质量问题。质量检查功能主要通过“质量检查”功能菜单面板中的功能按钮来实现，其布局如图 7-43 所示。

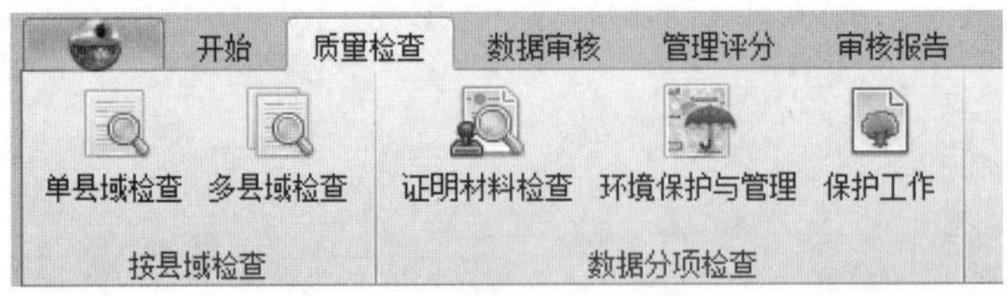

图 7-43　质量检查菜单面板

质量检查功能按其功用分为两类：按县域检查和数据分项检查。

4.3.1　按县域检查

按县域检查是选择需检查县域，批量检查该县域内所有填报数据的质量，具体分为单县域数据质量检查和多县域数据质量检查，通过“按县域检查”栏内的“单县域检查”和“多县域检查”两个功能按钮（图 7-44）来实现。

图 7-44　按县域检查功能按钮

两个功能的执行功能和步骤基本相同，只是“单县域检查”在选择检查县域时只能选择一个县域，“多县域检查”可以选择多个县域，下面以“多县域检查”为例介绍具体操作步骤：

点击“质量检查”菜单下“按县域检查”栏内的“多县域检查”按钮，系统将弹出如图 7-45 所示的县域选择及检查输出结果保存路径选择对话框，在该对话框的县域列表框中将显示所有已上报并导入数据的县域名称。通过县域列表框各县域名称前的复选框来选择需要审核的县域（默认为全选中）。若县域较多，可通过单击县域列表框左下方的“全选”和“反选”按钮来辅助选择。

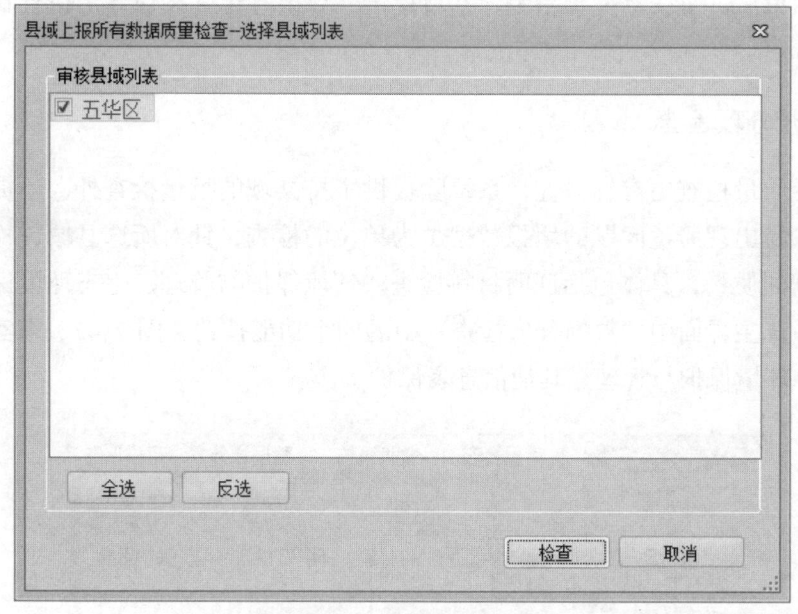

图 7-45　县域选择界面

选择县域列表后，点击“检查”按钮，进入县域数据质量检查过程，系统会弹出检查进度提示框，如图 7-46 所示。

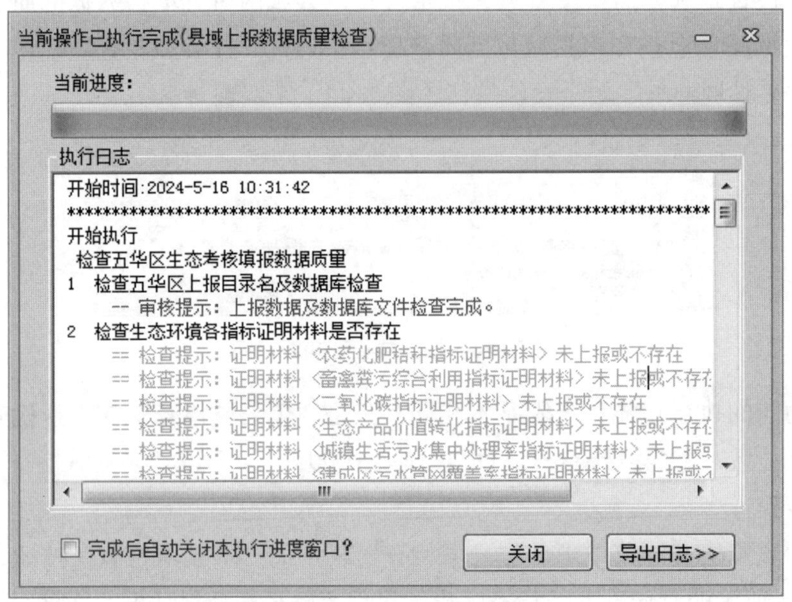

图 7-46　检查进度提示框

系统将依次检查所选各县域的填报内容，在检查过程中，将通过日志的方式动态显示检查提示和结果，如图 7-46 所示。

检查结束后，将提示检查结果，并可单击“导出日志”按钮导出检查日志为文本文件。

4.3.2　数据分项检查

为了使质量检查更有针对性，系统除提供了按县域的批量检查外，还提供了以填报数据项（易出现质量问题的填报数据）为单位的检查，针对所选县域，检查其填报某一类数据的质量，具体包括证明材料检查、环境保护与管理、生态环境保护工作信息，通过系统主界面中“数据分项检查”中的四个功能按钮（图 7-47）来实现：证明材料检查、环境保护与管理、其他信息表保护工作。

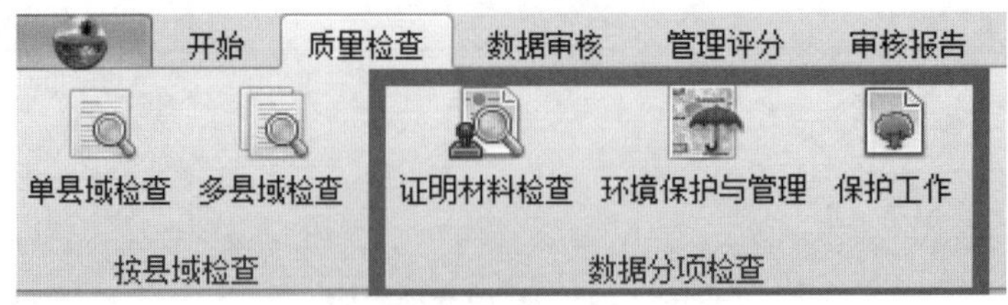

图 7-47　数据分项检查功能按钮

这四个功能针对不同类型数据进行检查，其操作步骤完全相同，只是在执行时所检查的对象不同，下面以“证明材料检查”为例说明其操作步骤。

点击“质量检查”菜单下“数据分项检查”栏内的“证明材料检查”按钮，系统将弹出如图 7-48 所示的县域选择及检查输出结果保存路径选择对话框，在该对话框的县域列表框中将显示所有已上报并导入数据的县域名称。通过县域列表框各县域名称前的复选框来选择需要审核的县域（默认为全选中）。若县域较多，可通过单击县域列表左下方的“全选”和“反选”按钮来辅助选择。

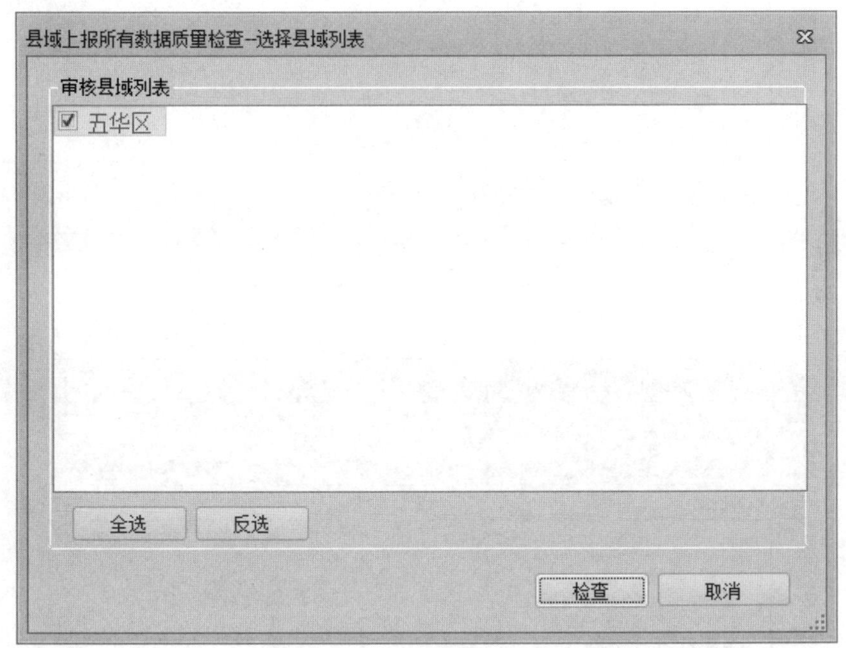

图 7-48　检查县域选择界面

选择县域列表后，点击“检查”按钮，进入县域数据质量检查操作，系统会弹出检查进度提示框，如图 7-49 所示。

系统将检查所选各县域证明材料，在检查过程中，将通过日志的方式动态显示检查提示和结果，如图 7-49 所示。

检查结束后，将提示检查结果，如图 7-50 所示，并可单击“导出日志”按钮导出检查日志为文本文件。

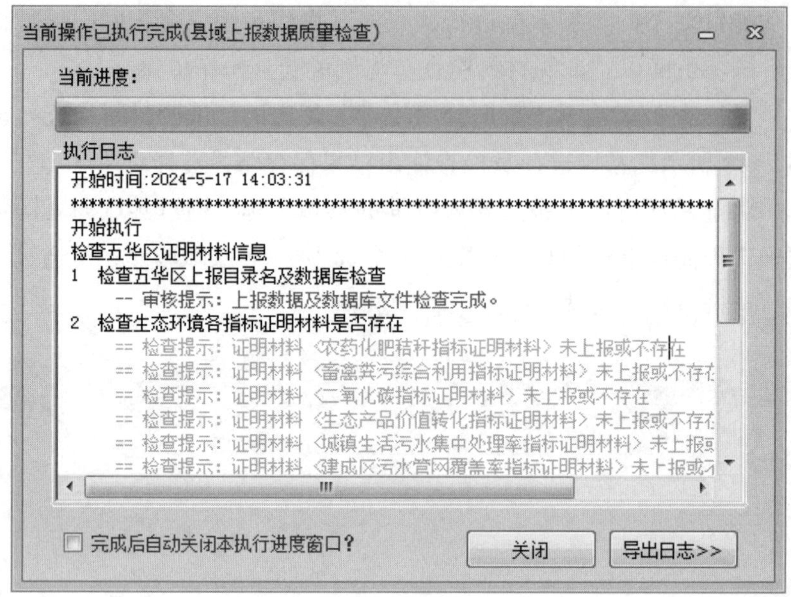

图 7-49 检查过程

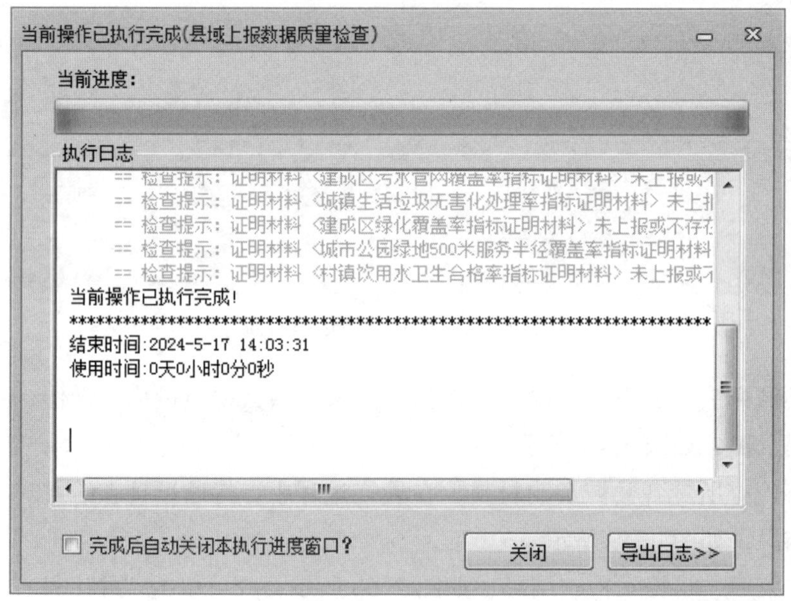

图 7-50 检查完成提示

4.4 数据审核

在部分县域或所有县域填写的数据上报并导入系统后，即可进行数据审核。数据审核主要是审核县域填报数据的完整性、数据审核过程查看和审核意见修改，完整性主要包括数据表是否齐全、表中字段填写是否完整等。数据审核过程表是查看数据完整性的审核结果。

数据审核功能主要通过系统功能菜单区的“数据审核”菜单面板内的功能按钮来实现，包括五类审核功能：按县域审核、完整性审核、规范性审核、证明材料核对、数据审核结果查看及审核意见修改功能。具体功能布局如图 7-51 所示。

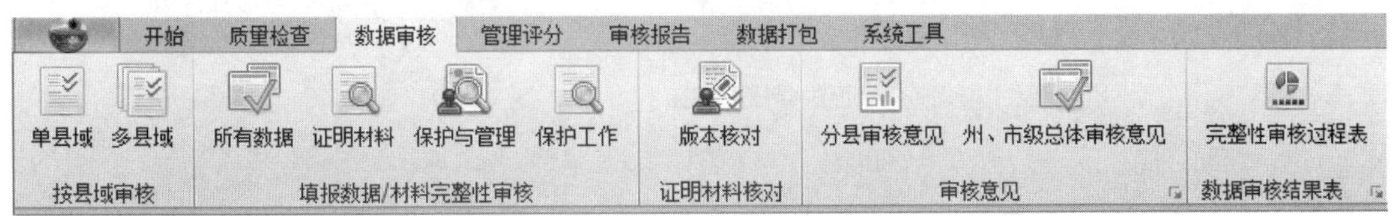

图 7-51　数据审核菜单面板

4.4.1　按县域审核

按县域审核是选择需要审核的县域，以审核该县域所有填报数据的完整性和指标的规范性，包括单县域审核和多县域审核两个功能，如图 7-52 所示。

图 7-52　按县域审核功能按钮

两个功能的执行功能和步骤基本相同，只是“单县域审核”在选择检查县域时只能选择一个县域，“多县域审核”可以选择多个县域，下面以“多县域审核”为例介绍具体操作步骤。

点击“数据审核”菜单下“按县域审核”栏内的“多县域审核”按钮，系统将弹出县域选择对话框，如图 7-53 所示。

在县域选择对话框中，县域列表框中将显示所有已上报并导入数据的县域名称。通过县域列表框各县域名称前的复选框选择需要审核的县域（默认为全部选中）。若县域较多，可通过县域列表左下方的“全选”和“反选”按钮来辅助选择。

在县域选择对话框内选中需审核县域后，点击“审核”按钮，进入审核操作，并弹出审核进度提示框，如图 7-54 所示。

图 7–53　审核县域选择界面

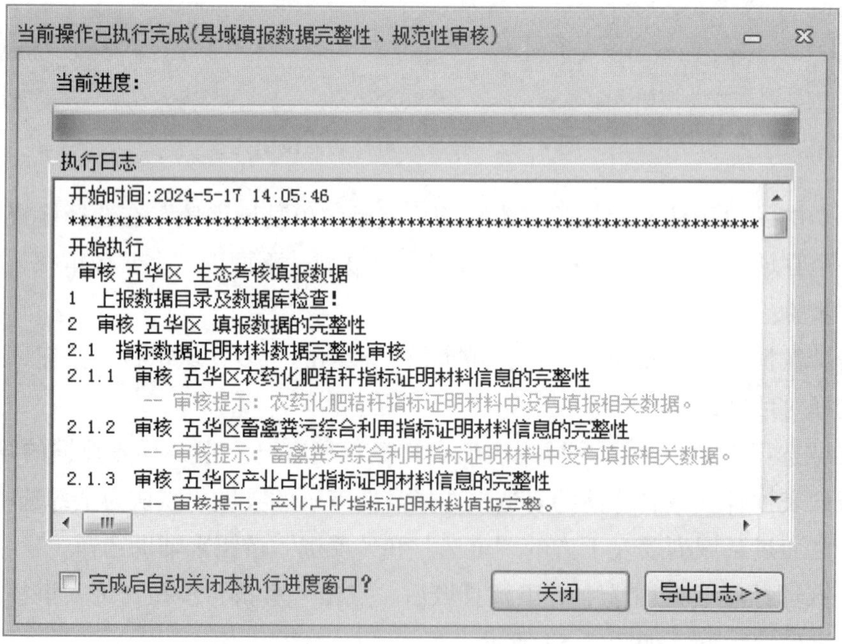

图 7–54　审核过程

系统将依次审核所选县域填报数据的完整性和有效性，审核过程将通过日志的方式动态地显示于日志框内，日志内容包括审核是否成功及审核结果（如是否完整、有效等）。

审核结束后，审核进度提示框会给出审核县域数目及多少个县域数据不完整及多少个县域部分指标无效，如图 7-55 所示，并可单击“导出日志”按钮将审核日志导出为文本文件。

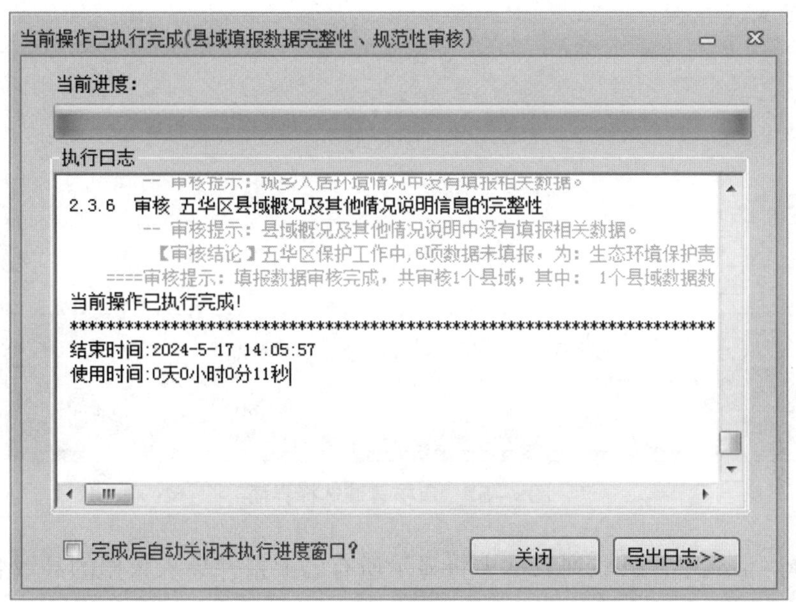

图 7-55　审核结果提示

4.4.2　完整性审核

完整性审核是针对各县域填报数据各项数据及材料进行完整性审核，具体包括：县域所有数据的完整性审核、指标证明材料的完整性审核及自查报告材料的完整性审核。具体功能按钮如图 7-56 所示。

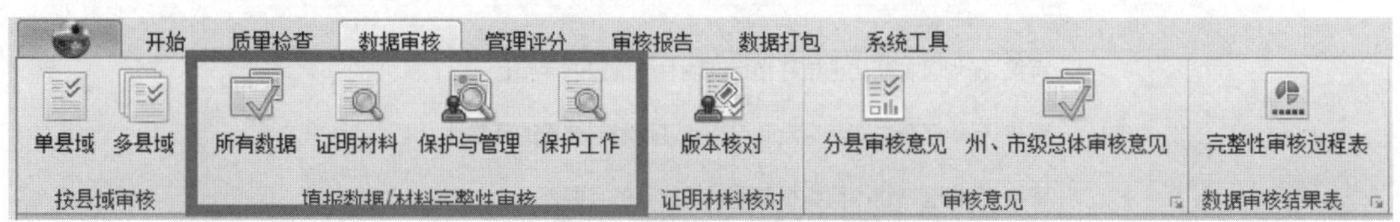

图 7-56　完整性审核功能按钮

针对各类数据的完整性审核的操作方法和流程完全相同，只是在审核过程中所审核数据内容不同，下面以所有数据审核为例说明该类功能的操作步骤。

点击“数据审核”菜单下“填报数据 / 材料完整性审核”栏内的“所有数据审核”按钮，系统会弹出县域选择对话框，如图 7-57 所示。

图 7-57　审核县域选择界面

在选择对话框中，县域列表框中将显示所有已上报并导入数据的县域名称。通过勾选县域列表框各县域名称前的复选框选择需要审核的县域（默认为全部选中）。若县域较多，可通过县域列表左下方的“全选”和“反选”按钮来辅助选择。

在县域选择对话框内选中需审核的县域后，点击“审核”按钮，进入审核操作，并弹出审核进度提示框，如图 7-58 所示。

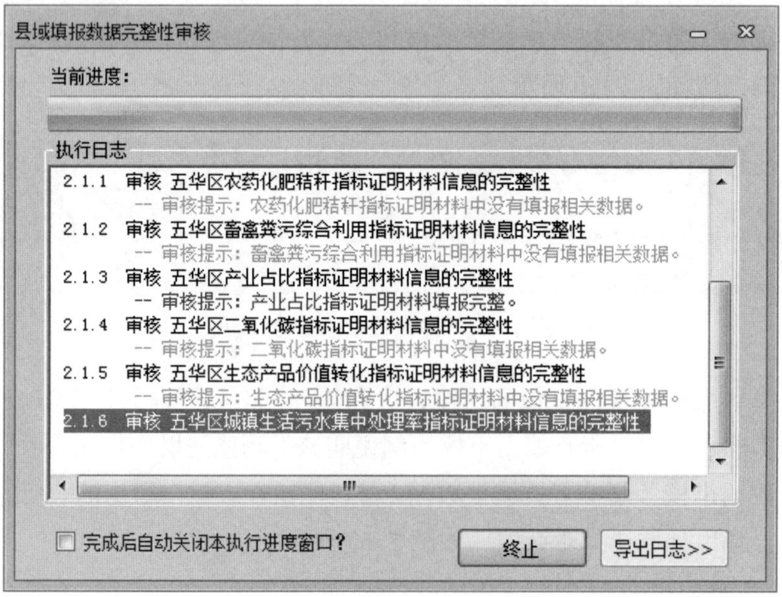

图 7-58　审核过程

系统将依次审核所选县域填报数据的完整性，审核过程将通过日志的方式动态地显示于日志框内，日志内容包括审核是否成功及审核结果。

审核结束后，审核进度提示框会给出审核县域数目及多少个县域数据不完整信息，如图 7-59 所示，并可单击“导出日志”按钮将审核日志导出为文本文件。

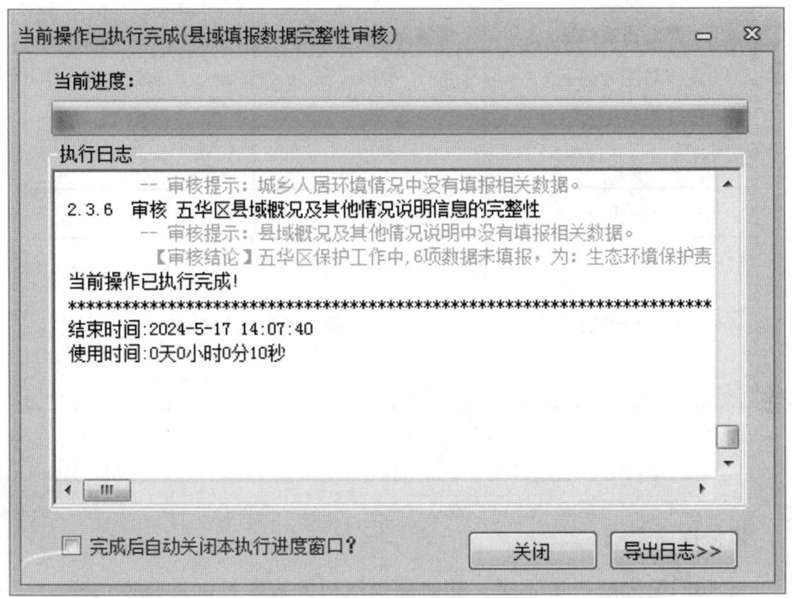

图 7-59　审核结果提示

4.4.3　证明材料核对

在各县域填报系统中导入自然生态指标和环境状况指标证明材料时，为保证纸质证明材料与系统内电子证明材料的一致性，在各证明材料中添加了版本号水印，水印样式如图 7-60 所示。

在审核考核县域提交的证明材料时，需核对打印并盖章的纸质证明材料上的水印与系统内电子证明材料的水印是否一致。常规模式需要审核人员通过系统左侧数据列表树来打开各证明材料，并与纸质材料进行核对，这种方法费时、费力。本系统提供了简便的版本核对功能，即通过一个表格将各县域内证明材料的水印版本号列出，审核人员只需确保该表格内的版本号与纸质材料的水印一致即可。操作步骤如下。

点击“数据审核”菜单下“证明材料核对”栏内的“证明材料版本核对”按钮，系统会弹出如图 7-61 所示的界面，显示各县域的证明材料版本号。

五华区产业占比指标证明材料

产业占比指标数据（因考核年产业占比指标数据未统计完成，请填报上一年统计数据）如下：

产业占比指标	考核年度：2022年	上一年度：2021年
生产总值（亿元）	10	9
第一产业占比（%）	30	30
第二产业占比（%）	40	30
第三产业占比（%）	30	40
情况说明	第二产业占比提高	

材料提供部门：

本部门已知晓有关要求，并对提供材料的真实性和准确性负责。

（盖章）

年　　月　　日

图 7-60　水印样式

在版本信息界面，可通过点击左侧的县域名称列表中的县域名称来切换不同县域文档材料的版本号。审核人员只需打开纸质自查报告证明材料部分，逐一核对版本号与水印是否一致即可。

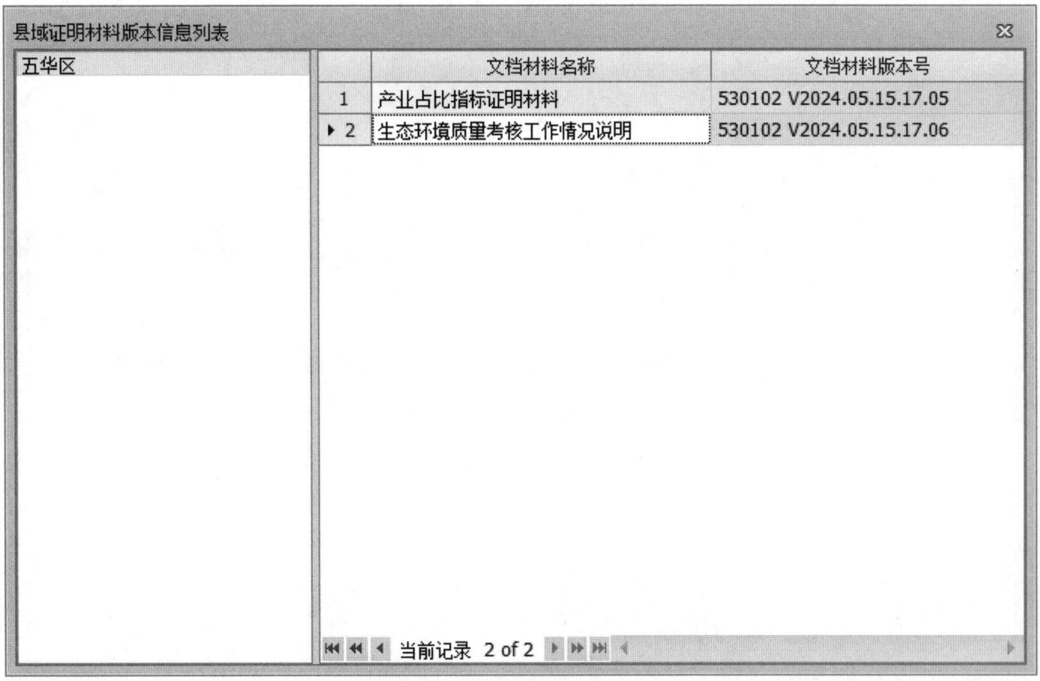
县域证明材料版本信息列表
五华区
文档材料名称
文档材料版本号
1
产业占比指标证明材料
530102 V2024.05.15.17.05
2
生态环境质量考核工作情况说明
530102 V2024.05.15.17.06
当前记录 2 of 2

图 7-61　水印号列表

4.4.4　审核意见结果查看、修改

系统通过主菜单中的“数据审核”菜单下“数据审核结果表”栏中的按钮，如图 7-62 所示，查看已完成审核的县域情况，主要包括分县审核意见、总体审核意见。

分县审核意见
州、市级总体审核意见
审核意见

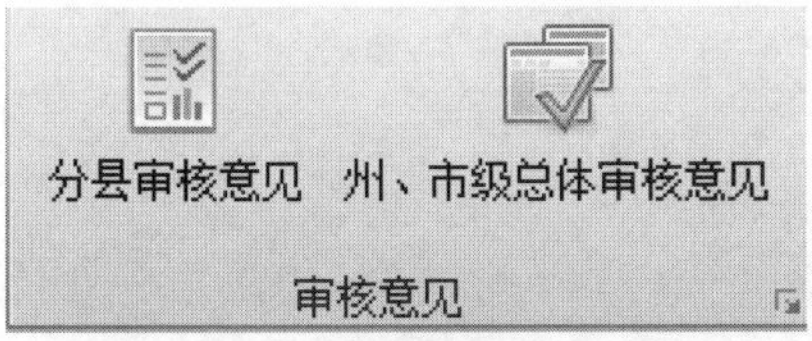

图 7-62　数据审核情况功能按钮

点击“数据审核”菜单下“数据审核结果表”栏中的“分县审核意见”，如图 7-63 所示，弹出县级审核意见表，点击各个县的按钮，可查看每个县的审核情况，如图 7-64 所示。

分县审核意见
州、市级总体审核意见
审核意见

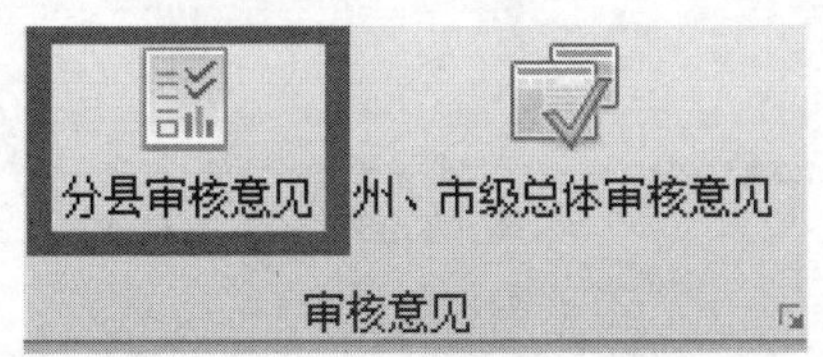

图 7-63　分县审核意见按钮

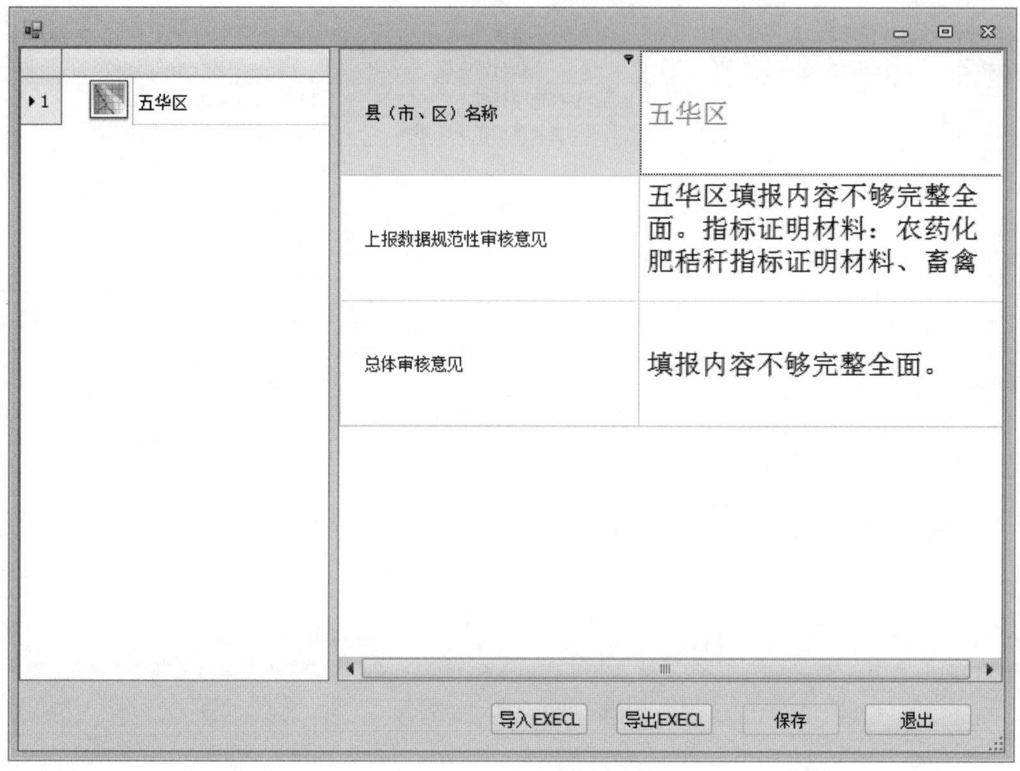

图 7-64　分县审核意见表

在审核意见表中，可以对表格进行修改，修改表格后，关闭表格时会弹出如图 7-65 所示的对话框，若保存修改则点击“是”按钮，否则单击“否”按钮。

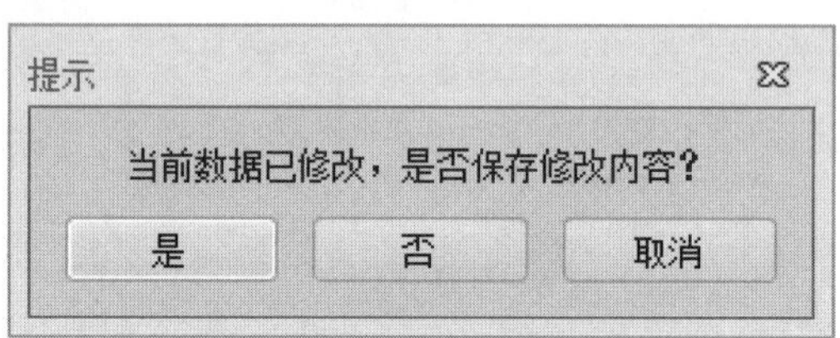

图 7-65　是否保存修改内容

点击“数据审核”菜单下“数据审核结果表”栏中的“州、市总体审核意见”按钮（图 7-66），弹出审核意见及建议界面，如图 7-67 所示。

图 7-66　单击“州、市总体审核意见”按钮

审核意见及建议

洲、市名称	昆明市
年份	2(
审核人姓名	李丽
审核总体意见	
市级现场核查情况	
省现场核查建议	
下年转移支付资金建议	
其他需说明的特殊情况	

保存　清空　退出

图 7-67　审核意见及建议界面

在审核意见及建议界面，依次添加各项内容，然后点击“保存”按钮，弹出保存成功提示框，如图 7-68 所示；点击“清空”按钮，清空表格中所有内容；点击“退出”按钮，关闭该审核意见及建议界面。

图 7-68　保存成功提示框

4.4.5 数据审核结果浏览

通过数据审核结果表可查看数据完整性结果，操作步骤如下：

单击“数据审核”菜单下“数据审核结果表”栏中的“数据完整性审核过程表”，如图 7-69 所示。

图 7-69 单击数据完整性审核过程表

点击“数据完整性审核过程表”，弹出数据完整性审核过程表界面，表中显示经过审核且核准后的指标数据，同时显示各县域数据完整性审核结果。通过该表格可以检查是否所有县域都进行了填报的审核，以及审核结果如何，如图 7-70 所示。

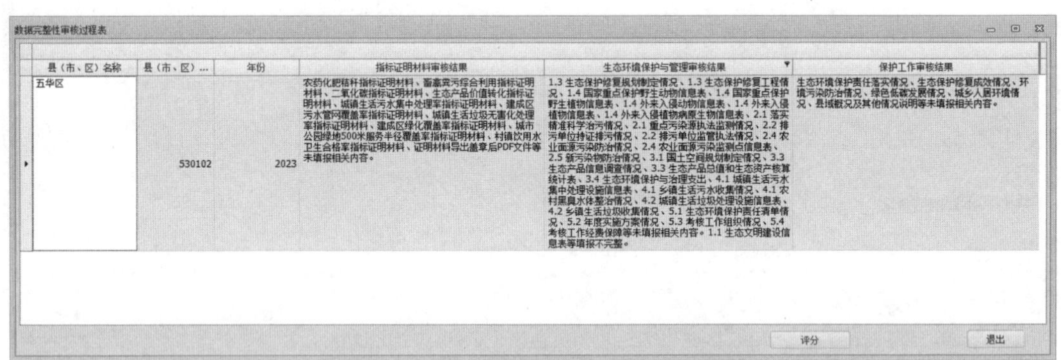

数据完整性审核过程表

县（市、区）名称	县（市、区）...	年份	指标证明材料审核结果	生态环境保护与管理审核结果	保护工作审核结果
五华区	530102	2023	农药化肥秸秆指标证明材料、畜禽粪污综合利用指标证明材料、二氧化碳指标证明材料、生态产品价值转化指标证明材料、城镇生活污水集中处理率指标证明材料、建成区污水管网覆盖率指标证明材料、城镇生活垃圾无害化处理率指标证明材料、建成区绿化覆盖率指标证明材料、城市公园绿地500米服务半径覆盖率指标证明材料、村镇饮用水卫生合格率指标证明材料、证明材料导出盖章后PDF文件等未填报相关内容。	1.3 生态保护修复规划制定情况、1.3 生态保护修复工程情况、1.4 国家重点保护野生动物信息表、1.4 国家重点保护野生植物信息表、1.4 外来入侵动物信息表、1.4 外来入侵植物信息表、1.4 外来入侵植物病原生物信息表、2.1 落实精准科学治污情况、2.1 重点污染源执法监测情况、2.2 排污单位持证排污情况、2.2 排污单位监管执法情况、2.4 农业面源污染防治情况、2.4 农业面源污染监测点信息表、2.5 新污染物防治情况、3.1 国土空间规划制定情况、3.3 生态产品信息调查情况、3.3 生态产品总值和生态资产核算统计表、3.4 生态环境保护与治理支出、4.1 城镇生活污水集中处理设施信息表、4.1 乡镇生活污水收集情况、4.1 农村黑臭水体整治情况、4.2 城镇生活垃圾处理设施信息表、4.2 乡镇生活垃圾收集情况、5.1 生态环境保护责任清单情况、5.2 年度实施方案情况、5.3 考核工作组织情况、5.4 考核工作经费保障等未填报相关内容。1.1 生态文明建设信息表等填报不完整。	生态环境保护责任落实情况、生态保护修复成效情况、环境污染防治情况、绿色低碳发展情况、城乡人居环境情况、县域概况及其他情况说明等未填报相关内容。

评分 退出

图 7-70 数据完整性审核过程表界面

4.5 管理评分

管理评分是对县域从生态保护成效、环境污染防治、环境基础设施运行、县域考核工作组织进行量化评价。如果多人管理打分，可通过管理评分导出、导入功能进行管理打分的合并，如图 7-71 所示。

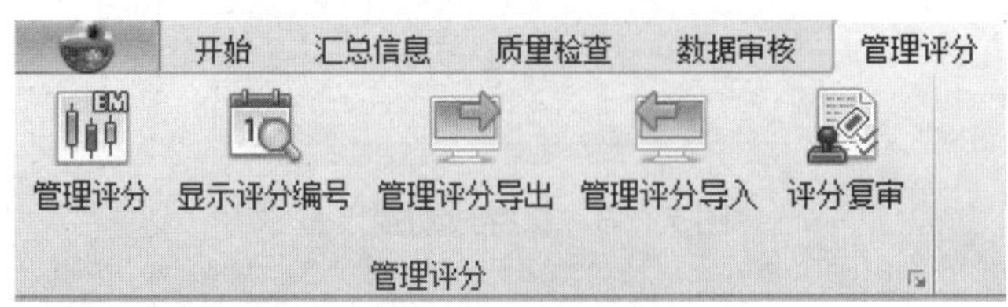

图 7-71 管理评分

4.5.1　管理评分

操作步骤如下：

（1）点击菜单上的“管理评分”，弹出各县级表，表中显示各县级填报数据，点击每个县级可查看该县级的情况，包括评分项目、评分项目描述、评分方法、评分依据、数据展示、评分、评分说明，如图 7-72 所示。

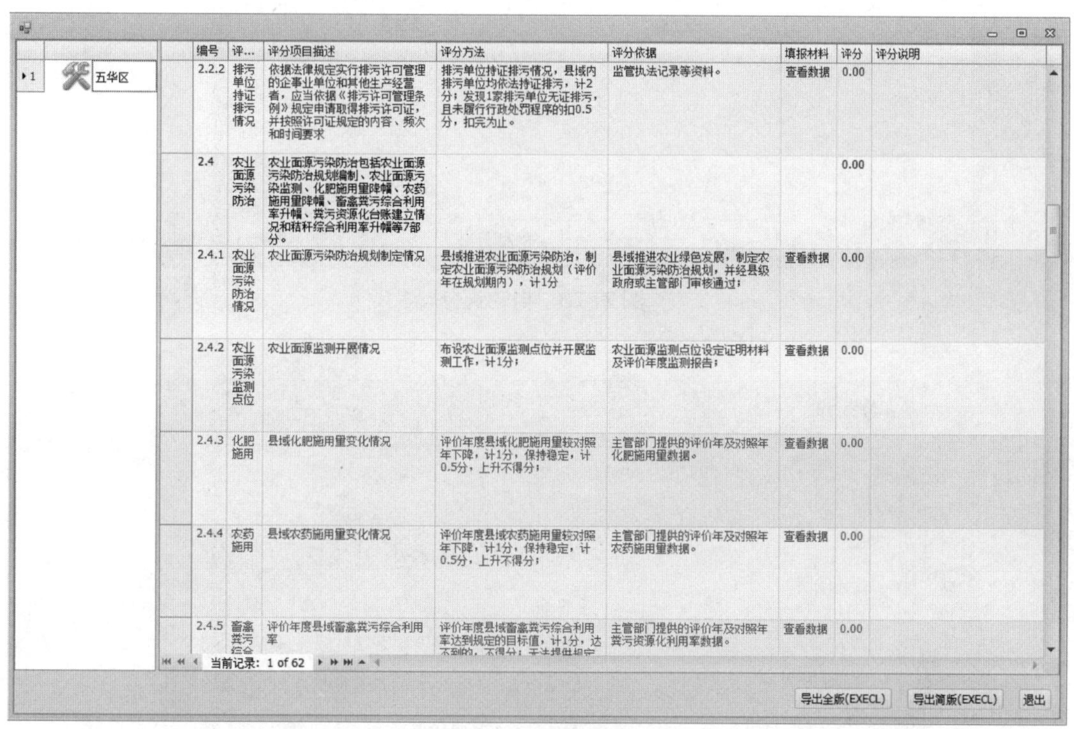

图 7-72　管理评分表

（2）文字显示为绿色为自动打分项，蓝色为手工评分项，黑色为不可评分项。若为自动打分项，点击“查看数据”，将弹出自动评分对话框（图 7-73），进行认定和审核说明填写，之后点击“自动评分”。

如果是手工评分，点击“查看数据”，之后点击评分列，弹出如图 7-74 所示的对话框，填写评分和评分说明，点击“保存”按钮。

如果填写的分数超过评分方法中的满分，会弹出如图 7-75 所示的对话框。

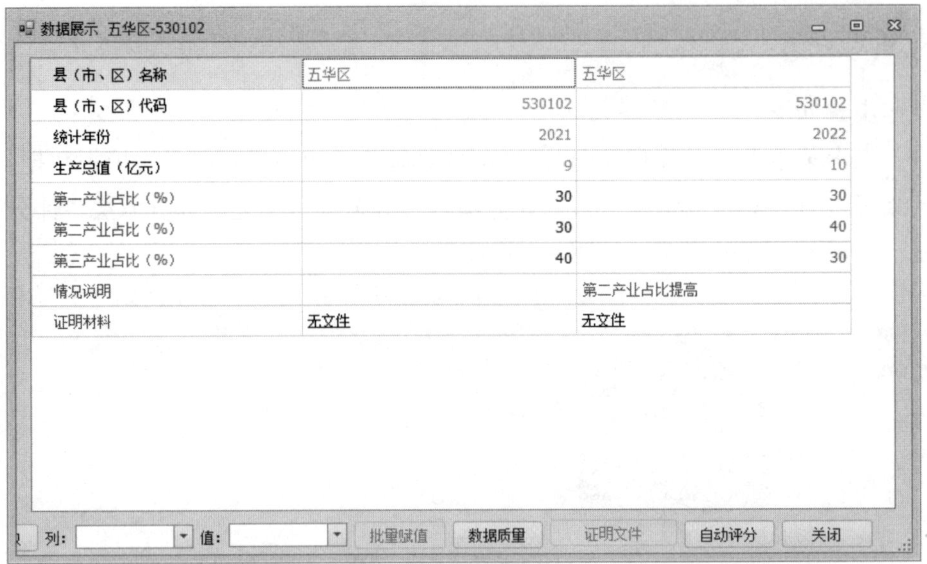
数据展示 五华区-530102

县（市、区）名称	五华区	五华区
县（市、区）代码	530102	530102
统计年份	2021	2022
生产总值（亿元）	9	10
第一产业占比（%）	30	30
第二产业占比（%）	30	40
第三产业占比（%）	40	30
情况说明		第二产业占比提高
证明材料	无文件	无文件

列： 值： 批量赋值 数据质量 证明文件 自动评分 关闭

图 7–73　自动评分

数据修改

编号	1.3.1
评分项目	生态功能保护修复规划
评分项目描述	指县级政府坚持新发展理念，统筹山水林田湖草沙一体化保护和系统治理，为提升重点生态功能区生态产品供给能力而实施的诸如河湖湿
评分方法	县级政府编制县域生态功能保护修复规划，规划的实施能有效提升生态系统质量和稳定性，提升主导生态功能，计1分；
评分依据	县域生态功能保护修复规划及地方政府批准实施文件
评分	0
评分说明	

保存 取消

图 7–74　手工打分

图 7-75　评分数据过大

点击“确定”按钮，重新评分，如果填写的分数小于零，则弹出如下对话框，如图 7-76 所示。

图 7-76　评分数据过小

点击“确定”按钮，重新评分，如果填写的分数满足条件，但是没有填写评分说明，则弹出如下对话框，如图 7-77 所示。

图 7-77　无评分说明

点击“确定”按钮，重新填写，如果填写的分数满足条件，并且填写评分说明，则弹出如下对话框，如图 7-78 所示，点击“确定”按钮即可。

图 7-78　修改是否成功

4.5.2 显示评分编号

设置“管理评分”“管理评分导出”两个功能的显示内容。点击菜单上的“显示评分编号”，弹出设置管理评分编号窗口，设置要显示的打分项，点击“保存”按钮，如图 7-79 所示。

图 7-79 管理评分编号

4.5.3 管理评分导出

（1）点击“管理评分”菜单下“管理评分导出”按钮，如图 7-80 所示。

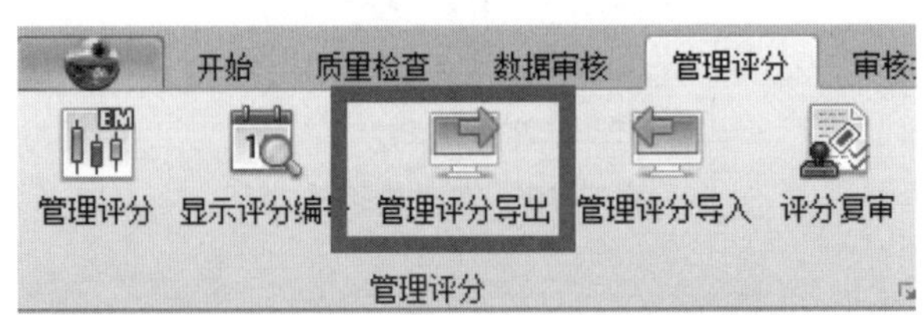

图 7-80 点击“管理评分导出”按钮

（2）如图 7-81 所示，在县域列表中选择需要导出的县域，在选择评分编号区域选择需要评分的编号，点击文件选择，如图 7-82 所示，编辑文件名称，点击“保存”按钮，对话框如图 7-83 所示。点击“导出”按钮，则出现导出的进度条，如图 7-84 所示。

图 7-81　选择导出县域列表及途径

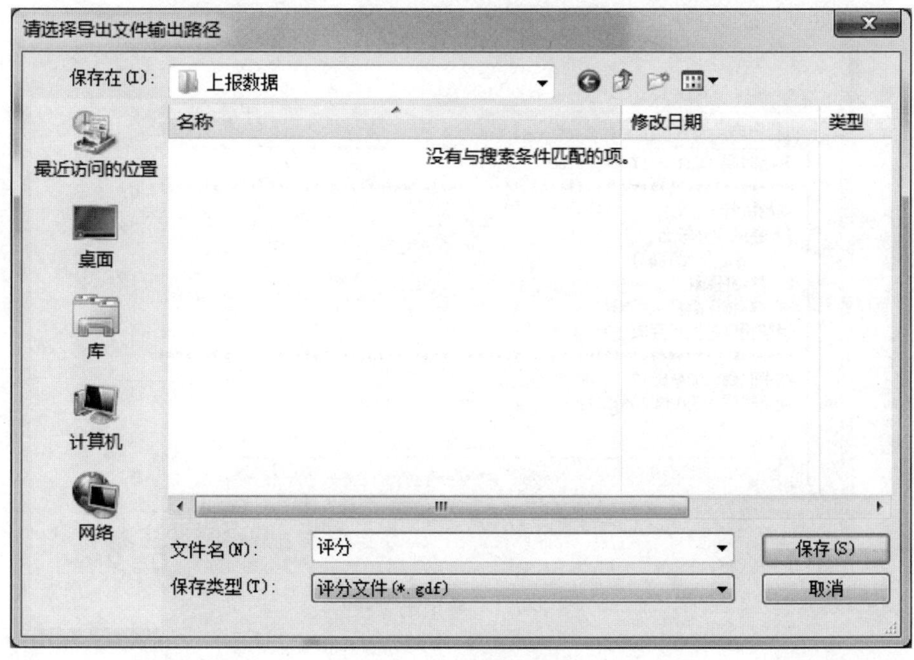

图 7-82　文件输出路径

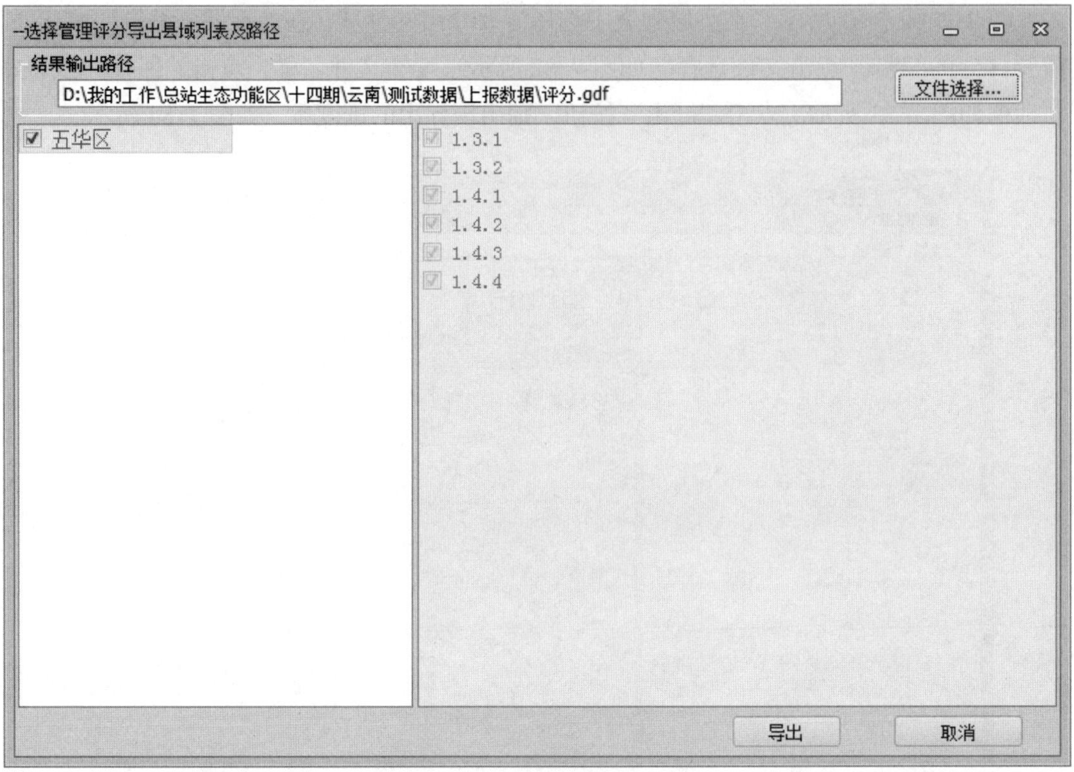
选择管理评分导出县域列表及路径
结果输出路径
D:\我的工作\总站生态功能区\十四期\云南\测试数据\上报数据\评分.gdf
文件选择...
五华区
1.3.1
1.3.2
1.4.1
1.4.2
1.4.3
1.4.4
导出
取消

图 7–83　评分结果输出路径

当前操作已执行完成(评分导出)
当前进度:
执行日志
开始时间:2024-5-17 14:29:30
开始执行
1 县域评分导出
评分导出完成!
2 数据压缩打包
数据压缩打包完成!
当前操作已执行完成!
结束时间:2024-5-17 14:30:22
使用时间:0天0小时0分51秒
完成后自动关闭本执行进度窗口?
关闭
导出日志>>

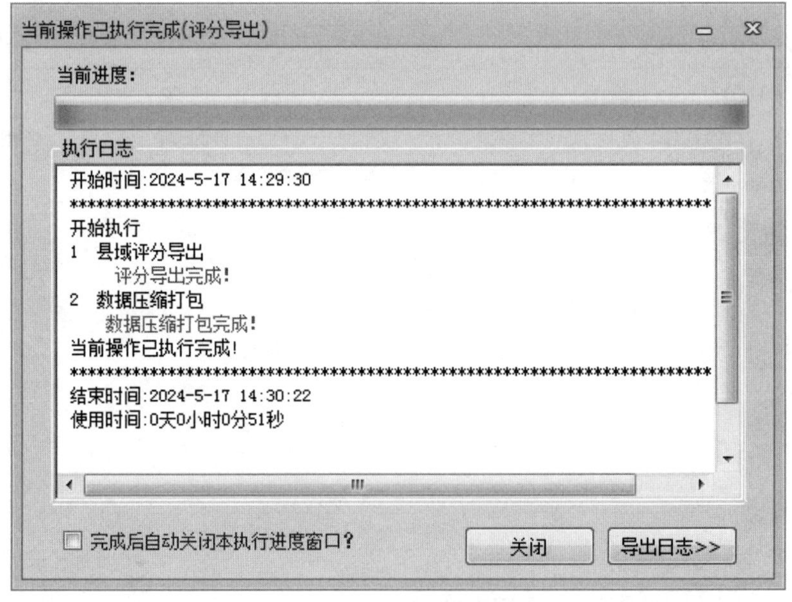

图 7–84　导出进度条

4.5.4 管理评分导入

（1）点击“管理评分”菜单下“管理评分导入”按钮，如图 7-85 所示，弹出选择管理评分导入县域列表及路径界面，如图 7-86 所示。

图 7-85 管理评分导入按钮

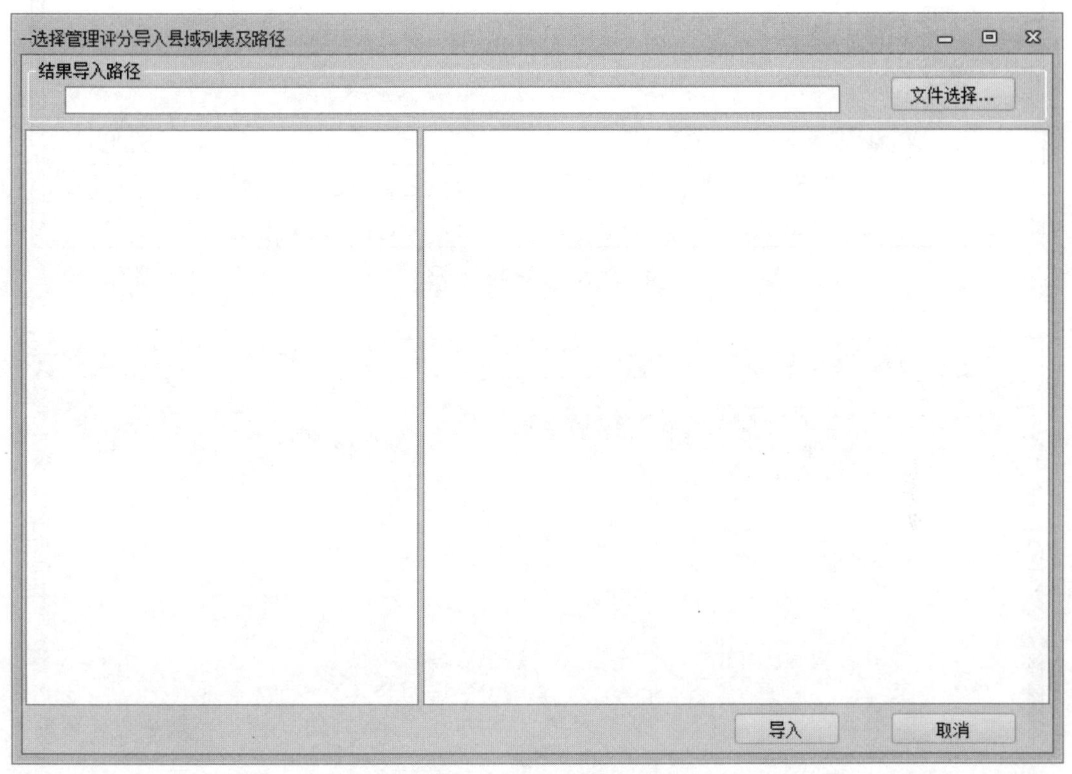

图 7-86 选择管理评分导入县域列表及途径界面

（2）在如图 7-86 所示评分结果输出途径区域，点击“文件选择”按钮，弹出文件输出途径界面，如图 7-87 所示，选择管理评分文件，如图 7-88 所示，在县域选择区域选择需要导入的县域，在选择评分编号区域选择评分编号。点击“导入”按钮，出现如“错误！未找到引用源”提示，单击“是”按钮，则导入继续进行，如图 7-89 所示，如单击“否”按钮，则导入结束。

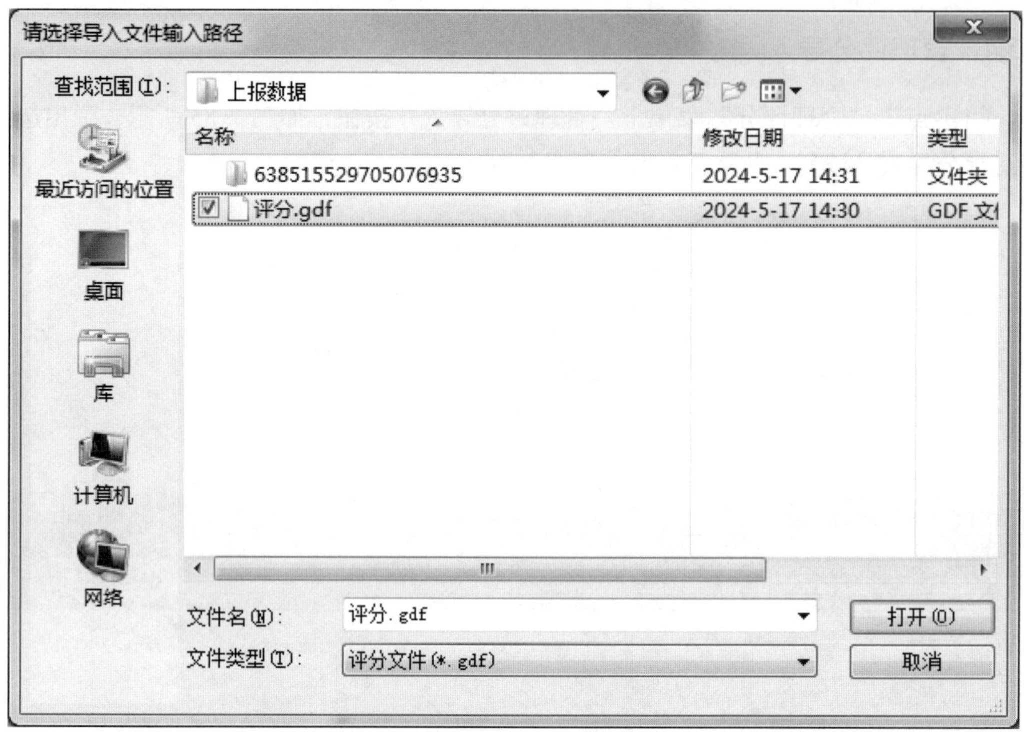

图 7-87　文件输出途径

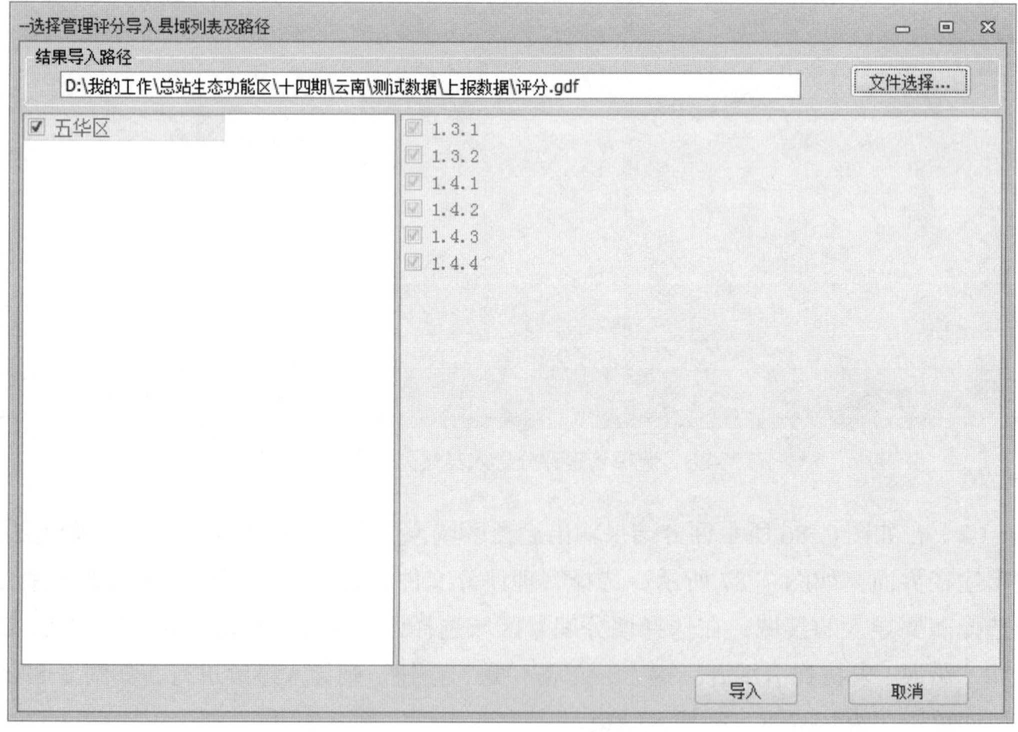

图 7-88　选择县域与编号

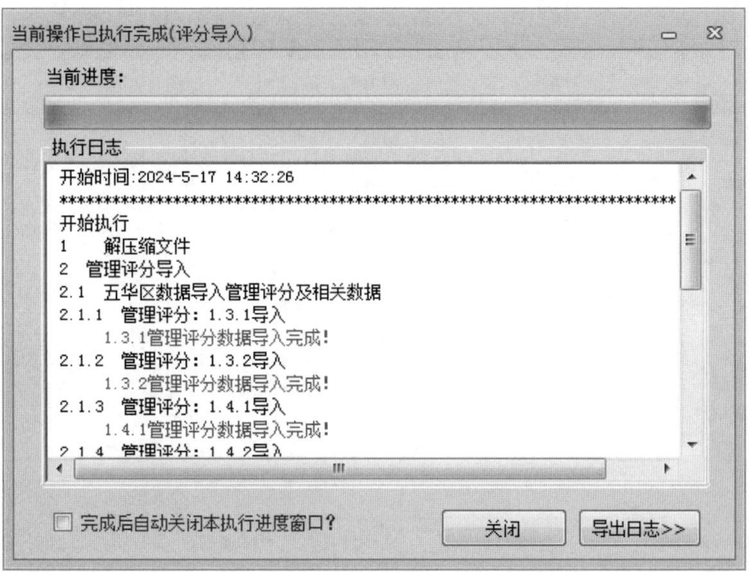

图 7-89　导入进度

4.5.5　评分复审

打分后重新导入县数据包，若打分相关数据发生变化，系统会自动产生需要重新打分的内容，如图 7-90 所示，若复审状态为“未复审”，则要通过县名称、项目名称和评分编号，到管理评分中进行复审，如图 7-91 所示，根据证明材料核对数据，修改是否复审状态，并自动评分。另外，只有重新导入数据，并且数据变化后，打分界面才会出现“是否复审”。

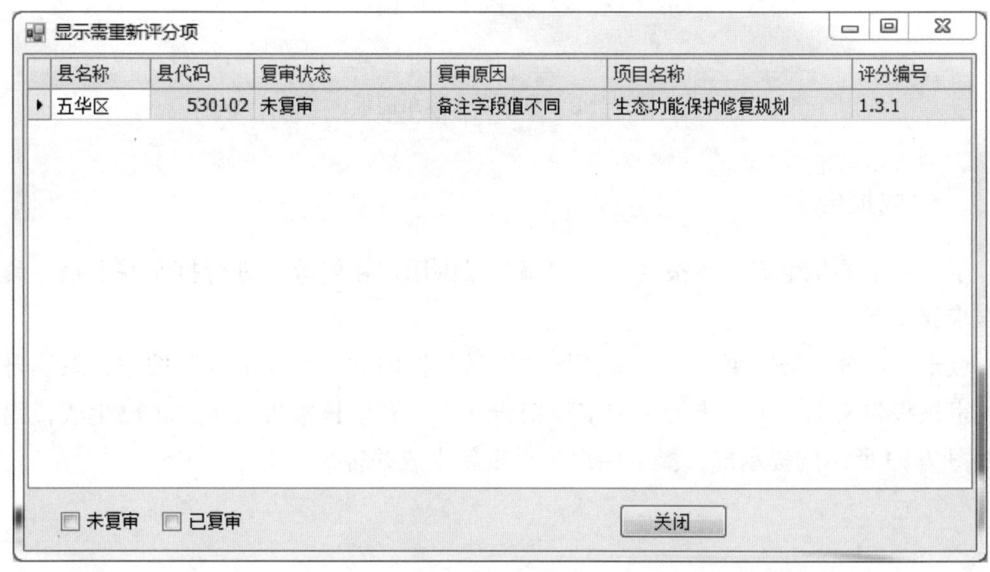

图 7-90　评分复审

数据展示 五华区-530102

是否复审	未复审
需复审原因	备注字段值不同
县（市、旗、区）名称	五华区
县（市、旗、区）代码	530102
制定年份	2023
证明文件	无文件
备注	2023年制定了生态保护修复规划制定情况。

材料版本 数据抽取 列： 值： 批量赋值 数据质量 证明文件 自动评分 关闭

图 7-91 复审

4.6 审核报告

审核报告菜单项主要是实现审核报告及附表的生成和导出。审核报告工具如图 7-92 所示，主要是实现审核报告的生成、查看及导出功能。

图 7-92 审核报告菜单面板

4.6.1 生成报告

本功能主要是生成审核报告文本初稿，以供用户在修改后进行打印并上报。具体操作步骤如下。

点击“审核报告”菜单下“审核报告工具”栏内的“生成报告”按钮，系统自动生成审核报告文本。第一步为生成审核报告文本，若审核报告文本过去已生成，则弹出如图 7-93 所示的提示框，提示用户是否重新生成并替换。

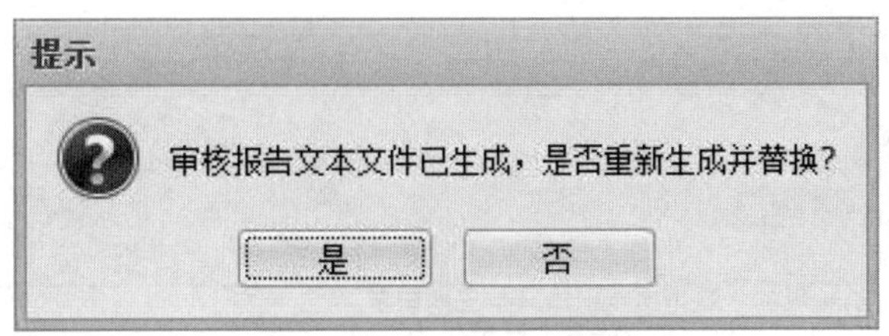

图 7-93　是否替换提示

在提示框中，若点击“是”按钮，则删除已有审核报告，生成新的审核报告，并在进度显示框内输出过程日志，图 7-94 为生成一个县的审核报告的过程日志。

图 7-94　生成过程

生成审核报告文本后，系统会在数据显示窗口自动显示审核报告文本，并在进度提示框中显示报告成功生成，如图 7-95 所示。在进度提示框中，可单击“导出日志”按钮导出执行日志为文本文件。

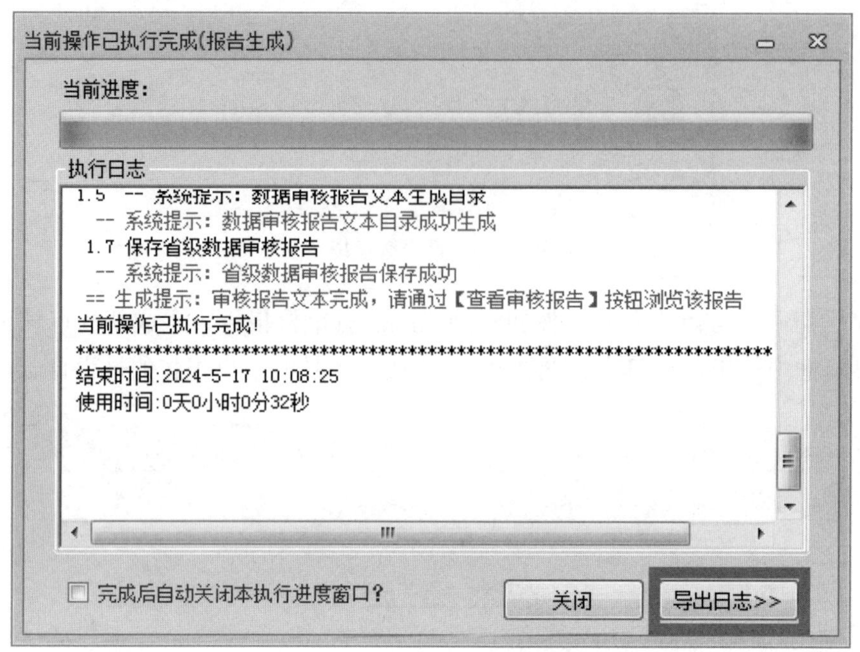

图 7-95 生成报告完成提示

4.6.2 报告文本工具

审核报告文本及附表生成后，可通过“审核报告”菜单下“审核报告工具”栏中针对报告文本的功能按钮查看、导出报告文本，如图 7-96 所示。

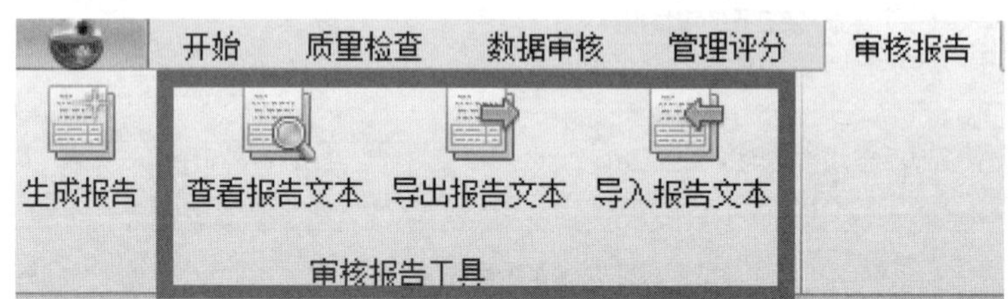

图 7-96 审核报告文本工具

各功能按钮的操作说明如下：

（1）查看报告文本

点击“审核报告”菜单下“审核报告工具”栏内的“查看报告文本”按钮，若审核报告文本已生成，则在系统的数据显示区内直接显示审核报告文本，如图 7-97 所示。否则系统将提示“审核报告还未生成，请生成后再试”的提示框。

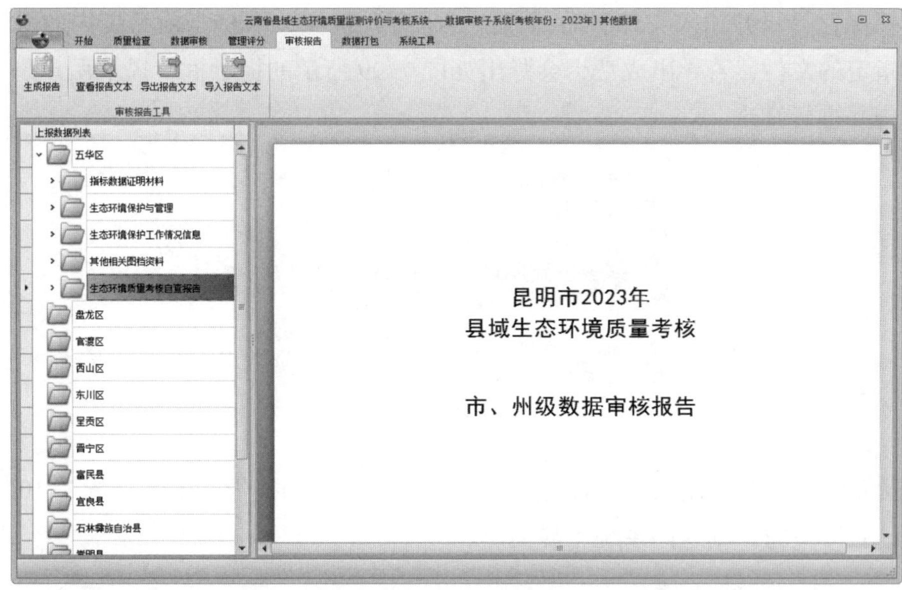

图 7-97　审核报告查看

（2）导出报告文本

审核报告文本导出是将系统生成的审核报告初稿导出为 PDF 文档。

点击“审核报告”菜单下“审核报告工具”栏内的“导出报告文本”按钮，弹出文件保存对话框，如图 7-98 所示，提示用户选择并输入报告文本保存路径及文件名。

图 7-98　审核报告导出

选择保存目录并输入文件名后，点击“保存”按钮，则将当前系统内的报告文本导出到指定的文件，若导出成功，会弹出如图 7-99 所示的提示框，提示用户是否现在打开报告并进行修改。

图 7-99　导出完成提示

在提示框中，若点击“是”按钮，系统将打开导出的报告文本，如图 7-100 所示。若点击“否”按钮，则返回系统主界面。

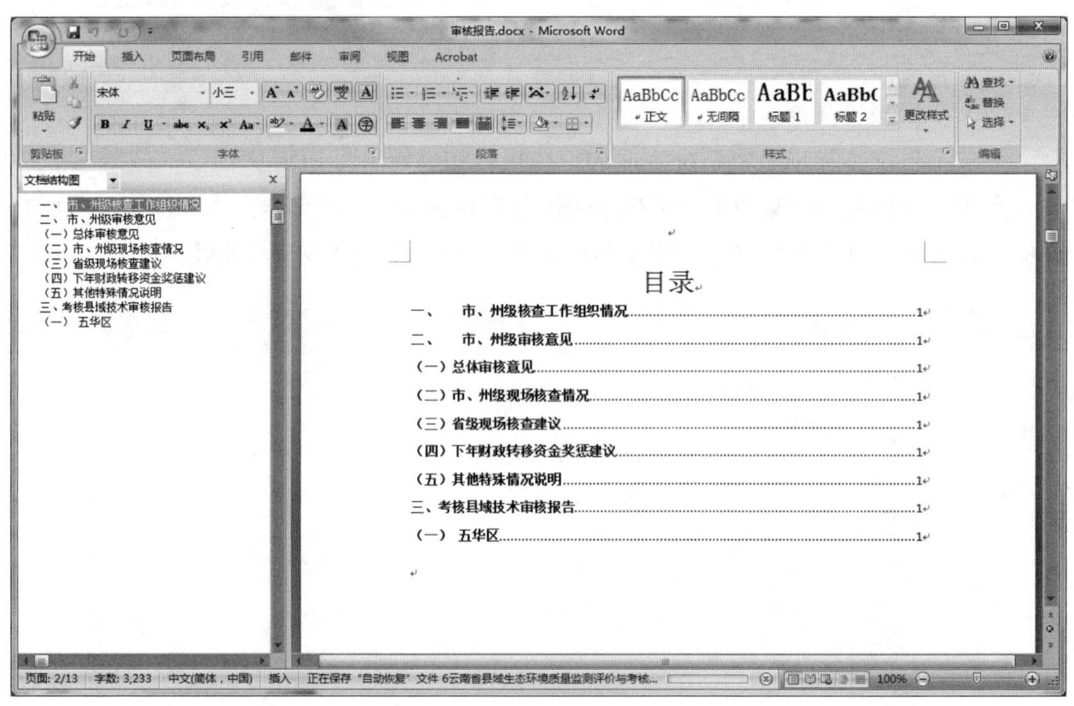

图 7-100　导出后的报告样式

4.7　数据打包

数据加密打包需要满足两个条件：一是所有考核县域完成填报数据上报且已导入系统内；二是审核报告已生成，若审核报告需要修改，则修改后的报告已更新至系统中。审核结果导出、导入功能是将部分考核县域审核结果相关数据导出，生成加密压缩包文件（*.zip），再通过审核结果导入功能集成到另一个审核系统，以实现审核系统多人审核功能。

数据打包包括数据预检、压缩打包功能，如图 7-101 所示。

图 7-101　数据打包菜单面板

4.7.1　数据预检

上报数据预检是在数据打包上报前对各考核县域的填报数据进行检查，一是检查县域是否完整（即所有县域都已上报数据并导入系统）；二是检查各县域上报的数据是否缺少关键文件，如自查报告、数据库文件等。具体操作步骤如下。

点击“数据打包”菜单下“数据预检（县域完整性）”按钮，若曾经进行过数据预检操作且预检成功（即县域完整且县域填报数据完整），会弹出如图 7-102 所示的提示框，询问用户是否仍进行预检。点击“是”按钮，则进入数据预检操作并弹出进度提示框。

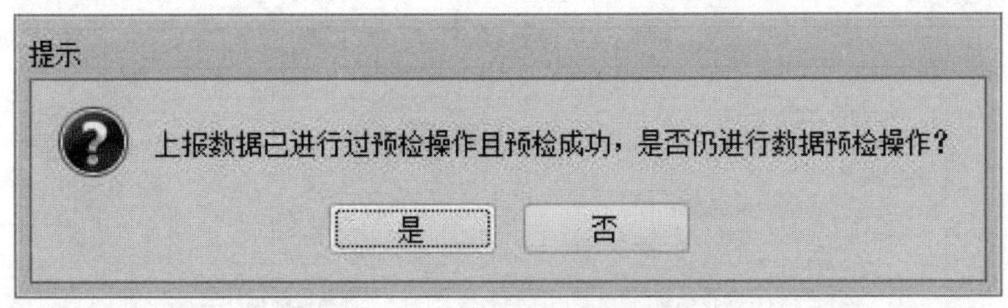

图 7-102　是否仍预检提示

若以前没有进行过数据预检操作或进行过预检但预检不成功，则直接进入预检操作并弹出预检进度提示框，第一步是县域完整性检查（即考核县域填报数据是否导入），如图 7-103 所示。

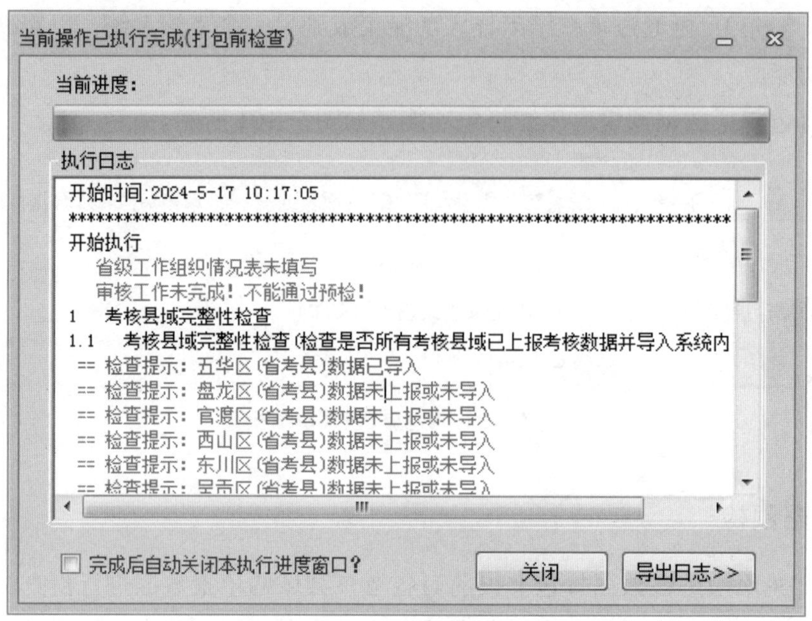

图 7-103　数据完整性检查提示

预检完成后，则提示县域数据未导入的县域数量以及导入数据的县域其数据是否完整，具体提示如图 7-104 所示。

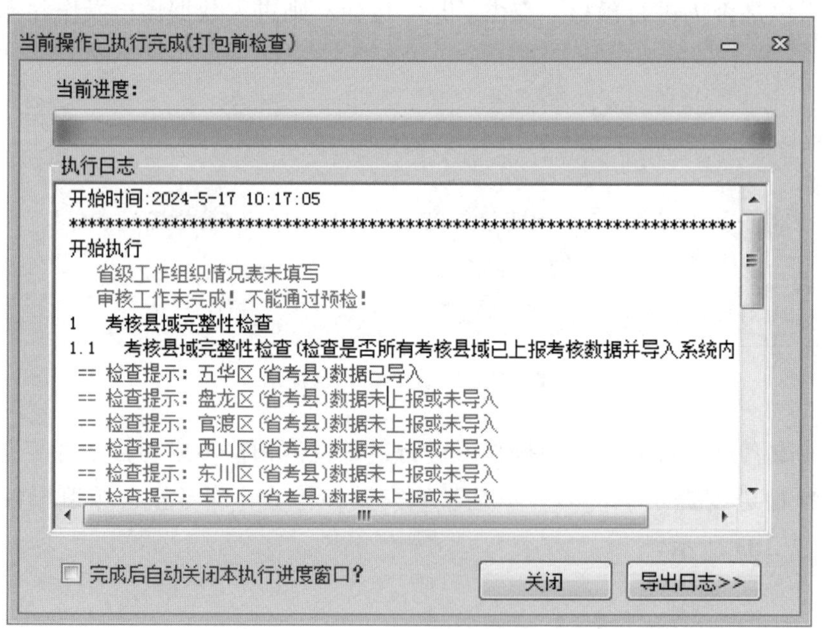

图 7-104　预检完成提示

预检完成后，可单击“导出日志”按钮将预检日志导出为文本。

4.7.2　加密打包

数据加密打包是将县域所有填报数据以及审核报告相关内容加密打包，生成加密压缩包文件（*.prf），上报至上级生态环境主管部门。具体操作步骤如下。

1）点击“数据打包”菜单下“压缩打包（生成加密包文件）”按钮，若以前进行过数据预检操作且预检成功（即县域完整且县域填报数据完整），则弹出如图 7-105 所示的提示框，询问用户在打包前是否仍进行预检操作。点击“是”按钮，则在打包前重新进行数据预检；点击“否”按钮，则在打包前不进行数据预检。

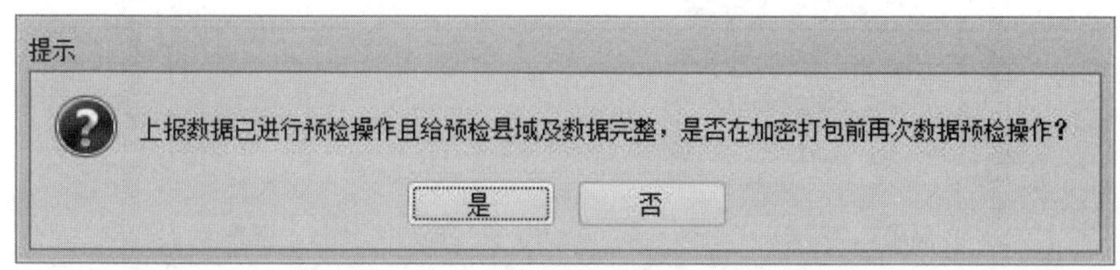

图 7-105　是否再次预检提示

2）若以前未进行过数据预检操作或预检不成功（即县域不完整或县域填报数据不完整），则弹出如图 7-106 所示的提示框，询问用户在打包前是否先进行预检操作。点击“是”按钮，则在打包前先进行数据预检；点击“否”按钮，则在打包前不进行数据预检。

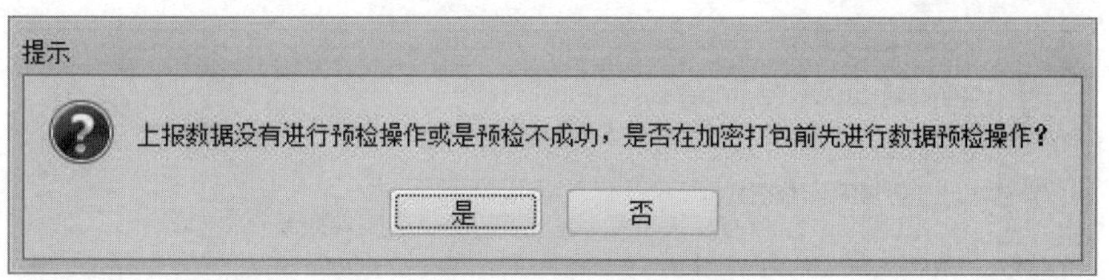

图 7-106　是否进行预检提示

3）在上述步骤中，无论点击“是”还是“否”按钮，都会弹出目录选择对话框，提示用户选择打包文件存储路径，如图 7-107 所示。

4）在文件夹选择对话框中选择打包文件的存储路径，点击“确定”按钮，则弹出数据预检和打包进度提示框。若上述步骤中选择“是”按钮，则先进行数据预检操作，并在日志中进行提示，如图 7-108 所示。

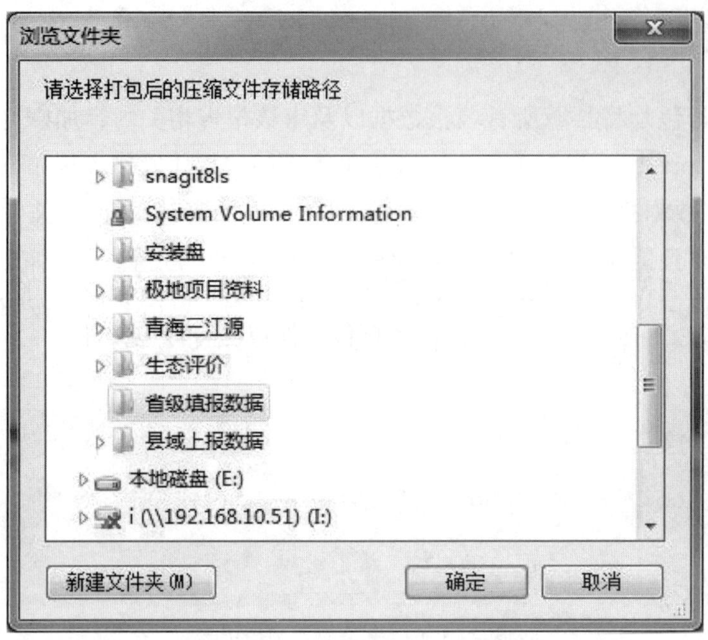

图 7-107　打包结果存储路径选择

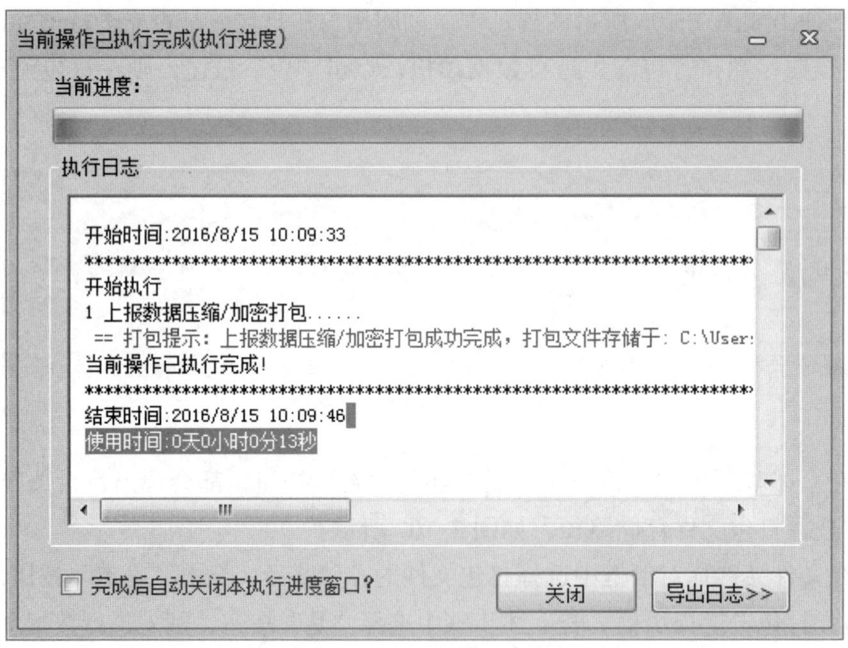

图 7-108　加密打包进度提示

5）如果直接进行数据加密打包，运行至加密打包步骤时，若所选目录中已存在县域打包文件，则弹出如图 7-109 所示的提示框，提示用户是否覆盖。

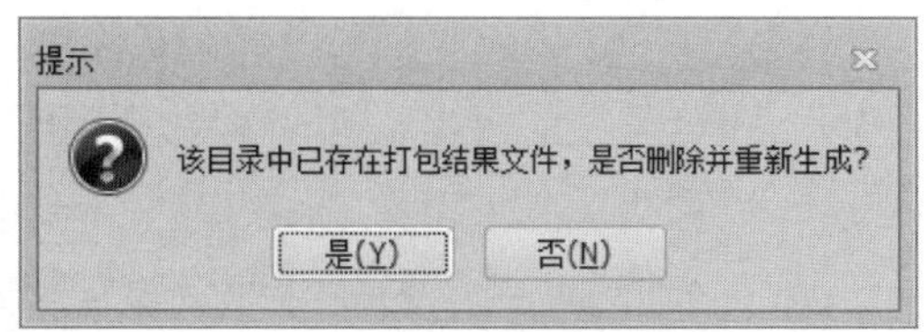

图 7-109　否覆盖提示

6）点击“是”按钮，则重新进行加密打包，并将新生成的打包文件替换已有的打包文件；点击“否”按钮，则不进行加密打包，保留已有打包文件。

4.8　系统工具

系统工具菜单项提供了切换系统界面风格、数据管理工具等功能。切换系统界面风格可改变系统主界面的运行风格，包括颜色、界面样式等。数据管理工具可实现对当前系统中填报数据的备份和恢复，如图 7-110 所示。

图 7-110　系统工具菜单面板

4.8.1　系统界面风格切换

系统默认的界面风格为 Office 2010 灰色风格，用户可以根据自己的喜好切换不同的界面风格。系统提供了常用的两种界面风格（Office 2010 蓝色和 Office 2010 银色），若需要切换至该界面风格，直接点击“系统工具”菜单下“常用界面风格”栏内相应的界面风格按钮即可。另外，系统还提供了一些比较常用的界面风格，其切换操作步骤如下。

（1）点击“系统工具”菜单下“常用界面风格”栏右下角的下拉按钮，如图 7-111 红框内所示。

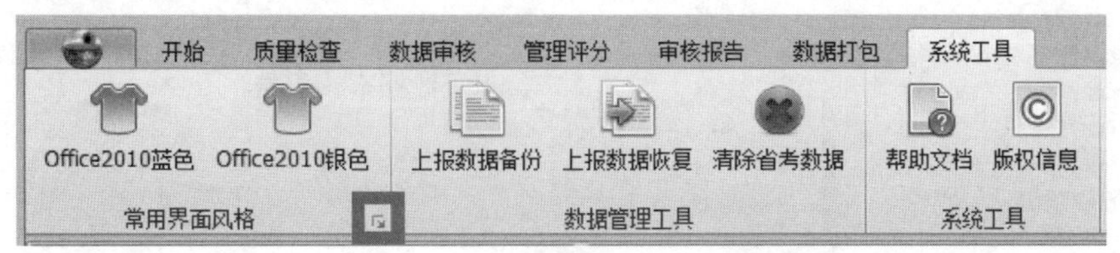

图 7-111　展开更多界面风格按钮

（2）系统将弹出所有可供使用的界面风格列表，如图 7-112 所示。

图 7–112　更多界面风格列表

（3）在弹出的界面风格选择下拉框内，双击选中的列表项，则将系统主界面风格切换至该风格。图 7-113 所示为切换为“Office 2007 Green”风格后的系统主界面。

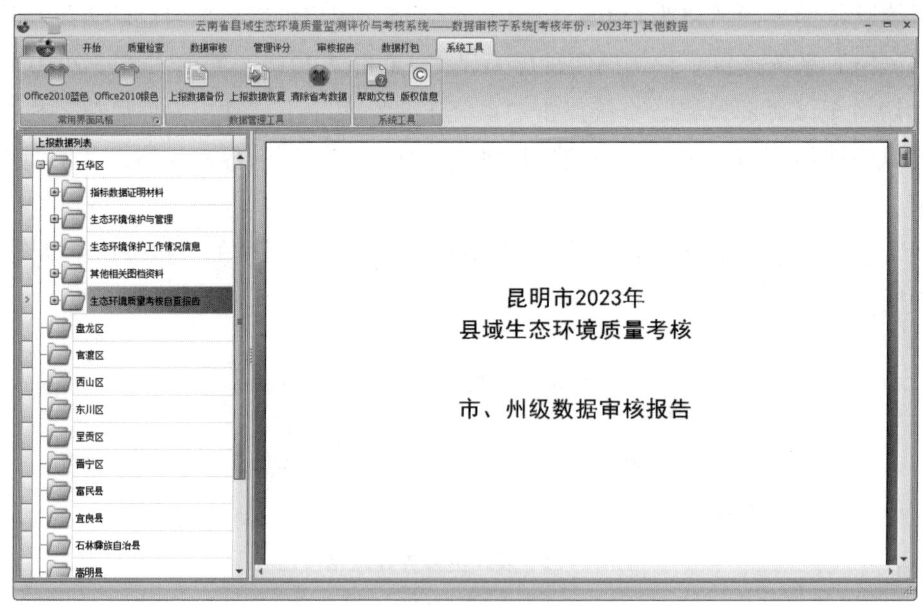

图 7–113　Office 2007 Green 风格样式

4.8.2　数据管理工具

数据管理工具主要实现系统内已有县域上报数据的备份和恢复，以防操作系统崩溃时导致数据丢失。

（1）上报数据备份

建议用户每天做完数据导入或审核操作后，及时将数据进行备份。数据备份操作步骤如下。

点击“系统工具”菜单下“数据管理工具”栏内的“上报数据备份”按钮，系统会弹出如图 7-114 所示的文件保存路径选择对话框。

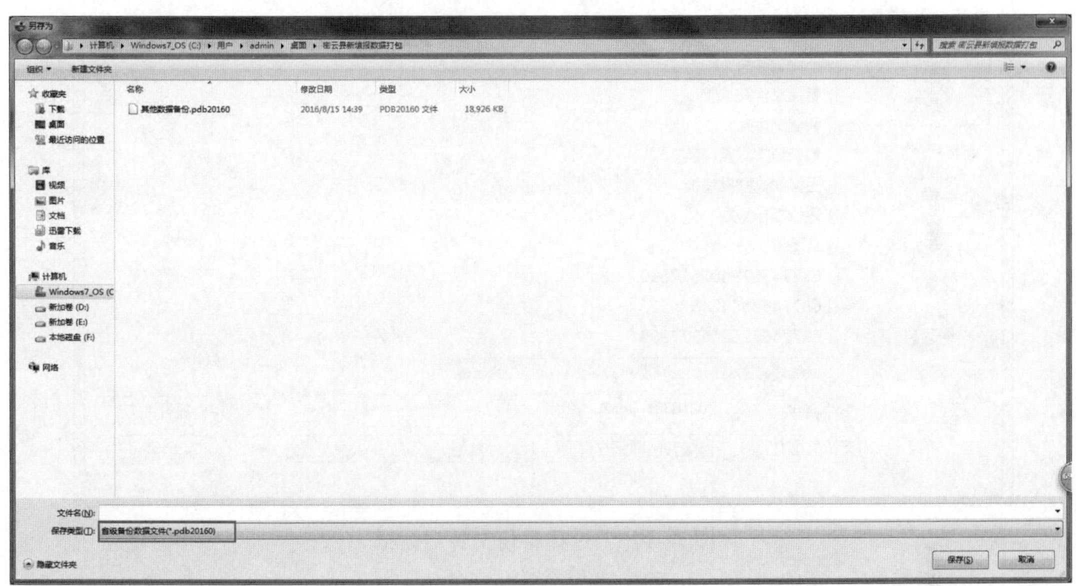

图 7-114　数据备份文件

在该对话框中，选中备份文件将存储的路径，在文件名框内输入备份文件名（建议以当前日期为文件名，如 20170122 为 2017 年 1 月 22 日的备份文件），并点击“保存”按钮，系统将对当前系统中的数据进行备份，备份文件的扩展名为 pdb20170。

备份完成后，系统会弹出如图 7-115 所示的提示框，提示用户备份已成功完成，以及备份文件保存的路径。

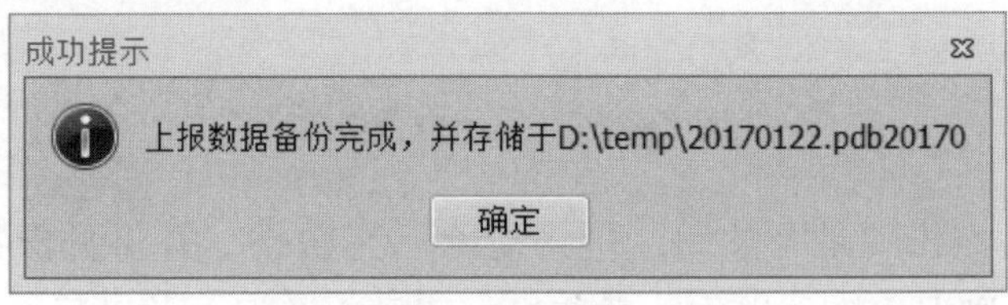

图 7-115　备份完成提示

（2）上报数据恢复

当操作系统或本系统发生崩溃或无法登录时，可重新安装或对系统进行初始化操作后，将备份数据恢复至系统数据库中，数据恢复的操作步骤如下。

点击“系统工具”菜单下“数据管理工具”栏内的“上报数据恢复”按钮，系统会弹出如图 7-116 所示的文件选择对话框。

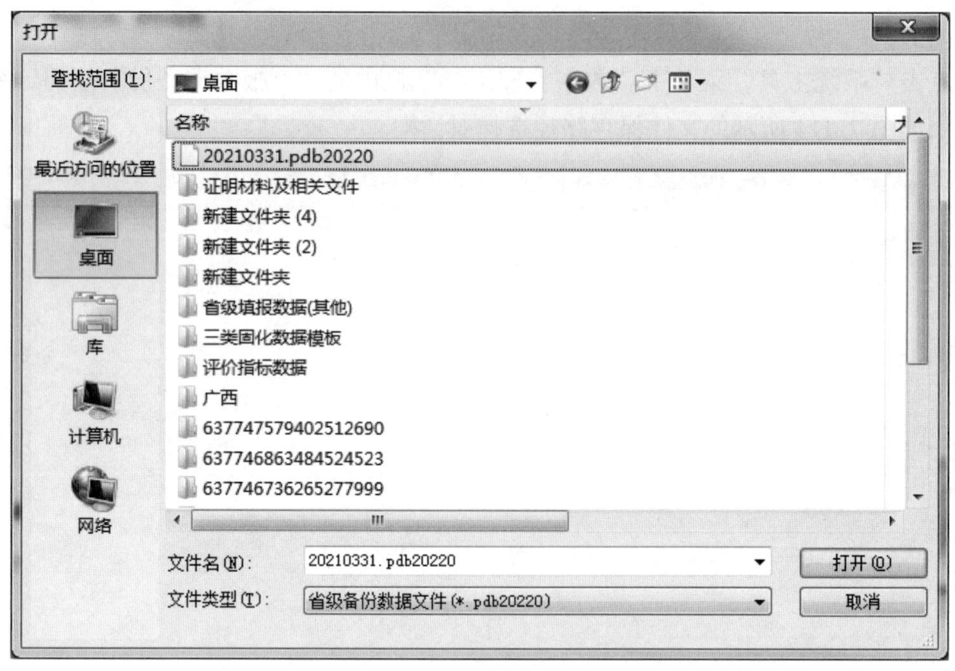

图 7-116　选择备份文件对话框

在该对话框中，选中最近时间的备份文件，并点击“打开”按钮，系统会弹出如图 7-117 所示的提示框，提示用户是否确实要清除系统中已有数据，并将备份文件中的数据恢复至系统中。

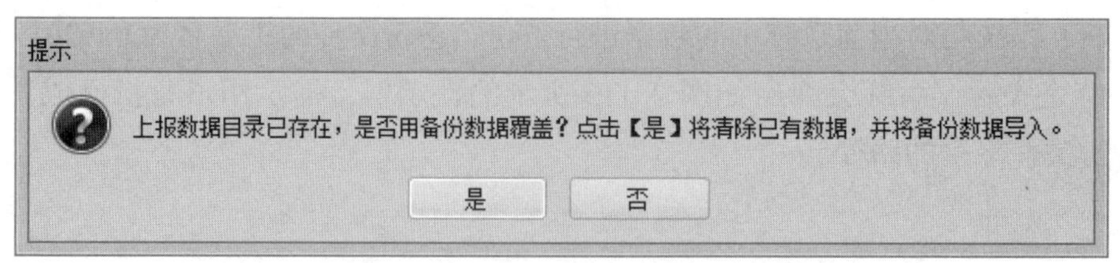

图 7-117　提示是否覆盖

在提示框中，点击“是”按钮，则将清除已有数据，并将备份数据导入系统中；点击“否”按钮，则退出恢复操作，系统将保留原有数据，并返回系统主界面。

数据恢复完成后，系统会弹出如图 7-118 所示的提示框，提示数据恢复完成，并可通过“填报数据目录区”进行查看。

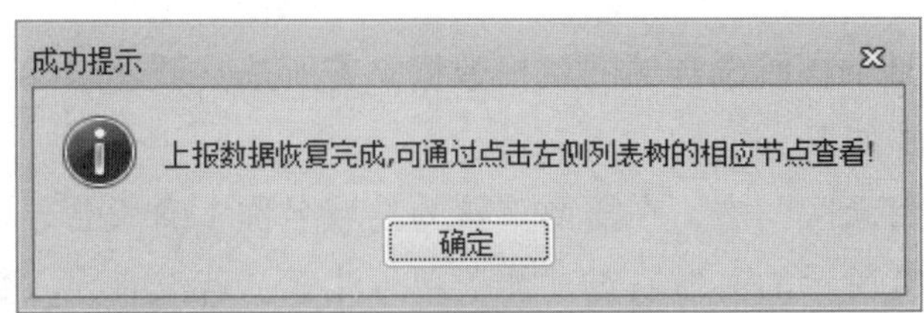

图 7-118　数据恢复完成提示

4.9　县域右键功能

该菜单项功能是清除所选县域的填报数据，若所选县域还未导入数据，则该菜单项不可见。具体操作步骤如下。

在“填报数据目录区”中，右击县域名称，如图 7-119 所示，可实现针对所选县域（右击县域）的填报数据审核、填报数据导入、填报数据清除以及该县域基本信息查看。

图 7-119　县域右键菜单

4.9.1 审核上报数据

该菜单项功能是审核所选县域的填报数据，若所选县域还未导入数据，则该菜单项不可见。操作步骤如下。

在“填报数据目录区”中，在需要审核的县域名称（确认已导入数据）节点上右击，弹出如图 7-120 所示的县域右键功能菜单（注意：若没有导入数据，则该菜单不可见）。

图 7-120　审核上报数据菜单项

在弹出的功能菜单中，点击“审核上报数据”菜单项，则系统开始审核所选县域的填报数据，审核过程与本章 4.4 节的数据审核过程类似，此处不再赘述。

4.9.2 导入上报数据

该菜单项功能是导入所选县域的填报数据，通过选择外部县域上报的数据包文件来导入。操作步骤如下。

在“填报数据目录区”中，在需要审核的县域名称（确认已导入数据）节点上右击，弹出如图 7-121 所示的县域右键功能菜单。

图 7-121　导入上报数据菜单项

在弹出的功能菜单中，点击“导入上报数据”菜单项，弹出如图 7-122 所示的县域上报文件选择对话框。

在文件选择对话框中选择该县域上报的其他数据包文件，如图 7-122 所示，并点击“打开”按钮。若该县域数据以前已导入，则弹出如图 7-123 所示的提示框，提示用户是否重新导入。

点击“是”按钮，则进入县域填报数据导入进度提示框（具体操作请参见 4.2.2 节的数据导入功能操作说明）；点击“否”按钮，则退出导入，并返回系统主界面。

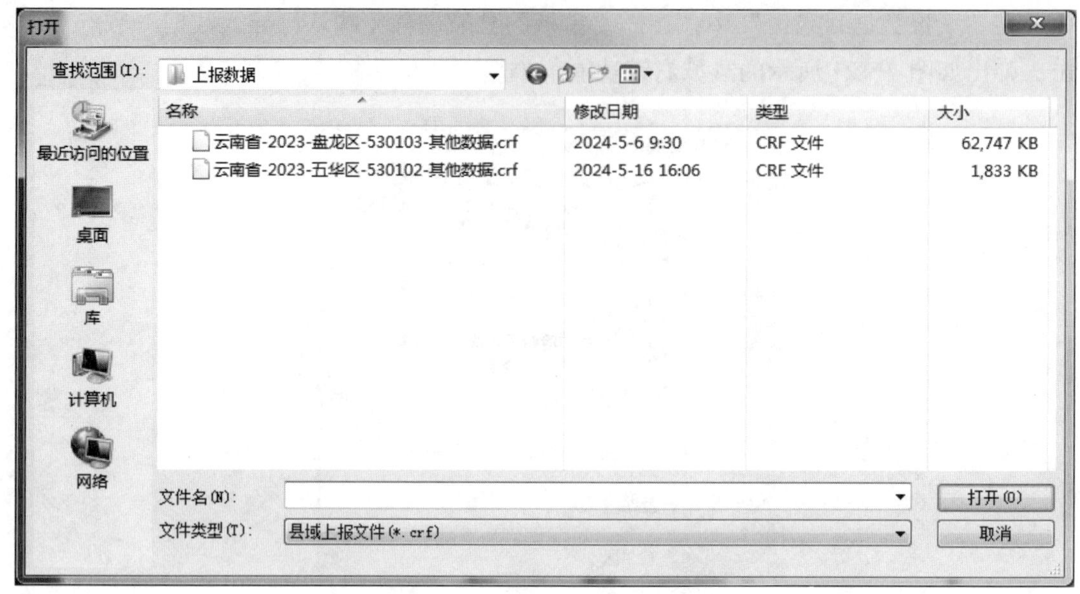

图 7-122　上报数据包选择对话框

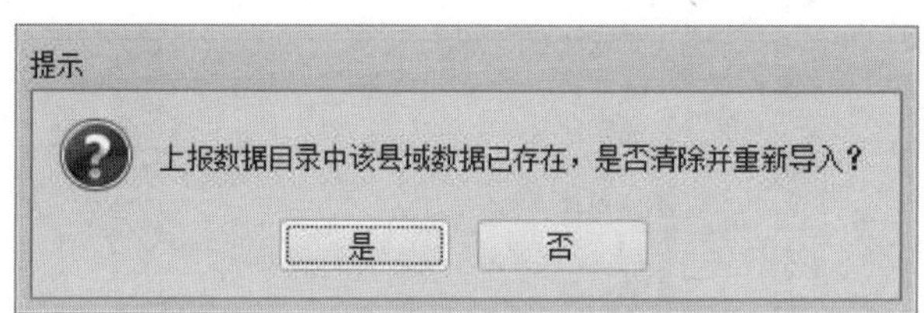

图 7-123　是否重新导入提示框

4.9.3　清除上报数据

在县域名称（确认已导入数据）节点上右击，弹出如图 7-124 所示的县域右键功能菜单（注意：若没有导入数据，则该菜单不可见）。

在弹出的功能菜单中，点击“清除上报数据”菜单项，弹出如图 7-125 所示的县域上报清除确认提示框，提示用户是否确实要清除该县域数据。

在提示框中，点击“是”按钮，则开始清除该县域数据，系统鼠标状态为等待状态；点击“否”按钮，则不清除，并返回系统主界面。

图 7–124　清除上报数据菜单项

图 7–125　确认清除提示框

4.9.4　县域基本信息

该菜单项可查看所选县域的基本信息，包括名称、编号、所在市、所在生态功能区等信息。具体操作步骤如下。

在“填报数据目录区”展开市级节点，并在需要清除数据的县域名称（确认已导入数据）节点上右击，弹出如图 7-126 所示的县域右键功能菜单。

图 7-126　县域基本信息菜单项

在弹出的功能菜单中，点击“县域基本信息”菜单项，弹出如图 7-127 所示的县域基本信息显示界面。

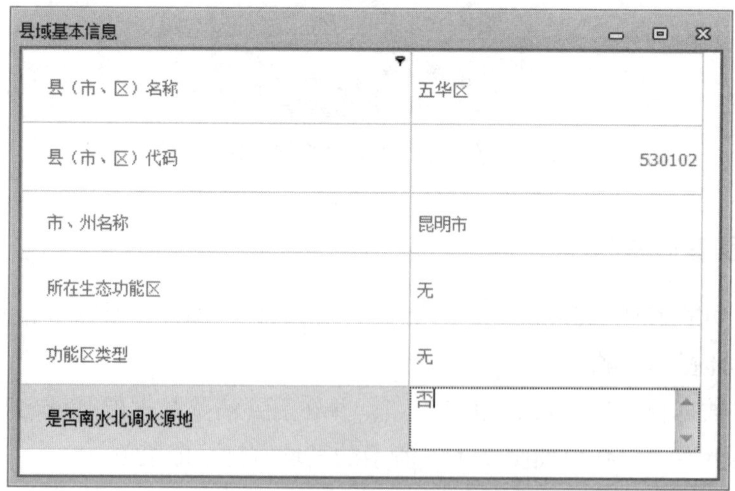

图 7-127　县域基本信息显示界面

4.10　系统菜单

系统菜单位于功能菜单区左上角的系统图标处，通过点击图标弹出菜单，如图 7-128 所示。该菜单中提供系统帮助、系统的版本信息功能。

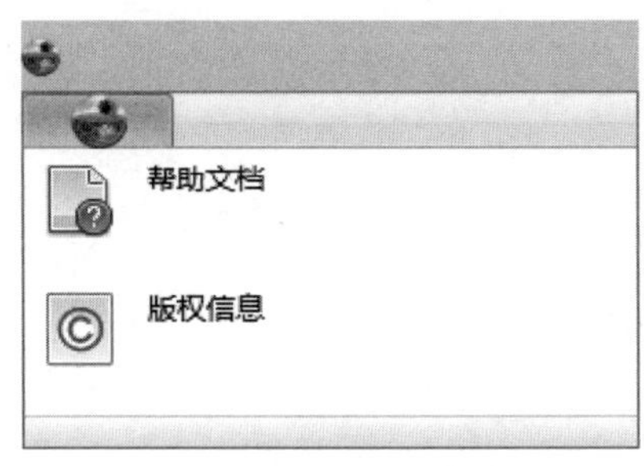

图 7-128　系统菜单样式

4.10.1　帮助文档

该功能能够打开并以主题的方式显示系统帮助文档，操作步骤如下。

在系统主界面中，单击左上角的系统图标，弹出如图 7-129 所示的系统菜单。

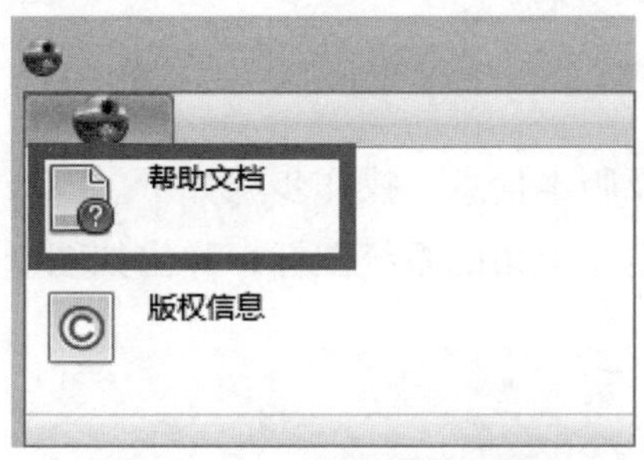

图 7-129　帮助文档菜单项

在弹出的菜单中，点击“帮助文档”菜单项，系统会弹出如图 7-130 所示的系统帮助文档。

在帮助文档界面，用户可浏览系统帮助文档，并可通过主题查找以及关键字查找的方式快速定位至所关心的文档部分。

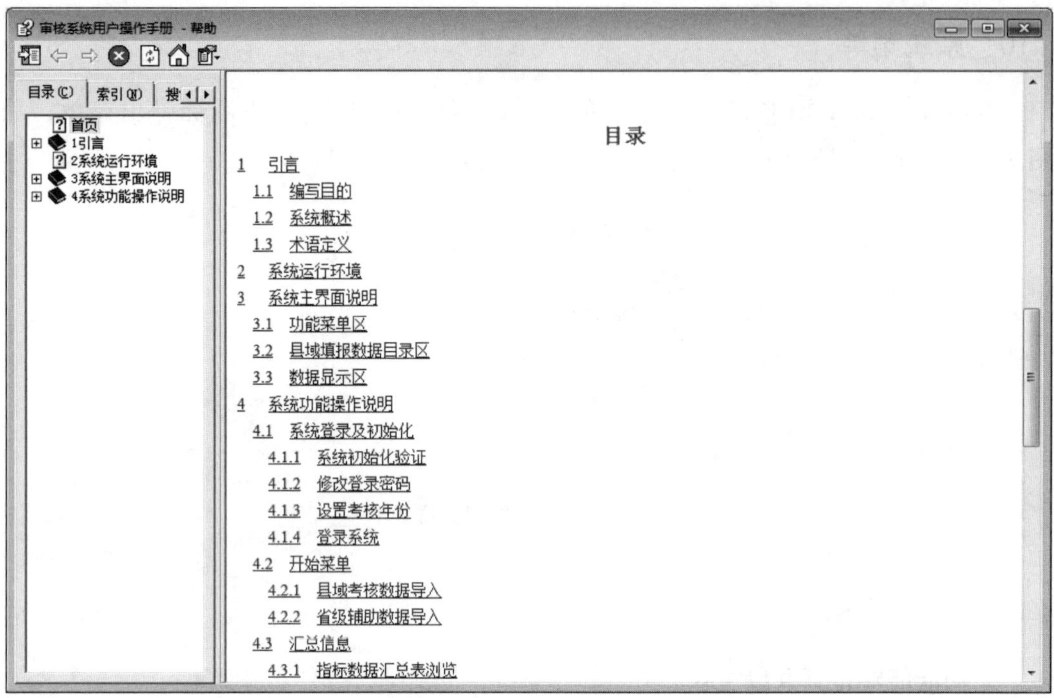

图 7-130　系统帮助界面

4.10.2　版权信息

该功能显示系统版权及版本信息，操作步骤如下。

在系统主界面中，单击左上角的系统图标，弹出如图 7-131 所示的系统菜单。

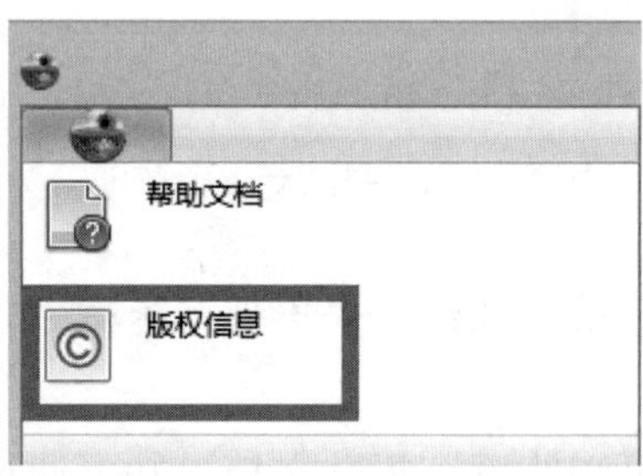

图 7-131　版权信息菜单项

在弹出的菜单中，点击“版本信息”菜单项，系统弹出系统版权信息，包括系统名称、版本号、开发单位、使用单位以及版权单位等。